# 公墓规划设计理论与方法

朱　铨　石洁琼　著

中国建筑工业出版社

图书在版编目（CIP）数据

公墓规划设计理论与方法 / 朱铨，石洁琼著. —北京：中国建筑工业出版社，2023.8
ISBN 978-7-112-28973-8

Ⅰ.①公⋯ Ⅱ.①朱⋯ ②石⋯ Ⅲ.①公墓—建筑设计—研究 Ⅳ.① TU251.2

中国国家版本馆 CIP 数据核字（2023）第 143725 号

本书由教育部人文社会科学研究项目"美丽中国建设背景下殡葬设施空间布局方法研究——以杭州市域为例"资助，项目编号 18YJAZH151

责任编辑：刘文昕　吴　尘
责任校对：张　颖

公墓规划设计理论与方法
朱　铨　石洁琼　著

\*
中国建筑工业出版社出版、发行（北京海淀三里河路 9 号）
各地新华书店、建筑书店经销
北京建筑工业印刷有限公司制版
北京盛通印刷股份有限公司印刷
\*
开本：787 毫米×1092 毫米　1/16　印张：21½　插页：4　字数：510 千字
2023 年 8 月第一版　　2023 年 8 月第一次印刷
定价：**99.00** 元
ISBN 978-7-112-28973-8
（41171）

# 前　言

　　生老病死是人生中的必经阶段，而殡葬则成为人避之不及而又不可或缺的一部分。人类社会一方面对殡葬讳莫如深，另一方面却又无人可免，正是由于这种特殊性，有关殡葬设施的相关研究贯穿了整个人类史，却又鲜有成体系的研究成果，有关于殡葬服务设施的相关规划更是少之又少。在这样的背景下，殡葬服务设施尤其是公墓这一城乡基础设施工程的重要性已经被认识到，但从理论梳理到内容框架研究都需要进一步的探索。

　　与其他意识形态上的遗存一样，我国虽然不一定是世界上最早对殡葬设施规划设计展开研究的国家，但肯定是全球唯一拥有数千年完整延续的研究体系的国家。有趣的是，殡葬恰恰是中国五千年文化得以延续传承的最重要的社会活动之一。厚重的历史背景造就了中国人独特的丧葬观念，而这种根深蒂固的观念一直沿袭至今，哪怕在工业文明和信息社会的强烈冲击下，多数中国人骨子里还是抛不开老祖宗留下的"奉死为生""死者为尊"的传统思想。这种历史背景下，遗体统一火化、骨灰统一进公墓、文明殡仪、节俭治丧等源自西方的现代丧葬体系在国内总是面临重重障碍。时至今日，殡葬行业仍乱象频生，青山白化、丧事扰民、铺张浪费、封建迷信、布局混乱等层出不穷，"死人与活人争地""活人为死人争脸""活人借死人敛财""死人与活人杂居"等现象已经成为当前文明社会建设的一大顽疾。探索中国特色的殡葬体系已经是不容回避的课题，而构建适合中国国情的公共殡葬设施规划方法体系对于建设中国特色社会主义新时代新型殡葬服务体系具有重大意义。

　　在教育部人文社会科学研究项目"美丽中国建设背景下殡葬设施空间布局方法研究——以杭州市域为例"的资助下，课题组从殡葬设施布局理论体系、布局影响因素及作用机理、县域殡葬设施布局特征、殡葬设施县域总体规划、现代墓园设计、墓园公园化景观提升等层面展开系统研究，第一次从城乡规划学科角度深入探讨了特殊国情下殡葬设施的区域空间布局方法和殡葬设施规划设计体系。本书是对课题研究成果的一个系统总结，也是国内第一部从城乡规划学科视角，全方位论述包含区域殡葬设施总体规划、墓园选址策略、现代墓园设计、墓园环境提升等在内的公墓规划设施系统理论和方法的著作。

　　全书共分三篇7章。第一篇为公墓基本理论，从国内外殡葬文化研究入手，介绍了公墓规划设计所涉及的基础理论、知识，从生态与环境、经济与产业、人口与社会、历史与文化、技术与信息等方面对公墓规划设计相关要素进行总结分析，系统总结了殡葬设施规划设计的发展过程和研究进展，总结了当前的发展问题和困境。第二篇为公墓综合规划，结合我国传统殡葬设施选址，对殡葬设施规划选址要素进行总结。聚焦县域殡葬设施总体规划，提出适合我国国情的殡葬服务设施县域总体规划内容框架，分为现状评价、发展策略规划、建设规划以及规划保障机制，将总结得出的规划选址要素整合到建设规划中。并以临安区和桐庐县殡葬服务设施总体规划为例，对县域殡葬服务设施总体规划内容框架进行实证研究。第三篇为公墓规划设计，在实证研究的基础上细致分析公墓整体环境设计、景观要素设计与植物专项设计。

本书既有系统的殡葬设施理论体系介绍，也包含了地理信息系统（GIS）、结构方程模型、情景模拟、多群体决策等理论方法在殡葬设施专项规划中的应用，同时包含了从县域规划到单体墓园设计再到墓园景观设计全环节的实证案例研究，是一部有关于公墓规划设计的"小百科"，是政府部门尤其是殡葬管理部门作出科学决策的重要参考，也可以作为城乡规划专业本科及研究生的教学参考书。

# 目　录

# 第一篇　公墓基本理论

# 第一章　绪　论

## 第一节　殡葬服务设施概述

### 一、殡葬服务设施研究背景

早在原始人类聚集，开始形成部落时，就存在专门安葬死者的场所。墓地自古隶属于城镇和村庄，它是城镇或村落密不可分的基础设施，是居民生活的组成部分，也体现了人民生活的社会本质属性。殡葬是一个包含地区信仰、文化、风俗等各个方面的社会文化载体，与民众生活息息相关，是居民点对民众最终关怀的体现。

#### （一）城乡环境问题日益突出

自改革开放以来，我国社会经济水平提升迅速，城乡建设加快，城镇化率也逐年升高（图1-1）。城镇化不仅包含了人口和非农业活动向城镇的转移集中以及城镇景观的建设等看得见的变化过程，也包含了社会文化、科学技术甚至思想价值等抽象的变化过程，是一个综合的转化。城乡快速发展、人口聚集和土地资源日益紧张，使现有殡葬服务设施用地与城乡其他功能用地之间产生多种冲突和矛盾。

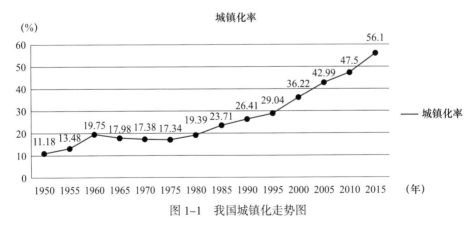

图1-1　我国城镇化走势图

在国际标准中，60岁以上人口占总人口的10%或65岁以上人口占总人口的7%，则判定该国家或地区已进入老龄化社会。而我国在2002年，65岁以上老人就已经达到了总人口的7%，按照以上标准，早在2002年我国就已经进入老龄化社会。预测到2050年，我国老年人口数量将达到4.68亿人，约占总人口数量的31.2%（图1-2）。故在我国，老龄化问题将是一个巨大的挑战。

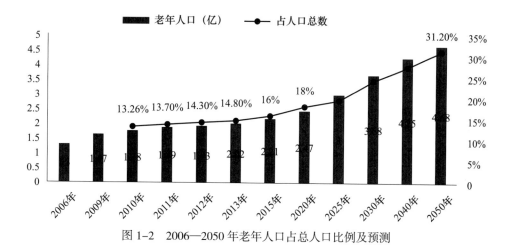

图 1-2 2006—2050 年老年人口占总人口比例及预测

在我国，特别是上海等发达地区的大城市，早在 1990 年就已经进入老龄化社会。随着城市的发展，建设用地日趋紧张，城市人口急剧增长和与之伴随的人口老龄化，使我国未来数十年内殡葬服务需求量显著增加。而殡葬基础设施发展缓慢，导致当前我国城市和农村的私墓和公墓为了能容纳更多的死者，逐渐向周边地区进行扩张，为未来城乡发展埋下隐患。

**（二）殡葬设施规划体系的缺位**

我国传统文化底蕴深厚，早在商周时期就有关于城市建设的相关实践研究，虽并未形成专门的理论体系及成果，但在《管子》《墨子》等史籍中均有关于城镇建设的记载。同时，我国传统文化中的阴阳五行以及堪舆学说，对城乡规划以及殡葬设施选址也有着重要的参考价值。另一方面，真正意义上的现代城市规划产生于近代 19 世纪末至 20 世纪初之间。工业革命导致城市房屋拥挤无序、道路堵塞以及生活环境恶化。由此才开始逐步形成有特定研究对象、范围和系统的现代城市规划学。

我国因历史原因，城市规划真正的起步时间较晚，且大部分理论体系直接由国外引进。"苏联模式"规划的开展，拉开了我国现代城市规划的序幕。在之后的阶段，几经起伏，最终形成今天我国的城乡规划体系。历史上对我国城市规划发展阶段划分不同，但主要我国城市规划大致上有 6 个阶段。改革开放以来，我国也制定了大量城乡规划相关的法律、行政法规、部门规章等，已初步形成了城乡法规的体系。同时，随着我国依法治国国策的实行，城乡规划相关法律法规执行力度日益加强，城乡规划体系及法律法规逐步涉及城乡建设的各个方面。由此可见，虽然我国历史早期并未有城市规划的专著和理论体系，但相关研究早已在我国产生，有着深厚的规划建设基础和文化底蕴。随着我国经济实力的快速提升，城乡规划体系经过一段时间快速发展已日趋成熟完善。

在前期资料收集与整理过程中，绝大多数文献都涉及殡葬服务设施的设计、功能、管理等各方面，但在区域总体规划上却少有讨论研究。由于文化差异，国外殡葬设施规划选址与我国大为不同，如存在大量移民的美国，落叶归根等想法非常浅薄。另外，我国传统的殡葬设施选址主要基于堪舆理论，其中，有很多封建迷信的手法，但也有科学理性的内容。

综上所述，由于殡葬在我国的忌讳以及国内外殡葬规划思想的差异，导致我国殡葬服务设施规划体系发展滞后，跟不上城乡规划建设，也难以满足民众现代殡葬需求。

**（三）殡葬服务设施发展迅速**

自1956年我国进行殡葬改革以来，安葬形式由原来的棺木安葬改为骨灰安葬。时至今日，全国大部分地区已基本实现遗体火化。这是我国殡葬史上的一个飞跃，也表明殡葬形式是可以改变和为民众所接受的。而在火化实施后，如何安置骨灰又被提上日程，人与自然和谐发展成为当前规划及管理人员的时代命题。

1. 生态化

随着科技进步和经济水平提升，我国殡葬形式由最初的土葬改为采用水泥甚至大理石等材料建造而成的安葬方式。这种形式不仅造成了资源的浪费、奢华攀比风气蔓延，还对环境造成更长时间的污染。相反，生态化殡葬形式，如树葬、草坪葬（图1-3、图1-4）等，既能体现中国千年来信奉的入土为安、天人合一的哲学观念，又能将环境保护与可持续发展观念落到实处。在规划设计中，可以将殡葬设施建设与城乡绿地系统结合考虑，提升殡葬服务设施场所环境。

图1-3 树葬                图1-4 草坪葬

2. 服务化

传统观念中，赚死人钱不吉利，导致殡葬业少有人涉及。有这样的市场需求，但是却无人愿意做。即使做了也是当成一种工作任务，尽快结束了事。没有人想到殡葬业也是属于服务行业，和其他行业一样，需要有服务的态度。所以殡葬业在未来的发展方向中，会更多地向服务业模式靠拢（图1-5、图1-6）。在现今社会，虽然在市场经济的加速以及和谐社会的要求下，我国殡葬服务仍存在不少问题。但随着我国国民教育素质提升和对文化接受程度逐渐开放，相关法律法规和管理体系不断健全，殡葬服务设施也在不断改进和完善。使得殡葬服务基本可以满足大部分民众的需求。

3. 一体化

现阶段公墓的形式，无论是经营性公墓还是公益性公墓，所针对的还仅限于公墓穴位提供、尸体运输以及火化等基本服务。很多附加的服务项目无人开发和发展。未来的殡葬业不仅仅只是在基本项目上，另外如家属安置住宿服务、人员餐饮服务、墓区美化、工作人员管理等，都涉及殡葬业各个方面。当前国内一些大中城市已经初步形成基于殡仪馆和墓地一体化的服务体系，成为我国殡葬业发展新趋势。

图 1-5 殡仪服务

图 1-6 殡仪服务大厅

### 4. 立体化

传统殡葬设施一般按照台阶式或阵列式排列，形式较为单一。随着殡葬改革深入，目前在许多城市已出现骨灰墙、骨灰廊等新型骨灰处理载体。虽然从使用效果上看，目前并不为大众所接受，但也正逐步成为我国殡葬设施改革中骨灰处理的一种发展方向。与平面式公墓相比，塔、墙、廊等立体墓型具有以下显著优势：首先是节约土地。根据抽样，一般公墓每对占地 $4m^2$ 以上，折合每穴在 $2m^2$ 以上，而立体葬法每穴占地仅为 $0.1m^2$ 左右，不到普通墓葬的 1/20。其次，立体墓葬可以有效增加绿地覆盖率。新建骨灰墓地一般平均一座只种 1～2 棵树，碑高树小，林木覆盖率往往不足 50%，严重影响景观。而立体式公墓可大大提高土地利用率，绿地面积和墓地之比远大于普通墓葬。最后，立体墓葬可以变墓区为园林。塔、廊、亭等本身就是我国传统园林建筑形式，有较高的美学价值，如塔葬就来源于寺院宝塔，故也称为佛塔，原来是用以摆放舍利、佛经等物。以这种方式建设的墓型可以与亭、轩、假山、水池、曲桥等元素组合，成为一个祭奠和游览相结合的园林化场所。

不仅在殡葬环境上，在经济水平提高的同时，人们对殡葬设施配套要求也越来越高。高品质的殡葬设施让人们趋之若鹜，而那些公益性殡葬设施则因地处偏远、环境不佳以及配套管理跟不上而受人冷落。相对应地，因为人们的需求不断改变，单体公墓在实用性和观赏性上都大有改观；而区域性殡葬设施的规划却没有得到足够的重视，导致资源分布不平衡、布局不合理等问题不断加剧。

### （四）传统殡葬思想发生转变

1956 年，国家开始倡导实行火葬，不占用耕地，这是一种理念上的改良和进步。为日后殡葬深化改革打下了良好基础。60 多年来，推行火葬改革工作取得突破性进展，改革的目的就是把书面上的法规转化为实际行动，改变传统的丧礼。

截至目前，我国东南沿海地区火葬率已基本达到 100%，可以说第一阶段殡葬改革任务已经全面完成。随着殡葬改革的推广与深化，传统殡葬风俗也发生着转变，丧事文明办、简单办已经成为新风尚。

## 二、殡葬服务设施研究意义

### （一）有利于节约控制殡葬用地

我国作为人口大国，明确规定农林类用地不可作为殡葬设施用地。理想用地为土地贫瘠之处，这对我国保障基本农田和保护生态环境有着重要作用。

在保护土地资源方面，殡葬行业一直以来都扮演着不光彩的角色，我国殡葬改革制度从中央倡导到全面推行已经走过了半个多世纪，然而在国内还普遍存在着大规模兴建私墓、公墓用地超标、骨灰装棺土葬等现象，造成大量土地浪费。现阶段，遗体火化制度已经全面实行，但同样大量存在上述违规墓葬现象，本研究的开展，可以优化殡葬服务设施布局，以较少的土地来埋葬更多的个体。提升土地利用率，进而有效节约殡葬用地。

### （二）有利于推进殡葬文化健康

我国传统文化内涵深厚，丧葬习俗作为传统文化的重要组成部分，对维系群体社会成员的感情、调节社会秩序都有着重要作用。生老病死的习俗礼仪在各地都有其不成文的规定，人们生活的各方面都受到其潜移默化的影响。最明显的例子就是我国历史上帝王将相的殡葬规模是普通百姓不能比拟的，很多人希望在死后可以有帝王将相般的待遇，所以殡葬方面铺张浪费的理由是显而易见的。

在现阶段城镇化率迅速升高的背景下，土地紧缺，文化转变，使得现代殡葬服务设施规划变得十分必要。规划的优化，不仅改变了人们外在的殡葬习惯，同时也在思想观念上形成了更新，促成新时代下新殡葬理念的产生。

### （三）有利于殡葬规划体系形成

当前的政治、经济背景使得公共设施的规划及实施不受重视，体系建设滞后于行业发展。各地殡葬设施一般由各级地方政府建设管理，这就造成建设与管理各自为政，体系建设不健全甚至相互之间产生矛盾与冲突。通过对目前殡葬服务设施的调研并参阅文献，分析现存的问题，提出了相应原则。基于上位规划的研究，对殡葬服务设施规划模式进行探索，得出普遍适用的模式，形成示范效应，也使得各区域殡葬设施更好发挥其作用，提升利用率。

本章节从城乡规划中较易忽略的殡葬设施规划入手，明确殡葬服务设施规划在城乡规划中的重要性，解决城乡规划中殡葬设施规划缺失的问题，促进城乡殡葬服务设施规划体系的形成并纳入城乡规划体系当中。

### （四）有利于保障规划落地实施

在我国，相当一部分规划只是纸上谈兵，挂在办公室墙上没有落到实处，更不用说现阶段较少的殡葬设施规划。政府很多时候自身并不重视殡葬服务设施规划，在当地民众当中实行起来更是困难重重。所以不仅在政策上要进行指导和规范，还需要配合其他手段及方法，保障规划顺利落到实处。

除对殡葬设施规划不重视外，前期没有做好基础资料分析，不符合当地发展需求和民众意愿等也是导致规划无法实施的重要原因之一。现阶段殡葬设施规划由于地区地形地貌复杂、私墓建设泛滥、文化差异等原因，没有很好地落地实施，或者说是落地实施之后，民众反响差，使得大量政府投资建设的殡葬服务设施空闲，浪费现象严重。故为保障顺利实施，需要对当地资源、需求等现状等作出合理判断，这就要求有具体的、可操作性的体系和模式。

通过对县域总体殡葬服务设施规划研究，可发现殡葬设施现存的问题。结合现代规划理论和我国传统殡葬文化，期望可以有效遏制私建坟墓，乱埋乱葬；促进健康的殡葬文化，优化公墓建设布局，控制殡葬用地，节约土地资源；深化殡葬改革，有利于殡葬法规的实施，形成殡葬设施规划示范。

### 三、殡葬服务设施相关概念

西方与我国文化存在很大差异，特别在殡葬设施规划建设上，需加以研究分析。从我国传统殡葬设施选址布局思想，到封建时期帝陵的选址分析，再到对我国现代城市规划基础中殡葬设施规划要素的研究，从中总结出我国传统殡葬设施选址思想与要素。应当在对比中西方以及古今殡葬设施规划思想的基础上，发现差异，探讨合理、同时也符合我国国情的县域殡葬设施规划内容框架。

#### （一）殡葬

殡葬，是人类社会发展到一定阶段，必然出现的文明产物。"殡"即待死者如宾，意为"停柩"，即死者入棺后，灵柩停放待葬，引申为人们对死者的哀悼和举丧形式。"葬"意为"藏"，指掩埋尸体，引申为处理遗体的方式。在我国，按照殡葬改革的国策要求，对逝者遗体处理的方式除个别民族、宗教群体外主要方式为火化。

殡葬作为一种文化的载体，充分体现了我国国人的人生观、价值观以及生死观。死亡本身作为一种自然过程，仅仅是人生理上的自发现象，而人类在认识自然、利用自然、改造自然和自我认识的过程中赋予认识对象的一切人为因素就是文化。殡葬是人类传统文化的组成部分，是人类的自然淘汰、是社会发展的产物。故殡葬文化本质是人生死观的反映，人的生死观决定殡葬观念，殡葬观念又决定殡葬方式；反过来，社会大众的殡葬方式也影响着人们的殡葬观和生死观。人类殡葬方式受不同民族、宗教、地理条件、历史时期、社会制度和经济状况等因素影响，逐步发展形成。

#### （二）殡葬服务设施

殡葬服务设施主要包括殡仪设施、火化设施、墓地设施以及骨灰安置设施，其主要作用是为死者及其家属提供服务。殡葬服务设施按照字面意思同样可以分为"殡"和"葬"两部分，"殡"主要是指殡仪服务设施，包括殡仪馆和殡仪服务中心。安葬前一系列活动都在此进行。而"葬"主要包括墓地、骨灰室、骨灰塔等骨灰安放设施，家属祭拜等活动在此进行。现随着时代的进步与发展，"安葬"设施也可引申为海葬等并无实体安葬点的区域。

1. 殡仪馆

殡葬馆是提供遗体火化、悼念以及骨灰安置等殡仪服务的综合性场所。现阶段我国殡仪馆功能主要以火化为主，且基本为政府事业单位。

2. 殡仪服务中心

殡仪服务中心指拥有一项或者多项殡葬服务功能，以及为死者及其家属的需要而提供相应服务或保障的场所。由于在悼念、告别等环节中，需要保持场所安静，故一般将殡仪馆和殡葬服务中心分开布置。我国现有一些民营殡仪服务中心开始营业，但总体来讲与市场需求的数量仍有一定的差距。

3. 公墓

在我国传统文化中，并不存在公墓这一说法，古时每家每户基本都有其祖坟所在地。公墓最早出现在西方，早期是为了解决城镇居民的殡葬问题，公墓为城镇居民提供安葬以及祭拜的场所。公墓的特点是不论在世时身份高低贫贱，所提供的设施和服务基本相同。公墓一般位于城镇边缘地区，有专门地块进行殡葬设施规划建设。

在我国，公墓一般分为经营性公墓和公益性公墓。经营性公墓主要由私人兴建，实行有偿服务，现阶段在我国经营性公墓为数不多。公益性公墓是指由政府主办和兴建，作为城乡基础设施工程为城乡居民提供安葬服务的场所。

4. 骨灰寄存楼

骨灰寄存楼是殡葬设施发展过程中的一种延伸形式，摆放方式主要以格架式为主。骨灰寄存楼特点是占地面积小，利于统一管理，也被称为骨灰堂或立体公墓。

# 第二节　殡葬服务设施研究进展

## 一、国外殡葬服务设施研究进展

### （一）国外殡葬服务设施发展历程

西方殡葬发展与我国相似，由墓地逐步发展而来。在卡尔文的《建筑与死后的生活》（*Architecture and After Life*）一书中，他指出人类最早出现的建筑物就是陵墓。

西方殡葬受宗教影响较大，故早期墓地主要围绕教堂建设，同时也分高低贵贱，教皇、贵族等安葬在教堂内部，而民众主要散布在教堂周围。随着时间的推移，城镇人口逐渐增多，教堂周围的土地无法容纳更多死者，墓区开始规划安置在城镇周边。

同样，由于宗教文化影响，国外在墓区建筑以及环境设计上更开放，更大胆。园林式墓区逐渐被大众接受并广为流传，之后又经历了乡村花园式墓园、草坪式墓园、纪念性墓园和森林式墓园4个阶段。国外的殡葬设施的墓碑大多并不统一，墓志铭因人而异，相当一些殡葬建筑甚至成为艺术典范。很多墓区环境优美，结合了地形、河流等自然景观，使得国外殡葬空间不仅仅是有纪念意义的场所，更是具有教育、文化、旅游、休闲等多功能的空间。

在国外，人们更多体现出开放和包容精神，城市居民与公墓等殡仪设施的心理距离更近，对殡葬文化的理解度和接受度更高。但随着安葬人数增加，以及过多的个性化墓碑带来视觉杂乱感等问题，一种更加简洁、更适用于现代化殡葬的形式——草坪葬应运而生。草坪葬的特点是简洁大方，占地面积更少，而相对人可活动的范围更大，整体塑造使得墓区更加整齐、肃穆，配合大草坪开阔的视野，让人感觉气势磅礴。

除了安葬设施，国外殡仪馆和殡仪服务站有不同的分工，火化也不在殡仪馆而在专门的火葬场。殡仪设施与墓地设施组合更多样化，为方便周边居民，一般与社区结合安置。在相关殡葬设施所有权方面，国外私营化程度明显高于我国，建设形式与权属年限也各有所异。

### （二）国外殡葬服务设施规划相关研究进展

在国外，相关殡葬服务设施规划布局方面研究较少。在少数研究文献中，主要有美国辛迪·安·南斯（Cindy Ann Nance）的博士论文，其通过对社区、人口、交通、城市以及法律法规这6个要素进行分析，并基于GIS技术得出墓地选址主要和迁移模式相关。丽贝卡·K.科特尔（Rebecca K. Cottle）在其博士论文中，分别从交通、迁移模式、人口以及地形四个方面对公墓选址进行了研究。

国外对于殡葬设施建筑以及景观等的研究较多，在殡葬设施的商业性、纪念性、生态性等多个方面都有探讨研究。如美国于1887年创立了美国墓园管理协会。美国的萨拉·凯瑟琳·汤普森（Sara Kathleen Thompson）在"从神圣走向商业化——快乐公墓的景观诠释"（"From Sacred Space to Commercial Place: A Landscape Interpretation of Mount Pleasant Cemetery"）中描述了美国殡葬设施的商业化进程，并指出美国以至整个北美洲都将殡葬设施阴森恐怖的氛围逐渐转变为轻松活泼的环境。澳大利亚的雅辛塔·M.麦卡恩（Jacinta M. McCnn）在他的"墓园规划设计"（"Cemetery Landscaping"）中写道，殡葬设施空间是纪念性的，应该朝艺术，甚至突破传统艺术的方向发展。比利·坎贝尔（Billy Campbell）作为绿色殡葬的先行者，提出不用传统木质或石质安葬设施，而是用更加自然的方式，开设了最早的"绿色墓园"。

另外，对殡葬设施规划设计相关因素如环境因素、经济因素、政策因素等的侧重研究也日益深入。由于国外相当一部分殡葬设施区域除可以作为城镇公共场所外，还可以起到绿化和保护环境作用，所以他们十分注重殡葬设施以及周边的生态保护和环境美化。比较著名的有拉姆西溪保护研究组（Ramsey Creek Preserve Team），该研究组的成员专业背景各异，有生态学家、艺术家、建筑师等，从殡葬设施场所的环境保护作用、旅游促进作用等各个方面进行探讨研究，并形成一套"纪念生态系统"理论体系。在社会政策和经济方面，日本早在1958年就颁布了关于殡葬设施在内的，包括规模、服务设施配置等相关规划的设计标准。美国学者德韦恩·A.班克斯（Dwayne A. Banks）在其"死亡经济学"（"The Economics of Death"）中阐述了相关殡葬消费项目对美国家庭的影响，由于美国殡葬设施商业化严重，对于相当一部分家庭来说，殡葬是一笔不小的开销。米姆·福克斯（Mim Fox）在其著作中，从社会中贫困人员以及弱者角度探讨了殡葬设施体制问题，提出政府以及相关公立机构应在殡葬上体现的社会公平性和责任感。

综上所述,现阶段对殡葬设施的规划设计研究,主要集中在殡葬设施单体以及单一要素上,相关文献分别是从殡葬设施建筑单体的组合、风格、形式、功能以及影响殡葬设施选址运作的生态、经济、社会、政策等各个要素进行了深入研究分析;相反,关于整体区域性殡葬服务设施的规划研究则相对较少,仅有为数不多的文献对殡葬设施总体规划进行探讨。

**(三)国外典型殡葬服务设施实例分析**

1. 法国拉雪兹神父公墓(Pere-Lachaise Cemetery)

拉雪兹神父公墓位于法国巴黎,是世界著名公墓之一,同时也是热门旅游景点。公墓占地四十余公顷,共 97 个墓区,安葬人数已达到上百万。最初只是路易十四世其神父的属地,后改变成为公墓,随着音乐家肖邦、作家巴尔扎克、剧作家王尔德等著名人士入葬,拉雪兹神父公墓逐渐成为受人追捧的殡葬胜地。公墓在殡葬设施设计、建造以及环境营造上,都朝艺术化方向发展,使得公墓纪念、教育价值大大增加,成为集教育、纪念、旅游等功能于一体的综合性公共活动空间。

2. 美国阿灵顿国家公墓(Arlington National Cemetery)

阿灵顿国家公墓位于美国弗吉尼亚州阿灵顿郡,其同样是世界著名公墓之一,总占地面积约 $2.48km^2$。到 20 世纪末,共有约 20 万人在此公墓安葬。安葬在这里的主要人员包括战争中阵亡的士兵,为国家工作殉职的公职人员以及对国家有杰出贡献者。

公墓范围内到处是绿草,四周是树木。东边是波托马克河,河对岸是著名的林肯纪念堂。整体公墓墓碑均为洁白十字架样式,一望无际的十字架方阵,使得公墓气势恢宏,让人肃然起敬。同时,洁白的十字架又使人感到圣洁,丝毫没有死亡的阴影。公墓排列呈半圆形,整齐的墓碑,宽阔的大草坪,使得公墓蔚为壮观。美国总统华盛顿、马歇尔将军、肯尼迪总统及肯尼迪等著名人物先后入葬该墓地,所以能够在阿灵顿国家公墓安葬是美国人的荣耀。

法国拉雪兹公墓以及美国阿灵顿公墓,两者皆是世界著名公墓。拉雪兹公墓是近代公墓艺术化、教育化、旅游化的典型,突出了安葬者的个人特性;而阿灵顿公墓则是现代公墓生态化、集约化、一体化的代表,突出了墓园的整体性,使墓园显得恢宏大气、浑然一体。以上两处公墓的建设,可为我国殡葬设施发展提供有益借鉴。

## 二、我国殡葬服务设施研究历程

### (一)我国殡葬服务设施发展历程

与其他意识形态上的遗存一样,我国虽然不一定是世界上最早对殡葬设施规划设计展开研究的国家,但肯定是全球唯一拥有数千年完整延续研究体系的国家。有趣的是,殡葬恰恰是中国五千年文化得以延续传承的最重要的社会活动之一。厚重的历史背景造就了中国人独特的丧葬观念,而这种根深蒂固的观念一直沿袭至今,哪怕在工业文明和信息社会的强烈冲击下,多数中国人骨子里还是抛不开老祖宗留下的"奉死为生""死者为尊"的传统思想。这种历史背景下,遗体统一火化、骨灰统一进公墓、文明殡仪、节俭治丧等源自西方的现代丧葬体系在国内总是面临重重障碍。

早在旧石器时代，我国北京山顶洞人就有将兽骨等装饰品陪葬的习俗，说明在那个时候已经出现了丧葬活动。到新石器时代，随着私有制产生，阶级开始分化，不同地位的死者有着不同的陪葬品。

奴隶社会时期，因生前地位的不同，死后殡葬礼仪也有了严格区分。灵魂不灭观念开始被广泛接受，当时各个阶级都流行厚葬。同时在这个时期，上层如奴隶主阶级，运用棺木的殡葬方式开始出现。

在长达千年的封建社会时期，我国殡葬文化受到儒、道、佛等宗教文化影响，殡葬礼仪逐渐完善。特别是儒家学说的兴起，其对"礼"和"孝"的推崇，使得我国殡葬形式日趋复杂多样，流程繁琐。由于道教世俗化和佛教中国化程度加深，中国丧葬习俗也在儒、道、佛三者相互碰撞过程中融为一个完整的体系。尤其是历代帝王将相的陵墓，绝佳的环境、丰厚的陪葬品、庞大的陵墓体系，待遇与其生前所居住之宫殿并无差别。

到了近现代，西方在工业、科技等方面发展迅速，使得我国引进并出现了很多新鲜事物。最初公共墓地以及殡葬服务都是由外国人兴办，我国最早创始的第一家殡仪馆是在1931年由南昌人陶醒予创办。随后，由于战事扩大，各地伤亡人数不断增加，使得在一些大城市如上海等地的殡葬事业开始发展。

新中国的殡葬改革，以1956年老一辈无产阶级革命家倡导身后实行火葬为开始的标志，至今大致经历了3个发展阶段：第一阶段是1956年至改革开放之前，是我国殡葬改革的倡导阶段，以在城市推行火葬为主要内容；第二阶段为1980年到20世纪90年代末，是我国殡葬改革法制化阶段，这期间出台了包括《关于殡葬管理的暂行规定》《公墓管理暂行办法》《殡葬管理条例》等一系列行政法规，将我国殡葬改革纳入法制范畴，殡葬行业进入有法可依阶段，城乡殡葬设施的建设进入高峰期；第三阶段是20世纪90年代末至今，是我国深化殡葬改革的阶段，生态葬法、节地葬法、文明治丧等新型殡葬行为逐渐兴起。截至2016年年底，全国共有殡葬服务机构4166个，其中殡仪馆1775个，殡葬管理机构1005个，民政部门管理的公墓1386个。全国遗体火化率48.3%（数据源自民政部网站），"积极地、有步骤地实行火葬，改革土葬，节约殡葬用地，革除丧葬陋俗，提倡文明节俭办丧事"的殡葬设施改革方针深入人心，现代生态墓葬正为越来越多的人群所接受。

我国传统殡葬思想偏向土葬，且我国地域广阔，山河秀丽，使得在我国各处青山绿水之间，出现大量坟墓。严重破坏自然生态环境。故在国家领导人的提倡下，开始进行第一次殡葬改革，全国实行火葬，遗体不保留。通过长时间的持续变革，使得民众思想观念逐渐转变，火化率逐年提升。

然而因受几千年传统文化观念的影响，我国殡葬改革进程缓慢，时至今日，殡葬行业仍乱象频生，青山白化、丧事扰民、铺张浪费、封建迷信、布局混乱等殡葬乱象层出不穷，"死人与活人争地""活人为死人争脸""活人借死人敛财""死人与活人杂居"等现象已经成为当前社会文明建设的一大顽疾。而其中，殡葬设施区域规划方法体系和殡葬设施空间管理机制的缺失是导致当前殡葬乱象的核心原因。

### （二）国内殡葬服务设施规划相关研究历程

近几年来，关于殡葬设施的研究逐渐增多，涉及设施建设的各个方面，但就总体情况来看，研究殡葬设施区域性总体规划的相关研究依旧屈指可数。在这里单就殡葬设施规划布局方面进行概括分析。

张点在《安息之城》中，从制度、环境以及社会文化角度初步分析了公墓规划要素，并运用 GIS 技术建立模型，产生 SMSE、MCE（多因子评价，Multiple Criteria Evaluation）两种在设计和选择不同阶段运用的选址方法。万昆的《城镇公益性生态公墓规划体系研究》从我国殡葬设施发展背景和趋势入手，探讨了公墓规划体系建设，并着重阐述公墓生态建设，从景观、技术、文化 3 个方面进行分析。李葱葱在《殡葬设施布局规划实践与思考——以南京市为例》中，强调殡葬设施选址需注重前期调研，特别是当地习俗以及祭拜年限等。并以上海市殡葬设施布局规划为例，提出殡葬设施规划需要定性和定量的方法同时运用。陶特立、黄勇等在《编制殡葬设施布局规划的思考及体会》中以发现殡葬设施规划相关问题为基础，阐明殡葬设施规划重要性，最后提出相应解决策略。

在殡葬设施的单体建设及选址因素上，自我国汉朝以来，就开始出现相关理论实践研究。我国殡葬相关研究历史悠久，虽未成一套详尽的体系，但各方面研究均较为深入，很多有着较大的参考价值。如汉朝青乌子所著《青乌先生葬经》就对殡葬设施场所的气、风、水等因素作了分析评判，成为早期堪舆学说的基础。在东晋时期郭璞的著作《葬经》当中，第一次提出"风水"概念，指出殡葬设施选址要以得水为主，藏风纳气为上，其学说对我国殡葬设施选址有着深远的影响。其他如晋朝著作《水经注》以及清朝著作《水龙经》等，均以水系为研究对象。

直至近现代，对殡葬设施的论著也从其发展历程、文化、社会、生态、法律等方面进行较为全面的阐述。如郑志明的《中国殡葬礼仪学新论》，以考察资料为基础，并通过历史文献解读，论述中国殡葬礼仪的形成与发展、内涵、制度等。在殡葬法律法规方面，李健、陈茂福在其专著《殡葬法律基础》中，从我国丧葬起源及发展研究开始，到以殡葬行业经营和相应服务为基础，提出殡葬法律法规应为民众服务，规范殡葬市场。杨宝祥相关系列著作中，如《殡葬设施规划设计》《现代殡葬生态文明建设研究》《殡葬设施建设与管理》《殡葬园林文化学》等，从殡葬设施各个方面进行了分析研究。

### （三）国内典型殡葬服务设施实例分析

#### 1. 青岛福宁园

青岛福宁园的前身是原青岛市第五公墓，是政府公益性公墓改造的典型案例之一。福宁园以"以园林为载体、以文化为灵魂"的发展定位，开发了公墓的多种功能：基本安葬、传承文化、生态环保以及休闲游览。通过不断地研究和探索，经历了从树葬开始，深化为多种植物组合搭配的艺术品、再由艺术品转化为市民能够接受的商品的探索过程。在管理上，发展了现代化园林公墓管理的新模式。按照"合理管理幅度、逐级管理、层层负责"的原则，建立了有效的组织机构。合理确定职能，设置岗位。明确了经营管理的责任目标，即创建生态型、环保型、园林式示范公墓。以 ISO9001 国际质量管理体系为标准，健全完善目标责任保证制度。

2. 上海福寿园

福寿园位于上海青浦城南，由我国大型殡葬业公司福寿园集团建造。园区占地 800 多亩，自 1994 年建园至今，园内有章士钊、闻一多、邓丽君、阮玲玉等名人墓葬。福寿园在传统文化的基础上，引入现代经营管理理念，以企业化的形式运作。园区内有七星叠翠、钟乳神工、六道佛塔等景观，使得园区的建造在传统的古典建筑、优美的庭院景色、独特的人文景观当中既有恢宏之势，又有典雅之气。另外，福寿园还专门建立了群体纪念平台，如新四军广场、刑警之魂纪念墙、遗体捐献者纪念碑、劳模丰碑园等，也成为园区宝贵的人文历史财富。

以上列举的两处我国著名陵园，一南一北，从青岛公益性公墓到福寿园集团公司化，两者存在诸多差异，也代表了我国现阶段两种殡葬形式的发展方向。两者的相似之处在于其中陵园环境优美，服务管理水平高。这使得殡葬设施功能不再局限于安葬及祭拜，而是成为教育、文化等多种功能的综合体。

## 三、国内外殡葬设施研究现状

### （一）研究历史

我国是世界上唯一将古代殡葬方法和习俗传承至今的国家，也是世界上最早形成殡葬设施选址和建设体系的国家。"堪舆"这一自成体系的学说以玄学的面貌主导着中国古代殡葬业的发展。从现代殡葬设施规划设计角度分析，我国对它的研究跟其他许多行业一样，"起个大早，赶个晚集"。数千年的成果不仅没有成为现代殡葬的研究基础，反而成为西方现代殡葬体系在中国推广的严重阻碍；另一方面，我国殡葬改革的现状恰恰证明，脱离中国传统照搬西方经验推行西方殡葬体系同样困难重重。

我国应该是世界上最早将殡葬设施规划研究形成体系的国家，就单一墓穴选址而言，我国殡葬设施规划具有悠久的研究历史，相关研究虽未形成一套详尽的体系，但各方面的研究均较为深入，自汉朝以来就在殡葬设施的单体建设及选址因素上出现了相关的理论和实践研究。形成于先秦时期的堪舆学说可以说是我国古代殡葬设施规划的核心，以"堪舆"为核心的墓地选址研究可以说一直贯穿了中国的历史，并对当代的殡葬设施布局产生了深远影响。然而这些研究多数基于玄学范畴，而现代殡葬设施规划设计的研究体系则起源于国外。

西方国家的墓地在呈现教堂墓地形态时期，就已经有专业的建筑设计师协调教堂建筑与室外的墓地空间，美国景观设计师阿道夫·斯特（Adolph Strauch）于 1887 年创立了美国墓园管理协会，并通过 F. J. 海特（F. J. Haight）的现代公墓（Modern Cemetery）表明已产生专业化的墓园设计师。20 世纪以后，专业的风景园林师开始正式进入墓园景观设计领域。1959 年，日本政府发布了一系列的墓园规划设计标准，包括墓地规模、配置和设施等内容。在德国的大学中也专门开设了墓园专业。

### （二）研究焦点

从关注点看，综合现有国内外有关殡葬设施规划设计的成果可以发现，当前有关殡葬设施规划设计的研究多数集中于设施单体的艺术化和生态化建设上。加拿大的萨拉·凯瑟琳·汤普森描述了美国殡葬设施商业化进程，并指出美国以至北美都已将殡葬设施阴森恐怖的氛围逐渐转变为轻松活泼的环境。澳大利亚的雅辛塔·M.麦卡恩认为殡葬设施空间是纪念性的，应该朝艺术甚至突破传统艺术的方向发展。比利·坎贝尔作为绿色殡葬的先行者，提出不用传统木质或石质安葬设施，转而使用更加自然的方式，开设了最早的"绿色墓园"。阿纳斯塔西娅·霍迪克（Anastasia Hodych）等则提出通过绿色公墓建设降低对环境干扰的观点。此外，由于西方国家往往将殡葬设施区视为城镇公共场所或绿地系统，因此十分注重殡葬设施以及周边生态保护、环境美化和社会影响等方面的研究。由涵盖生态学、艺术学、建筑学等众多领域的专家组成的研究组〔拉姆西溪保护区团队（Ramsey Creek Preserve Team）〕，从殡葬设施场所的环境保护作用、旅游促进作用等各个方面进行探讨研究，并形成一套"纪念生态系统"理论体系。美国学者德韦恩·A.班克斯在其《死亡经济学》中阐述了相关殡葬消费项目对美国家庭的影响。米姆·福克斯在其著作中提出政府和相关公立机构应在殡葬上体现社会公平性和责任感。英国政府则从1993年开始提议"坟墓再利用计划"，防止墓地成为荒废空间。

国内在这方面的研究也有一定成果，学者郑志明从殡葬礼仪出发分析了当前殡葬设施建设的文化考量。李健、陈茂福从法律层面阐述了我国殡葬法律立法体系。杨宝祥、章林等从殡葬法规、文明殡仪、生态丧葬等角度对殡葬设施单体的规划和建设提出了大量的理论探讨。王硕通过对我国殡葬改革历程的梳理和现状分析，提出了我国殡葬改革存在的问题和不足，并提出改革建议。郝锟认为现代殡葬活动场所的发展趋势是将墓园建成既能满足安葬和纪念逝者，也能为生者提供休闲、交流、文化传承等功能的精神场所。耿秀婷、偶春、陈雨婷、马凯等指出乡村墓地应建设成集多功能于一体的现代生态乡村墓园。

近年来，与殡葬设施紧密相关的"邻避"空间的研究开始增多，多位学者从社会学角度关注邻避空间和邻避冲突的形成机制和化解策略。也有部分学者从区位布局角度对邻避设施的选址进行了研究。杭正芳从邻避设施的区位选择入手，研究了邻避设施的社会影响；吴云清等系统梳理了邻避设施的国内外研究进展，并以南京市殡仪馆为案例，探讨了城市邻避空间的形成机制、扩散模式和演变规律；张颖对邻避设施区位分析系统构建进行了相关研究；赵阳阳从公众态度影响因素入手分析了邻避设施选址的基本原则。这些成果对本文拟构建的邻避指数测度体系具有较大参考价值。

综上所述，现有关于殡葬设施规划设计的研究主要集中在殡葬设施单体以及单一要素上，相关文献分别从殡葬设施建筑单体的组合、风格、形式、功能、社会影响等角度进行了系统论述，并从殡葬设施个体的生态化、园林化、景观化角度对殡葬设施的建设进行了探讨，而基于城乡空间管理的殡葬设施区域规划则涉足较少，仅有的少量关于殡葬设施选址的研究也基本以定性研究为主。其中基于邻避属性的研究在国内逐渐增多，其成果对于本课题的开展具有较大的参考价值。

### （三）殡葬设施区域规划与空间管理研究现状

#### 1. 殡葬设施区域规划体系研究现状

相较于其他研究，殡葬设施区域规划体系方面的成果屈指可数，但针对单一殡葬设施的规划和设计则有一定成果。加拿大的谢里尔·菲尔德（Cheryl Fields）于2002年以"墓园设计：超越传统"为题对墓园的设计方向进行探讨。辛迪·安·南斯对社区、人口、交通、城市以及法律法规六大要素进行分析，并基于GIS技术得出墓地选址主要和人口迁移模式相关的结论。丽贝卡·K.科特尔则从交通、迁移模式、人口以及地形四个方面对公墓选址进行了研究。张点从制度、环境以及社会文化角度分析了公墓规划要素，并运用GIS技术建立模型，生成SMSE、MCE两种在设计和选择不同阶段运用的选址方法；万昆从我国殡葬设施发展背景和趋势入手，从景观、技术、文化三个方面以定性的方式探讨了公墓规划体系和生态建设；吕佳、张聪达、林静针对北京市殡葬设施建设中存在的问题和特点，将生态限建要素作为殡葬设施选址布局的刚性影响因素；李葱葱强调殡葬设施选址需注重前期调研，特别是当地习俗以及祭拜年限等；陶特立、黄勇等以发现殡葬设施规划存在问题为基础，阐述了殡葬设施规划的重要性；孙政对殡葬设施空间规划的模式进行了探索，并以上海市浦东新区殡葬设施布局专项规划为例提出了渐进式节地型殡葬设施的布局体系。

梳理现状可以发现，区域性殡葬设施空间布局的研究成果往往注重某一类设施某一个单体的规划和设计，对于将殡葬设施作为一类城乡公共设施进行区域性布局的研究基本未形成体系。但分析形成这种研究现状的原因却非常有趣，导致当前国内外研究极少涉及区域空间布局的原因在国内与国外不同，国外许多国家对殡葬设施体现出更多的开放和包容精神，甚至有些国家居民不仅不排斥殡葬设施，反而将其作为城市绿地系统的一部分表现出欢迎的态度。在美国，墓地往往会成为周边居住区对住户的宣传卖点，把墓地经营成宁静的特殊福利园地已经成为国外殡葬设施发展的一个趋势，居民认为遗体或骨灰进公墓是天经地义，不存在任何抵触情绪，加上人口密度低等因素，根本不存在所谓的殡葬乱象。在这种背景下，对于殡葬设施的布局就如同一般城市绿地系统或常规设施的布局一样，不存在其特殊的研究价值，也就是说无须专门研究。

#### 2. 殡葬设施空间管理研究现状

在文献梳理过程中发现，对殡葬设施用地进行空间管理的专门研究目前尚未见报道，但在与其紧密相关的城乡空间管理方面则已经有了较深入的研究。汪劲柏、赵明提出建构统一的国土及城乡空间管理框架的设想；师子乾等以多规合一视角为切入点，探讨了大理市城乡空间管理事权的优化途径；庞俊、张杰按照现代管理学的理论对晋宋时健康城的空间管理制度进行了分析；王如松等从城市生态建设角度提出了基于区域、市域、城域和社区/园区4尺度的城市生态空间管理方略；陈浩，张京祥以南京市区为例分析了我国城市空间中功能与行政区的空间组织及其发展趋势；陈修颖分析了长江经济带空间结构形成与演化的基础，提出政府、城市管理与经营者和企业三方联合的空间管理机制。这些研究在区域空间管理方面已经开始形成体系，为快速城镇化背景下的城乡空间组织提供了较成熟的思路。此外，针对某一类设施的空间管理研究也正在逐步增多，研究对象涵盖大学校园、市政道路地下空间、城市地下空间、旅游景区、国家公园、城市公共空间等，但课题组并未检索到针对殡葬设施空间管理的相关研究成果。

从空间管理方法角度，周凤等以大连市某校园为对象提出了结合 BIM（Building Information Model，建筑信息模型）和 GIS 集成 3D 可视化模型的方案；姜波和陈祥葱对基于 GIS 的城市地下空间管理系统进行了探索；叶强等以长沙市为例，应用 GIS 技术研究了城市居住空间与商业空间的匹配问题，并提出建立基于 GIS 技术进行规划与现状的第三方评估的城市规划评估体系的构想；邓祥征等对基于经验统计的方法、多智能主体分析方法、栅格邻域关系分析方法和利用土地系统动态模拟系统的方法（DLS）等土地空间管理方法进行了系统梳理，并采用 DLS 方法进行了案例研究，为本文的撰写提供了成熟的方法支撑。

## 四、中西方公墓差异研究

《中华人民共和国城乡规划法》于 2008 年 1 月开始实施，原有的《中华人民共和国城市规划法》同时废止。教育部在 2012 年 9 月 14 日修改的《普通高等学校本科专业目录（2012 年）》里已经没有城市规划，替代它的是城乡规划。由此可见，我国现有城乡规划是在城市规划的基础上发展而来。追本溯源，现代城市规划起源于西方，我国现代城乡规划体系大部分仍是建立在以西方文化基础的城市规划理论上。我国与西方文化差异甚大，使得相关规划因不符合我国国情而实施困难。

### （一）殡葬文化差异

1. 死亡认知

我国自古以来就崇尚祭拜祖先，对于宗族之事也特别重视，很多人功成名就后会回乡修家谱，故在我国十分注重排字论辈和家族继承。即使先人去世很久，仍然要设置祠堂，认为其牌位以及坟墓是灵魂和肉体安息的地方，可以保佑后代，并认为"孝"的一个体现就是"厚葬"（图 1-7）。而西方则重灵魂，轻肉体，通过死亡进入天国，在葬礼上，没有很多繁文缛节，比较倾向"薄葬"。

2. 宗教信仰

我国自古以来没有一个统一宗教，许多人什么都不信或者又什么都信一点，这也反映了我国国人中庸的特点。但在潜移默化中，民众思想主要受到儒家、道家以及佛教的影响，丧葬也是以家族为单元。故在我国，一些人会选择诵佛念经来送走"故人"，另一些则选择道士作法的方式进行殡葬礼仪。同时不同地区、民族也存在其独特的殡葬形式。

而在西方，主要崇尚基督教或天主教，丧葬以教会为单元，整个流程基本都在教会进行。一般以牧师为主证人，以《圣经》为范本，形式与流程基本统一。

3. 东方堪舆与西方环境观

在中国传统文化中，堪舆学一直是殡葬文化的重要组成部分，特别是在明清时期到达鼎盛。

西方更注重环境的营造，与中国营造庄严肃穆的环境不同，西方墓园以安静祥和为氛围，更加注重生态保护。因其宗教观不同，认为人死后会有一副"新身体"，留在地上的终究化为尘土。故西方殡葬重视灵魂得永生，而对地上身体的存续看得较轻。

图 1-7　我国豪华墓

### （二）殡葬设施差异性

1. 运行机制

由于我国政治体制和市场开放化程度与西方有较大差异，所以我国殡葬设施一般为政府投资。虽然现阶段逐渐有民营墓园投资建设，但相对来说还较少，多集中于东部沿海等较为发达的地区，由民政部等相关部门负责监督管理。而西方殡葬设施建设虽也受地方政府审查，但除了国家墓园等一些特殊殡葬设施，一般采用市场机制，基本由私人投资兴办和管理。

2. 殡仪馆

我国现代殡葬设施并没有十分详细地区分，如殡仪馆，除火化以外，还有很多殡仪服务中心的功能，比国外业务范围更广，相当于国外殡仪馆与火葬场的综合。在数量上相对较少，基本分布在各城镇的市区或者镇区周边，并且在各个城市分级配置不均衡，城市越大，数量和种类越多。国外殡仪馆与我国差异较大，不仅安排在城镇等人口较多处，还呈均匀分布状态，满足各区域人们的需求。

3. 公墓

在墓地的建设上，传统的文化倡导要对逝者报以尊重的态度。故在墓地建设以及环境氛围塑造上，以庄严肃穆为主，甚至有点阴森恐怖。这与国人长幼有别以及死者为大的观念是分不开的。相反，国外思想则认为人应该和死者和谐共处，故将墓地打造成融合建筑、景观和雕塑等艺术的公共场所，具有绿化、休闲以及教育功能。现随着时代的发展，我国也逐渐开始接受这样的观念，但仍有很长的路要走，现阶段全面普及的阻力较大。

4. 殡仪服务中心

殡仪服务中心是我国特有形式，和国外殡仪馆功能类似。一般来说殡仪服务中心与殡仪馆最大的区别就是没有火化功能，重点是给死者家属提供举办丧事的场所，并提供相应服务。

另外，国外殡仪馆一般与社区结合布置，方便周边居民。而我国现阶段难以实行，民众接受程度不足，甚至十分反感殡葬设施离住处距离过近。故在我国应长远考虑，应因地制宜开展该项工作。

5. 组合模式

由于中西方殡葬理念的不同，而使得殡葬设施的设置模式也区别较大。国外火葬场一般位于墓园内，与墓地结合使用，而不是国内那样一般将墓地和殡仪馆分开布置。这与我国现有土地利用和实际国情有关。

另外，在我国各类殡葬设施的组合模式也多种多样，既有综合殡仪馆、公墓、骨灰寄存楼三位一体的混合模式，有两者结合，也有独立公墓或殡葬馆。我国疆域辽阔、自然环境迥异，应灵活应用各类殡葬设施。

### （三）殡葬设施规划选址的差异

1. 场地的豪华与简洁

中国自古受到各派宗教思想融合的影响，佛、道两教都有得道升仙以及极乐世界的思想，即使是下了"阴曹地府"，也得住得舒服、用得舒服。故我国民众崇尚"厚葬"。墓地和活人住宅相似，要有"前庭后院"。而国外主要受到基督教思想影响，推崇灵魂上天，身体只是短暂的。故其墓葬选址较为简单，只是以艺术墓或十字架为代表。

2. 场地的自然与人文

同样受到文化影响，一些人认为人死后祖坟风水可以影响到世世代代，故十分看重风水选择，"青龙白虎"必不可少，最好位于"龙脉"上，可令整个家族兴旺不衰（图1-8）。在国外，早期的人死亡以后葬在教堂，之后葬的人越来越多，开始向教堂周边发展（图1-9）。在一定程度上，人们都相信死并不是一了百了，只是所信不同，导致墓葬选址有所差异。

图1-8　以风水自然环境为主　　　　图1-9　以教堂人文环境为主

3. 对待死者的态度

在我国，人们对鬼神敬而远之，故墓葬之地，必然是环境极佳但人烟稀少的荒郊野外。中国的墓地讲究肃穆严整，在里面大声喧哗或者嬉笑打闹是对死者的不敬，除了忌日或清明等，白天人迹罕至。而在国外，人们对逝者持尊敬态度，又能与之以平和的态度相处，所以很多国外公墓与公园结合，人们可以在里面休憩，游览。在中国，如果将墓地放在公园或较为热闹的区域，会认为打扰逝者休息，也会影响干扰周围气氛。

**（四）我国现代殡葬法律法规进展**

自中华人民共和国成立以来，就十分重视土地利用。传统殡葬设施占地大，周期长，且管理困难，故随着社会经济的发展，殡葬相关法律法规也在不断跟进和完善（表1-1）。

我国殡葬相关法律法规进展情况 表1-1

| 年份 | 法律法规 |
| --- | --- |
| 1965 年 | 《关于殡葬改革工作的意见》 |
| 1981 年 | 民政部《关于进一步加强殡葬改革工作的报告》 |
| 1985 年 | 《国务院关于殡葬管理的暂行规定》 |
| 1990 年 | 《殡仪馆等级标准》 |
| 1997 年 | 《殡葬管理条例》 |
| 1997 年 | 民政部《关于禁止利用骨灰存放设施进行不正当营销活动的通知》 |
| 1998 年 | 《国务院办公厅转发民政部关于进一步加强公墓管理意见的通知》 |
| 1999 年 | 民政部《关于在清明节期间开展文明祭祀活动的通知》 |
| 2000 年 | 《关于特殊坟墓处理问题的通知》 |
| 2005 年 | 《关于进一步加强殡葬管理的紧急通知》 |
| 1997 年 | 《浙江省殡葬管理条例》 |
| 1999 年 | 《浙江省公墓管理办法》 |
| 1995 年 | 《杭州市殡葬管理条例》 |
| 2003 年 | 《关于在全市农村推行生态墓地建设的意见》 |
| 2002 年 | 《临安市殡葬管理实施办法》 |
| 2004 年 | 《关于整体推进殡葬改革工作的实施意见》 |

注：2017年临安撤市设区。

1985年国务院颁布的《国务院关于殡葬管理的暂行规定》是我国殡葬行业首部具有法律效力的条款。该规定主要提出在人口稠密、耕地少、交通便利的地区应补助推行火葬。禁止占用耕地以及在名胜古迹、风景区、水库、公路用地两侧葬坟。提倡利用荒山瘠地建立公墓。该部规定的出台，使得我国殡葬行业正式走向规范化、法制化的道路。但其中很多条款仍处在初期探索阶段，存在不足和欠缺。

1997年我国出台了《殡葬管理条例》，这是在1985年《国务院关于殡葬管理的暂行规定》基础上作出的进一步深化。较上一部规定不同，《殡葬管理条例》在火葬上的实施力度开始加大，积极且有步骤地实行火葬，提出节约殡葬用地、提倡文明节俭办丧事。在殡葬设施体系建设上，条例指出，将新建和改造殡仪馆、火葬场、骨灰堂纳入城乡建设规划和基本建设计划。

2008年，在《关于进一步规范和加强公墓建设管理的通知》中强调，民政部同发展改革、国土资源、环保、建设、林业等部门，抓紧制订本地公墓建设规划。该通知在原有法律法规基础上，突出强调了要依据现有公墓穴位存量、已安葬数量和城镇居民年均死亡人口数量等实际情况，对公墓数量、墓穴数量和占地面积实行总量控制，公墓选址必须符合土地利用总体规划和城乡规划。并提出经营性公墓建设须经省（区、市）人民政府批准并报民政部备案。

以上几部殡葬法律法规是从我国第一部殡葬管理规定开始，逐渐发展演变而来的。而在分析这几部重要的殡葬条例与规定后，可以发现，我国关于殡葬服务设施的规划法律法规并不十分完善，很多因素只是定性分析，并没有给出明确要求。

## 五、公墓规划设计要素总结

随着殡葬行业法律法规出台与实行，殡葬服务设施专项规划在近几年发展迅速，不少城镇开始重视殡葬设施发展，编制殡葬服务设施专项规划。但现阶段大多殡葬设施规划均以纲领性、定性为主，且大城市明显多于小城镇。

民政部在民政事业发展第十三个五年规划中发布了《殡葬基本公共服务体系建设规划》等五个重点规划。提出在殡葬管理上，需要完善殡葬管理政策、健全殡葬标准体系。在火葬区大力推行树葬、海葬、立体葬等生态安葬形式，以奖补、激励等方式树立殡葬新风尚；在殡葬服务方面，发展公益性殡葬基本服务，支持基础殡葬设施建设，加强殡葬服务管理以及运用互联网等新兴服务手段提供更多优质的殡葬设施公共产品。

在《四川省"十三五"殡葬服务设施体系建设规划》中指出，在依法推进殡葬改革的基础上，需要不断加强殡葬设施建设。市（县）建设1个以上4个以下带火化功能的殡仪馆，在人口较多的区域可配合建设1个以上4个以下的殡葬服务中心。新扩建殡仪馆22个，县级公益性骨灰安放（葬）设施15处，全省火化程度达100%，公益性以及生态性公墓占50%。在规划中，还明确规定规划重点项目，包括少数民族聚集地等。

《广东省殡葬事业发展"十三五"规划》则重点突出优化骨灰存放设施资源配置，加强生态殡葬建设，新增公益性骨灰安放设施150处以上，在县级行政区覆盖率达90%。提升殡葬服务水平，向均等化、标准化、质量化方向发展，着重建设殡仪馆创新、节地生态、农村殡葬以及信息化工程。

在2013年发布的《河南省殡葬设施数量布局规划》当中，分别从殡仪馆、公益性公墓、经营性公墓以及殡仪服务中心4个方面进行定义布局。规划详细到各市、县殡葬设施数量，到2025年，全省规划新建经营性公墓15个，殡仪馆29处。

《南京市殡葬设施专项规划》于2015年发布，远期规划至2030年。规划中将殡葬服务设施分为殡仪馆、经营性公墓、经营性塔陵、公益性公墓、公益性骨灰堂、回民公墓、宗教公墓7类。在全市范围内规划殡仪馆7处，占地面积约602亩，并结合建设7处以上殡仪服务中心。经营性公墓（含塔陵）23处，占地面积约2713亩；经营性公墓135处，占地面积5427亩，骨灰堂60处，其中独立13处。在选址上，镇、街人口数量超过3万或服务半径超过5km的可增建1处墓园，公益性公墓周边5km范围内不得再新建其他公益性骨灰安置设施。

《义乌市殡葬设施布局规划（2014—2030年）》主要将殡葬设施规划分为4个部分。不另外建设新殡仪馆，在原有基础上进行升级改造；按相对集中思想，全市规划建设13个骨灰堂，除主城区布置两处以外，其余镇街均规划一处。义乌市在规划中计划将公墓逐步以骨灰堂形式取代，随着骨灰堂建成，分批关闭村级公墓，空穴墓拆除并绿化。同时在建设骨灰堂时，大力开展生态葬区建设，推广绿色殡葬。

相对省市级专项规划，县区级专项规划成果较为简洁。如《象山县殡葬设施布局专项规划（2013—2030）》，指出重点发展各乡镇1～3处镇乡级中心公墓，规范各村联建公墓，对设施简单、无管理的小型公墓进行逐步封园处理。

在杭州市余杭区出台的《殡葬设施布局专项规划（2010—2020）》中，计划新增经营性公墓1处，公益性骨灰存放室11个，殡仪服务中心（站）11个。至规划末期，全市骨灰安置以大型骨灰存放室为主，推广树葬等生态型葬法。

从以上殡葬服务设施专项规划分析来看，我国现阶段殡葬设施专项规划仍旧主要以西方城市规划及我国城乡规划体系为基础。以行政区划分、人口分布、土地资源利用等方面为依据进行规划选址，却少有辅以我国传统文化以及民风民俗等相关规划因素。在国家及政府所设定的语言中，认为现今殡葬设施规划与文明、科学相连，而传统殡葬文化则是迷信落后的。这使得政府规划与传统习俗相冲突，导致不少殡葬设施规划无法落实。

## 六、公墓规划设计要素总结

由于殡葬设施规划发展滞后，且我国幅员辽阔，地域性差异明显，各族人民殡葬习俗不一，短期内较难形成一套统一的殡葬规划体系。另一方面，我国城乡规划体系在经过快速发展后，已逐步成熟，无论在法律法规上还是在编制内容以及技术手段上已基本可以符合我国城乡发展与建设。殡葬服务设施作为城乡基础设施的一部分，在充分分析城乡规划起源和发展的基础上，以城乡规划中的相关因素为参考，总结相应要素。

### （一）生态与环境

1. 地形

地形一般指的是地表各样的形态，这里指殡葬设施用地呈高低起伏的状态。墓地除平原地带外，山区丘陵的地形较为复杂，可分为面状、线状和点状。面状主要是指大面积群山，连绵不断的山脉形成面状；线状顾名思义，山脉组成呈线状，该类山脉一般为城市或者乡镇背景景观，不宜建设大面积墓区；点状山多指离开群山的孤山，该山一般作为城市乡镇制高点，可做城市公园或景观，不宜建设新的墓区（图1-10～图1-12）。

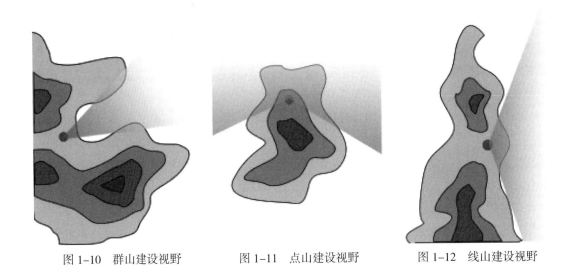

图 1-10　群山建设视野　　　图 1-11　点山建设视野　　　图 1-12　线山建设视野

2. 坡度

首先，坡度较大地影响着墓区建设的土方量，若山体坡度较小，则建造墓区需要一定量挖方；在坡度适宜的情况下，填、挖方可以平衡，也是在经济和技术上最适宜的；若坡度过大，则会加大挖方和填方量，耗费的人力物力都较高。

再者，坡度影响人们的使用舒适度。坡度越小，人们所花费的力气越小，舒适度就会越高，可以满足步行和车行需求。相反，若坡度过大，则会令人感到疲惫，也不利于交通设置（图 1-13）。

最后，坡度还会影响到景观感。坡度越大，景观敏感度越大，对人的视觉冲击越大。而坡度较小的情况，会使得墓区不那么突兀，具有较好的隐蔽性。

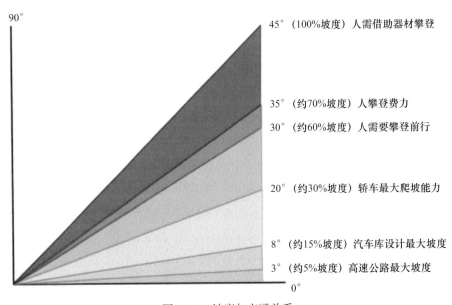

90°

45°（100%坡度）人需借助器材攀登

35°（约70%坡度）人攀登费力

30°（约60%坡度）人需要攀登前行

20°（约30%坡度）轿车最大爬坡能力

8°（约15%坡度）汽车库设计最大坡度

3°（约5%坡度）高速公路最大坡度

0°

图 1-13　坡度与交通关系

3. 朝向

无论是阴宅还是阳宅，其朝向基本为坐北朝南。因我国位于北半球，阳光皆从南面照射过来，宅子好的朝向可以得到充足的光照。另外，我国大陆上的冷高压形成于内蒙古高原地区，吹出寒冷干燥的东北或者西北季风，所以宅子南向且背靠山体，也可以有效地抵挡冬季风。在一定范围内容易形成地区性的小气候，使得整个墓区中的植物蓬勃生长，为墓区带来生气。

4. 土壤

我们现在所看到的土壤基本都是千万年来，岩石不断受到风吹雨淋，并通过各种方式，最后沉积而形成。土壤按照颗粒大小不同可以分为壤土、砂土和黏土，这三类土壤是根据其颗粒物大小，成分差异以及含水量来区分。其中砂土的承重能力最好，且含水量低，但较难挖掘，故古时一般会选择壤土作为埋葬点，现今技术的发展，以及火化的开展，对土壤要求不高，只要土壤有一定厚度，有利于墓区建设和植物生长即可，但在墓区选址时，仍要考虑区域土壤情况。避免造成过大的施工量。

5. 植被

从植被覆盖情况往往可以看出该地区土壤状况以及地下水、气候等条件因素。我国古代殡葬设施的选址就十分看重地块内的植被状况。植被茂盛，表明当地气候、降水、土质、温度等适合生物生长，故也成为死后安葬的理想之处。

随着我国土地资源的日趋紧张，特别是环境优良、植被茂盛的山体以及肥沃的良田耕地等，国家已明令禁止在其中建造新墓。我国现阶段已颁布法令条文，鼓励在较为贫瘠的山体建设墓区，一方面可以防止对现有环境的破坏，造成更为严重的青山白化；另一方面可以通过墓区建造以及植被的重新覆盖，改善原有山体状况。

6. 可扩展性

墓区选址地块在满足短期规划内的需求外，要留有一些空地，为未来发展留下条件，故要有一定的可扩容性。这与城乡规划中相关理论相似，殡葬设施的建设也不能一蹴而就，而是应该分时分步进行。所预留的空地，随着时代的发展，可考虑其他形式的殡葬类型，对一处区域殡葬设施的发展有着重要作用。

在规划初期进行选址时，需要着重考虑设施营地的可扩展性。这也有利于控制公墓数量，杜绝资源浪费现象产生，防止四处建公墓。若前期考虑不周，用地可扩展性小，容易使得该处殡葬设施后期发展受限。

7. 环境保护区

指城市范围内环境敏感区，如水源涵养地、自然风景旅游区等。水是人类生活的源泉，与人们日常生活息息相关，各类规划都需要考虑到对水源的影响。选址应避免邻近各种水源，特别是饮用水源，否则很可能造成水污染。生态公墓和自然风景旅游区具有一定的相容性，但应避免选址旅游区核心区，与景区实现协调发展，融入景区。

另外，我国现阶段对一部分新型殡葬形式如壁葬、草坪葬、花坛葬等尚无法完全接受。若强行将其安置在公共公园或旅游区等地，可能会造成适得其反的结果。故殡葬设施的规划选址避开环境保护区，除对自然环境的保护外，还应考虑对人们心理影响的因素。

**（二）经济与产业**

1. 城镇与居住聚居区

我国无论是在城市还是乡村，居民都不愿意一些基础设施邻近自己的家，这是所谓的"邻避性"。如垃圾场、污水处理厂以及殡葬设施等，这些基础设施所产生的利益由整个区域内的所有人共享，但其影响集中于周边居民，由此产生冲突。过于靠近居民区会导致民众反应激烈，不利于墓区的建设和管理。

相反，若殡葬设施离居民区距离过远，又会对附近居民的殡葬及清明祭拜等造成不便。一方面使得民众对规划选址产生不满，影响使用效果；另一方面，过远的交通，也会造成交通压力以及安全管理方面的问题。故在公墓选址时，需尽量避免与居住区靠得太近，又不能过远，需要综合考虑。

2. 道路交通

人们进入墓区需要通过道路，所以进入墓园路径需要合理规划，尽量避免墓区必经之路穿过居住区中心。如处理不当，会引发社会矛盾。同时在《公墓管理条例》当中也明确规定，墓区要避免建设在城市主干道两侧。尽量不要选址在公路或铁路等视觉交汇点。

道路交通也需要考虑其经济性，越是偏僻地区交通越是不便，这关系到墓址的服务距离、建设成本、通达程度等因素。要能让人们能够方便地使用公墓，又不影响景观。

3. 外部性

外部性是指单位生产行为（或消费行为）影响了其他生产单位（或消费者）的生产过程（或生活标准）（图1-14、图1-15），所以外部性又可以分为外部经济性与外部不经济性。

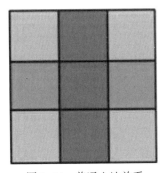
图1-14 普通土地关系

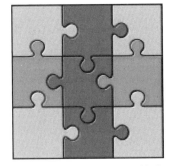
图1-15 "外部性"土地关系

外部性原来是经济学中的一个概念，是一种系统反馈机制。简单就殡葬设施来说，假若一个公墓选址在居住区附近，那么这块居住区价值就会下降，是外部不经济性；相反，如果把墓区设置在公园附近，那么前来墓区的人会给公园带来更多的人流量，这则是外部经济性。所以外部性在殡葬用地的选择中十分典型，需要在规划时适宜地把握。

### （三）人口与社会

1. 人口覆盖

殡葬设施属于基础设施，每个家庭都无法避免。特别是在一些较为偏僻的山区乡镇，殡葬设施范围覆盖概率低，会导致乱埋乱葬现象产生，同时也不利于社会公平。故在选址时，需要考虑人口分布及人口密度等因素。

我国现阶段交通迅速发展，东部沿海已实现村村道路硬化，高铁网的建设也愈加完整。无论是在长途还是在短途，人们的路途中所花的时间越来越少。但需要认识到的是，仍有一些偏远山区交通不便。故也需要考虑一些地形复杂、交通不便区域的殡葬需求，要基本做到完全覆盖。

2. 民众认可度与政策引导因素

民众对公墓许可程度直接影响到殡葬设施的实施与发展，以及殡葬改革是否顺利进行。殡葬设施符合人民意愿，也有利于政府部门管理。中国各处风土人情和经济条件都不一样，故在选址时应充分尊重当地人民意愿，循序渐进，一步一步进行殡葬精神的落实。为保持政策连续性，应严格按照规划要求进行控制。

对于一些现有不符合标准的公墓及已有安葬的私墓，政府应严格把控，防止该种现象继续发展。一方面开展宣传教育等鼓励工作，另一方面也需要加强管理调控，实现"两手抓"。

3. 依据上位规划，平衡发展

近年来，由于城市加速扩张，一些原来位于城市边缘的墓区逐渐被城市包围。城市快速发展，使得殡葬设施用地与城市其他用地之间产生了众多矛盾。同时，在殡葬设施选址时，需依据上位规划，考虑与周边环境适宜度，减少用地之间的矛盾与冲突。

我国城镇现阶段处于快速发展中，各类规划层出不穷，有些跟不上时代的发展，有些与其他部门所出的规划产生冲突。随着城市化的进程，墓地区与其他类型用地之间产生了许多不和谐之处，出现"活人与死人争地"的局面。同样，新开发的公墓在将来也有造成环境和社会问题的可能。因此，必须通过一种整合的方式审查各种用地，尽量减少冲突，达到最有效的平衡，同时协调社会经济发展和环境保护的关系，以达到可持续发展的目标。

### （四）历史与文化

1. 家族性

自原始社会开始，群族部落就开始产生。特别在我国，人们对家族家庭的重视从"家和万事兴"等谚语俗语中可窥一斑。无论是在新成员的出生、婚嫁甚至乔迁等重要事项上，都少不了亲友的参与。故自古我国殡葬就是以家族为单位来进行，许多人去世之前的遗愿就是安葬在自己的家乡。同时，也存在许多人荣归故里后修建族谱、建造祠堂等家族性事业，足可见我国对家族的重视。

人们希望死后可以葬在自己的家乡，这是我国传统"落叶归根"的思想，甚至一些人在生前就已经在祖坟附近修建好自己的坟墓。不愿意葬到公墓当中，更不用说是在属于其他行政区域的殡葬设施。所以在殡葬服务设施选址时，需要考虑当地民众的"归根性"，很多人即使公墓条件再好，也不愿意"客死他乡"（图1-16～图1-18）。

图1-16　家族祠堂

图1-17　家族排位

图1-18　家族坟地

### 2. 传统与风俗

中国墓区和西方国家有着明显区别。不像西方现代公墓，甚至可能成为一个公园或娱乐开放场所，中国墓地被认为是危险的。因为它是一个明确的空间，代表着是空间贡品，是社会历史的物化和当地社会结构的一部分。

我国传统的丧葬习俗主要包含图腾崇拜、鬼神观念、礼仪、禁忌、方术等方面。每个民族都有其独特的殡葬礼仪，不同的历史时期、不同的地域、不同的文化、不同的民族也必然反映了不同的形式和特点。在安葬逝者遗体、安慰逝者灵魂的表层意义下，还承载着反映社会生活、地区文化传播以及"以死教生"的深层含义。

### （五）技术与信息

#### 1. 工程技术

随着科技发展，建造技术也在不断地改进。如原有一些坡度较大或建设条件不佳的地区，现在同样可以在其上建造殡葬设施。一方面节约用地，使得原本无用的地域可以被利用起来；另一方面也可以保护现有的良田林地，做到可持续发展。

另外，除殡葬设施建造技术的飞速发展外，交通、环境、景观塑造等方面也都有了较大的进步。这使殡葬设施的规划选址以及建造有了更多的选择和发展。技术上的发展使得原有殡葬生态化、持续化、艺术化等渐渐得到实现，为今后殡葬发展提供了坚实的基础。

#### 2. 网络信息化

信息化时代的到来，在很多方面改变了我们的生活。在殡葬方面，开始出现电子扫墓和网络祭拜等新形式。随着社会科技进步，"互联网＋殡葬"这些方式的转变也势必会对殡葬设施地址选择带来影响（图1-19～图1-21）。

原有殡葬设施"负魅场效应"带来的影响使得我国多数殡葬设施位于城市的郊区。这必然给城市的交通、环保等带来压力。而对于殡葬改革的最终目标——骨灰的不保留使得大家需要找到一个新的载体寄托对亲人的思念。因而，虚拟的网络化安葬设施应运而生。在不带来交通、环境压力的同时还能够实现无时空限制的拜祭，成为未来安葬设施的一个趋势。人们在网上进行虚拟鲜花祝福，既能够保证家属对亲人的缅怀，又能避免对环境造成压力。

图 1-19 二维码记录生平

图 1-20 手机祭拜

图 1-21 网络扫墓

## 七、殡葬服务设施规划存在的问题

### （一）殡葬服务设施规划因素日趋复杂

随着时代快速发展，在殡葬设施规划设计编制程序中，所需要考虑的因素逐渐增多。殡葬服务设施规划设计同样开始涉及建筑学、历史学、地理学、规划学、景观学、社会学等众多学科。

在生态学方面，我国对生态环境保护愈加重视，绿色殡葬被大力推广。绿色殡葬既是殡葬活动绿色转型的新理念，也是新伦理和新制度，还是践行环境伦理和生态文明的新实践。不仅在遗体火化方面，在骨灰安置方面同样提倡绿色低碳、可持续发展的理念。新型殡葬形式如树葬、草坪葬、花葬、海葬等比例显著提高。

在规划学方面，随着我国交通设施的健全，道路网已基本辐射全国各处殡葬设施。我国各地殡仪馆以及公墓数量迅速增加，需建立以道路为骨架，殡仪馆为中心，墓地为主的规划格局。

殡葬服务设施编制影响因素日益复杂，对规划设计人员提出了更高要求，使得殡葬设施规划朝着综合性方向迈进。

### （二）殡葬服务设施法律法规发展滞后

自我国开始第一次殡葬改革后，相关法律法规逐步形成。国务院在 1985 年颁布《殡葬管理暂行规定》，这是我国第一部具有法律效力的殡葬业条款。随后在 1990 年，关于殡葬行业的等级评定标准出台，如 1997 年的《殡仪馆等级评定办法》等，标志着我国殡葬行业开始走向正规化。在 1997 年国务院颁布《殡葬管理条例》后，各省市、地区先后出台殡葬建筑、服务等相关地方性法律法规。在依法治国的大背景下，殡葬服务设施相关法规条例日趋完善，开始覆盖殡葬行业的各个方面，有力地推进了殡葬改革的有序进行。

殡葬改革实行以来，各地积极推行火葬，现阶段我国大部分地区已实现遗体火葬的目标。这是殡葬改革的一大进步，使得我国在土地资源利用以及环境保护上取得重大突破。但另一方，在遗体火化后，骨灰安放又成为一个大问题。1997 年施行的《殡葬管理条例》年代久远，已无法满足现今殡葬行业发展，各地所推行的相关规定条例，特别是在广大农村地区，很难完整地实行。

### （三）殡葬服务设施规划体系尚未建立

由于对殡葬设施规划重视度不足，使得殡葬服务设施规划发展滞后。殡葬设施用地在现行《城市用地分类与规划建设用地标准》GB 50137 中，属市政公用设施用地，但在住房和城乡建设部颁布的《城市规划编制办法》及其实施细则对市政公用设施规划的编制要求中，并未包括殡葬设施的内容。由此导致在编制城市总体规划、分区规划和控制性详细规划时，绝大多数城市都忽视了殡葬设施的规划，从而产生了一系列问题。

重视程度不足，也导致殡葬行业乱象频生。在我国，殡葬行业主要由民政部门管理，大部分地区不允许多家经营。但基于殡葬行业存在较大利益，一些地方企业和社会力量掺杂，致使矛盾或明或暗地存在，甚至发生激烈冲突。普通民众在这个利益博弈的过程中，基本没有话语权，利益任人分割。殡葬事业由于其社会福利事业的特殊性质，国家在政策和土地使用上有优惠，又不可能完全放开市场。在政策和管理上的不完善、不健全，势必影响殡葬行业、殡葬企业的发展。

在中华人民共和国成立初期，开始实行殡葬改革、倡导遗体火化时，最需要改变的是中华五千年历史中根深蒂固在人们心中的观念，故改革初期困难重重。但在国家出台相关法律法规后，结合思想上的指导，人们渐渐接受遗体火化。由此可以看出，对新环境的接受，政策有重要影响。

近十几年我国城乡规划发展迅速，无论是从理论还是实践、从国外经验汲取还是我国自身发展探索都有长足进步。但殡葬服务设施作为一项不可缺少的基础设施，却没能得到应有的重视，规划业内也鲜有对此的研究与思考，这也导致殡葬设施规划尚未在我国形成一个完整的规划体系。

虽然我国提倡城乡一体化，但实际情况是无论在物质条件上还是思想上，城乡都还存在一定差距。城和乡在规划当中所面临的问题也不同，故在进行殡葬设施规划时，需要综合考虑城乡差别，探索适合城市和乡村发展的殡葬服务设施规划。

### （四）殡葬服务设施规划未能较好落实

由于殡葬设施属民政局管辖范围，故相关选址以及建设均由该部门完成，虽在项目审核时会与其他部门沟通、交换意见，但在规划建设上仍具有较强的独立性。这也导致殡葬设施编制工作未能纳入城乡规划体系，造成殡葬设施选址不当以及布局失衡，甚至与其他部门用地之间产生冲突。殡葬服务设施规划布局，需要民政部门协同其他相关部门共同制定，将殡葬设施真正作为一项重要的城乡基础设施来看待。

### （五）殡葬行业服务管理水平参差不齐

随着社会经济的快速发展，我国殡葬行业与国外交流更加密切。如北京举办的第四届殡葬设施用品展览会，吸引了大量外国企业参展。这些活动的举办，不仅让世界认识我国殡葬事业的发展，也使得我国殡葬服务业再提升一个档次。

另外，在殡葬服务方面，民政部在近几年邀请相关专家编写《殡葬接待服务》等多项行业标准，这些标准的颁布，使得殡葬业服务更加规范化，提升了服务水平。同时，随着市场经济的活跃，越来越多私人企业开始向殡葬行业发展。竞争的产生，也带来了服务的提升。

在殡葬设施保障方面，我国一些地区殡葬服务设施已覆盖城乡，公益性殡葬设施网络逐步完善，可满足地区内居民相关需求。对待不同对象，政府制定相应优惠政策，如对一些外来务工人员或贫困家庭，可减免殡葬费用。对于实施新型殡葬形式的民众，还有部分奖励措施，以鼓励更多民众接受绿色殡葬方式。

但殡葬行业服务管理也存在不少问题和矛盾。在我国，殡葬服务行业现阶段依然多为政府主管，管理机构和服务机构实为一体。这种政企不分状态，在市场经济的大背景下，产生了越来越多的问题，难以适应殡葬行业发展。

## 第三节 我国古今殡葬服务设施规划演变进程研究

### 一、传统殡葬文化的演变

#### （一）堪舆文化

堪舆在我国历史悠久，也被称为风水、青乌术和青囊术。"风水"一词最早出现在我国东晋时期郭璞的著作《葬经》中："葬者，乘生气也，气乘风则散，界水则止，古人聚之使不散，行之使有止，故谓之风水，风水之法，得水为上，藏风次之。"风水学流派主要分为形势派、理气派和命理派，在这三大类之下，又分为各种小类，但主要原则基本为天人合一、阴阳平衡以及五行相生相克理论。

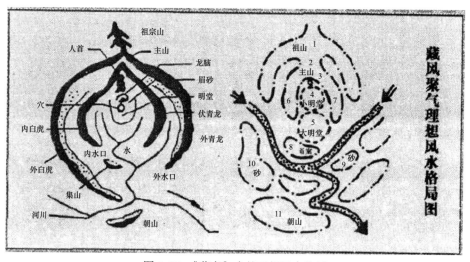

图 1-22 《葬书》中的理想风水格局

汉代著作《青乌先生葬经》中描写道："气乘风散，脉遇水止，藏隐蜿蜒，富贵之地。"该著作中。虽未完整提及风水二字，但已经对殡葬用地的风、水以及地势环境作了评判。在清朝谈养吾的《玄空本义》中描写道："葬字象形，上草下土，而中为一死字，草即生气之发于外者，不得生气，则草为死物，而土亦成死土矣。"

在清朝姚廷銮所编写的《阴宅集要卷一》当中写道："水若行时龙亦行，水若歇时龙便歇"，可以看出水系对整体环境的塑造十分重要。《葬经》中："风水之法，得水为上，藏风次之。"

### 1. 水

水作为风水学中最重要的一个元素，其蜿蜒灵动的姿态可以盘活整个区域内的生气。水同样被看作是地之血脉，《水龙经》强调了水的几个方面。

古人相信，水流环绕就像一个天然屏障，可以将生气活起来，并环于中间，使得昌盛之气不外泄，起到兴盛聚财的效果。

### 2. 山

《葬经》中记载："地势原脉，山势原骨，委蛇东西，或为南北。宛委自复，回环重复，若踞而候也，若揽而有也；欲进而却，欲止而深，来积止聚，冲阴和阳。土厚水深，郁草茂林，贵若千乘，富如万金。"

另外，山中及其周围土壤条件也是选择依据之一。在我国古代，土分为不同颜色，分别代表五行。在五行学说当中，金气凝则白，木气凝则青，火赤、土黄皆吉。唯水黑则凶。从地质学角度来看，根据土地结构和颜色，可以推断出当地山水的实际情况。黑色土壤大都长期受到水的浸湿，一般多为滩涂淤泥区域。所以，好的土壤一般质地厚实，细腻，在选择殡葬用地之时，红黄土代表吉，青黑则代表凶（图1-23）。

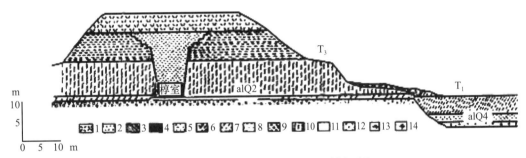

图1-23　汉代马王堆一号汉墓地质剖面图

1. 封土：浅砖红色或土；2. 墓坑夯土（五花土）：杂色黏土；3. "白膏泥"：浅黄色及浅灰白色黏土；4. 木炭；5. 墓外夯土：上部为浅橘色黏土，下部为灰绿色与黄褐色黏土；6. 人工堆积与坡积；7. 棕黄色黏土、砂质黏土；8. 砂；9 砾石；10. 网纹红土：具有网纹构造的砖红色黏土、亚黏土；11. 橘黄色砂；12. 砂砾石；13. 静止水位；14. 初见水位；alQ4：全新统冲击层；alQ2：中更新统冲击层；T1：浏阳河第一阶级地；T3：浏阳河第三阶级地

### 3. 堪舆中的荒谬性与科学性

堪舆中的荒谬性：堪舆中理论在我国殡葬设施选址中有着重要地位，但古人在其中掺杂不少封建迷信成分。主观地认为祖先殡葬对后代有着重大影响，这使得历代帝王将相不惜重金，耗费大量人力物力选址、建造陵墓。而一些所谓的风水师，利用这点选择吉时吉地，故弄玄虚，趁机大捞一笔。

风水的科学性：堪舆中学说确有不少封建迷信成分，但有一部分理论及实践是以早期对地理、地质、气象等的科学研究为基础而得出。不管是阳宅还是阴宅，其规划选址或多或少融入堪舆中理论，与我国的园林学、建筑学相辅相成，形成我国独特的建筑文化。另外,在殡葬设施选址中,三面环山,一面临水的选址手法,实际是对朝向以及微地形的运用,同时融入景观学、生态学等自然科学,具有一定的科学参考价值。

### (二)儒家文化

儒家在我国是以孔子和孟子为代表的重要学派,其思想一直在我国占主导地位。在殡葬文化方面,儒学促成了我国殡葬思想的成熟,并形成完整的丧葬程序。儒家丧葬思想主要突出"孝"和"礼",强调孝道的需要,生前需要孝敬父母长辈,即使在他们死后,也要尊敬他们。其敬鬼神而远之的态度,使民众逐渐放弃鬼神理论,原始宗教逐渐衰落,成为中国传统殡葬文化的基础。

儒家思想虽然对殡葬选址没有明确要求,但其对于殡葬礼仪以及祭拜流程都作了十分明确详细的规定。特别是在伦理和尊卑上,儒家强调不仅要在活人中,在殡葬礼仪上也应体现长幼尊卑(图1-24、图1-25)。在"孝"和"礼"的基础上,儒家提倡"厚葬",从一系列葬、丧、居丧、丧服等环节、礼仪的复杂上就可以明显体现出来。2006年,首家以"儒家"文化为主题的公墓诞生,这也说明儒家文化在我国传统文化中的重要地位。

图1-24 儒学二十四孝之"刻木事亲"

图1-25 儒学二十四孝之"卖身葬父"

另外,儒家学派提倡用伦理道德,而非法律和暴力的思想,使得儒家文化渗入我国社会各个角落。这也是值得规划者学习的一点。

### (三)道家文化

道家文化与儒家文化相同,是我国本土教派。创立自先秦,以老子和庄子为代表。道家崇尚"道",是宇宙万物的根源,也是其运行规律,这也充分体现在了"道生万物、道法自然"这一句话中。道家作为我国传统文化中重要的组成部分,对于生命本源之道有着很多的描述。道家学派认为人是自然中的一部分,是道的一部分,故应顺其自然、顺应天道。其"无为而治"的世界观和价值观,使道家学派的殡葬思想与儒家截然相反。

道家认为人死后会"羽化而登仙"(图1-26)。庄子认为"夫事其亲者,不择地而安之,孝之至也。"即孝道不用在殡葬仪式上大操大办来体现,而主张薄葬,自己也身体力行。道家这种超然而又充满理性的思想,对我国后世有着极大的影响。

图 1-26　道家之升仙图

### （四）佛教文化

佛教起源于印度，在东汉传入我国，经由三国两晋南北朝近六百年来的传播与发展，逐渐在我国发扬兴盛起来，影响社会各阶层。在佛教文化影响下，中国人的来世观念有了较大的发展。从考古挖掘中发现，佛教传入我国后，帝王以及王公贵族陵墓中，除我国固有的文化印记，许多佛教思想文化也通过雕刻、壁画以及相关陪葬品等出现在陵墓中。到唐宋时期，佛教达到鼎盛，从杜牧的"南朝四百八十寺，多少楼台烟雨中"就可以看出佛教当时的兴盛程度。灵魂不朽以及因果报应等观念随着佛教的兴盛逐渐在当时社会广为流传，同时也兴起了人们对鬼神的敬奉和崇拜。

在永亨《搜采异闻录》中记载："自释氏火葬化之说起，于是死而焚尸者，所在旨然。"中国传统殡葬思想是"入土为安"，而佛教认为死亡只是新轮回的开始，故一般采用火葬。佛教将火葬引进，极大地冲击了我国传统殡葬观念，改变了人们长久以来的丧葬观念和丧葬方法，逐渐成为我国丧葬习俗的重要组成部分。

在我国，没有统一的宗教信仰，因此传统丧葬观是以上三种殡葬观念综合影响的结果，每个地区、民族不同殡葬方式也大不相同。一般认为前世多行善事可进入极乐世界，普通人需经历多道轮回，而多行不义者则下地狱或转世为牲畜。人们不愿意接受死后一了百了的结果，想尽可能地长寿或者探索死后世界。

## 二、传统墓地选址演变与发展

在我国封建时期，帝王陵墓选址可摆脱条件限制等影响因素，故重点研究其陵墓选址可以更好地研究我国古代殡葬设施选址历史和发展。我国历史上朝代更替交错，由于分裂时期陵墓选址更易受到其他如民族、政治等因素影响，故在历朝历代中，选择统一时期作为主要研究对象。

### （一）秦汉帝陵选址

1. 秦始皇陵选址

秦王朝是我国第一个大一统王朝，根据《秦本纪》记载："十二年，作为筑冀阙，秦徒都之。"从此开始，秦国国君埋葬点均在咸阳附近。秦始皇陵坐落于西安骊山北部，距离西安城区约37km，南边为骊山，北面为渭水，布置在骊山脚下的冲积平原上，高大的陵墓封土在周围骊山环绕下显得浑然一体。秦始皇陵选址与建设采用与其他各诸侯国相似的手法，将陵墓选址在视野开阔、土层深厚的平原。且与兵马俑类似，秦始皇依旧想要享受生前的诸多特权以及荣华富贵，故其陵墓布局和都城建设相似，呈回字形，有内外两重城墙（图1-27、图1-28）。

秦国作为第一个帝国，崇尚气势雄伟，这一点在都城建造以及历史记载中的阿房宫可见一斑。在其建设陵墓时，为了满足秦始皇"好大"的需求，选择南面骊山作为依靠，又在骊山北面人工堆积了巨大的封土，两者互相衬托，更显得秦始皇陵伟岸雄壮。

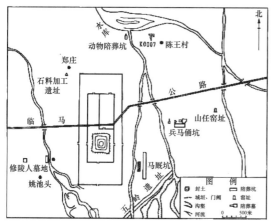

图1-27 秦皇陵平面图

图1-28 秦皇陵卫星图

### 2. 西汉帝陵的选址

西汉自汉高祖开始，共有11座帝陵，除东部白鹿原文帝霸陵和西安东南宣帝杜陵以外，其余9座均位于渭河北岸咸阳市北面。

西汉帝陵选址与建设和秦朝时期类似，特别是在陵墓封土堆筑以及方向上，同样想在死后依旧享受生前的待遇。西汉9座帝陵基本处于同一直线上，该直线由西南向东北延伸。从西安整个片区山势走向和帝陵布局可以看出，历代帝陵选址，除了本身的因素外，也与前朝历代帝陵有关。另外，该9座帝陵，虽北面为山脉，但距离稍远，南面为渭水，风景优美、气势磅礴。

西汉帝陵群整体上还有一个统一的特点，就是地势高敞。西汉受到秦朝的影响，而且把高看得更为重要。在《吕氏春秋》当中记载："葬不可藏也，葬浅则狐狸拍之，葬深及于泉水。故凡葬必于高陵之上，以避狐狸之患，水泉之湿，此则善也。"

### （二）唐代帝陵选址

唐朝是中国历史上又一段盛世时期，自高祖李渊开始，唐代王朝共经历21位皇帝。因历史等原因，除唐朝末期昭宗葬于河南偃师以及哀帝葬于山东菏泽外，剩下18座陵墓均分布在渭河北岸各山脚下。分布方向与西汉帝陵群相似，分为南北两条线路，大致呈扇形分布（图 1-29），后来历史上称其为"关中十八陵"。

唐朝陵墓筑陵方式主要有两种，一种是按过去的方法，即封土为陵；另一种则是直接在半山腰开凿墓道，在山体中修建陵墓。两种方法对比之后，以山为陵的方式因其借助原有山体，再加上人工浇筑石块，在牢固程度上优于封土为陵，且更加经济，花费较少。

对于唐代墓葬的布局，其位于渭河河谷与黄土高原各山岭之间的过渡，地下水位深，故更适合于修建陵墓。陵墓北侧巍峨群山，墓葬群地形北高南高低，陵墓是南北轴线的东西对称布局，与长安城遥遥相望，充分利用了依山傍水的绝佳位置，在一定程度上反映了唐朝的物质文明和精神文明。由于"山为陵"的安葬方式充分利用了周围群山和水等自然因素，既显示出帝陵的气势雄伟，又体现了节俭的观念。

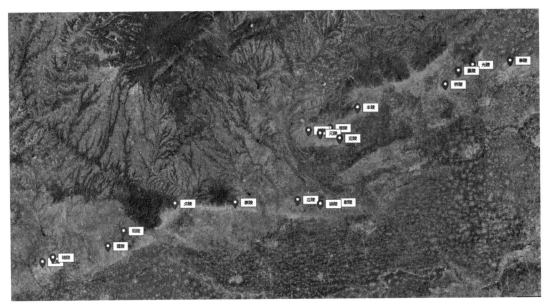

图 1-29　"唐十八陵"卫星分布图

### （三）明清帝陵选址

1. 明孝陵

秦汉以及唐代陵墓位于西安，而明朝明孝陵则位于今江苏省南京市，在著名的钟山南麓。明朝时期，风水学已经日益发展成熟，朝廷当中不少为朱元璋选择帝陵位置的官员都通晓"堪舆之术"，并掌握形势派和理气派的相关理论。可以运用龙、穴、砂、水的位置及相互关系，也会应用理气派所注重的阴阳五行八卦理论进行选址。

太祖朱元璋令刘伯温为其选择陵墓位置。钟山背后青山环绕，前面临湖，故刘伯温与风水师最后选定钟山作为陵墓置地（图 1-30）。明人张岱《陶庵梦忆》载："明太祖与刘诚意（诚意伯刘基）、徐中山（中山王徐达）、汤东瓯（东瓯王汤和）定寝穴，各志其处藏袖中，三人合，穴遂定。门左有孙权墓，请徙。太祖曰：'孙权亦是好汉子，留他守门'及开藏，下为梁志公和尚塔，真身不坏，指爪绕身数匝，军士辈之不起。太祖亲礼之，许以金棺银撑、庄田三百六十顷奉香火，舁灵谷寺，塔之。"

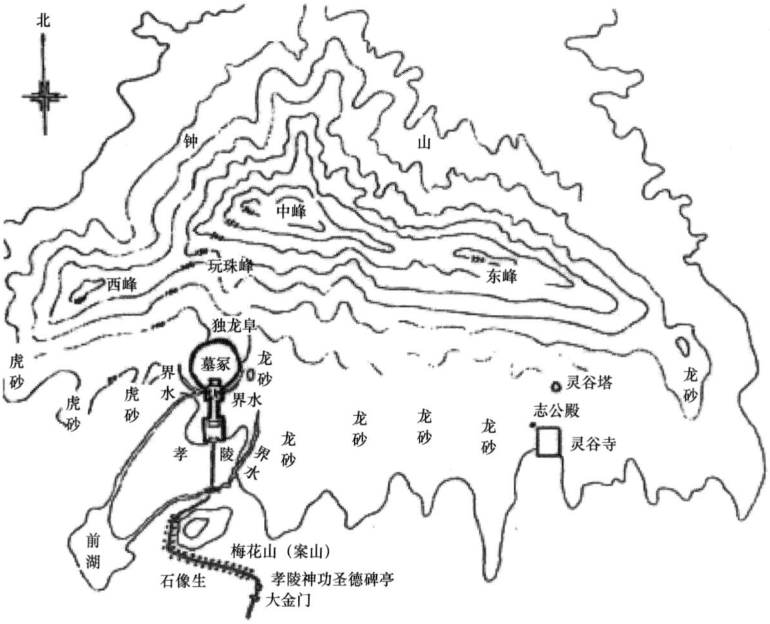

图 1-30 明孝陵示意图

### 2. 清东陵选址

清代东西陵从 1661 年（顺治十八年）至 1916 年的约 250 年中，在陵墓选址、形态与布局、规划和设计等方面都充分反映了封建社会末期的固有特性。清东陵位于北京东面河北省遵化市，清朝陵墓的修建，成为我国帝王陵墓的典范。清朝陵墓选址与建设继承明朝的传统和特色，并运用不同的风水手法进行选址，以期达到"十全十美"的境地。另外，清朝陵墓不仅是以中国传统堪舆学为基础，且更加注重陵墓景观和周边环境完美结合，将自然景观与人文景观巧妙融合，是我国历代帝陵所不能比拟的，也很好地反映了"天人合一"的思想（图 1-31）。

清东陵主要葬有第一、二、四、七、八代皇帝以及嫔妃和王公贵族等。陵墓北面为昌瑞山，南面为金星山，东面为站榆关，西面为黄花山，整个陵墓周围诸山环绕，形成一个相对封闭的空间。在《昌瑞山万年统志》上有对其详细的描述：

"恭维昌瑞山，原名丰台岭。一峰措易，万岭迴环。北开嶂于雾灵，南列屏于燕壁。含华毓秀，来数千里长白之源；凤舞龙蟠，结亿万年灵区之兆。且其间百川旋绕，势尽朝宗，四境森严，众皆拱卫，实为天生福地，以巩我皇清万载金汤之基者也。先是世祖章皇帝驻畔于兹，敕诸臣相度成规。暨圣祖仁皇帝绩继鸿图，于康熙二年二月丁未遣官祭告，封丰台岭为凤台山，十一日始建孝陵，复封凤台山为昌瑞山。设立满、汉官兵，周围建筑陵垣三十里，界内禁止樵采，后复续建，诸陵制度更极森严防护，益形周备矣。"

又记载道："昌瑞山佳气团结，郁郁葱葱，巍峨数百切，玉陛金闻，垣合紫薇，嘉祥迭见，屡产灵蓓。是固出科山之类，拔乎山之翠，而不可与众山为伍者。至于前后左右诸山并诸水，皆所以为此山之带垢而朝拱乎！"

图 1-31　清东陵卫星图

第二篇　公墓综合规划

# 第二章 公墓空间布局分析

## 第一节 公墓用地空间格局时空演变特征——以桐庐县为例

### 一、研究区概况

#### （一）研究范围

桐庐县隶属于浙江省杭州市，位于浙江省西北部，地理坐标大致介于东经119.17°—119.97°，北纬29.59°～30.09°之间，全县陆域面积约为1829.59km²，东西长约77km，南北宽约55km。桐庐县东临诸暨及浦江，南接建德，西靠淳安和临安，北接富阳。区位条件好，交通便利，距离杭州约75km，约1小时公路路程，距上海和宁波约3小时公路路程。全县辖4个街道、6个镇和4个乡（含1个民族乡），分别是桐君街道、城南街道、旧县街道、凤川街道、分水镇、江南镇、富春江镇、横村镇、瑶琳镇、百江镇、钟山乡、新合乡、合村乡、莪山畲族乡，共有21个社区和181个行政村。

由于本文将对整个桐庐县境内近15年的公墓用地空间布局特征进行研究，因此本文的研究范围框定为自2004年始每间隔5年（即2004年、2009年、2014年、2019年）的桐庐县县域范围内的所有公墓。

#### （二）自然条件

桐庐县属山地丘陵区，平原较少，地形自四周向内由山地丘陵向河谷平原转变，整体呈现四周高、中间低的地势特征。桐庐县域土地面积为1829.59km²，大部分区域为山地丘陵，约1579km²，约占桐庐县面积的86.3%，平原占比约13.7%。由于其复杂的地形地貌，县境内土壤类型多样。坡耕地处多以油黄泥、黄红泥、黄泥土，山坞、溪畔处土壤以黄泥沙田、泥沙田和培泥沙田为主，土壤肥力差，水土流失严重（图2-1）。

桐庐县境内河网密布，具有31条主要河流，百余条山涧溪流，均属钱塘江水系。水域面积约占12.6%，富春江和分水江为两条主要水系，富春江自西南向东北纵贯全县东部，分水江经分水镇由临安流入桐庐，自西北向东南汇入富春江（图2-2）。

#### （三）人口状况

2019年末桐庐县全县户籍14.945万户，总人口41.88万人，较上年增长0.16万人，其中城镇人口21.22万人，乡村人口20.66万人。全年出生3889人，比上年度少223人，人口出生率为9.29‰，死亡2448人，人口死亡率为5.85‰。人口老龄化现象逐渐加剧，其中60周岁及以上的人口占比已从2009年的16.46%增加到2019年的24.19%，增长了7.73%。

高程分析图　　　　　　　　　　　坡度分析图

坡向分析图　　　　　　　　　　　地形模拟图

图 2-1　桐庐县高程、坡度、坡向分析图（见彩图）

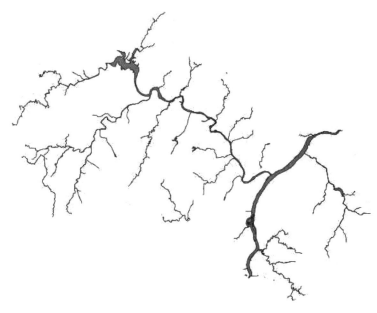

河流分布图

图 2-2　桐庐县地形模拟图及河流分布图

## 二、桐庐县公墓用地时序演变特征分析

基于建立的桐庐数据库，对桐庐县公墓用地数量、总面积和平均面积进行统计分析，分析得到统计表 2-1 和折线图 2-3。

各时期桐庐县公墓数量、总面积及平均面积统计表　　　　表 2-1

| 统计项目＼年份 | 2004 年 | 2009 年 | 2014 年 | 2019 年 |
|---|---|---|---|---|
| 数量 | 100 | 149 | 218 | 367 |
| 面积（亩） | 250.91 | 519.76 | 846.34 | 1136.68 |
| 平均面积（亩） | 2.51 | 3.49 | 3.88 | 3.10 |

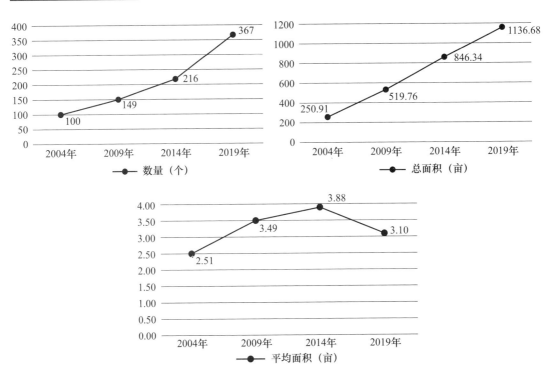

图 2-3　各时期桐庐县公墓数量、总面积及平均面积变化图

由表 2-1 和图 2-3 可知，2004—2019 年桐庐县公墓数量和用地总面积均呈现增长趋势，公墓用地平均面积增长率于 2019 年开始稍有下降。在数量上，桐庐县公墓数量在 2004—2014 年增长速度较缓慢，从 2004 年的 100 个增长至 2009 年的 149 个，再到 2014 年的 218 个，平均增长率为 47.65%。2014—2019 年，公墓数量增长速度加快，共增长了 149 个，增长率为 68.35%；公墓用地总面积呈现稳步增长的趋势，2004 年公墓用地总面积为 250.91 亩，2009 年为 519.76 亩，2014 年为 846.34 亩，2019 年为 1136.68 亩，平均每 5 年增加 295.26 亩；公墓平均面积在 2004—2009 年增长率为 39.04%，到了 2014 年，公墓平均面积虽然仍在增长，但其增长速度却有所减慢，增长率为 11.17%，2019 年公墓的

平均面积下降，由 3.88 亩下降至 3.10 亩。总体而言，研究期间内桐庐县公墓用地的规模呈现扩张状态。

2004—2009 年，桐庐县公墓数量一直处于增长的状态，但不同乡镇（街道）的增长速度又有所不同。基于桐庐公墓数据库，将不同时期桐庐县内公墓用地可视化，使其在不同乡镇（街道）的分布状态更清晰直观，得到图 2-5。通过对比不同乡镇（街道）内公墓数量以及各乡镇（街道）不同时期的涨幅状态，分析统计表 2-2 和折线图 2-4 得到以下结论：

（1）2004 年桐庐县内分布有公墓 100 座，其中分水镇、城南街道和横村镇公墓分布较多，共 49 座，几乎占整个桐庐县内公墓数量的一半。其次是富春江镇和瑶琳镇，共分布有 18 座，其他乡镇（街道）内公墓较少，其中旧县街道仅仅只有一座公墓。

（2）2009 年桐庐县公墓数量增加，增加较多的地区主要是城南街道、分水镇、旧县街道以及富春江镇，其他地区公墓数量虽稍有增加但增长速度相对较慢。

（3）2014 年公墓增长速度较 2009 年加快，尤其是分水镇、钟山乡以及横村镇，分别增加了 15、13、10 座公墓。其他地区公墓发展趋势与 2009 年大致相似，公墓数量略有增加的同时公墓分布范围逐渐向外扩展。

（4）2019 年桐庐县公墓数量规模猛增，且分布范围大幅向外扩展，公墓分布较之前更为均衡。分水镇公墓数量独占鳌头，几乎占全县公墓总数的 1/4，且增长速度快，较 2014 年翻了一番，由 41 座上升至 80 座。其他乡镇（街道）的公墓同时也快速增加，如凤川街道、百江镇、横村镇、江南镇以及合村乡等等。

总的来说，基于乡镇（街道）层面的公墓数量横向对比，公墓主要大量分布在城南街道、凤川街道、富春江镇、横村镇、分水镇等中心城市圈及次中心城镇圈，而在新合乡、百江镇、瑶琳镇等一般建制镇则分布较少。从公墓数量变化的纵向时间对比看，2004 年公墓主要分布在中心城市圈及次中心城镇圈，其他乡镇（街道）分布相对较少；2004—2014 年，公墓数量增加主要还是集中在中心城区，一般乡镇（街道）虽有增加但增长速度慢；2014—2019 年，一些周边乡镇（街道）的公墓数量增长速度较之前大大加快。

各时期桐庐县各乡镇（街道）公墓数量统计表　　　　　表 2-2

| 年份 | 城南街道 | 桐君街道 | 凤川街道 | 旧县街道 | 分水镇 | 百江镇 | 富春江镇 | 瑶琳镇 | 横村镇 | 江南镇 | 合村乡 | 钟山乡 | 新合乡 | 莪山畲族乡 |
|---|---|---|---|---|---|---|---|---|---|---|---|---|---|---|
| 2004 年 | 13 | 3 | 4 | 1 | 20 | 4 | 10 | 8 | 16 | 4 | 5 | 5 | 2 | 5 |
| 2009 年 | 20 | 6 | 7 | 7 | 26 | 6 | 20 | 9 | 20 | 4 | 8 | 8 | 2 | 6 |
| 2014 年 | 25 | 9 | 10 | 7 | 41 | 7 | 28 | 11 | 30 | 7 | 9 | 21 | 3 | 10 |
| 2019 年 | 27 | 10 | 29 | 9 | 80 | 22 | 34 | 19 | 45 | 19 | 20 | 26 | 10 | 17 |

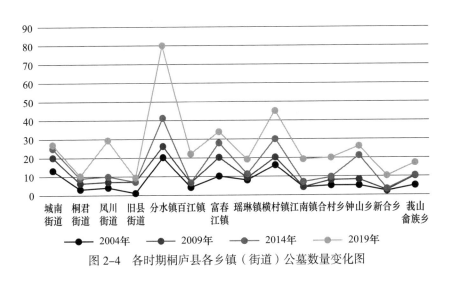

图 2-4 各时期桐庐县各乡镇（街道）公墓数量变化图

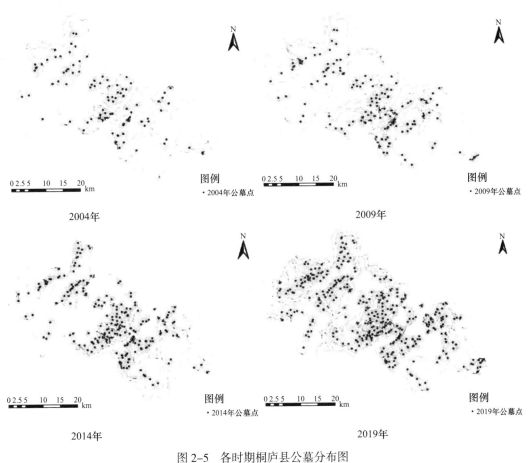

图 2-5 各时期桐庐县公墓分布图

## 三、桐庐县公墓用地空间分布演变特征分析

通过 ArcGIS 10.4 平台的空间统计工具对桐庐县内公墓用地的分布模式、分布密度和

分布重心及方向进行研究，分析得到研究期间桐庐县公墓用地空间分布演变特征。为了方便后期计算，需要利用ArcGIS平台提取4个时期桐庐县内各个公墓的平均中心，新建点数据库，并在该数据库的基础上进行以下计算。

**（一）各时期桐庐县公墓空间分布模式特征分析**

基于ArcGIS 10.4平台中的空间统计工具，运用其功能中的平均最近邻工具对2004年、2009年、2014年以及2019年桐庐县内公墓整体分布模式进行分析，计算分析将得到各个时期的平均最近邻指数，通过对比各时期的最近邻指数探讨得到桐庐县公墓整体的聚集演化特征。接下来，使用泰森多边形对桐庐县公墓深入分析，将其在不同乡镇（街道）的分布状态进行可视化表达，直观显示其聚集区域和离散区域，通过时间纵向对比分析得到公墓分布在不同乡镇（街道）的聚散变化特征。

1. 整体聚散程度演变特征

最近邻指数是用于判断一定区域内某一要素分布模式的指标。最近邻指数的计算原理是桐庐县域范围内所有观测的公墓与其最邻近的公墓之间的平均距离，除以预期平均距离（即假设随机分布状态下公墓间的平均距离）得到的比值，计算结果需具有统计学上的显著差异。

通过平均最近邻工具进行计算将得到三种分布模式，分别是聚集分布、离散分布和随机分布。当最近邻指数等于1时，则该时期桐庐县公墓呈现随机分布模式；当最近邻指数大于1时，说明该时期桐庐县公墓呈现离散分布，且最近邻指数越大，离散程度越明显；当最近邻指数小于1时，说明该时期桐庐县公墓呈现聚集分布，此时最近邻指数越小，聚集分布越明显。通过最近邻指数可以判断桐庐县各时期公墓的分布模式，但无法判断其显著性，此时需要通过$z$值和$p$值对结果进行检验。当$-1.96 < z < 1.96$，$p > 0.05$时，无论结果表明是聚集分布还是离散分布，其与随机分布模式差异性皆不显著；当$z < -1.96$或$z > 1.96$，$p < 0.05$时，表明其聚集或离散程度明显。

利用ArcGIS 10.4平台分别对2004年、2009年、2014年和2019年桐庐县公墓进行平均最近邻计算，得到的结果如图2-6和表2-3所示。桐庐县公墓的平均最近邻指数在2004年时为0.727，2009年为0.693，2014年为0.624，2019年为0.640，其分布都为聚集分布，且差异显著，具有一定的研究意义。将最近邻指数从大到小排序分别是：2004年、2009年、2019年和2014年。桐庐县公墓在2004—2014年聚集程度加强，在2014年达到最为聚集的状态，到了2019年公墓分布聚集程度稍有减弱。结合上一节对公墓在不同时期变化的探讨，分析产生这一现象的原因主要是2004—2014年公墓建设主要集中在中心城市和次中心城镇，加强了它的聚集程度。2014—2019年公墓建设逐渐向周边乡镇扩展，使得整个桐庐县公墓布局较之前稍分散，聚集程度减弱。

2. 聚散区域动态演变特征

泰森多边形最初由荷兰气候学家A. H. 泰森（A. H. Thiessen）提出，被用于对气象环境的观测。后来泰森多边形逐渐被广泛应用，主要用于环境监测、公共服务设施规划和城乡规划等领域。

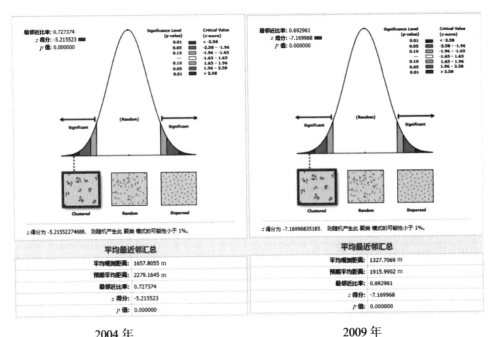

2004 年　　　　　　　　　　　2009 年

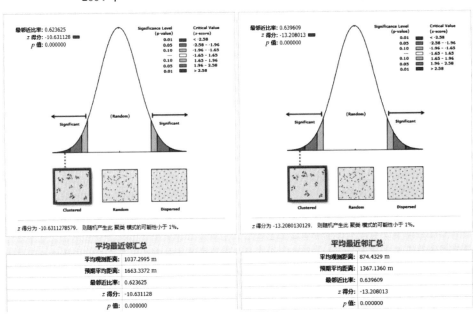

2014 年　　　　　　　　　　　2019 年

图 2-6　各时期桐庐县公墓最近邻指数（见彩图）

各时期桐庐县公墓最近邻指数统计表　　　　　　　　　表 2-3

| 统计值 ＼ 年份 | 2004 年 | 2009 年 | 2014 年 | 2019 年 |
|---|---|---|---|---|
| 最近邻指数 | 0.727374 | 0.692961 | 0.623625 | 0.639609 |
| $z$ 值 | −5.515523 | −7.169968 | −10.631128 | −13.208013 |
| $p$ 值 | 0.00 | 0.00 | 0.00 | 0.00 |

泰森多边形通过圆搜索法将最邻近的公墓连接起来形成三角形，作每条边的垂直平分线，由垂直平分线和区域边界围合而成的区域则为泰森多边形。每个泰森多边形内对应一个公墓点，该泰森多边形内任意一点到该公墓距离最近，同时泰森多边形的面积大小反映了公墓空间分布离散程度。在一定区域范围内，泰森多边形面积越大，则分布的公墓越少，该区域公墓分布较为离散，每座公墓的影响范围越大；反之，泰森多边形面积越小，则该区域分布的公墓越多，公墓分布越聚集，每座公墓的影响范围越小。

通过 ArcGIS 10.4 对桐庐县公墓分布创建泰森多边形，得到各个时期桐庐县公墓用地分布的冯洛诺伊（Voronoi）图（即泰森多边形的别称），如图 2-7 所示。冯洛诺伊图可直观观测公墓聚集区域和离散区域，并且针对泰森多边形面积采用相同的指标进行分类，可分析其聚集区域向外扩散的程度。图中根据泰森多边形的面积大小用不同颜色进行分类，由红色向紫色过渡，颜色越红，代表泰森多边形面积越小，颜色越紫，代表的泰森多边形面积越大。

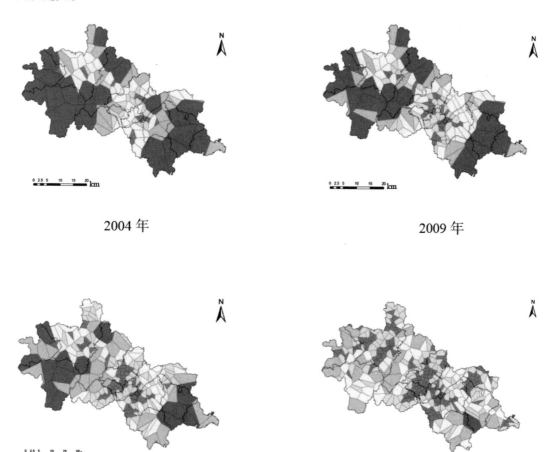

2004 年

2009 年

2014 年

2019 年

图 2-7　各时期桐庐县公墓冯洛诺伊图（见彩图）

通过对比以下 4 个时期的泰森多边形空间分布图，可以发现：

（1）2004 年公墓分布主要集中在横村镇、城南街道、桐君街道与旧县街道的交界处，同时分水镇的泰森多边形主要呈现蓝色，说明公墓在分水镇也分布较多但没有产生明显聚集的特征；图中紫色区域所占面积较大，说明其他乡镇（街道）的公墓分布较为离散，居民前往相应的公墓距离较远，花费的时间较久。

（2）2009 年，红色和橙色区域向周边扩散，同时面积增加，说明此时桐庐县公墓核心聚集区出现，公墓建设主要集中在中心城区，此时该区域附近居民前往公墓的时间大大减少；同时蓝色区域增加，紫色区域减少，说明其他乡镇（街道）公墓分布较之前也有增加。

（3）2014 年，中心城区红色区域向富春江镇和钟山乡延伸的同时，分水镇的泰森多边形增多，并出现了多块红色和橙色多边形，说明此时公墓建设不再局限于中心城区，分水镇作为次中心城镇也加强了对公墓的建设。

（4）2019 年桐庐县几乎被红色、橙色和蓝色区域所占据，紫色区域几乎接近消失，这说明整个桐庐县加强了公墓的建设，公墓的服务半径较之前大大减小；公墓聚集区除了中心城区外，在分水镇和江南镇也呈现聚集的状态。

**（二）各时期桐庐县公墓空间分布密度特征分析**

核密度分析主要用于分析某一要素在其搜索半径邻域范围内的分布密度，能够较好地反映地理现象空间分布中的距离衰减效应，是最常使用的热点分析方法。进行核密度计算时，需要视研究要素情况和应用环境设置搜索半径，为了得到清晰直观的公墓用地分布密度图，经过多次试验，将搜索半径设置为 4000m，通过"核密度"分析工具得到的各时期桐庐县公墓用地分布密度图如图 2-8 所示。其中，颜色的深浅代表公墓在该处的分布密集与否。颜色越深，则代表该区域的公墓分布越密集，反之亦然。

2004 年，公墓的分布重心主要在中心城区，密度约 1.23 座 /km²，周围乡镇（街道）包括横村镇、莪山畲族乡、江南镇、富春江镇及分水镇呈现多点环绕的态势。2009 年，随着公墓的建设，中心城区的公墓分布与其周围乡镇（街道）连接成片，且分布重心处的密度增加到 1.80 座 /km²，较偏远的乡镇（街道）处的公墓分布密度变化较小。2014 年，中心城区与一般乡镇（街道）处公墓分布密度差异愈发明显，第一热点处公墓密度增加至 1.85 座 /km²，且在富春江镇出现了第二大分布热点以及在瑶琳镇、莪山畲族乡和钟山乡出现了连接呈条带状的第二大热点区域，分布密度约 1.44 座每平方公里。2019 年，随着桐庐县政府对公墓建设工作的推进，公墓分布从密集处四周逐渐扩散，公墓分布几乎覆盖了整个桐庐县县域范围，第一大热点分布区域的密度达到了 2.11 座每平方公里，另外在其他乡镇也产生了小的分布热点，分水镇公墓密度较之前也大大增加，且形成了 3 个热点，最密集处密度可达 1.88 座每平方公里。此时桐庐县形成了大致的公墓用地空间格局，即以中心城市圈和次中心城镇为高密度分布热点区域，一般建制镇如百江镇、新合乡等乡镇作为低密度分布热点区域环绕分布的公墓用地空间结构。

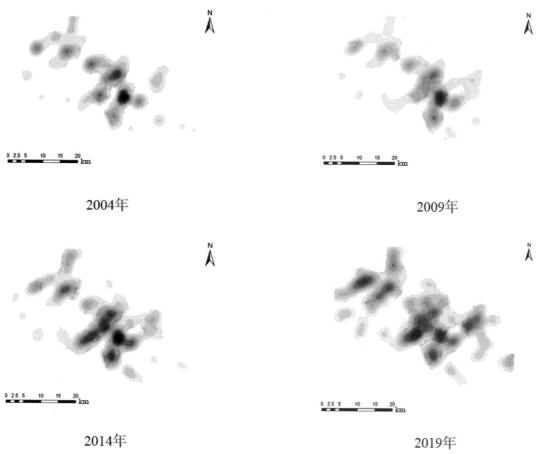

2004年　　　　　　　　　　　　　　2009年

2014年　　　　　　　　　　　　　　2019年

图 2-8　各时期桐庐县公墓用地分布密度图（见彩图）

## （三）各时期桐庐县公墓空间分布重心与方向特征分析

通过 ArcGIS 10.4 软件平台空间统计工具中的标准差椭圆工具对各个时期的桐庐县公墓用地的分布重心和分布方向进行分析，得到的结果如图 2-9 和表 2-4 所示。

标准差椭圆方法是基于全局性空间的角度对某一要素在一定空间范围内的分布特征进行定量分析的空间统计方法。目前该方法被广泛使用于各大领域，如生态环境保护、经济社会发展和区域经济规划领域。标准差椭圆的参数主要包括中心点（CenterX、CenterY）、长轴（XstdDist）、短轴（YstdDist）和方位角（Rotation）。

根据标准差椭圆工具产生的结果进行解读，分布中心由桐庐县公墓用地分布的空间形态决定，中心点位置的改变可直观显示各个时期公墓分布重心位置的移动轨迹，若分布中心位于桐庐县的几何中心，说明此时公墓呈现均匀分布的状态。方位角反映公墓分布的发展方向趋势，可通过不同时期桐庐县公墓用地方位角的改变判断分布方向的变化趋势。输出的椭圆长轴代表公墓的主要发展方向，长轴越长，方向性越明显；短轴表征公墓在分布方向上的离散程度，短轴越短，向心性越明显。当长轴与短轴的差距（即扁率）越大时，椭圆越狭长，说明此时公墓用地分布方向越明显；反之，长短半轴差距（扁率）越小时，说明公墓分布越均匀，分布方向越不显著；当输出的结果是一个圆时（即扁率等于 1 时），说明此时长短半轴相同，公墓分布不具有方向性。标准差椭圆工具输出的椭圆面积范围内包含的数据数量相同，椭圆面积的大小表示了公墓分布向外围的扩散程度，椭圆面积较小时，说明公墓在椭圆区域内的分布越集中；反之，公墓分布越为离散。为了更有效地对输出的结果进行分析，在标准差椭圆工具操作时，将"椭圆大小"参数（即生成的椭圆级别）设置为"1_STANDARD_DEVIATION"，代表输出的椭圆覆盖了整个桐庐县68%的公墓数量。

通过对比各个时期输出的椭圆面积大小，可以看出2004年椭圆覆盖范围主要包括横村镇、瑶琳镇、桐君街道、城南街道、莪山畲族乡和旧县街道。2004—2009年，椭圆面积相对减小，但此时公墓分布数量增加，说明这个时期公墓分布较为紧凑，公墓的建设主要在2004年椭圆的分布范围内。到了2014年，椭圆面积增大，说明公墓分布范围增大，公墓分布离散程度加强。2019年，椭圆面积较上一阶段大大增加，由此可表明公墓分布逐渐向外围扩散，空间离散程度大大加强，进一步证明了上文中得出的结果。综上，公墓用地分布整体空间离散程度自2004年至2019年呈现"减弱—增强—增强"的趋势。

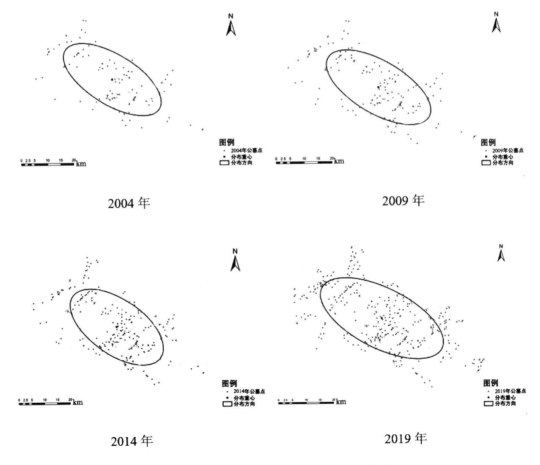

图2-9　各时期桐庐县公墓用地分布重心及分布方向图

各时期桐庐县公墓用地标准差椭圆参数表 　　　表2-4

| 标准差椭圆参数 \ 年份 | 2004年 | 2009年 | 2014年 | 2019年 |
|---|---|---|---|---|
| CenterX | 457775.15 | 458219.77 | 458437.6 | 457575.47 |
| CenterY | 3302799.18 | 3301517.69 | 3301698.40 | 3302830.59 |
| XstdDist | 21183.83 | 20902.97 | 20856.26 | 24300.29 |
| YstdDist | 9351.89 | 9247.96 | 10492.82 | 10690.97 |
| Rotation | 120.79 | 119.9 | 123.57 | 116.44 |
| 面积（亩） | 933459.707 | 910830.019 | 1031168.087 | 1224108.222 |
| 扁率 | 0.5585 | 0.5576 | 0.4969 | 0.5600 |

将各个时期公墓用地的分布重心进行可视化处理（图2-10），可以发现2004—2019年这4个时期桐庐县公墓分布重心都分布在横村镇西南部。对比桐庐县几何中心的位置，4个时期的公墓分布重点始终位于桐庐县几何中心的东北方位，说明这4个时期的桐庐县的公墓用地分布均呈现出了不均衡的状态，且东北部公墓用地的分布始终多于西南部。2004—2009年，公墓分布重心向东南方向迁移了1356.43m；2009—2014年，公墓分布重心几乎没有变化，仅向东北方向移动了283.03m；2014—2019年，公墓分布重心表现出向西北方向倾斜的态势，这一阶段重心移动距离为1430.24m，且重新回到了2004年公墓分布重心位置附近，距离2004年重心位置仅202.14m。总的来说，桐庐县公墓用地分布重心呈现"X"形交叉的变化轨迹，偏移距离表现出由远及近、再至远的态势，并且公墓用地分布重心在2014—2019年移动距离最远，移动速度最快，说明该时期桐庐县公墓建设变化较大。

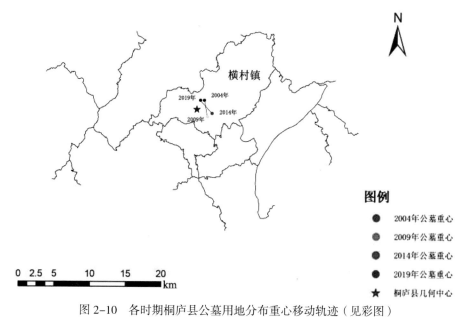

图2-10　各时期桐庐县公墓用地分布重心移动轨迹（见彩图）

将各个时期公墓输出的标准差椭圆重叠处理（图2-11），可知4个时期桐庐公墓皆呈现出"东南—西北"方向的分布形态，这主要与桐庐县县域范围呈狭长的东南—西北向的基本形态有关。对比这 4 个时期输出的标准差椭圆，可以发现 2019 年椭圆的长短轴差距达到最大（即扁率最大），说明桐庐县公墓用地在 2019 年时分布的方向性最明显。接下来，椭圆长短轴差距（扁率）由大到小排列分别是：2004 年、2009 年、2014 年。2014 年时扁率最小，说明此时公墓用地分布方向性最弱。

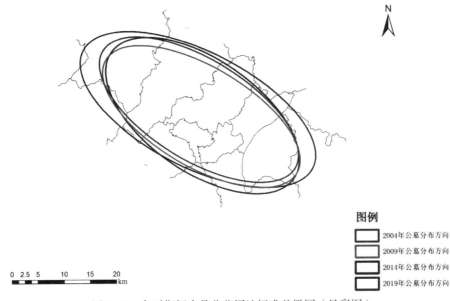

图 2-11　各时期桐庐县公墓用地标准差椭圆（见彩图）

## 第二节　公墓用地空间发展的核心问题

### 一、公墓数量多、规模小、密度大，破坏城市景观完整性

在人与自然环境之间矛盾日渐突出的大背景下，景观不再是只是为居民提供休闲游憩的场所，更是城市生态系统的重要载体。它承载了一座城市的生态系统物质与能量循环，在人类文明建设中具有一定的价值。然而目前桐庐县公墓的不合理布局对景观格局产生了较大负面影响。

由桐庐县矢量数据库可知，2004 年、2009 年、2014 年以及 2019 年桐庐县分别分布有公墓共 100 座、149 座、218 座和 367 座，公墓数量分布较多，易造成城市景观碎片化。同时，公墓规模的大小将影响公墓生态效益、用地空间结构等方面。按照公墓占地面积的大小对桐庐县公墓进行分类，可分成大型公墓、中型公墓和小型公墓三类（表 2-5）。根据表 2-5 可以看出，大部分桐庐县的公墓均为小型公墓，平均面积只有 2.36 亩，并结合实地调研发现，在桐庐局部地区部分公墓规模不足 1 亩，不足 20 穴，且多数为空穴。这些公墓不但不利于推行殡葬改革，更是加重了城市景观的碎片化，破坏了城市景观完整性。且上文在进行公墓分布密度研究时发现 2019 年桐庐县公墓分布相当密集，约为 1.88

座每平方公里。研究发现桐庐县公墓分布量多面广，公墓的建设几乎覆盖了整座城市，这些无休止的公墓严重破坏了景观格局的完整性和连续性，影响了城市景观连通度。

**2019 年桐庐县公墓占地面积分类表**　　　　表 2-5

| 公墓类型 | 划分标准 | 公墓数量（座） | 平均面积（亩） |
| --- | --- | --- | --- |
| 小型公墓 | 10 亩以下 | 352 | 2.36 |
| 中型公墓 | 10～50 亩 | 14 | 15.57 |
| 大型公墓 | 50 亩以上 | 1 | 87.92 |

## 二、公墓选址不合理，造成视觉污染并破坏景观斑块

一些村级公墓在选址时没有经过规划设计，对于公墓地理位置的选择交由村级干部决定，选址往往较为随意，不具有科学性，这些公墓往往在河流水库堤坝附近、道路沿线等景观焦点处都有出现（图 2-12）。

如将 2019 年桐庐县公墓空间布局图与水资源分布图叠加时发现公墓大多分布在离河流较近之处，此外在分析交通路网与公墓分布之间的关系时还发现桐庐县公墓大多分布在距公路 300m～500m 处，不符合《公墓和骨灰寄存建筑设计规范》JGJ/T 397—2016 中明确规定的公墓应当建设在距离公路主干线 500m 以外的要求。这些公墓在建设时没有进行统一的规划设计，导致公墓在公路、河流、自然保护区以及风景名胜区附近随处可见，造成了严重的视觉污染。

另外，部分地区由于根植于群众的落后风水观导致一些公墓抢占了山坡、农田耕地（图 2-13），环境遭到了严重破坏，对于景观生态格局维护影响严重。

图 2-12　位于道路沿线（虹桥坞公墓）　　　　图 2-13　占用农田耕地（大市村静林寺公墓）

## 三、公墓空间布局不均衡

根据第 3 章中利用标准差椭圆工具、核密度工具和泰森多边形对公墓分布模式、分布密度和分布重心及方向进行量化分析后可以发现桐庐县公墓空间分布存在分布不均衡的

问题。按照公墓分布方向分析，桐庐县公墓分布主导方向是"东南—西北"方向。2004—2019年，方向显著性先减弱后加强，椭圆面积先减小后增大，在2019年公墓分布方向性最明显、椭圆面积最大。除了桐庐县县域形态对分布方向的影响外，方向显著性和椭圆面积的变化说明当时公墓建设主要还是集中在相对而言位于县域范围东南方向上的中心城区与西北方向上的次中心城镇，公墓分布较之前而言相对扩散。根据泰森多边形和核密度分析，公墓分布一开始集中在中心城区，后来向周边地区扩散形成多点环绕的空间格局，但整体而言公墓在中心城区与周边乡镇（街道）之间的分布均衡性有待提升。

公墓的服务对象是人，所以公墓空间分布应当与人口分布相适应，公墓用地空间分布的合理性应该与人口分布结合来判断。根据上文对于人口密度与公墓密度的分析结果，可以发现虽然桐庐县内大部分乡镇（街道）公墓密度与人口密度呈正相关，但是仍有部分乡镇（街道），如旧县街道和莪山畲族乡内公墓密度远大于人口密度，两者之间的关系不够紧密。这两个乡镇均位于中心城区周边，公墓分布密度对比较为偏远且人口密度较大的新合乡来说大得多，这从另一个方面说明了桐庐县公墓空间分布仍然存在不均衡的问题。

## 四、公墓建设缺乏合理设计，青山白化现象严重

初期的公墓建设多以大理石为材料，规模相对较小，但随着时间的推移，这类型的公墓会随着土地逐渐沉降，后随着经济的发展，为使公墓不会随土地下沉，我国大部分公墓开始采用石料板块、大理石制作墓碑，并在其周围浇筑水泥材料使墓位更坚固。并且公墓单位规模开始逐渐扩大，却忽视其公墓周边绿化环境的建设，导致青山白化现象严重（图2-14）。

图2-14　青山白化现象严重（刘家公墓）

# 第三节　公墓用地空间发展的优化策略

## 一、合理选址布局，保护景观完整性

公墓的选址应该坚持便利与隐蔽相结合的原则。墓地选址应处于道路交通完善的位置，这与公墓服务范围广泛程度、道路交通便利程度以及建设成本紧密相关；同时，公墓建设还应坚持景观保护原则，避开景观敏感地带，避免公墓直面交通干道的情况发生，不得在铁路、公路沿线等视线焦点处建设公墓，所有墓地的建设不得影响交通景观，对于少数难以避免的墓地加强公墓景观建设，减少公墓对于景观的影响，保护城市风貌。

坚持优化和集约用地，节约土地资源，保护耕地的原则，公墓规划选址建设在荒山、荒坡，一些非耕地或不宜耕种的土地上，保护农田、耕地斑块，进而保护城市生态格局。桐庐县地处山区丘陵区，由于其地处特殊的地理环境，城市中有部分土地既不适宜发展农业、也不适宜建设建筑进行开发，除此之外，这些土地没有得到好的利用，导致这些地区容易发生水土流失等环境问题。因此，在进行公墓选址时，可以优先考虑将这些土地纳入规划设计，通过合理的植物配置等园林手法合理利用荒山荒坡，将其建设成为自然景观优美的园林式公墓。这一做法既可以合理利用土地，解决城市土地资源紧缺的问题，同时又可以使荒山荒坡等土地得到合理利用，减少自然灾害与环境问题的发生，保护城市景观完整性以及生态环境。

针对各乡镇各地不同的情况也应区别对待，具体分析区位、行政区特点、现状墓地建设情况、人口分布特点、地形地貌、民俗民风等自然经济社会条件，在总原则不变的情况下，因地而异、因地制宜地建设公墓。例如根据不同的地形地貌条件采用不同的公墓布局方式，桐庐县属于典型的山地丘陵区，山地丘陵面积占全县面积的86.3%，平原、水域占13.7%。在山地丘陵区，宜采用分散式的布局方式，原因有二：一是大面积的公墓建设容易造成山体硬化，加剧青山白化现象，在破坏生态景观完整性的同时打破了原有生态系统的稳定，采用分散布局的方式可以使公墓藏匿在山林之间，把对周围环境的影响降到最低；二是山地丘陵区村民住宅之间较为分散，规模大而数量少的公墓布局方式可能会导致村民进行殡葬活动或祭祀时交通不便，无法满足村民心里对于公墓"不离乡"的要求，进而导致乱埋滥葬的行为发生，墓地遍布城市，加剧城市景观碎片化，破坏景观完整性。在平原区，采用集中建设几处规模较大的公墓的布局方式，并重视公墓植物景观的建设，可以减少公墓的数量且方便管理，对于公墓及周边生态环境也具有重要意义，可以更好地发挥公墓各方面的优势。但是，这样的布局方式却不容易被大众所接受，实施难度较大。城南街道的仙人洞公墓却是一个很好的范例（图2-15），它面积足有87.96亩，总穴数约1.26万穴，墓区经过规划设计景观优美、植物生长良好，后期政府打算将此处打造成一处宁静的特殊福利园地，并新建焚烧炉与休憩广场等基础设施。目前，公墓内已使用一半以上墓穴，这说明大众开始逐渐接受这种类型的公墓布局方式。

图 2-15 仙人洞公墓

## 二、植物景观营造，减少视觉污染

在分析公墓的空间布局时发现，由于公墓的"尴尬"处境，现阶段国内大部分的公墓在建设上缺少规划设计，尤其是植物景观营造，导致公墓与城市之间缺少视觉阻隔，抬眼便可见公墓的情况多有发生，有损城市景观，造成视觉污染。植物便可以很好地解决这一问题，植物景观是公墓中最具有生命力的景观，可以起到"隔绝围墙，拓展空间；分割联系，含蓄景深"等一系列作用。因此，在公墓规划设计时应该对植物景观营造予以重视，利用植物景观将公墓隐蔽其中，以此改善青山白化现象。

### （一）植物选择

公墓入口处的树种选择首先应考虑到满足障景的需要，应该选用一些树形高大挺拔、四季常绿的树种，如圆锥形的南洋松、尖塔形的雪松、塔柏、圆柱形的龙柏等（图 2-16），这些树形具有显著的垂直向上性，可以营造出庄严肃穆的氛围，同时从经济性的角度出发，植物的选择应尽可能选择乡土树种，如香樟、红叶石楠等。

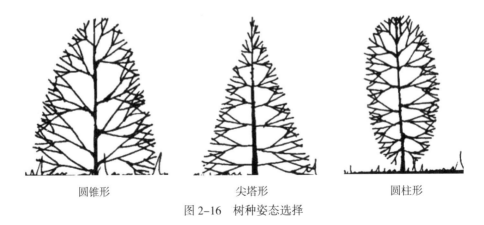

圆锥形      尖塔形      圆柱形

图 2-16 树种姿态选择

除此之外，公墓内的植物选择还应以常绿树种为基调，配以落叶树种，如鸡爪槭、紫叶李等，营造季相性景观。还可以从植物蕴含的不同寓意进行选择，可选择银杏、无患子等寿命较长的树种，以此象征逝者生命的延续与永恒；选择梅花、玉兰、海棠等，寓意快乐、幸福、美好富贵，表达对未来美好生活的向往；还可选择七叶树、无忧树等一些与宗教相关的植物。

**（二）植物布局形式**

根据前文分析，桐庐县公墓大多分布在平缓山坡、缓山坡以及半急山坡上，公墓植物的配置也应根据地形的不同进行设计。对于坡度较陡的地形，其公墓分布在高低错落的台地上，其入口处的植物采用乔木树种以遮挡视线，防止对城市造成视觉污染，同时还可以营造景观层次感，起到防风固土、防水土流失等生态效益。对于坡度相对较小的地形，公墓入口区可以配植灌木起到视觉阻隔的作用（图2-17）。

图 2-17　不同地形植物布局方式

## 三、建设控制引导，公墓园林化发展

注重统筹规划、控制发展。坚持合理规划公墓建设，科学预测建设规模，避免盲目建设，对公墓数量和占地面积实行总量控制。按照《公益性生态公墓建设管理规范》DB 3301/T 0271—2018 规定："公益性生态公墓单穴墓位的单位占地面积不得超过 0.25m$^2$，合葬墓位的单位占地面积不得超过 0.40m$^2$（不含公共绿化和道路用地）。"坚持大分散、小聚集的原则，使得公墓分散布局于桐庐全县范围，尽最大限度使得公墓服务范围覆盖整个桐庐县，方便全县居民骨灰安葬的需求；同时严格控制公墓数量，以小范围集聚的形式进行公墓选址。提倡分期建设，以适应不断变化的人们新观念新需求，在不同历史时期针对当下时代发展需求重新规划公墓的形式及规模，尽可能减少时代快速发展对公墓建设带来的不利影响，降低各方面成本；持续发展新址，要满足扩建改建的需要。为发展留有余地，以避免将来容量饱和后，再次出现大量新墓址。

生态园林是现如今绿化建设的发展趋势，而由于传统公墓在建设前缺乏规划设计，在绿化建设上存在一定的问题，如绿化覆盖率不够、对生态环境影响大、树种选择单一、景观效果差等。近年来，国家出台了相关政策要求将公墓朝着园林化、艺术化的方向发展，"将公墓变公园"成为现如今公墓的建设改革方向。公墓的园林建设运用传统的造园及造景手法，尊重传统文化、继承文脉并加以时代的特征，赋予场地文化气息。园林化公墓建设以植物配置为主调，同时在墓穴墓碑的设计、放置上充分利用空间，使其更艺术化。园林化公墓有助于改善城市生态环境、维持生态平衡，是影响城市生态园林建设的重要因素。

# 第三章　公墓选址影响因素

墓葬是人类发展的必然需求，而公墓是集约利用资源的有效途径。第六次全国人口普查数据显示，我国人口老龄化速度加快，60 岁及以上人口占 13.26%，其中 65 岁及以上人口占 8.87%，相比于第五次全国人口普查，比例分别上升 2.93 和 1.91 个百分点。我国人口老龄化问题的日益凸显，使得未来数十年内的公墓建设用地需求量显著增加。

在新的国土空间规划背景下，建设用地增长弹性用地空间有限，使得公墓选址与规划尤为重要。截至 2016 年年末，全国共有建设用地 390951km$^2$，其中城镇村及工矿用地 317947km$^2$。全国土地利用数据预报结果显示，2017 年年末，全国建设用地总面积为 395865km$^2$，新增建设用地 5344km$^2$。减少因公墓用地选址不当造成的公墓荒废、废弃现象，有效节约土地，是解决我国当前城市化进程中，对公墓用地需求增加与建设用地紧张之间矛盾的基本途径，公墓用地规划布局值得社会各界关注和思考。

## 第一节　公墓用地适宜性评价指标体系的构建

### 一、指标体系框架的构建思路

公墓用地适宜性评价指标体系建立应该充分体现出对公墓邻避效应的缓解作用和公墓选址的科学性。公墓建设用地附近的居民为邻避效应产生的主体，居民的心理接受程度受多个因素影响，尤其是对中国人有影响的堪舆学。在此将堪舆学中的公墓选址影响因素化解为现代科学领域中直观且数据易收集的地理学指标；公墓用地作为建设用地的重要组成部分，不可脱离于城市发展规划之外，需要充分考虑公墓空间布局与城乡总体规划的衔接度；公墓有着公共服务的属性，为群众提供安置骨灰、追思故人的服务，但也让居民产生避让的心理，因此，公墓建设的选址影响着群众的生活，公墓选址建设过程中要充分考虑距离因素，与居民区保持一定的距离。邻避设施的负外部性随距离衰减，只有通过空间移动才能体现邻避公墓的负外部性，这决定了公墓与居民区之间的空间距离是影响居民态度的重要因素。

参考学术界通用的指标体系研究方法和框架，对公墓用地适宜性评价指标体系采取分层构建原则，对"降低公墓的邻避效应"这一总体目标进行逐层分解以及解读，包括 3 个层级：第一层是总目标层，该层主要对"降低公墓的邻避效应"目标和内涵进行诠释；第二层为要素层，即支撑总目标实现的各系统要素；第三层是指标层，是对要素层的具体展开，可以进行指标的量化研究。

采用德尔菲法、层次分析法确定权重，按照从子系统层到指标层的顺序，逐层确定，最终落实到每个指标项的权重。

## 二、指标体系的建立原则

为了科学建立邻避效应下的公墓用地适宜性的评价的指标体系，准确地评价研究区内邻避效应低、适合用于公墓建设的区域，在构建评价指标体系的过程中，需要遵循以下几个原则：

### （一）科学性原则

科学性原则是指评价指标的确定与选取要具有科学性，包括一级指标、二级指标及三级指标的选取、名称、分类、解释及计算方法等应当遵循科学性原则。此外，评价指标体系的构建要按照邻避效应的内涵、以人为本的目标，选取具有代表性，能够客观、清晰反映出公墓选址的影响因素的指标。同时，指标体系的内容应尽可能地全面，并且各个指标之间相对独立，这样才能科学反映出被评价对象的综合品质。

### （二）综合性原则

公墓选址涉及自然环境、社会、经济、文化等多方面，因此，公墓选址适宜程度的评价不是独立或者简单几个指标就能够反映和涵盖，需要全面分析公墓选址过程中的各个重要环节，从而构建一套综合性强且符合实际的指标体系。

### （三）阻力最小原则

公墓选址时应借鉴殡仪馆、火葬场等类型相同被"污名化"的公共设施的选址方法，通过科学合理选址程序，提高公墓周边居民的接受程度，从而体现分配正义的基本要求。

### （四）可操作性原则

指标体系的构建要考虑实用性，在选取指标因子的过程中，对于实际操中无法度量的评价指标，应当予以舍弃，不可为了理论的完美选取数据无法收集的指标。另外，归入指标体系的各指标因子应该概念清晰、内涵丰富，可以被量化，并且数据容易收集、来源可靠。只有在评价指标数据可以搜集的前提下，评价指标体系才有实际应用的意义。

### （五）定性与定量相结合

在指标体系的构建中，有必要同时考虑定量评价与定性评价，应以定量评价指标为主，并力求定量指标精确化。定性评价主要体现居民的感受、用地成本等，通过定量与定性相结合的方法使指标评价体系更为严谨科学。

### （六）以人为本原则

指标体系的构建要以居民感受为中心，减少公墓建设对周边居民的影响，平衡民众抵触、避让公墓的心理与对公墓存在使用需求之间的关系。

## 三、评价指标的选取

指标的选择必须符合一定的准则，首先，指标必须是通用的，即该指标可以用来描述大多数区域的地质地貌特征，例如地形和地貌等。其次，指标选取不仅要针对评估目的，使评估有意义，更要针对评估区域的特性，例如研究区域的降水情况和地质灾害发生情况等。最后，在指标的选择过程中也要提前考虑该指标的数据获取方法是否相对简易可得，所选指标是否可以直接通过一手资料获取，是否可以由公式计算得到等。

基于以上三个指标选取准则，主要使用两种方法来选择和评价因子，第一是层次分析法，将目标分解成多个层级进行分析；第二是德尔菲法，通过对多个专家进行咨询访谈，并通过填写问卷的形式得到各个备选指标的评分。专家组由多个学科的学者、政府工作人员等组成，一定程度上克服打分的主观性。

**（一）评价因素的选取**

堪舆是影响公墓选址满意度的因素之一。堪舆学含有生态学、地理学、气象学、水文地质学、环境景观学等学科内容，当中的自然和谐理念对公墓选址也具有意义。研究证明，堪舆与景观经济文化系统、生态学、经济学、土壤地理学等科学密切相关，同时，它还具有一定的艺术性和美学方面的合理成分。

基于文献阅读和试调查，结合堪舆理念，参考以往学者对殡葬设施选址、公墓用地、生态墓地等相关评价指标体系研究成果，结合以人为本的内涵要求和公墓邻避的特点，综合考虑公墓建设、当地居民及政府等相关利益主体需求进行分析研究，得出公墓用地适宜性评价的初级指标。研究从自然地理、交通条件、公众心理、区位等方面对评价指标因子进行归纳总结与筛选，共形成21项评价指标因子。其中心理因素为影响邻避效应的重要因素，研究将堪舆中的公墓选址影响因素化解为直观、数据易收集的地理学指标，具体以单因子坡度、坡向、相对海拔进行表现，以视觉干扰度、周边居民接受程度、距城镇乡的距离体现居民心理接受程度。

在大量相关文献阅读和实地调研并对初级指标进行初步修改与调整的基础上，与专家进行深入交流，对初步构建的指标体系进行第一轮的优化与调整，并调整与完善指标体系。随后笔者邀请了22位专家（参见附录1）对指标体系的研究提出意见和建议，并请专家填写问卷以判断各个指标因子在指标体系中的重要性，并提出个人修改意见。通过第二轮专家筛选，剔除每一轮评分小于3的评价指标因子，经过两轮专家优化、打分、意见征询，笔者对评价指标体系进行了进一步的调整，最终确定了公墓用地适宜性评价指标体系，包括1个目标层：公墓用地适宜性评价指标体系；4个准则层：自然因素、社会因素、心理因素、交通区位因素；12个要素层：地质灾害点个数、坡向、坡度、相对海拔高度、用地类型、可建设用地面积、用地成本、视觉干扰度、周边居民接受程度、距城镇乡距离、交通连接条件、周边地类。

**（二）建立评价体系**

公墓用地适宜性评价指标体系的构建是一个复杂的、多层次的系统，追求的目标是以人为本，尽量避免对民众所产生心理抵触的影响，且每一层的指标都能反映出对民众、政府的需求的考虑。基于此，通过对以往文献的研究，综合已有的指标因子研究成果，将以人的感知为优先的目标具体化，再结合专家调查的结果，最终确定研究所用的公墓用地适宜性评价指标体系，通过运用层次分析法，将公墓用地适宜性评价指标体系逐层展开，构建成多层次的评价指标体系（表3–1）。

公墓用地适宜性评价系统模型

表3–1

| 目标层 | 中间层 | 指标层 | 指标解读 |
|---|---|---|---|
| 公墓用地适宜性评价指标体系（A） | 自然因素（B1） | 地质灾害点个数（C1） | 地质灾害是指地震、泥石流、山体崩塌、滑坡、地裂缝、地面塌陷、地面沉降等与地质作用有关的灾害。地质灾害点个数指评价单元内地质灾害点分布个数 |
| | | 坡向（C2） | 坡向可以被视为坡度方向 |
| | | 坡度（°）（C3） | 地面上某点的坡度表示了地表在该点的倾斜程度，坡度分析是表达和了解某一特殊地形结构的手段 |
| | | 相对海拔高度（m）（C4） | 指备用地到周边居民点的相对海拔 |
| | 社会因素（B2） | 土地利用类型（C5） | 指备用地的土地利用类型，包括水域、耕地、林地、草地、建设用地和未利用土地 |
| | | 可建设面积（C6） | 基址在满足规划期内的需求外的可扩容性 |
| | | 用地成本（C7） | 用地成本主要表现为征地费用、周边基础设施建设费用 |
| | 心理因素（B3） | 视觉干扰度（C8） | 指视域范围内出现水库、河流堤坝附近和水源保护区、文物保护区、耕地、风景名胜区、开发区、住宅区、森林公园和自然保护区、重要交通干线的视觉焦点部位 |
| | | 周边居民接受度（%）（C9） | 指对备用地建设公墓持非常支持和基本支持态度的居民占总居民数量的比例 |
| | 交通区位因素（B4） | 距城镇乡距离（km）（C10） | 公墓用地与经济中心的距离 |
| | | 交通连接条件（C11） | 道路交通的可达性直接关系到公墓的服务距离、建设成本、通达程度 |
| | | 周边地类（C12） | 指备用地周边的土地利用类型，包括耕地、林地、草地、水域、建设用地和未利用土地 |

## 四、指标权重的确定

各指标对系统的影响或引起的效应是不同的，进行公墓用地适宜性评价时，各要素便不能同等看待，"权系数"是指每个要素不同的重要性和各要素所产生的不同协同效应。

指标权重确定方法是否合理对综合评价的科学性和正确性存在较大的影响。到目前为止，根据研究者的实践经验和主观判断来得到权重操作简单，被广泛使用，但是这种方法的主观性较强，且难以检验，缺乏科学性和说服力。德尔菲法是对上述方法的改进，但是在指标数目较多的情况下，权重计算的难度和所需要完成的工作量会同时上升，有时难以得到满意的权重分布。而层次分析法的多层次分别赋权法可有层次地构建判断矩阵，有效提高众多指标同时赋值时的准确率，规避错误。

构建公墓用地适宜性评价指标体系层次分析结构如下：

目标层：公墓用地适宜性评价指标。

准则层：自然因素，社会因素，心理因素，交通区位因素4个准则。

指标层：公墓用地适宜性评价的具体的定性和定量指标。这一层次的指标将是本论文着重要分析的指标。

运用层次分析法共构建19个指标重要性判断矩阵，邀请相关领域的高校老师、学者、政府工作人员、规划设计院工作人员等22人，通过实地和网络发放的方式进行问卷调查，请相关领域的专家根据"1—9比率标度法"对评价指标体系中的各指标因子进行两两比较及赋值评判，共回收有效问卷22份。最后，运用Yaahp辅助软件对有效的20份各层次指标权重赋值数据进行统计平均，建立判断矩阵，确定权重，并进行一致性检验。

## 五、指标的标准化处理

通过表3-1所列出的评价指标体系可得，评价指标属性与公墓选址适宜程度关系有正逆两种，各评价指标之间无论从指标分级值，或从计量单位，都不存在可比性。所以，在进行综合评价之前要对不同量纲的指标体系标准化，使其在统一的标价标准下进行分析。

鉴于ArcGIS软件具备标准化评价指标的功能，研究首先利用ArcGIS软件将收集到的矢量数据以栅格数据的形式转出，其次根据评价指标量化表（表3-2）的评价标准，利用标准化评价指标的功能完成栅格数据重分类，用新的值替换原始值。

评价指标量化　　　　　　　　　　　　　表3-2

| 一级指标名称 | 二级指标名称 | 适宜性分级 | 赋分 |
|---|---|---|---|
| 自然因素 | 地质灾害点个数 | 无灾害点 | 1 |
| | | ＜3处 | 2 |
| | | 3～5处 | 3 |
| | | ＞5次 | 4 |
| | 坡向 | 南向 | 1 |
| | | 西南向、东南向 | 2 |
| | | 西向、东向、东北向、西北向 | 3 |
| | | 北向 | 4 |
| | 坡度 | （0°～8°） | 1 |
| | | （8°～15°） | 2 |
| | | （15°～25°） | 3 |
| | | ＞25° | 4 |
| | 高程（m） | 1～50 | 1 |
| | | 50～100 | 2 |
| | | 100～150 | 3 |
| | | ＞150 | 4 |

续表

| 一级指标名称 | 二级指标名称 | 适宜性分级 | 赋分 |
|---|---|---|---|
| 社会因素 | 土地利用类型 | 其他 | 0 |
| | | 草地 | 3 |
| | | 林地 | 2 |
| | | 未利用地 | 1 |
| | 可建设用地面积 | 可满足未来1～5年使用 | 4 |
| | | 可满足未来5～10年使用 | 3 |
| | | 可满足未来10～20年使用 | 2 |
| | | 可满足未来20年以上使用 | 1 |
| | 建设成本 | 低 | 1 |
| | | 较低 | 2 |
| | | 较高 | 3 |
| | | 高 | 4 |
| 心理因素 | 视觉干扰度 | 低 | 1 |
| | | 较低 | 2 |
| | | 较高 | 3 |
| | | 高 | 4 |
| | 居民接受程度 | 高 | 1 |
| | | 较高 | 2 |
| | | 较低 | 3 |
| | | 低 | 4 |
| 交通与区位因素 | 与城区距离（km） | ＞25 | 1 |
| | | 15～25 | 2 |
| | | 5～15 | 3 |
| | | ＜5 | 4 |
| | 周边地类 | 荒地 | 1 |
| | | 林地、工业用地、物流仓储用地、道路与交通设施用地 | 2 |
| | | 草地、园地、公用设施用地、待深入研究用地 | 3 |
| | | 耕地、居住用地、商业服务业设施用地、公共管理与公共服务设施用地 | 4 |
| | 交通连接条件 | 距离最近道路＜100m | 1 |
| | | 距离最近道路100m～500m | 2 |
| | | 距离最近道路500m～1000m | 3 |
| | | 距离最近道路＞1000m | 4 |

## 六、权重结果

通过 22 位专家对指标权重的赋值，计算得到专家组对各指标因子重要性的判断与赋值，构建 19 个评价指标层的重要性判断矩阵，并根据层次分析法的公式，使用 Yaahp 辅助软件求得各指标因子的权重，继而得到 $CR$ 值以确保一致性。各判断矩阵及权重、一致性检验计算结果如下。

公墓用地适宜性评价层判断矩阵及指标权重见表 3-3。

以下是自然因素、社会因素、心理因素和交通与区位因素评价层矩阵及指标相对权重值（表 3-4～表 3-7）。

公墓用地适宜性评价层判断矩阵及指标权重　　表 3-3

| A | B1 | B2 | B3 | B4 | 权重值 |
|---|---|---|---|---|---|
| B1 | 1.0000 | 0.9096 | 0.6139 | 2.8674 | 0.2453 |
| B2 | 1.0994 | 1.0000 | 0.6749 | 3.1524 | 0.2696 |
| B3 | 1.6290 | 1.4818 | 1.0000 | 4.6710 | 0.3995 |
| B4 | 0.3487 | 0.3172 | 0.2141 | 1.0000 | 0.0855 |

注：$CR = 0.0703 < 0.10$，矩阵 A 通过一次性检验。

自然因素评价层矩阵及指标相对权重值　　表 3-4

| B1 | C1 | C2 | C3 | C4 | 权重值 |
|---|---|---|---|---|---|
| C1 | 1 | 5.364 | 4.3104 | 3.1515 | 0.5760 |
| C2 | 0.1867 | 1 | 0.8047 | 0.5884 | 0.1075 |
| C3 | 0.2320 | 1.2427 | 1 | 0.7311 | 0.1336 |
| C4 | 0.3173 | 1.6997 | 1.3677 | 1 | 0.1828 |

注：$CR = 0.0000 < 0.10$，矩阵 B1 通过一次性检验。

社会因素评价层矩阵及指标相对权重值　　表 3-5

| B2 | C5 | C6 | C7 | 权重值 |
|---|---|---|---|---|
| C5 | 1 | 1.1043 | 0.7748 | 0.3129 |
| C6 | 0.9056 | 1 | 0.7016 | 0.2833 |
| C7 | 1.2907 | 1.4253 | 1 | 0.4038 |

注：$CR = 0.0000 < 0.10$，矩阵 B2 通过一次性检验。

心理因素评价层矩阵及指标相对权重值　　表 3-6

| B3 | C8 | C9 | 权重值 |
|---|---|---|---|
| C8 | 1 | 0.6080 | 0.3781 |
| C9 | 1.6446 | 1 | 0.6219 |

注：$CR = 0.0000 < 0.10$，矩阵 B3 通过一次性检验。

| 交通与区位因素评价层矩阵及指标相对权重值 | | | | 表 3-7 |
|---|---|---|---|---|
| B2 | C10 | C11 | C12 | 权重值 |
| C10 | 1 | 1.2296 | 1.8467 | 0.4247 |
| C11 | 0.8133 | 1 | 1.5019 | 0.3454 |
| C12 | 0.5415 | 0.6658 | 1 | 0.2300 |

注：$CR = 0.0000 < 0.10$，矩阵 B2 通过一次性检验。

## 七、指标权重结果分析

通过层次分析法进行权重计算得到每个指标的权重值，并根据计算结果对指标重要性进行排序（图 3-1，表 3-8）。

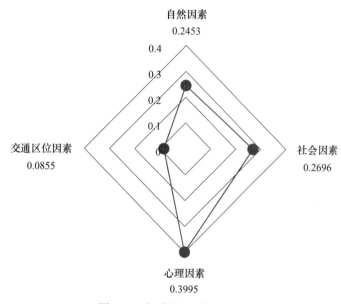

图 3-1　准则层权重值分布图

| 公墓用地适宜性评价指标权重 | | | | | 表 3-8 |
|---|---|---|---|---|---|
| 目标层 | 中间层 | 权重 | 指标层 | 总排序权重 | 排序 |
| 公墓用地适宜性评价指标体系（A） | 自然因素（B1） | 0.2453 | 地质灾害点个数（C1） | 0.5761 | 2 |
| | | | 坡向（C2） | 0.1075 | 12 |
| | | | 坡度（°）（C3） | 0.1336 | 11 |
| | | | 相对海拔高度（m）（C4） | 0.1828 | 10 |
| | 社会因素（B2） | 0.2696 | 用地类型（C5） | 0.3129 | 7 |
| | | | 可建设面积（C6） | 0.2833 | 8 |
| | | | 用地成本（C7） | 0.4038 | 4 |

| 目标层 | 中间层 | 权重 | 指标层 | 总排序权重 | 排序 |
|---|---|---|---|---|---|
| 公墓用地适宜性评价指标体系（A） | 心理因素（B3） | 0.3995 | 视觉干扰度（C8） | 0.3781 | 5 |
| | | | 周边居民接受程度（%）（C9） | 0.6219 | 1 |
| | 交通区位因素（B4） | 0.0855 | 距城镇乡距离（km）（C10） | 0.4247 | 3 |
| | | | 交通连接条件（C11） | 0.3454 | 6 |
| | | | 周边地类（C12） | 0.2300 | 9 |

为了更直观地看到影响公墓选址的中间层因子，根据表 3-5 计算出的中间层因子权重值，将 4 个桐庐县公墓用地适宜性评价指标体系中间层的影响因子权重值作柱状图分析（图 3-1）。

为了更直观地看到影响公墓选址的中间层因子，将 4 个桐庐县公墓用地适宜性评价指标体系中间层的影响因子权重值作柱状图分析（图 3-2）。

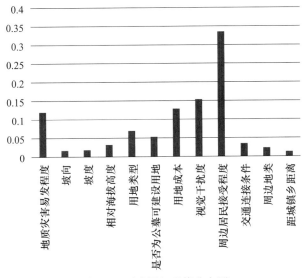

图 3-2　要素层权重值分布图

通过对层次分析法计算出的权重结果进行统计和分析发现，公墓用地适宜性评价指标体系的中间层 4 项指标因素的重要性排序如下：心理因素（0.3995）＞社会因素（0.2696）＞自然因素（0.2453）＞交通区位因素（0.0855），其中心理因素承载了近 40% 的权重，占据了相对重要的位置，说明心理因素对公墓选址适宜性来说是比较重要的，是否具有较高的居民接受程度以及较低的视觉干扰度是高度适合公墓选址的基础。社会因素的重要性位于第二的位置，说明用地类型的选择、用地成本高低和可建设面积规模对公墓选址起着重要的作用；同样，地质灾害点个数也是衡量公墓选址适宜性程度的重要因素之一，地质条件关乎公墓是否能长期为居民提供服务，也是公墓选址过程中不可或缺的因素。

# 第二节 基于邻避情结的选址影响因素

## 一、邻避情结相关概述

### (一)邻避

我国经济社会的发展自 20 世纪末以来经历了一轮又一轮的城镇化进程，必然地带来了城市公共设施建设的快速发展，由于公民意识的增强，民众的诉求也趋多样化，有些特殊公共设施所涉及的相关方越来越难达成矛盾调和，这使邻避事件的发生也开始越来越普遍。进入 21 世纪后，尤其近十年来，各种媒介尤其自媒体等新的传播方式的出现，使各级政府和部门想要控制或限制涉及邻避事件的有关信息或新闻的传播和扩散变得愈发可不现实甚或不可能，相关信息经传播甚至会变成"网红"事件，如此学者们开始更多地关注相关问题。我国台湾对于邻避现象的研究比大陆学者起步早。我国台湾学者陈俊宏认为，邻避现象是政府在强制执行某些对社会整体有益且十分必要的政策时，遇到地方民众强烈反对的草根运动；同时他还认为，代议制民主制度或许就是邻避效应产生的根本原因。我国台湾研究者谭鸿仁认为邻避现象是在城市化的进程中，一些集体消费的必要基础公共设施与一些非集体消费的工业生产设施同样需要面临的，是因设施自身的外部性扩散而引起设施周边居民反对与抗争的现象。大陆学者汤汇浩认为邻避效应指居民因担心建设项目对身体健康、周围环境和居民资产价值等带来的负面影响，而采取的强烈带有高度情绪化的反对抗争行为。

解决周边居民对某些特殊的公共设施的排斥一直是一个世界性且棘手的难题，但长期以来学界对此并没有准确或公认的概念和定义，科学专业术语的出现较晚，始于 20 世纪末。奥黑尔（O'Hare）于 1977 年首次讨论了石油精炼厂、核电设施、监狱以及高速公路等设施选址中的公众反对问题，并将公众的反对态度归纳为 "Not on my block you don't"（胆敢在我的街区）。1980 年 11 月 6 日，英国记者埃米莉·特拉维尔·利夫齐（Emilie Travel Livezey）在《基督教科学箴言报》（The Christian Science Monitor）上发表的文章首次提出 NIMBY（not in my backyard）的说法，后被媒体和学术界广泛使用。波珀（Popper）于 1981 年形容此类具负面影响的设施为 "地方上排斥的土用"（Locally UnwantedLand Uses，简称 LULUS）。此后，NIMBY 和 LULUS 在研究和实践中得到了广泛的应用，其中 NIMBY 的使用较为广泛，我国台湾学者将其翻译为 "邻避"。

### (二)邻避设施

某些大型的市政公共设施的建造需要考虑大量的土地，比如飞机场、垃圾填埋场、焚烧厂、核电站等，这是社会公共福利不可或缺的设施，但同时它们又很难被当地公众所接纳，民众常常对这些设施发起反对或抗争活动，这种设施称为邻避设施。整理相关研究对邻避设施的定义得出，现阶段将能让周边居民产生抵触情绪的设施都统称为邻避设施。

1898 年霍华德提出的田园城市中，精神病康复中心、病休所、流浪者住所、酗酒收容所、公墓等大家不欢迎的设施都布局在核心城市和卫星城市之间的大片绿地和农田中。由于邻避设施"效益—风险"不对等，效益惠及整座城市，却因为可能污染周围环境而给邻近居民带来负外部效应的风险，因此"邻居希望躲避"或"不希望与之为邻"。其通常具备以下特征：① 满足国家和社会正常发展等方面的实际需要；② 产生直接或间接的环境污染性、危险集聚性或生命财产安全性等问题；③ 大部分会受到周边公众群体性的反对或抵制。邻避设施分类见表 3-9。

邻避设施分类　　　　　　　　　　　　　　　　　　　　　表 3-9

| 标准 | 分类 |
| --- | --- |
| 功能 | 人文福利设施、环境设施 |
| 服务功能 | 能源设施、废弃物处理设施、交通设施、工业生产设施和社会服务设施 |
| 服务范围区域层次 | 邻里设施、城市设施、区域设施和国家设施 |
| 邻避效果 | 第一级不具备邻避效果、第二级轻度邻避效果、第三级中度邻避效果、第四级高度邻避效果 |
| 环境污染程度 | 污染性设施、空间摩擦设施、不宁适设施、嫌恶性设施、风险集中设施、邻避设施 |

### （三）邻避情结

邻避情结是邻避研究中的重要概念，国外研究中基本使用"NIMBY Attitude"（邻避态度）、"NIMBY Syndrome"（邻避情结）来表达人们对邻避设施的态度、心理、情感、反应等。国内的邻避研究中基本将邻避情结等同于邻避态度，表示居民对邻避设施的某种心理认知与行为倾向。虽然国内学者对邻避情结的解读各有侧重（表 3-10），但在实质上对邻避情结的界定与邻避态度基本上别无二致。

国内部分学者对邻避情结的界定　　　　　　　　　　　　　表 3-10

| 作者 | 年份 | 对"邻避情结"的界定 |
| --- | --- | --- |
| 李永展 | 1998 | 将 NIMBY Attitude 译为"邻避情结"，表达为个人或者社区反对某种设施（土地利用）所表现出的态度 |
| 邱昌泰 | 2002 | 根据维特斯（Vittes）等人的看法，提出邻避情结就是"不要在我家后院"的一种主张，它对邻避设施是全面拒绝的态度，它坚持环境主义的主张，不需要任何技术、经济或行政层面的理性知识，它是一项情绪性的反应，含有太多非理性因素而难以进行理性说服，它是环保建设的一种障碍 |
| 蔡宗秀 | 2004 | 泛指当地居民虽然心中认同邻避设施建立的必要性，却反对这些设施建在自家后院的情绪反应 |
| 陶鹏 | 2010 | 一种居民想要保护自身生活领域，维护生活品质所产生的抗拒心理和行动策略 |
| 陈宝胜 | 2012 | 邻避情结是介于邻避设施与邻避冲突之间的概念，它表达一种态度，是公民对邻避设施的嫌恶意象、矛盾情感和反对观念的综合心理倾向 |

我们认为，要准确界定邻避情结，必须厘清"情结"的内涵。情结是心理学术语，它与态度的表达存在明显区别，它指有关情感、观念、感觉、信念等的无意识综合体，它深藏于内心并对人的行为产生重要影响。荣格认为，情结源于某种创伤且都有其原型，据此

理解，邻避情结应是由邻避设施对个人生命健康、生活品质、资产价值等方面产生的事实性或者经验性危害（创伤），而形成的矛盾性情感的综合心理，它更多强调的是心理状况的矛盾与复杂，且这种状态多源于内心无意识的冲动。故相比于邻避态度在表达中的客观性与使用中的统合性，情结则仅仅表达一种特殊性的心理（情绪）。

### （四）邻避设施与邻避情结

在邻避的概念图谱中，邻避设施是所有邻避相关问题的出发点和物质载体。无论是邻避效应、邻避情结还是邻避危机、邻避冲突，都是在邻避设施这一概念基础上构建的。在此，本文认为有必要进一步阐释邻避设施的概念。

邻避设施即具有邻避性的设施，它的收益和成本分配是不均衡的，具有很强的负外部性，往往由此类设施邻近的居民承担着健康威胁、环境污染、财产贬值、社区污名影响等社会成本。学者们认为这类设施一般提供的都是能源、电力、垃圾处理等公共服务，带有普惠性与公益性，具有公共物品的属性，往往将其定性为公共设施。对于邻避设施，大部分学者一般性地默认其具有两个特征，一是危害性，二是公共性。在此，本文认为有必要对这两个学术界尚未明确阐述的特征进一步辨明。

邻避设施并非都有实质性伤害。一般认为，邻避设施受到人们的厌恶和排斥是因为这些设施会造成一定的噪声，以及空气、辐射、水和视觉污染。一些负面性的设施如戒毒所、监狱也会给社区带来不好的名声，污染和污名化会衍生出公民的心理负担和不动产贬值。然而，在邻避冲突和抗争中，人们更多的是主观感知到"被妖魔化"的邻避设施可能潜在的风险，并非已经受到邻避设施的实质性伤害。只是出于尽量避免风险的考量争取邻避设施远离自己居住的区域。例如关于通信基站，肖庆超等以北京市的移动通信基站为研究对象，结果表明基站的电磁辐射水平符合国家标准并且测值整体较低。从目前可查阅到的文献、数据与官方报告看，没有直接的证据表明符合国家标准基站辐射可对人体健康造成伤害。但是，本文认为，不仅只有已经对环境或公民身体健康造成实质性伤害才是邻避设施，这些特定设施潜在的风险或者"已经妖魔化的形象"给附近公民造成的心理负担和恐慌，也是伤害的一种，虽然体现不明显，但仍然是一种真实存在的负外部性。

从邻避情结影响因素角度看，解决周边居民对某些特殊的公共设施的排斥一直是一个世界性的棘手难题，国内外学者对邻避情结影响因素进行了详尽分析。郑卫则指出邻避设施规划引发矛盾和冲突的成因较为复杂，并非单纯地因为居民的自私心理或者利益因素。张乐和童星认为不同类型的邻避行动有着不同的生成机制。陈澄将产生邻避现象的主要原因归结为自然环境因素、社会心理因素和经济因素。而黄岩、文锦认为还应增加决策透明和公正性因素、利益集团因素和专家因素。管在高认为邻避运动的起因分为环境污染、社区形象等直接原因和群众权利意识的觉醒、社会整合机制的滞后等深层原因。克拉夫特和克拉里（Kraft & Clary）总结的对邻避项目强烈反抗的原因有：对项目支持者的不信任；项目选址等信息知情权被限制；对于项目的态度还是基于本地区狭小的视野；情绪化的反应；对项目风险高程度的关切。波珀指出，这类设施的选址或者运行过程是不充分的。桑德曼（Sandman）提到，健康风险，以及财产价值、生活质量、社区形象下降、社区负担过重是反对者比较关注的方面。莫雷尔（Morell）认为：公平性与心理因素、环境污染影响形象与房屋价值、政府长期轻忽与漠视环保工作等是邻避问题产生的主因。莱克（Lake）则认为社会和社区的关注点不同，社区价值与整体的社会价值判断间存在差异；经济成长与环境保护之间的冲突，缺少对政府、项目发起人、技术专家的信任加剧了邻避的产生。此外，卡斯珀森（Kasperson）指出，除上述因素外，"距离"在邻避中也是一个重要的影响因素。

### （五）邻避问题治理进展

近年来，各地发生的邻避事件或邻避冲突将各级政府推上风口浪尖，针对邻避情绪有何化解良方，有何治理对策，这些问题必须摆上议事日程，不能再行邻避项目"一闹就停"和"霸王硬上弓"的极端做法，必须摸索出科学合理的解决策略。为此，国内学者近年来也试图积极探索，但总体来说研究还不多不深，大多将境外的模式直接引用过来或结合中国实际提出相关政策，但也有一些学者的研究对我们后续进一步的探索也有一定的启示。同时很多学者都认为提高公民参与是解决问题的主要办法之一。汤京平认为公民参与使公民能够参与政府的决策过程并与政府展开有效的政治对话。何艳玲和陈晓运提出了基于行动和认知的两大维度分析框架，认为提高居民的风险认知程度也会对预防邻避事件起到重要作用。熊炎发现如果正式的参与途径被堵塞或不存在，居民就会选择集体抗争行为来表达心中的不满。管在高认为上级政府要树立基层政府的权威并严格依照科学标准为邻避设施进行选址，同时要确保决策过程的透明和民主。陶鹏和童星认为邻避事件的负面影响需要通过补偿机制来化解。熊孟清提倡要完善政府监管机制，强化政府监管职能。在文献的梳理中，发现多位学者从社会学角度关注邻避空间和邻避冲突的形成机制和化解策略。也有部分学者从区位布局角度对邻避设施的选址进行了研究。杭正芳从邻避设施的区位选择入手，研究了邻避设施的社会影响；吴云清等系统梳理了邻避设施的国内外研究进展，并以殡仪馆为案例，探讨了城市邻避空间的形成机制、扩散模式和演变规律；张颖对邻避设施区位分析系统的建设进行了相关研究；赵阳阳从公众态度影响因素入手分析了殡葬设施选址的基本原则。这些研究成果对本课题拟构建的邻避指数测度体系具有极大参考价值。

总体来讲，境外研究者普遍认为，要避免邻避冲突、解决邻避事件，就必须针对前述邻避情绪影响因素实施有针对性的措施。主要有物质层面，如实施合理补偿；程序公正公开层面，如实施风险沟通并增加信息透明度；社会共治层面，如授权利益相关群体等。弗雷和奥伯尔霍泽－吉（Frey & Oberholzer-Gee）认为，如果补偿金钱可以抵消设施负外部性，那么从经济视角来讲，补偿就起到了作用。菲谢尔（Fischel）提出了要按照周边其他区域的价格给予房主适当补偿的做法。弗雷和奥伯尔霍泽－吉的研究指出，当设置程序被认为是不公平时，金钱补偿经常被视为一种贿赂。福特和罗森曼（Fort & Rosenman）认为可能存在这种情况，即补偿的金额并不足以解决设施所带来的影响。风险沟通：普劳和克里姆斯基（Plough & Krimsky）指出，传统风险沟通这种方法并不一定适合，因为其没把社会风险考虑在内。普劳和克里姆斯基进一步指出，风险沟通项目更应该是包含财产价值减少和生活质量影响的相关内容。卡斯珀森与戈尔丁（Golding）指出，沟通必须要涉及所有可能会发生的风险，并增加技术信息透明度。黑曼（Heiman）和卡斯珀森还指出，可利用社区咨询委员会作为一种补救方式，以化解反抗。反向拍卖：莱尔（Lehr）和英海伯（Inhaber）提出了一种创造性的"反向拍卖"；候选选址必须是自愿参加的；环境标准不被降低是政府职责的一部分，应加强监督；没有所谓"最佳选址"；那些自愿贡献自己土地的社区必须得到无论是真实的还是感知上的补偿。

**（六）我国公墓邻避效应特征**

邻避性环境冲突具有成本和利益高度集中、高度群众动员性、高度不确定性、高度咨询不均衡性等特点，从而导致交易成本过高、社会冲突倾向快速升高等不幸后果。我国现阶段处于二元经济结构突出、城乡统筹迫在眉睫、经济发展快速的时期，从近年来我国各个城市发生的邻避冲突事件看，公墓的邻避效应具有以下几方面特征。

1. 邻避效应的范围向纵向延伸

邻避现象发生的范围向纵向延伸，主要是指两个方面，一方面是指邻避现象发生的内容越来越广泛，随着我国殡葬改革推进和人口老龄化加剧，越来越多的殡葬设施需要建设，公墓、殡仪馆、社区型殡仪服务设施都会出现不同程度的邻避效应。另一方面是指殡葬设施邻避效应发生区域越来越广泛，从大城市到小乡镇，都发生着各种各样的邻避现象和社会冲突，"墓地围城"成为城镇人居环境建设的巨大阻碍。

2. 邻避行为多样化

邻避行为有多种途径，根据行为的性质，可以分为暴力行为和非暴力行为。一般情况下居民首先是采取非暴力的手段，在现行的制度下进行抗争，比如通过上访、向领导反映、游行、打出横幅标语等，当这些途径都不产生效果时，居民可能采取暴力等手段抗议公墓的建设与运行，以不合法的途径和手段来维护自己的权益。随着网络社会的到来和居民财富的增加，邻避行为也出现了许多新的途径，如今网络成为居民争取自己利益的有效途径，也是一种有效的手段，通过网络，邻避问题更能够引起社会关注，也就更可能得到解决。

3. 城市与乡村邻避行为存在差异

冯仕政研究发现，一个人社会经济地位越高、社会关系网络规模越大、拥有的势力越大、关系网络的疏通能力越强，对环境危害作出抗争的可能性就越高，反之则选择沉默的可能性越高。由于我国城乡经济文化存在的客观差异，导致我国城乡邻避行为也存在差异。首先，城市居民受教育程度普遍高于乡村居民，邻避设施在城市受到的抵制程度要低于乡村，也是由于这个原因，公墓一般设置在离市区有一定距离和视觉屏障的山地。其次，城市与乡村邻避行为的结果不同，在我国，城市近年来通过邻避行为取得成功的案例较多。城市居民采取邻避行为后，经过政府的沟通，给予一定经济补偿能够化解邻避情结，而乡村居民由于根深蒂固的封建思想和认知观念，易有强烈的邻避冲突，在这种情况下政府往往不能提出良好的解决方式，进而致使乡村公墓建设停滞不前。

## 二、邻避效应对公墓选址的影响

邻避设施的负外部性集中体现在对环境造成的污染和对居民产生的心理影响上，因此，居民反对邻避设施规划建设的一个重要原因是出于对环境安全和身心健康的担忧，也有部分邻避冲突的产生原因与邻避设施规划的科学性直接相关，一是邻避设施的规划必要性，二是邻避设施项目的规划选址、用地规模、安全防护距离等安排是否合理。邻避设施作为城市公共设施的一种类型，其附近区域的建设用地空间布局、确定不同规划阶段的邻避设施规划内容及深度要求等都属于技术范畴，需要我们从技术角度进行分析。

公墓对民众的影响主要存在于社会心理层面，不同文化背景造就了不同国家、地区人民对公墓存在认知差异，例如在美国，公墓不属于邻避设施，并且具有神圣的纪念意义，美国公墓通常建设在市区，便于人们纪念，而我国的丧葬文化则与美国大相径庭。早在新石器农耕时代，由于人们的种植收获必须顺应四时季候、地形水利的变化，因而对天时、地利形成了种种神秘的观念，并把人的死亡同自然界的奇异事件相关联，受生产力和科学知识水平的限制，人们对生命的形成和死亡感到十分神秘，于是从原始的图腾崇拜发展到祖先崇拜和鬼神世界的出现，事实上是对死亡的恐惧。长期以来，中国传统的死亡观是乐生恶死，很多普通民众对死亡抱有一种恐惧与厌恶的态度，这样的观念使公墓附近形成了邻避空间，民众不愿意邻近公墓，对公墓避而远之，公墓用地很少与其他用地兼容。然而，中国人口老龄化使对公墓的需求不断扩大，公墓建设项目常由于遭遇居民的邻避主义抵抗而受到严重阻延，甚至产生邻避冲突，这不利于城乡的有效运转。

此外，公墓选址的科学性直接影响邻避冲突的发生，这要求公墓规划要与城市总体规划衔接，公墓选址的区位、用地规模、缓冲区距离、周边地类、用地可扩容性等都是需要考虑的因素。选择日照充足、依山傍水、地质稳定的"风水宝地"既利于人的行为，也符合人的心理感受。

## 三、公墓选址影响因素中邻避情结相关研究

将居民的邻避情结视作邻避问题的具体表现，探讨对邻避情结有影响的因素。由于公墓自身性质的敏感性和复杂性，选址时易引起居民的邻避情结，进而以具体的邻避行为（如群体事件、投诉、政府信任度下降等）作为最终表现形式，存在复杂的、由多影响因素组成的影响因素序列。

邻避问题的直接表现为一种公众的心理行为现象，公众的认知水平、风险感知程度通过心理行为效应对公众的邻避情结有直接的调节、引导、支持影响；在公众信任上和公民参与过程中，也会因为对政府的信任度不够、政府未公开公墓的选址信息等，影响公众对信息和风险的认知与感知，从而引发居民的邻避情结。

主要影响因素表现为以下几点：

1. 个体特征。根据人口统计学变量，本研究的个体特征由性别、年龄、婚姻状况、家中是否有 12 岁及以下小孩、学历、职业、收入、现有公墓离居住地的距离、户口状况构成。根据相关文献分析，个体特征影响居民的邻避情结。其中将现有公墓离居住地的距离视为探查邻避距离对居民邻避情结影响因素的指标。邻避距离体现的是社会公众与邻避设施之间的远近程度。从国内发生的邻避运动来看，冲突均发生在设施所选址的区域，设施选址地附近的居民由于离邻避设施较近，他们感受到较大的权益损失风险，产生抵制情结。

2. 风险感知。风险感知具有主观性和非逻辑性，体现出公众对风险的识别和防范意识，以及公众与政府、专家对风险认知的不一致，并认为风险感知影响着公众的情绪和态度。

3. 认知观念。是指公众对公墓的认知水平和思想观念。包括居民的知识涵养、社会能力，以及内化于居民自身的价值观，包括两个因素：公众的知识与能力、公众的价值理念。良好的认知观念可以减弱公众的邻避情结。

4. 公众信任。包括三个因素：公众对政府的信任、公众对媒体的信任、公众对第三方（专家、公共机构等）的信任。根据前人文献的研究结果可以发现，当公众信任越高时，公众对政府的行为决策、对媒体传播的消息以及对专家给出的评估更加信任，因而其更不易从邻避设施的选址建设中产生邻避情结，进而其需求也更容易得到满足。

5. 公民参与。在公民权利意识不断增强的今天，公众参与公共政策制定的意识也逐渐增强。邻避设施选址建设时，公民对相关信息的知情权非常重要。政府必须完善信息公开制度，将公共政策的内容、目的和计划对公众公开。

综合上述分析，本文将个体特征和四个变量测量作为探讨公墓选址时居民邻避情结的影响因素，这些影响因素反映了在中国国情背景下，公墓选址是影响公众产生邻避情结的原因。

## 四、公墓选址中邻避情结影响因素实证分析——以杭州临安区公墓为例

### （一）问卷设计

1. 问卷设计

本调查问卷首先进行了调查问卷预设计，结合公墓选址工作实践和其他行业邻避设施选址中涉及的邻避效应，归纳整理出公墓选址过程中产生的邻避情结可能的主要影响因素，并在小范围内进行问卷调查，在收集、整理并听取调查对象对调查问卷设计的意见、建议的基础上进行修改，最后形成科学合理且具可行性的调查问卷最终版并投入到正式问卷调查中。调查问卷分为个人特征和变量测量两个部分。个人特征包括性别、年龄、婚姻、家中是否有 12 岁及以下小孩、学历、职业、收入、现有公墓离居住地的距离和户口 9 个题项。变量测量使用的题项均参考国内外已有研究的成熟量表，依据邻避情结的特征进行调整（参见附录 2）。变量测量均采用 Likert 五分等距尺度量表，从完全不同意到完全同意进行度量，其中 1 为完全不同意，5 为完全同意。其中 17 个指标被概括为四大因素，

风险感知因素包含 4 个指标，认知观念因素包含 6 个指标，公众信任因素包含 4 个指标，公民参与因素包含 3 个指标。

2. 问卷发放与回收

为确保调查问卷样本的质量，在正式发放问卷之前，首先需要确定调查的对象，本文的调查对象为临安区市区与乡镇居民。问卷的发放采用网络问卷调查和纸质问卷调查的方式，将问卷录入到网络问卷调查网站，然后通过老师、同学的介绍，将问卷链接通过 QQ、微信、邮箱等网络渠道发送给被调查对象。纸质问卷由调查人员在市区和乡镇范围内发放，调查人员均为包括笔者在内的来自浙江农林大学的研究生。

本次问卷调查共回收 441 份问卷，其中，网络问卷 158 份，纸质问卷 283 份，经过仔细查看整理数据后，筛选出有效问卷 423 份，问卷有效率为 96%。

（二）描述性统计分析

首先，本文对受访者的基本特征进行描述性统计分析，内容包括性别、年龄、婚姻、家中是否有 12 岁及以下小孩共同居住、学历、职业、收入、现有公墓离家距离和户口状况。在有效的 423 份样本中，此次女性受访对象多于男性，性别比例相对均衡，在性别方，男性占总数的 44.9%，女性占总数的 55.1%。在年龄方面，主要集中在 18～25 岁之间，有 143 人，占总数的 33.8%。在婚姻方面，主要集中在已婚人群，有 255 人，占总数的 60.3%。在家中是否有 12 岁及以下小孩共同居住的问题上，选择有的，为 142 人，占总数的 33.6%，没有的，为 281 人，占总数的 66.4%。在学历方面，大学本科及研究生以上的受访者有 190 人，占总数 44.9%。在职业方面，有 68 人的职业为学生，占总数的 16.1%，企业人员有 131 人，占总数的 30.9%，农民有 46 人，占总数的 10.1%。在经济方面，月收入在 2000 元以下的有 121 人，占总数的 28.6%，2000 元～4000 元的有 151 人，占总数的 35.7%，其他区间收入的分布较为均衡。在现有公墓离家距离的问题上，1000m 以内的有 61 人，占总数的 14.4%，1001m～3000m 的有 107 人，占总数的 25.3%，3001m（含）以上的有 255 人，占总数的 60.3%。在户口方面，本市非农户口和本市农业户口分别有 168 人和 171 人，分别占总数的 39.7% 和 40.4%。

其次，本文对变量量表的题目测量状况描述性统计分析，判断量表中题目测量的基本水平和数据呈现分布。本文对调查问卷所包括的各个题目数据的统计分析结果包括均值、标准差、偏度和峰度，用来展现调查数据是否服从正态分布。由表 3-11 可知，样本统计结果显示各个题目的偏度绝对值均小于 3，峰度绝对值均小于 10，偏度和峰度都满足正态分布的条件，说明各个题目都能够服从正态分布，问卷所回收的数据可以直接用于后面信度、效度等的统计学分析。

样本数据描述性统计 　　　　　　　　表 3-11

| 题项 | N | 最小值 | 最大值 | 均值 | 标准差 | 偏度 | 峰度 |
|---|---|---|---|---|---|---|---|
| A1 | 423 | 1 | 5 | 3.16 | 1.188 | −0.242 | −0.664 |
| A2 | 423 | 1 | 5 | 3.43 | 1.141 | −0.403 | −0.476 |

| 题项 | N | 最小值 | 最大值 | 均值 | 标准差 | 偏度 | 峰度 |
|------|------|------|------|------|------|------|------|
| A3 | 423 | 1 | 5 | 3.57 | 1.174 | −0.599 | −0.357 |
| A4 | 423 | 1 | 5 | 3.72 | 1.174 | −0.784 | −0.075 |
| B1 | 423 | 1 | 5 | 3.51 | 1.286 | −0.600 | −0.702 |
| B2 | 423 | 1 | 5 | 2.73 | 1.343 | 0.247 | −1.127 |
| B3 | 423 | 1 | 5 | 3.70 | 1.087 | −0.671 | −0.138 |
| B4 | 423 | 1 | 5 | 3.76 | 1.125 | −0.804 | 0.053 |
| B5 | 423 | 1 | 5 | 3.70 | 1.189 | −0.717 | −0.309 |
| B6 | 423 | 1 | 5 | 3.74 | 1.116 | −0.721 | −0.029 |
| C1 | 423 | 1 | 5 | 3.66 | 1.072 | −0.692 | 0.146 |
| C2 | 423 | 1 | 5 | 3.60 | 1.105 | −0.510 | −0.250 |
| C3 | 423 | 1 | 5 | 3.68 | 1.094 | −0.691 | 0.030 |
| C4 | 423 | 1 | 5 | 3.75 | 1.029 | −0.473 | −0.269 |
| D1 | 423 | 1 | 5 | 3.62 | 1.444 | −0.766 | −0.804 |
| D2 | 423 | 1 | 5 | 3.55 | 1.424 | −0.555 | −1.002 |
| D3 | 423 | 1 | 5 | 3.71 | 1.303 | −0.706 | −0.557 |

### （三）信度与效度分析

1. 信度检验

信度是指测量结果的一致性或可靠性，反映了对某个变量进行重复测量时表现出来的性质。本文采用内部信度检验方法，以克隆巴赫 α（Cronbach's Alpha）系数来检测量表的信度，得到的 α 系数值越高，代表检测因子的信度越高。在社会科学研究中，克隆巴赫 α 系数的可接受水平不低于 0.6，如果大于 0.7 则更好。本研究采用 SPSS22 软件对调查数据进行信度分析。由表 3-12 和表 3-13 可知，风险感知、认知观念、公众信任和公民参与的克隆巴赫 α 系数分别为 0.815、0.739、0.929、0.949，均大于 0.7，且整个问卷的克隆巴赫 α 为 0.894，均满足 α 值大于 0.6 的标准，因此认为问卷的可靠性良好。

问卷总量表信度值

表 3-12

| 变量名称 | α 系数 | 项数 |
|------|------|------|
| 风险感知 | 0.815 | 4 |
| 认知观念 | 0.739 | 6 |
| 公众信任 | 0.929 | 4 |
| 公民参与 | 0.949 | 3 |

表 3-13

可靠性统计量

| 克隆巴赫 $\alpha$ 系数 | 项数 |
|---|---|
| 0.894 | 17 |

## 2. 效度检验

效度是统计分析方法中关于测量工具和方式能否如实反映所欲考察的概念和结构的指标，效度越高则表示测量结果与欲考察内容越契合。本文主要从内容效度和结构效度对量表效度进行检验。本文对现有相关文献中的量表进行了系统梳理、分析与总结，并通过预调查的方式对量表内容进行了修改和调整，优化了问题的表达方式，力争语言表述清晰、通俗易懂，确保问卷测量具有较高的内容效度。同时，本文效度检验重点是结构效度，主要方法是对收集的数据进行探索性因素分析（Exploratory factor analysis，EFA）。探索性因素分析的可行性需要满足 2 个标准：1. KMO（Kaiser–Meyer–Olkin）＞ 0.7；2. 巴特利特（Bartlett）球形检验显著（$Sig. < 0.005$）。由表 3-14 可知，本文利用 SPSS22 进行探索性因子分析得出 KMO ＝ 0.852，大于 0.7，Batlet's 球形检验值显著（$Sig. < 0.001$），表明问卷数据具有良好的效度，适合进行下一步分析。

表 3-14

KMO 和巴特利特检验

| 取样足够度的 KMO 度量 | | 0.852 |
|---|---|---|
| 巴特利特的球形检验 | 近似卡方 | 1803.675 |
| | DF | 136 |
| | Sig. | 0.000 |

本文在因子提取时采用主成分分析方法，并以特征根大于 1 为标准提取公因子，因子旋转时采用方差最大正交旋转法进行因子分析，结果如表 3-15 所示。观察碎石图 3-3 可知，从第五个成分开始，有变缓形成平台的趋势，而因子分析显示前四个主成分对应的特征根大于 1，而且前四个主成分的累计贡献率为 66.879%，大于 50%，因此选用前四个主成分基本可以反映全部指标的信息，具有良好的代表性，可以代替原来的 17 个指标。

表 3-15

总方差解释

| 成分 | 初始特征值 | | | 提取载荷总平方和 | | | 旋转载荷平方和 | | |
|---|---|---|---|---|---|---|---|---|---|
| | 总计 | 方差百分比 | 累积（%） | 总计 | 方差百分比 | 累积（%） | 总计 | 方差百分比 | 累积（%） |
| A1 | 4.954 | 29.141 | 29.141 | 4.954 | 29.141 | 29.141 | 3.332 | 19.599 | 19.599 |
| A2 | 3.115 | 18.324 | 47.466 | 3.115 | 18.324 | 47.466 | 2.838 | 16.695 | 36.293 |
| A3 | 2.041 | 12.003 | 59.469 | 2.041 | 12.003 | 59.469 | 2.665 | 15.676 | 51.969 |
| A4 | 1.26 | 7.41 | 66.879 | 1.26 | 7.41 | 66.879 | 2.535 | 14.91 | 66.879 |
| B1 | 1.07 | 6.296 | 73.174 | — | — | — | — | — | — |

续表

| 成分 | 初始特征值 | | | 提取载荷总平方和 | | | 旋转载荷平方和 | | |
|---|---|---|---|---|---|---|---|---|---|
| | 总计 | 方差百分比 | 累积（%） | 总计 | 方差百分比 | 累积（%） | 总计 | 方差百分比 | 累积（%） |
| B2 | 0.777 | 4.569 | 77.743 | — | — | — | — | — | — |
| B3 | 0.624 | 3.668 | 81.411 | — | — | — | — | — | — |
| B4 | 0.57 | 3.352 | 84.763 | — | — | — | — | — | — |
| B5 | 0.462 | 2.719 | 87.482 | — | — | — | — | — | — |
| B6 | 0.383 | 2.252 | 89.733 | — | — | — | — | — | — |
| C1 | 0.339 | 1.994 | 91.727 | — | — | — | — | — | — |
| C2 | 0.334 | 1.963 | 93.69 | — | — | — | — | — | — |
| C3 | 0.274 | 1.611 | 95.301 | — | — | — | — | — | — |
| C4 | 0.263 | 1.549 | 96.851 | — | — | — | — | — | — |
| D1 | 0.237 | 1.392 | 98.243 | — | — | — | — | — | — |
| D2 | 0.188 | 1.104 | 99.346 | — | — | — | — | — | — |
| D3 | 0.111 | 0.654 | 100 | — | — | — | — | — | — |

注：提取方法：主成分分析。

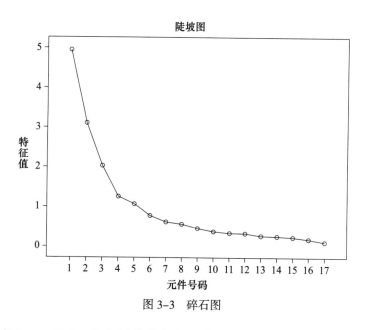

图 3-3　碎石图

同时，如表 3-16 所示，各个测量指标的因素负荷量均大于 0.5，且交叉载荷均小于 0.4，与前文的因素分析结果对应，因子 1 风险感知由指标 A1-A4 组成，因子 2 认知观念由指标 B1-B6 组成，因子 3 公众信任由指标 C1-C4 组成，因子 4 由指标 D1-D3 组成。各个测量指标均落到对应的因子中，表明具有良好的结构效度。

旋转后的成分矩阵 表 3-16

| 因子 | 指标 | 成分 | | | |
|---|---|---|---|---|---|
| | | 1 | 2 | 3 | 4 |
| 风险感知 | A1 | 0.013 | 0.672 | 0.164 | −0.003 |
| | A2 | 0.017 | 0.831 | 0.076 | 0.042 |
| | A3 | 0.019 | 0.822 | −0.006 | 0.04 |
| | A4 | −0.064 | 0.824 | −0.019 | −0.029 |
| 认知观念 | B1 | −0.15 | −0.066 | 0.563 | 0.381 |
| | B2 | 0.022 | −0.187 | 0.478 | 0.308 |
| | B3 | −0.053 | 0.423 | 0.417 | 0.136 |
| | B4 | 0.135 | 0.178 | 0.812 | −0.012 |
| | B5 | 0.162 | 0.265 | 0.774 | −0.079 |
| | B6 | 0.214 | 0.042 | 0.782 | −0.093 |
| 公众信任 | C1 | 0.861 | −0.049 | 0.091 | 0.131 |
| | C2 | 0.803 | −0.038 | 0.127 | 0.251 |
| | C3 | 0.843 | 0.054 | 0.07 | 0.226 |
| | C4 | 0.825 | −0.026 | 0.087 | 0.321 |
| 公民参与 | D1 | 0.367 | 0.068 | 0.049 | 0.801 |
| | D2 | 0.39 | 0.064 | 0.025 | 0.844 |
| | D3 | 0.384 | 0.06 | 0.055 | 0.818 |

注：提取方法：主成分分析。

　　旋转法：具有 Kaiser 标准化的正交旋转法。

　　a. 旋转在 6 次迭代后收敛。

**（四）民众对公墓选址风险感知的情况分析**

在风险感知方面，如表 3-17 所示，39.5% 的居民认为在自家社区附近建设公墓对生活环境或身体健康会产生影响，25.3% 的居民认为不会产生影响；49.5% 的居民认为在自家社区附近设建公墓会使本地区形象受损，仅有 18.6% 的居民认为不会损坏本地区的形象；56.8% 的居民认为公墓会使周边房地产价格下跌从而影响个人资产，仅有 16.5% 持相反意见；62.8% 的居民认为公墓离自家社区的距离越近，越容易产生影响，仅有 13.5% 的居民持相反意见。

民众对风险感知的情况 表 3-17

| 调查项目 | 非常不同意 | 不同意 | 不确定 | 基本同意 | 非常同意 |
|---|---|---|---|---|---|
| 在自家社区附近建设公墓对生活环境或身体健康可能产生影响 | 12.1% | 13.2% | 35.2% | 25.3% | 14.2% |
| 在自家社区附近建设公墓会使本地区形象受损 | 7.3% | 11.3% | 31.9% | 30.1% | 19.4% |
| 在自家社区附近建设公墓会使本地区形象受损 | 7.8% | 8.7% | 26.7% | 32.5% | 24.3% |
| 公墓距您家的距离越近，越容易产生影响 | 7.5% | 5.9% | 23.8% | 32.6% | 30.2% |

以上情况表明，居民对涉及的具体生活中负面影响的看法是一致的，即普遍认为在自家社区附近建设公墓将对生活环境或健康带来负面影响，尤其会使本地区形象受损、导致房价下跌，并且公墓离自家社区距离越近，居民越容易受到影响。

**（五）民众对公墓选址认知观念的情况分析**

1. 居民对公墓选址的态度

由图 3-4 和图 3-5 分析可知，58.8% 的民众认识到随着城市的发展和人口老龄化进程的加快，城市兴建公墓是必须的，认为临安区需要修建新的公墓，对此皆具有较高的认同度；但是，在分析结果中，47.8% 的居民表示反对在自家社区周边建设公墓。

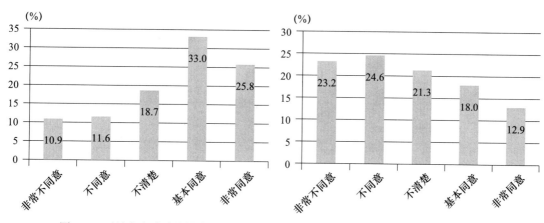

图 3-4　对城市兴建公墓的态度　　　　图 3-5　在自家社区附近建设公墓的意愿度

2. 居民对公墓选址公平性的态度

由表 3-18 可以看出，居民对公墓选址在自家社区附近所产生的公平性的认知或看法是一致的。62.9% 的居民认为，公墓产生的公益性由广大本地市民所享有，而产生的风险却只由附近的社区来承担，这是不公平的。仅有 13.9% 的居民认为这是公平的。这也反映了居民对公墓选址的认知态度。

公墓产生的选址公平性　　　　　　　　　　　　表 3-18

| 选址公平性认可度 | | 次数 | 百分比（%） | 有效的百分比（%） | 累积百分比（%） |
|---|---|---|---|---|---|
| 有效 | 非常不同意 | 19 | 4.5 | 4.5 | 4.5 |
| | 不同意 | 40 | 9.4 | 9.4 | 13.9 |
| | 不确定 | 98 | 23.2 | 23.2 | 37.1 |
| | 基本同意 | 158 | 37.4 | 37.4 | 74.5 |
| | 非常同意 | 108 | 25.5 | 25.5 | 100.0 |
| | 总计 | 423 | 100.0 | 100.0 | — |

3. 居民对公墓选址自然因素的看法

由表 3-19 至表 3-21 可以看出，居民在公墓选址问题上，自然因素具有重要地位。65% 的居民认为公墓建设时，朝向是重要因素；62.4% 的居民认为公墓建设时，山水格局是需要考虑的因素；61.9%的居民认为公墓建设时，景观是重要因素。

公墓建设时，朝向是重要因素 表 3-19

| 选址公平性认可度 | | 次数 | 百分比（%） | 有效的百分比（%） | 累积百分比（%） |
|---|---|---|---|---|---|
| 有效 | 非常不同意 | 25 | 5.9 | 5.9 | 5.9 |
| | 不同意 | 29 | 6.9 | 6.9 | 12.8 |
| | 不确定 | 94 | 22.2 | 22.2 | 35.0 |
| | 基本同意 | 151 | 35.7 | 35.7 | 70.7 |
| | 非常同意 | 124 | 29.3 | 29.3 | 100.0 |
| | 总计 | 423 | 100.0 | 100.0 | |

公墓建设时，是否考虑山水格局因素 表 3-20

| 选址公平性认可度 | | 次数 | 百分比（%） | 有效的百分比（%） | 累积百分比（%） |
|---|---|---|---|---|---|
| 有效 | 非常不同意 | 29 | 6.9 | 6.9 | 6.9 |
| | 不同意 | 38 | 9.0 | 9.0 | 15.8 |
| | 不确定 | 92 | 21.7 | 21.7 | 37.6 |
| | 基本同意 | 135 | 31.9 | 31.9 | 69.5 |
| | 非常同意 | 129 | 30.5 | 30.5 | 100.0 |
| | 总计 | 423 | 100.0 | 100.0 | |

公墓建设时，景观是重要因素 表 3-21

| 选址公平性认可度 | | 次数 | 百分比（%） | 有效的百分比（%） | 累积百分比（%） |
|---|---|---|---|---|---|
| 有效 | 非常不同意 | 24 | 5.7 | 5.7 | 5.7 |
| | 不同意 | 26 | 6.1 | 6.1 | 11.8 |
| | 不确定 | 111 | 26.3 | 26.2 | 38.1 |
| | 基本同意 | 138 | 32.6 | 32.6 | 70.7 |
| | 非常同意 | 124 | 29.3 | 29.3 | 100.0 |
| | 总计 | 423 | 100.0 | 100.0 | |

**（六）民众对公墓选址公民信任的情况分析**

公众对健康、安全隐患的关注和对设施被"污名化"的恐惧或忌讳，加之对政府、媒体、专家甚至第三方社会机构的信任缺失，共同引发了公墓选址过程中居民的邻避情结，继而产生邻避效应并可能触发邻避事件。数据统计显示，由表 3-22 可以看出，在政府各项决策、新闻报道、风险评估报告和环境评估报告以及政府处理方式方面，约有一半的居民对上述方面的信任度表示为一般，而这些居民的思想比较摇摆，如有关部门跨前一步做实际工作，则可能将这部分居民争取过来，将会取得更多居民的信任感，公墓选址工作推进则将更为顺利稳妥，进而切实减少邻避情结的产生。

**居民对政府、媒体、专家等的信任情况**                                     表 3-22

| 信任调查项目 | 非常不同意 | 不同意 | 不确定 | 基本同意 | 非常同意 |
|---|---|---|---|---|---|
| 政府关于公墓建设的各项决策是可以信任的 | 1.8% | 2.4% | 43% | 37.4% | 15.4% |
| 媒体对公墓的新闻报道是可以信任的 | 1.9% | 5.0% | 45.4% | 34.0% | 13.7% |
| 关于公墓的风险评估和环境评估是可以信任的 | 1.8% | 3.1% | 35.0% | 45.9% | 14.2% |
| 对政府处理公墓相关问题的态度是满意的 | 1.0% | 7.1% | 41.8% | 33.6% | 16.5% |

### （七）民众对公墓选址公民参与的情况分析

项目或设施的开发者通常在开发过程的后期才让居民有所接触，居民未能有效参与，进而导致居民对风险存在认知上的分歧，让居民察觉不到诚意的现实情况，不利于公墓选址工作的有序推进，严重时还会产生群体性事件妨碍项目的建设。应该要按照习近平总书记所提出的以人民为中心的发展思想为引领，充分落实项目推进过程中的程序性要求，问计于民、问政于民，应尽可能且尽早地吸纳公众参与到选址中来，且在选址和决策中全程贯彻。由表 3-23 可知，11.6% 的居民认为政府在公墓选址之前没有征集过周围居民的意见；13.7% 的居民认为政府未根据居民所提意见修改公墓的选址信息；11.4% 的居民认为在公墓选址时，其程序不够透明。

**居民参与公墓选址情况**                                                 表 3-23

| 居民参与调查项目 | 非常不同意 | 不同意 | 不确定 | 基本同意 | 非常同意 |
|---|---|---|---|---|---|
| 政府在公墓建设前会征集周围民众意见 | 5.9% | 5.7% | 18.0% | 49.1% | 21.3% |
| 政府会根据民众的意见修改公墓的选址信息 | 5.2% | 8.5% | 34.3% | 31.0% | 21.0% |
| 公墓选址时，程序是公开透明的 | 4.5% | 6.9% | 40.9% | 26.0% | 21.7% |

## 五、公墓选址影响因素相关分析与回归分析

个体特征在前文提炼出的四个因素中各有差异，但相比风险感知、公众信任和公民参与因子来说，认知观念因子更能反映居民邻避情结，即对公墓选址接受度的差异。而在认知观念因素中，对在自家社区附近建设公墓的意愿度，即邻避情结的这个指标最能直接体现个体特征差异性。为了验证假设是否成立，本文进行了自变量与因变量之间的相关分析。相关分析是研究变量间密切程度的一种统计分析方法，从皮尔森（Pearson）相关系数及其显著性水平可以看出双变量之间是否存在相关性。其次，进一步利用回归分析，对所有的变量进行量化处理，验证所有变量间影响的具体关系及大小，确立邻避情结即公墓选址接受度的影响因素及程度。

### （一）相关分析——个体特征与公墓选址接受度的相关分析

（1）性别与公墓选址接受度的相关分析

由表 3-24 和表 3-25 可知，性别与居民对公墓选址接受度的影响显著（$Sig. = 0.023 < 0.05$），二者之间有一定的相关性（$Pearson = 0.111$），在调查的 190 个男性样本中，同意

接受在自家社区附近建设公墓的有 69 人（包括非常同意和基本同意，下同），占男性样本总数的 36.3%，不同意接受的居民有 80 人（包括不同意和非常不同意，下同），占男性样本总数的 42.1%；在调查的 233 个女性样本中，同意接受在自家社区附近建设公墓的有 62 人（包括非常同意和基本同意，下同），占女性样本总数的 26.6%，不同意接受的居民有 122 人（包括不同意和非常不同意，下同），占女性样本总数的 52.4%。分析结果与国外学者认为面对邻避设施时，女性比男性更易产生邻避情结的观点相近。因此，本书假设 1 中的相关推论得到证实。

**性别与公墓选址接受度交叉列表**　　　　　　　　表 3-24

| | | | 公墓选址接受度 | | | | | 总计 |
|---|---|---|---|---|---|---|---|---|
| | | | 非常不同意 | 不同意 | 不确定 | 基本同意 | 非常同意 | |
| 性别 | 男 | 计数 | 41 | 39 | 41 | 37 | 32 | 190 |
| | | 性别内的百分比 | 21.6% | 20.5% | 21.6% | 19.5% | 16.8% | 100.0% |
| | | 占总计的百分比 | 9.7% | 9.2% | 9.7% | 8.7% | 7.6% | 44.9% |
| | 女 | 计数 | 57 | 65 | 49 | 39 | 23 | 233 |
| | | 性别内的百分比 | 24.5% | 27.9% | 21.0% | 16.7% | 9.9% | 100.0% |
| | | 占总计的百分比 | 13.5% | 15.4% | 11.6% | 9.2% | 5.4% | 55.1% |
| 总计 | | 计数 | 98 | 104 | 90 | 76 | 55 | 423 |
| | | 性别内的百分比 | 23.2% | 24.6% | 21.2% | 18.0% | 13.0% | 100.0% |
| | | 占总计的百分比 | 23.2% | 24.6% | 21.2% | 18.0% | 13.0% | 100.0% |

**对称的测量**　　　　　　　　表 3-25

| | | 数值 | 渐近标准错误 [a] | 大约 $T$ [b] | 大约显著性 |
|---|---|---|---|---|---|
| 间隔对间隔 | 皮尔森 $R$ | 0.111 | 0.048 | 2.282 | 0.023 [c] |
| 序数对序数 | Spearman 相关性 | 0.106 | 0.049 | 2.192 | 0.029 [c] |
| 有效观察值个数 | | 423 | — | — | — |

注：a. 未使用虚无假设。
　　b. 正在使用具有虚无假设的渐进标准误差。
　　c. 基于一般近似值。

（2）年龄与公墓选址接受度的相关分析

由表 3-26 和表 3-27 可知，年龄与居民对公墓选址接受度的影响不明显（$Sig. = 0.817 > 0.05$），二者之间相关性不明显（$Pearson = -0.011$）。除 18 岁以下年龄段受调查人数的局限之外，18～25 岁、26～35 岁、36～45 岁、46～55 岁、56 岁以上这些年龄段中同意公墓选址在自家社区附近的居民占该年龄段样本总数比例分别为 24.4%、30.9%、48.7%、30%、16.2%，而不同意公墓选址在自家社区附近的居民占该年龄段样本总数比例分别为 49%、10%、31.6%、64.3%、61.3%。随着年龄段的增长，公墓选址接受度并不是完全呈一个方向的增长。因此，本文假设 1 中的相关推论未得到证实。

**年龄与公墓选址接受度交叉列表**　　　　表 3-26

| | | | 公墓选址接受度 | | | | | 总计 |
|---|---|---|---|---|---|---|---|---|
| | | | 非常不同意 | 不同意 | 不确定 | 基本同意 | 非常同意 | |
| 年龄 | 18 岁以下 | 计数 | 1 | 1 | 1 | 2 | 1 | 6 |
| | | 年龄内的百分比 | 16.7% | 16.7% | 16.7% | 33.3% | 16.6% | 100.0% |
| | | 占总计的百分比 | 0.2% | 0.2% | 0.2% | 0.5% | 0.2% | 1.4% |
| | 18~25 岁 | 计数 | 29 | 41 | 38 | 24 | 11 | 143 |
| | | 年龄内的百分比 | 20.3% | 28.7% | 26.6% | 16.8% | 7.6% | 100.0% |
| | | 占总计的百分比 | 6.9% | 9.7% | 9.0% | 5.7% | 2.6% | 33.8% |
| | 26~35 岁 | 计数 | 24 | 18 | 25 | 21 | 9 | 97 |
| | | 年龄内的百分比 | 24.7% | 18.6% | 25.8% | 21.6% | 9.3% | 100.0% |
| | | 占总计的百分比 | 5.7% | 4.3% | 5.9% | 5.0% | 2.1% | 22.9% |
| | 36~45 岁 | 计数 | 16 | 8 | 15 | 20 | 17 | 76 |
| | | 年龄内的百分比 | 21.1% | 10.5% | 19.7% | 26.3% | 22.4% | 100.0% |
| | | 占总计的百分比 | 3.8% | 1.9% | 3.5% | 4.7% | 4.0% | 18.0% |
| | 46~55 岁 | 计数 | 22 | 23 | 4 | 7 | 14 | 70 |
| | | 年龄内的百分比 | 31.4% | 32.9% | 5.7% | 10.0% | 20.0% | 100.0% |
| | | 占总计的百分比 | 5.2% | 5.4% | 0.9% | 1.7% | 3.3% | 16.5% |
| | 56 岁以上 | 计数 | 6 | 13 | 7 | 2 | 3 | 31 |
| | | 年龄内的百分比 | 19.4% | 41.8% | 22.6% | 6.5% | 9.7% | 100.0% |
| | | 占总计的百分比 | 1.4% | 3.1% | 1.7% | 0.5% | 0.7% | 7.3% |
| 总计 | | 计数 | 98 | 104 | 90 | 76 | 55 | 423 |
| | | 年龄内的百分比 | 23.2% | 24.5% | 21.3% | 18.0% | 13.0% | 100.0% |
| | | 占总计的百分比 | 23.2% | 24.6% | 21.3% | 18.0% | 13.0% | 100.0% |

**对称的测量**　　　　表 3-27

| | | 数值 | 渐近标准错误 [a] | 大约 $T$ [b] | 大约显著性 |
|---|---|---|---|---|---|
| 间隔对间隔 | 皮尔森 $R$ | −0.011 | 0.048 | −0.231 | 0.817 [c] |
| 序数对序数 | Spearman 相关性 | −0.009 | 0.048 | −0.185 | 0.854 [c] |
| 有效观察值个数 | | 423 | — | — | — |

注：a. 未使用虚无假设。

　　b. 正在使用具有虚无假设的渐进标准误差。

　　c. 基于一般近似值。

（3）婚姻状况与公墓选址接受度的相关分析

由表 3-28 和表 3-29 可知，婚姻状况与居民对公墓选址接受度的影响不显著（*Sig.* =

0.122 > 0.05），二者之间不具有相关性（*Pearson* = -0.111）。除了离异及丧偶人群受调查人数的局限之外，未婚和已婚受访对象中同意在自家社区附近建设公墓的居民占该类样本总数比例分别为22.3%、36.7%，而不同意在自家社区附近建设公墓的居民占该类样本总数比例分别为50.2%、47.0%，二者相差都不大。因此，本文假设1中的相关推论未得到证实。

**婚姻状况与公墓选址接受度交叉列表**　　　　　表 3-28

| | | | 公墓选址接受度 | | | | | 总计 |
|---|---|---|---|---|---|---|---|---|
| | | | 非常不同意 | 不同意 | 不确定 | 基本同意 | 非常同意 | |
| 婚姻状况 | 未婚 | 计数 | 36 | 41 | 42 | 29 | 5 | 153 |
| | | 婚姻状况内的百分比 | 23.5% | 26.7% | 27.5% | 19.0% | 3.3% | 100.0% |
| | | 占总计的百分比 | 8.5% | 9.7% | 9.9% | 6.9% | 1.2% | 36.2% |
| | 已婚 | 计数 | 61 | 62 | 43 | 46 | 50 | 262 |
| | | 婚姻状况内的百分比 | 23.3% | 23.7% | 16.3% | 17.6% | 19.1% | 100.0% |
| | | 占总计的百分比 | 14.4% | 14.7% | 10.2% | 10.9% | 11.8% | 61.9% |
| | 离异 | 计数 | 1 | 1 | 3 | 1 | 0 | 6 |
| | | 婚姻状况内的百分比 | 16.7% | 16.6% | 50.0% | 16.7% | 0.0% | 100.0% |
| | | 占总计的百分比 | 0.2% | 0.2% | 0.7% | 0.2% | 0.0% | 1.4% |
| | 丧偶 | 计数 | 0 | 0 | 2 | 0 | 0 | 2 |
| | | 婚姻状况内的百分比 | 0.0% | 0.0% | 100.0% | 0.0% | 0.0% | 100.0% |
| | | 占总计的百分比 | 0.0% | 0.0% | 0.5% | 0.0% | 0.0% | 0.5% |
| 总计 | | 计数 | 98 | 104 | 90 | 76 | 55 | 423 |
| | | 婚姻状况内的百分比 | 23.2% | 24.5% | 21.3% | 18.0% | 13.0% | 100.0% |
| | | 占总计的百分比 | 23.2% | 24.5% | 21.3% | 18.0% | 13.0% | 100.0% |

**对称的测量**　　　　　表 3-29

| | | 数值 | 渐近标准错误[a] | 大约 $T$[b] | 大约显著性 |
|---|---|---|---|---|---|
| 间隔对间隔 | 皮尔森 $R$ | -0.111 | 0.042 | -2.299 | 0.122[c] |
| 序数对序数 | Spearman 相关性 | -0.102 | 0.045 | -2.112 | 0.085[c] |
| 有效观察值个数 | | 423 | — | — | — |

注：a. 未使用虚无假设。
　　b. 正在使用具有虚无假设的渐进标准误差。
　　c. 基于一般近似值。

（4）家中是否有 12 岁及以下小孩与公墓选址接受度的相关分析

由表 3-30 和表 3-31 可知，家中是否有 12 岁以下小孩与居民对公墓选址接受度的影响不明显（*Sig.* = 0.282 > 0.05），二者之间相关性不大（*Pearson* = -0.052）。家中有 12 岁以下小孩的家庭中同意在自家社区附近建设公墓的居民占该类样本总数比例为 34.3%，不同意在自家社区附近建设公墓的居民占该类样本总数比例为 42.3%；而家中没有 12 岁及以下小孩的家庭中同意在自家社区附近建设公墓的居民占该类样本总数比例为 29.3%，不同意在自家社区附近建设公墓的居民占该类样本总数比例为 50.4%，相差都不大。因此，本文假设 1 中的相关推论未得到证实。

**家中是否有 12 岁及以下小孩与公墓选址接受度交叉列表**　　表 3-30

| | | | 公墓选址接受度 | | | | | 总计 |
|---|---|---|---|---|---|---|---|---|
| | | | 非常不同意 | 不同意 | 不确定 | 基本同意 | 非常同意 | |
| 家中是否有 12 岁及以下小孩 | 有 | 计数 | 34 | 24 | 32 | 25 | 22 | 137 |
| | | 家中是否有 12 岁及以下小孩内的 % | 24.8% | 17.5% | 23.4% | 18.2% | 16.1% | 100.0% |
| | | 占总计的百分比 | 8.0% | 5.7% | 7.6% | 5.9% | 5.2% | 32.4% |
| | 没有 | 计数 | 64 | 80 | 58 | 51 | 33 | 286 |
| | | 家中是否有 12 岁及以下小孩内的 % | 22.4% | 28.0% | 20.3% | 17.8% | 11.5% | 100.0% |
| | | 占总计的百分比 | 15.1% | 18.9% | 13.7% | 12.1% | 7.8% | 67.6% |
| 总计 | | 计数 | 98 | 104 | 90 | 76 | 55 | 423 |
| | | 家中是否有 12 岁及以下小孩内的 % | 23.2% | 24.6% | 21.2% | 18.0% | 13.0% | 100.0% |
| | | 占总计的百分比 | 23.2% | 24.6% | 21.3% | 18.0% | 13.0% | 100.0% |

**对称的测量**　　表 3-31

| | | 数值 | 渐近标准错误 [a] | 大约 $T$ [b] | 大约显著性 |
|---|---|---|---|---|---|
| 间隔对间隔 | 皮尔森 $R$ | −0.052 | 0.050 | −1.077 | 0.282 [c] |
| 序数对序数 | Spearman 相关性 | −0.048 | 0.050 | −0.996 | 0.320 [c] |
| 有效观察值个数 | | 423 | — | — | — |

注：a. 未使用虚无假设。

　　b. 正在使用具有虚无假设的渐进标准误差。

　　c. 基于一般近似值。

（5）受教育程度与公墓选址接受度的相关分析

由表 3-32 和表 3-33 可知，文化程度与居民对公墓选址接受度的影响较为显著（ $Sig.$ = 0.041 < 0.05），二者之间有一定相关性（ $Pearson$ = 0.112）。文化程度为初中及以下、高中、大专、本科、研究生及以上的受访对象中同意在自家社区附近建设公墓的居民占该类样本总数比例分别为 26.5%、32.6%、35.9%、46.6%、63.6%，不同意在自家社区附近建设公墓的居民占该类样本总数比例分别为 58.5%、51.0%、43.6%、26.1%、13.7%，基本呈现出居民学历越低，对公墓选址接受度越低的趋势。因此，本文假设 1 中的相关推论得到证实。

受教育程度与公墓选址接受度交叉列表　　　　表 3-32

| | | | 公墓选址接受度 | | | | | 总计 |
| | | | 非常不同意 | 不同意 | 不确定 | 基本同意 | 非常同意 | |
|---|---|---|---|---|---|---|---|---|
| 受教育程度 | 初中及以下 | 计数 | 26 | 36 | 16 | 15 | 13 | 106 |
| | | 受教育程度内的百分比 | 24.5% | 34.0% | 15.1% | 14.2% | 12.3% | 100.0% |
| | | 占总计的百分比 | 6.1% | 8.5% | 3.7% | 3.5% | 3.1% | 25.1% |
| | 高中 | 计数 | 15 | 10 | 8 | 10 | 6 | 49 |
| | | 受教育程度内的百分比 | 30.6% | 20.4% | 16.4% | 20.4% | 12.2% | 100.0% |
| | | 占总计的百分比 | 3.5% | 2.4% | 1.9% | 2.4% | 1.4% | 11.6% |
| | 大专 | 计数 | 17 | 17 | 16 | 10 | 18 | 78 |
| | | 受教育程度内的百分比 | 21.8% | 21.8% | 20.5% | 12.8% | 23.1% | 100.0% |
| | | 占总计的百分比 | 4.0% | 4.0% | 3.8% | 2.4% | 4.3% | 18.4% |
| | 本科 | 计数 | 9 | 29 | 40 | 28 | 40 | 146 |
| | | 受教育程度内的百分比 | 6.2% | 19.9% | 27.3% | 19.2% | 27.4% | 100.0% |
| | | 占总计的百分比 | 2.1% | 6.9% | 9.5% | 6.6% | 9.5% | 34.5% |
| | 研究生及以上 | 计数 | 1 | 5 | 10 | 20 | 8 | 44 |
| | | 受教育程度内的百分比 | 2.3% | 11.4% | 22.7% | 45.4% | 18.2% | 100.0% |
| | | 占总计的百分比 | 0.2% | 1.2% | 2.4% | 4.7% | 1.9% | 10.4% |
| 总计 | | 计数 | 68 | 97 | 90 | 83 | 85 | 423 |
| | | 受教育程度内的百分比 | 16.1% | 22.9% | 21.3% | 19.6% | 20.1% | 100.0% |
| | | 占总计的百分比 | 16.1% | 22.9% | 21.3% | 19.6% | 20.1% | 100.0% |

对称的测量　　　　表 3-33

| | | 数值 | 渐近标准错误 [a] | 大约 $T$ [b] | 大约显著性 |
|---|---|---|---|---|---|
| 间隔对间隔 | 皮尔森 $R$ | 0.112 | 0.046 | 2.330 | 0.041 [c] |
| 序数对序数 | Spearman 相关性 | 0.118 | 0.047 | 2.411 | 0.034 [c] |
| 有效观察值个数 | | 423 | — | — | — |

注：a. 未使用虚无假设。

　　b. 正在使用具有虚无假设的渐进标准误差。

　　c. 基于一般近似值。

（6）职业状况与公墓选址接受度的相关分析

由表 3-34 和表 3-35 可知，职业状况与居民对公墓选址接受度的影响不明显（$Sig. = 0.837 > 0.05$），二者的相关性不大（$Pearson = -0.008$）。样本数最多的学生、企业人员、公务员或事业单位职员中同意在自家社区附近建设公墓的居民占该类样本总数比例分别为 16.2%、37.4%、32.9%，不同意在自家社区附近建设公墓的居民占该类样本总数比例分别为 53.0%、41.2%、48.7%，相差不大。因此，本文假设 1 中的相关推论未得到证实。

**职业状况与公墓选址接受度交叉列表** 表 3-34

| | | | 公墓选址接受度 | | | | | 总计 |
|---|---|---|---|---|---|---|---|---|
| | | | 非常不同意 | 不同意 | 不确定 | 基本同意 | 非常同意 | |
| 职业状况 | 学生 | 计数 | 15 | 21 | 21 | 10 | 1 | 68 |
| | | 职业状况内的百分比 | 22.1% | 30.9% | 30.8% | 14.7% | 1.5% | 100.0% |
| | | 占总计的百分比 | 3.5% | 5.0% | 4.9% | 2.4% | 0.2% | 16.1% |
| | 企业人员 | 计数 | 30 | 24 | 28 | 32 | 17 | 131 |
| | | 职业状况内的百分比 | 22.9% | 18.3% | 21.4% | 24.4% | 13.0% | 100.0% |
| | | 占总计的百分比 | 7.1% | 5.7% | 6.6% | 7.6% | 4.0% | 31.0% |
| | 公务员或事业单位职员 | 计数 | 21 | 16 | 14 | 13 | 12 | 76 |
| | | 职业状况内的百分比 | 27.6% | 21.1% | 18.4% | 17.1% | 15.8% | 100.0% |
| | | 占总计的百分比 | 5.0% | 3.8% | 3.3% | 3.1% | 2.8% | 18.0% |
| | 农民 | 计数 | 10 | 7 | 3 | 8 | 18 | 46 |
| | | 职业状况内的百分比 | 21.7% | 15.2% | 6.6% | 17.4% | 39.1% | 100.0% |
| | | 占总计的百分比 | 2.4% | 1.7% | 0.6% | 1.9% | 4.3% | 10.9% |
| | 自由职业 | 计数 | 16 | 18 | 11 | 7 | 4 | 56 |
| | | 职业状况内的百分比 | 28.6% | 32.1% | 19.7% | 12.5% | 7.1% | 100.0% |
| | | 占总计的百分比 | 3.8% | 4.3% | 2.6% | 1.7% | 0.9% | 13.2% |
| | 离退休人员 | 计数 | 4 | 9 | 6 | 3 | 3 | 25 |
| | | 职业状况内的百分比 | 16.0% | 36.0% | 24.0% | 12.0% | 12.0% | 100.0% |
| | | 占总计的百分比 | 0.9% | 2.1% | 1.4% | 0.7% | 0.7% | 5.9% |
| | 其他 | 计数 | 2 | 9 | 7 | 3 | 0 | 21 |
| | | 职业状况内的百分比 | 9.5% | 42.9% | 33.3% | 14.3% | 0.0% | 100.0% |
| | | 占总计的百分比 | 0.5% | 2.1% | 1.7% | 0.7% | 0.0% | 5.0% |
| 总计 | | 计数 | 98 | 104 | 90 | 76 | 55 | 423 |
| | | 职业状况内的百分比 | 23.2% | 24.6% | 21.2% | 18.0% | 13.0% | 100.0% |
| | | 占总计的百分比 | 23.2% | 24.6% | 21.2% | 18.0% | 13.0% | 100.0% |

**对称的测量** 表 3-35

| | | 数值 | 渐近标准错误 [a] | 大约 $T$ [b] | 大约显著性 |
|---|---|---|---|---|---|
| 间隔对间隔 | 皮尔森 $R$ | −0.008 | 0.042 | −0.160 | 0.873 [c] |
| 序数对序数 | Spearman 相关性 | 0.008 | 0.044 | 0.170 | 0.865 [c] |
| 有效观察值个数 | | 423 | — | — | — |

注：a. 未使用虚无假设。

b. 正在使用具有虚无假设的渐进标准误差。

c. 基于一般近似值。

（7）居民收入与公墓选址接受度的相关分析

由表 3-36 和表 3-37 可知，个人月收入水平与居民对公墓选址接受度的影响不显著
（*Sig.* = 0.224 > 0.05），二者之间不具有相关性（*Pearson* = 0.059），月收入在 2000 元
以下、2000～4000 元、4001～6000 元、6001～8000 元、8000 元以上这五类受访对象中，
同意在自家社区附近建设公墓的居民占该类样本总数比例分别为 18.2%、44.4%、18.8%、
39%、31.8%，不同意在自家社区附近建设公墓的居民占该类样本总数比例分别为 58.7%、
43.0%、50.7%、36.6%、39.0%，相差不是很明显。因此，本文假设 1 中的相关推论未得
到证实。

居民收入与公墓选址接受度交叉列表　　　　　　　　　　　　表 3-36

| | | | 公墓选址接受度 | | | | | 总计 |
|---|---|---|---|---|---|---|---|---|
| | | | 非常不同意 | 不同意 | 不确定 | 基本同意 | 非常同意 | |
| 居民收入 | 2000 元以下 | 计数 | 25 | 46 | 28 | 15 | 7 | 121 |
| | | 居民收入内的百分比 | 20.7% | 38.0% | 23.1% | 12.4% | 5.8% | 100.0% |
| | | 占总计的百分比 | 5.9% | 10.9% | 6.6% | 3.5% | 1.7% | 28.6% |
| | 2000～4000 元 | 计数 | 34 | 31 | 19 | 33 | 34 | 151 |
| | | 居民收入内的百分比 | 22.5% | 20.5% | 12.6% | 21.9% | 22.5% | 100.0% |
| | | 占总计的百分比 | 8.0% | 7.3% | 4.5% | 7.8% | 8.0% | 35.7% |
| | 4001～6000 元 | 计数 | 21 | 14 | 21 | 11 | 2 | 69 |
| | | 居民收入内的百分比 | 30.4% | 20.3% | 30.5% | 15.9% | 2.9% | 100.0% |
| | | 占总计的百分比 | 5.0% | 3.3% | 5.0% | 2.6% | 0.5% | 16.3% |
| | 6001～8000 元 | 计数 | 8 | 7 | 10 | 8 | 8 | 41 |
| | | 居民收入内的百分比 | 19.5% | 17.1% | 24.4% | 19.5% | 19.5% | 100.0% |
| | | 占总计的百分比 | 1.9% | 1.7% | 2.4% | 1.9% | 1.9% | 9.7% |
| | 8000 元以上 | 计数 | 10 | 6 | 12 | 9 | 4 | 41 |
| | | 居民收入内的百分比 | 24.4% | 14.6% | 29.2% | 22.0% | 9.8% | 100.0% |
| | | 占总计的百分比 | 2.4% | 1.4% | 2.8% | 2.1% | 0.9% | 9.7% |
| 总计 | | 计数 | 98 | 104 | 90 | 76 | 55 | 423 |
| | | 居民收入内的百分比 | 23.2% | 24.6% | 21.2% | 18.0% | 13.0% | 100.0% |
| | | 占总计的百分比 | 23.2% | 24.6% | 21.2% | 18.0% | 13.0% | 100.0% |

对称的测量　　　　　　　　　　　　表 3-37

| | | 数值 | 渐近标准错误[a] | 大约 $T$[b] | 大约显著性 |
|---|---|---|---|---|---|
| 间隔对间隔 | 皮尔森 $R$ | 0.059 | 0.046 | 1.218 | 0.224[c] |
| 序数对序数 | Spearman 相关性 | 0.068 | 0.046 | 1.393 | 0.164[c] |
| 有效观察值个数 | | 423 | — | — | — |

注：a. 未使用虚无假设。
　　b. 正在使用具有虚无假设的渐进标准误差。
　　c. 基于一般近似值。

（8）距离状况与公墓选址接受度的相关分析

由表 3–38、表 3–39 可知，现有公墓离受访对象居住地的距离与居民对公墓选址接受度的影响显著（$Sig. = 0.003 < 0.05$），二者之间有一定的相关性（$Pearson = -0.142$），现有公墓与居民地距离在 500m（含）以内、501m～1000m、1001m～2000m、2001m～3000m、3001m（含）以上这五类受访对象中，同意在自家社区附近建设公墓的居民占该类样本总数比例分别为 62.5%、42.2%、35.5%、30.6%、23.9%，不同意在自家社区附近建设公墓的居民占该类样本总数比例分别为 12.4%、22.2%、39.5%、44.0%、53.7%。分析可得，现有公墓与受访对象居住地距离越远，居民越不愿意接受公墓选址在自家社区附近建设的趋势。因此，本文假设 2 中的相关推论得到证实。

居民收入与公墓选址接受度交叉列表　　　　表 3–38

| | | | 公墓选址接受度 | | | | | 总计 |
|---|---|---|---|---|---|---|---|---|
| | | | 非常不同意 | 不同意 | 不确定 | 基本同意 | 非常同意 | |
| 距离状况 | 500m（含）以内 | 计数 | 1 | 1 | 4 | 8 | 2 | 16 |
| | | 距离状况内的百分比 | 6.2% | 6.2% | 25.1% | 50% | 12.5% | 100.0% |
| | | 占总计的百分比 | 0.2% | 0.2% | 0.9% | 2% | 0.5% | 3.8% |
| | 501m～1000m | 计数 | 5 | 5 | 16 | 13 | 6 | 45 |
| | | 距离状况内的百分比 | 11.1% | 11.1% | 35.6% | 28.9% | 13.3% | 100.0% |
| | | 占总计的百分比 | 1.1% | 1.1% | 3.8% | 3.2% | 1.4% | 10.6% |
| | 1001m～2000m | 计数 | 6 | 13 | 12 | 8 | 9 | 48 |
| | | 距离状况内的百分比 | 12.5% | 27.0% | 25.0% | 16.7% | 18.8% | 100.0% |
| | | 占总计的百分比 | 1.4% | 3.1% | 2.8% | 1.9% | 2.2% | 11.4% |
| | 2001m～3000m | 计数 | 10 | 16 | 15 | 9 | 9 | 59 |
| | | 距离状况内的百分比 | 16.9% | 27.1% | 25.4% | 15.3% | 15.3% | 100.0% |
| | | 占总计的百分比 | 2.4% | 3.8% | 3.5% | 2.1% | 2.1% | 13.9% |
| | 3001m（含）以上 | 计数 | 69 | 68 | 57 | 39 | 22 | 255 |
| | | 距离状况内的百分比 | 27.1% | 26.6% | 22.4% | 15.3% | 8.6% | 100.0% |
| | | 占总计的百分比 | 16.3% | 16.1% | 13.5% | 9.2% | 5.2% | 60.3% |
| 总计 | | 计数 | 91 | 103 | 104 | 77 | 48 | 423 |
| | | 距离状况内的百分比 | 21.5% | 24.3% | 24.6% | 18.2% | 11.4% | 100.0% |
| | | 占总计的百分比 | 21.5% | 24.3% | 24.6% | 18.2% | 11.4% | 100.0% |

对称的测量　　　　表 3–39

| | | 数值 | 渐近标准错误[a] | 大约 $T$[b] | 大约显著性 |
|---|---|---|---|---|---|
| 间隔对间隔 | 皮尔森 $R$ | 0.142 | 0.050 | 2.949 | 0.003[c] |
| 序数对序数 | Spearman 相关性 | 0.174 | 0.049 | 3.615 | 0.000[c] |
| 有效观察值个数 | | 423 | — | — | — |

注：a. 未使用虚无假设。
　　b. 正在使用具有虚无假设的渐进标准误差。
　　c. 基于一般近似值。

（9）户口状况与公墓选址接受度的相关分析

由表 3-40 和表 3-41 可知，户口状况与居民对公墓选址接受度的影响不明显（$Sig.=0.382>0.05$），二者之间相关性不大（$Pearson=0.043$）。本市非农户口、本市农业户口、外地非农户口、外地农业户口受访对象中同意在自家社区附近建设公墓的居民占该类样本总数比例分别为 28.5%、36.2%、25.0%、25.0%，不同意在自家社区附近建设公墓的居民占该类样本总数比例分别为 51.8%、45.1%、36.1%、52.1%，相差不大。因此，本文假设 1 中的相关推论未得到证实。

居民收入与公墓选址接受度交叉列表　　　　表 3-40

| | | | 公墓选址接受度 | | | | | 总计 |
|---|---|---|---|---|---|---|---|---|
| | | | 非常不同意 | 不同意 | 不确定 | 基本同意 | 非常同意 | |
| 户口情况 | 本市非农户口 | 计数 | 50 | 37 | 33 | 33 | 15 | 168 |
| | | 户口情况内的百分比 | 29.8% | 22.0% | 19.7% | 19.6% | 8.9% | 100.0% |
| | | 占总计的百分比 | 11.8% | 8.7% | 7.8% | 7.8% | 3.5% | 39.7% |
| | 本市农业户口 | 计数 | 33 | 44 | 32 | 31 | 31 | 171 |
| | | 户口情况内的百分比 | 19.3% | 25.8% | 18.7% | 18.1% | 18.1% | 100.0% |
| | | 占总计的百分比 | 7.8% | 10.5% | 7.6% | 7.3% | 7.3% | 40.4% |
| | 外地非农户口 | 计数 | 5 | 8 | 14 | 5 | 4 | 36 |
| | | 户口情况内的百分比 | 13.9% | 22.2% | 38.9% | 13.9% | 11.1% | 100.0% |
| | | 占总计的百分比 | 1.2% | 1.9% | 3.3% | 1.2% | 0.9% | 8.5% |
| | 外地农业户口 | 计数 | 10 | 15 | 11 | 7 | 5 | 48 |
| | | 户口情况内的百分比 | 20.8% | 31.3% | 22.9% | 14.6% | 10.4% | 100.0% |
| | | 占总计的百分比 | 2.4% | 3.5% | 2.6% | 1.7% | 1.2% | 11.3% |
| 总计 | | 计数 | 98 | 104 | 90 | 76 | 55 | 423 |
| | | 户口情况内的百分比 | 23.2% | 24.6% | 21.2% | 18.0% | 13.0% | 100.0% |
| | | 占总计的百分比 | 23.2% | 24.6% | 21.2% | 18.0% | 13.0% | 100.0% |

对称的测量　　　　表 3-41

| | | 数值 | 渐近标准错误[a] | 大约 $T^{b}$ | 大约显著性 |
|---|---|---|---|---|---|
| 间隔对间隔 | 皮尔森 $R$ | 0.043 | 0.046 | 0.875 | 0.382[c] |
| 序数对序数 | Spearman 相关性 | 0.075 | 0.047 | 1.533 | 0.126[c] |
| 有效观察值个数 | | 423 | — | — | — |

注：a. 未使用虚无假设。
　　b. 正在使用具有虚无假设的渐进标准误差。
　　c. 基于一般近似值。

**（二）风险感知与公墓选址接受度的相关分析**

从表 3-42 分析中可看出，风险感知因素与公墓选址接受度在显著性水平双尾 0.01

（Sig. = 0.000）上呈负相关，相关系数为 −0.278，体现了居民风险感知与邻避情结即公墓选址接受度两者呈相反趋势，即风险感知程度越高，居民的接受度越低，越易产生邻避情结。因此，本研究的假设 3 得到了证实。

**风险感知因素相关性测量**　　　　表 3-42

| | | 风险感知 | 公墓选址接受度 |
|---|---|---|---|
| 风险感知 | 皮尔森（Pearson）相关 | 1 | −0.278** |
| | 显著性（双尾） | — | 0.000 |
| | N | 423 | 423 |
| 公墓选址接受度 | 皮尔森（Pearson）相关 | −0.278** | 1 |
| | 显著性（双尾） | 0.000 | — |
| | N | 423 | 423 |

注：**. 相关性在 0.01 层上显著（双尾）。

### （三）认知观念与公墓选址接受度的相关分析

从表 3-43 分析中可看出，认知观念因素与公墓选址接受度在显著性水平双尾 0.01（Sig. = 000）上呈正相关，相关系数为 0.688，体现了居民认知观念与邻避情结即公墓选址接受度两者呈相同趋势，即认知观念越高，居民对公墓选址的接受度越高，越不容易产生邻避情结。因此，本研究的假设 4 得到了证实。

**认知观念因素相关性测量**　　　　表 3-43

| | | 认知观念 | 公墓选址接受度 |
|---|---|---|---|
| 认知观念 | 皮尔森（Pearson）相关 | 1 | 0.688** |
| | 显著性（双尾） | — | 0.000 |
| | N | 423 | 423 |
| 公墓选址接受度 | 皮尔森（Pearson）相关 | 0.688** | 1 |
| | 显著性（双尾） | 0.000 | — |
| | N | 423 | 423 |

注：**. 相关性在 0.01 层上显著（双尾）。

### （四）公众信任与公墓选址接受度的相关分析

在社会关系中，来自于公众对政府、媒体、专业力量等各系统的信任，对推动邻避设施选址具有重要意义和作用。这些年，公众越来越关注健康、环保的同时，也存在着社会公信力缺失，这两者共同起作用，导致或加剧了对邻避设施如公墓选址激烈的抵触和对抗情绪。从表 3-44 分析中可看出，公众信任因素与公墓选址接受度在显著性水平双尾 0.01（Sig. = 000）上呈正相关，相关系数为 0.217，体现了公众信任与邻避情结即公墓选址接受度两者呈相同趋势，即公众对政府、媒体、有关专家的信任程度越高，居民的接受度越高，越不易产生邻避情结。因此，本书的假设 5 得到了证实。

**公众信任因素相关性测量**　　　　　　　　　　　　　表 3-44

| | | 公众信任 | 公墓选址接受度 |
|---|---|---|---|
| 公众信任 | 皮尔森（Pearson）相关 | 1 | 0.217** |
| | 显著性（双尾） | — | 0.000 |
| | N | 423 | 423 |
| 公墓选址接受度 | 皮尔森（Pearson）相关 | 0.217** | 1 |
| | 显著性（双尾） | 0.000 | — |
| | N | 423 | 423 |

注：**.相关性在 0.01 层上显著（双尾）。

### （五）公民参与与公墓选址接受度的相关分析

从表 3-45 分析中可看出，公民参与因素与公墓选址接受度在显著性水平双尾 0.01（Sig. = 000）上呈正相关，相关系数为 0.170，体现了公民参与与公墓选址接受度两者呈相同趋势，即在公墓选址过程中，公民的参与度越高且政府能够居民意见修改相关决策，公民的接受度越高，越不易产生邻避情结。因此，本研究的假设 6 得到了证实。

**公民参与因素相关性测量**　　　　　　　　　　　　　表 3-45

| | | 公民参与 | 公墓选址接受度 |
|---|---|---|---|
| 公民参与 | 皮尔森（Pearson）相关 | 1 | 0.170** |
| | 显著性（双尾） | — | 0.000 |
| | N | 423 | 423 |
| 公墓选址接受度 | 皮尔森（Pearson）相关 | 0.170** | 1 |
| | 显著性（双尾） | 0.000 | — |
| | N | 423 | 423 |

注：**.相关性在 0.01 层上显著（双尾）。

### （六）回归分析

在前文使用相关分析的基础上，以性别、年龄、婚姻状况、家中是否有 12 岁及以下小孩、学历、职业、收入、距离状况、户口情况、风险感知、认知观念、公众信任和公墓参与作为自变量，以居民对公墓选址接受度为因变量，进行最佳尺度回归分析，得到相应的分析结果如表 5-43～表 5-45 所示。由表 3-46 可以看出，各变量的容差均在 0～1 之间，说明各变量不存在多重共线性的问题。此外，表 3-47 表中显示，除了年龄的 Sig. = 0.004、学历的 Sig. = 0.000、职业的 Sig. = 0.000、距离状况的 Sig. = 0.001、风险感知的 Sig. = 0.002、认知观念的 Sig. = 0.000、公众信任的 Sig. = 0.000 和公民参与的 Sig. = 0.000 外，其他几个变量的显著性概率值均大于 0.05，说明只有年龄、学历、职业、距离状况、风险感知、认知观念、公众信任和公民参与对邻避情结的影响作用显著，其他变量如性别、婚姻状况、家中是否有 12 岁及以下小孩、收入、户口情况的影响作用不显著。结合前文对各变量与公墓选址接受度的相关分析，可以发现，性别对公墓选址接受度的影响不再显著，而年龄、职业对公墓选址接受度的影响体现为显著。笔者认为，相关分析与回归分析结果出现差异的原因是：相关分析是不计入其他变量的影响，仅考虑两个变量间单独作用的统计分析；在最佳尺度回归分析中，本文将所有研究变量纳入进来一起进行数据分析，考虑变量间的相互作用，从而导致结果改变。在复杂的社会环境中，考虑多种因素的共同影响更具有现实意义，因此本文采用回归分析的结果，认为影响居民邻避情结的主要因素有年龄、学历、职业、距离状况、风险感知、认知观念、公众信任和公民参与。

以公墓选址接受度作为因变量的最佳尺度回归分析的相关性和容差结果　　　表 3-46

| | 相关性 | | | 重要性 | 允差 | |
|---|---|---|---|---|---|---|
| | 零阶 | 部分 | 部分 | | 转换之后 | 转换之前 |
| 性别 | 0.119 | 0.015 | 0.009 | 0.002 | 0.916 | 0.902 |
| 年龄 | 0.002 | −0.162 | −0.092 | 0.000 | 0.713 | 0.459 |
| 婚姻状况 | 0.071 | 0.022 | 0.012 | 0.001 | 0.946 | 0.496 |
| 家中是否有 12 岁及以下小孩 | 0.065 | 0.036 | 0.020 | 0.002 | 0.949 | 0.898 |
| 学历 | 0.248 | 0.120 | 0.068 | 0.027 | 0.826 | 0.470 |
| 职业 | 0.213 | 0.169 | 0.096 | 0.037 | 0.651 | 0.684 |
| 收入 | 0.073 | 0.145 | 0.082 | 0.009 | 0.869 | 0.765 |
| 距离状况 | −0.118 | −0.102 | −0.057 | 0.010 | 0.926 | 0.890 |
| 户口情况 | 0.019 | 0.021 | 0.012 | 0.000 | 0.920 | 0.936 |
| 风险感知 | −0.109 | −0.153 | −0.087 | 0.014 | 0.929 | 0.884 |
| 认知观念 | 0.804 | 0.772 | 0.680 | 0.879 | 0.819 | 0.890 |
| 公众信任 | 0.328 | 0.084 | 0.047 | 0.028 | 0.670 | 0.621 |
| 公民参与 | 0.163 | −0.060 | −0.034 | −0.009 | 0.763 | 0.625 |

注：应变数：公墓选址接受度。

再根据年龄、学历、职业、距离状况、风险感知、认知观念、公众信任和公民参与的重要性值分别等于 −0.109、0.074、0.119、−0.056、−0.090、0.751、0.568 和 0.343，从绝对值的大小可得认知观念对公墓选址接受度的影响作用最强。而从表 3-48 可以得出，模型对邻避情结的解释度为 68.7%，并且在考虑样本量和自变量个数的情形下，该模型解释度仍有 64.8%，说明解释效果较为理想。基于上述分析，得到关于公墓选址接受度的回归方程：

邻避态度＝−0.109× 年龄＋0.074× 学历＋0.119× 职业−0.056× 距离状况−0.090× 风险感知＋0.751× 认知观念＋0.568× 公众信任＋0.343× 公民参与

综上，从方程的分析结果可以观察出年龄、距离状况、风险感知与公墓选址接受度呈相反的趋势，即居民的年龄越大、对公墓选址的风险感知越高，则对公墓选址的接受度越低；学历、职业、认知观念、公众信任和公民参与公墓选址接受度呈相同的趋势，即居民受教育程度越高、职业状况越良好、对公墓选址的认知意识水平越高、对政府、媒体及专家的信任度越高、公民参与性越高，对公墓选址的接受就越高。

以公墓选址接受度作为因变量的最佳尺度回归分析系数表　　表 3-47

| | 标准化系数 | | DF | F | 显著性 |
| --- | --- | --- | --- | --- | --- |
| | Beta | 重复取样（1000）估计标准错误 | | | |
| 性别 | 0.009 | 0.020 | 1 | 0.190 | 0.663 |
| 年龄 | −0.109 | 0.055 | 4 | 3.890 | 0.004 |
| 婚姻状况 | 0.013 | 0.030 | 3 | 0.179 | 0.911 |
| 家中是否有 12 岁及以下小孩 | 0.021 | 0.026 | 1 | 0.649 | 0.421 |
| 学历 | 0.074 | 0.031 | 4 | 5.721 | 0.000 |
| 职业 | 0.119 | 0.040 | 6 | 9.058 | 0.000 |
| 收入 | 0.088 | 0.053 | 2 | 2.746 | 0.065 |
| 距离状况 | −0.056 | 0.042 | 3 | 3.387 | 0.001 |
| 户口情况 | 0.012 | 0.025 | 3 | 0.237 | 0.871 |
| 风险感知 | −0.090 | 0.044 | 4 | 4.218 | 0.002 |
| 认知观念 | 0.751 | 0.043 | 10 | 50.691 | 0.000 |
| 公众信任 | 0.568 | 0.070 | 5 | 15.682 | 0.000 |
| 公民参与 | 0.343 | 0.069 | 5 | 7.435 | 0.000 |

注：应变数：公墓选址接受度。

以公墓选址接受度作为因变量的最佳尺度回归分析模型　　表 3-48

| 复相关系数 R | $R^2$ | 调整后 $R^2$ | 明显预测错误 |
| --- | --- | --- | --- |
| 0.829 | 0.687 | 0.648 | 0.313 |

注：因变量：公墓选址接受度。
预测变量：性别；年龄；婚姻；家中是否有 12 岁及以下小孩共同居住；学历；职业；收入；公墓距离；户口；风险感知；认知观念；公众信任；公民参与。

# 第三节　选址不同影响因子作用机理
## ——基于结构方程模型的实证分析

## 一、结构方程模型（SEM）概述

### （一）SEM 的定义

结构方程模型（Structural equation model，SEM）属于多变量统计模型，是用于研究变量之间的因果关系及交互关系，并在此基础上构建变量交互关系研究模型的方法。对公墓选址的评估，受到众多确定及不确定因素的影响，很难进行直接测量，所以需要一些变量进行间接测量，而结构方程模型正好能构建出公墓选址的理论假设模型，因此基于调查方法的主观性和数据采集情况，决定运用结构方程模型（SEM）作为研究主要的数据分析方法。

## （二）SEM 的特点

SEM 是用来验证建立在一定理论基础上的理论模型适应性与否的一种验证性因子分析方法。SEM 模型主要借由一组观察变量测量无法直接测量的潜变量，可同时处理测量与分析问题，它可以在评估模型的信度与效度的基础上评估出测量误差。该模型适用于大样本的统计分析，协方差分析中样本量较少将会使估计结果欠缺稳定性，且模型估计参数受样本量影响，样本量越多，模型拟合度参数越好，模型整体适配度须参考多种不同指标才能判别。

## （三）SEM 的分析步骤

在结构方程构建过程中，一般分为以下 6 个部分：

1. 模型的构建

在进行结构方程模型分析之前，首先需要明确模型的基本设定，即明确模型中的潜变量及观察变量，潜变量中哪些是外生及内生潜变量及各潜变量之间具体的路径关系。本文基于国内外学者的公墓选址理论确定了 6 个潜变量，并以此绘制路径关系图，构建结构方程理论模型。

2. 模型的拟合

模型拟合指将搜集好的数据代入结构方程模型中，常用最大似然法进行求解，其后对模型各参数进行估计，基于此来验证假设模型与实际模型的相符程度。

3. 模型的评价

模型拟合成功后，为判断理论模型是否合理需通过判断一系列统计指标是否适配进行评估。

4. 模型的修正

根据模型拟合修正指数并结合实际情况对拟合效果不理想的结构方程模型通过添加新路径或删除原路径的方式进行修正，从而使模型能够进一步符合实际，同时提高概念模型与实证数据的拟合度。

5. 结构方程模型表达形式

研究主要分析自然、社会、经济、心理、交通区位、政策法规因素与公墓选址之间的关系.具体结构方程为：

$$\eta = B\eta + \Gamma\xi + \zeta$$

式中，$\eta$ 为内生潜在变量即潜在因变量，指公墓选址；$\xi$ 为外生潜在变量，即自然、心理、交通区位、社会经济以及政策法规因素；$B$ 为潜在因变量之间的关系，$\Gamma$ 是潜在自变量影响潜在因变量的程度；$\zeta$ 为表示残差项，对潜在因变量无法解释部分做出了纠正。

通常形式下，结构方程模型的方程组包含测量方程和结构方程两部分，共 3 个协方差矩阵方程。针对观测变量和潜变量间的关系，将测量模型表示为：

$$X = \beta_x \xi + \delta$$

$$Y = \beta_y \xi + \varepsilon$$

上述公式代表的是测量模型，$X$ 与 $Y$ 分别表示的是潜在自变量的观测变量及潜在因变量的观测变量。$\beta_x$ 与 $\beta_y$ 分别表明潜在自变量和观测变量之间的关系及潜在因变量和观测变量之间的关系。$\delta$ 与 $\varepsilon$ 误差项。运用分析软件 Amos26.0 构建公墓选址的影响因素模型，并评价各个因子的重要性。在此要说明的是，在 Amos26.0 程序中，将绘制图形的要素划分成以下类别：椭圆形标识着潜在变量；矩形标识着测量指标；圆形标识着误差 e；有向箭头标识要素间的关联性；各箭头上均加载回归权重系数。

6. 结构方程多群组理念

多群组结构方程模型通常以人口统计特征（如年龄、性别）作为分组标准分析检验理论模型在不同群体间的参数是否相等或者具有不变性。检验模型的方式有全部恒等性检验或全部不变性检验，全部恒等性检验是把所有参数设置为相等，此种检验方式最为严格；部分恒等性检验或部分不变性检验是把部分相对应的参数设置为相等；最为宽松的模式即是对路径模型的参数均未加以限制。若多群组结构方程模型分析检验结果表明假设模型是合适的，表示人口统计变量对假设模型具有调节作用。

常用基准模型与限制模型卡方值差异量的显著性是否更高，决定了检验模型是否具有差异性。若 $p$ 值小于 0.05，则说明两个模型之间具有显著差异；若 $p$ 值大于 0.05 则说明两个模型之间不具有显著差异。当模型具有显著差异时，则应该通过模型临界系数对模型路径系数差异进行具体分析，当两个模型路径系数临界比值小于 1.96，则说明两个模型在该路径不存在显著差异，反之则存在显著差异。

运用多群组分析的方法对公墓选址影响因素进行分析，首先要根据人口统计特征划分目标人群，基于此，用修正后的最终模型对每一类人群分别进行分析，根据输出的结果将不同人群同一条路径系数进行比较，可得出不同人群受此因素影响程度存在的差别，在此基础上，政府可综合考虑不同人群的意见和建议进行选址。

## 二、问卷设计

为对文中提出的公墓选址影响因素理论模型进行实证检验，采用问卷调查获取相关数据。理论模型中自变量（自然、心理、交通区位、社会经济及政策法规因素）、因变量（公墓选址）及控制变量都是不可直接测量的潜变量，需要用观察变量进行间接测量。因此研究对公墓选址理论模型相关潜在变量采用李克特五级量表进行测量。

问卷的设计首先要满足研究的需要和调查目的，便于数据的准确收集。根据查阅各种文献资料来列出公墓选址影响因素的各项指标，将测量变量细化成一个个问题，并设置答案。设计的调查问卷主要包括 3 部分内容（参见附录 3）：

第一部分：问卷介绍。问卷首先对本次调查的发起者和问卷主题进行简要介绍。

第二部分：调研对象的个人基本信息。这个部分包括问卷对象的性别、收入、户口、教育程度、职业等。

第三部分：公墓选址影响因素测量题项。问卷总共有6个潜变量，33个测量题项。针对33个测量题项，采用李克特（Likert）五级量表设计，即非常不同意（1分）、不同意（2分）、不确定（3分）、基本同意（4分）、非常同意（5分）对其进行打钩计分，所得分数越高，被调查者越赞同，反之则越不赞同。

研究问卷设计包含以下3个步骤：

问卷题项初稿。基于文献研究的结论设置公墓选址影响因素问卷测量量表，并对问卷中题项设置不合理的地方进行修改，形成了问卷初稿。

征求公墓选址领域的专家意见。问卷二稿请民政部门相关工作人员试填写，征求他们对问卷内容设计和题项表述的意见，根据这些意见对问卷内容进行修改，形成问卷二稿。

小样本测试。在正式调查之前，先将设计好的问卷在小样本范围内进行测试以修订问卷，目的就是为了发现问卷存在的不足和缺点，进而对问卷的问题和结构进行调整，以改善和提高问卷的质量。在此基础上形成了问卷的最终稿。

## 三、变量测量

### （一）因变量

综合前人研究成果发现，已有的文献对公墓选址影响因素的研究多以定性分析为主，会影响公墓选址的基本逻辑因素是自然因素、心理因素、交通区位因素、政策法规及社会经济因素，因此要以因变量测量公墓选址。研究共用5个题项测量公墓选址（表3-49）：居民满意度、环境友好度、政府导向相符度、投资者意愿以及民众认可度。

**公墓选址因变量测量**

表 3-49

| 维度 | 变量 | 题项 |
|---|---|---|
| 公墓选址 Cemetery | 居民满意度 Cem1 | 您所在地区进行公墓选址建设时，征集了民众意见 |
| | 环境友好度 Cem2 | 您所在地区公墓建设能够对环境产生积极影响 |
| | 政府导向相符度 Cem3 | 您所在地区政府关于公墓建设各项决策及处理公墓相关问题的态度是可以信任的 |
| | 投资者意愿 Cem4 | 公墓选址建设时，最好能够吸引投资者进行投资 |
| | 民众认可度 Cem5 | 您所在地区公墓选址是合理的 |

### （二）自变量

为得出潜在变量（不可直接测量）之间的作用关系，需用观测变量进行测量。良好的测量模型是结构方程模型研究的基础，一个潜在变量至少需叠加两个观测变量才能将潜在变量更为综合全面地反映出来。

研究自然因素（7个题项）、社会经济因素（6个题项）、心理因素（5个题项）、交通区位因素（5个题项）和政策法规（5个题项）5个维度与公墓选址的关系，因此根据相关理论基础和前人研究成果，选取能够较好解释自变量的测量变量，具体选取的结果见表3-50。

公墓选址自变量测量 表3-50

| 维度 | 变量 | 题项 |
|------|------|------|
| 自然因素 Natural | 坡度 $Nat1$ | 坡度宜适中，节省体力，方便祭祀 |
| | 植被覆盖度 $Nat2$ | 墓址选择在植物生存环境条件差的地方，防止对现有林地破坏 |
| | 土壤 $Nat3$ | 选址应该考虑土壤条件有利于公墓建设与植树绿化 |
| | 土壤阻力 $Nat4$ | 选址应该考虑新墓的挖掘不应导致旧坟墓的滑动或下落 |
| | 朝向 $Nat5$ | 朝向是公墓选址建设时的重要因素 |
| | 地质灾害风险度 $Nat6$ | 应避免选择地质灾害风险高的地方，以防发生地面坍塌等地质灾害 |
| | 水源条件 $Nat7$ | 选址应该考虑对水源的影响，避免对水源造成污染 |
| | 山水格局 $Nat8$ | 选址在满足近期的需求外还应为将来扩建留余地 |
| 社会经济因素 Society | 可建设面积 $Soc1$ | 由于服务范围不全面，易导致位于服务范围外的民众乱葬，这将会影响公墓选址 |
| | 服务范围 $Soc2$ | 选址应该考虑因城市发展，需对公墓进行搬迁可能性较小的地点 |
| | 城市的物理扩张 $Soc3$ | 管理滞后将会导致公墓环境变恶劣，民众不愿意将骨灰安放进公墓 |
| | 管理方便程度 $Soc4$ | 墓地市场价格高低会影响公墓选址 |
| | 建设成本 $Soc5$ | 在自家社区附近建设公墓会使房价下跌从而影响个人资产 |
| | 外部性 $Soc6$ | 公墓选址建设时，山水格局是重要因素 |
| 心理因素 Psychological | 周边居民接受程度 $Psy1$ | 自家社区附近建设公墓，可能会对生活环境产生影响 |
| | 视觉干扰度 $Psy2$ | 在水源、村庄、道路、景区等地视觉中心处看到公墓，会让您心里感到不适 |
| | 景观敏感度 $Psy3$ | 园林生态公墓作为一道景观，应避开相对醒目的核心地段 |
| | 可视程度 $Psy4$ | 公墓选址建设时，应该考虑隐蔽性因素 |
| 交通区位因素 Traffic | 距城镇乡距离 $Tra1$ | 选址应该避开人口聚集的城区，与城区保持一定的距离 |
| | 交通连接条件 $Tra2$ | 选址既要避免经过核心生活区及城市道路出入口节点，又要能让人们方便地使用公墓 |
| | 环境敏感带 $Tra3$ | 应避免选择避开水源保护区，风景名胜区，水资源等与人们的常生活息息相关地方建设公墓 |
| | 连接道路等级 $Tra4$ | 公墓要避免建设在城市主干道两侧 |
| | 周边地类 $Tra5$ | 选址以未利用地、林地为优，降低对人类活动的影响 |
| 政策法规 Policy | 上位规划要求 $Pol1$ | 公墓选址建设应当遵循所在地区相关法规的规定 |
| | 各类保护区限制开发边界 $Pol2$ | 应该严格按照禁止建设区＞限制建设区＞可建设区＞适宜建设区进行公墓选址 |
| | 规划用地类型 $Pol3$ | 公墓、乡村公益性墓地应当建立在荒山、荒坡、非耕地或者不宜耕种的瘠地上 |
| | 生态保护红线规划 $Pol4$ | 选址应该在保护生态环境安全的前提下充分利用自然资源 |
| | 土地保护政策 $Pol5$ | 基本农田受法律保护，不得用于建设公墓 |

## （三）控制变量

研究共纳入 3 个公墓选址层面的控制变量，包括调查对象学历，户口及性别。由于该问卷主要从个人认知层面进行公墓选址影响因素分析，学历差异、城乡差异及性别差异将可能会导致被调查者对公墓选址影响因素方面的认知差异，进而会对公墓选址影响因素有不同的评判标准。因此将学历、户口及性别作为控制变量。

# 四、小样本测试

正式进行问卷调查之前进行小样本预试是为了检验量表的有效性。小样本测试于 2020 年 6 月份通过问卷星平台制作，并通过网络进行发放，共回收 200 份，其中有效问卷 190 份，回收率达到 95%，满足小样本测试要求。

## （一）探索性因子分析

为检验测量方法是否能准确反映测量内容，需进行效度检验，效度越高，测量结果越准确，反之则不准确。常见的效度检验包括内容及结构效度两个维度。

内容效度检验维度主要用来判定调查问卷的内容设计逻辑是否符合要求，是否适用于研究内容。研究在参考国内外相关公墓选址影响因素文献研究的基础上进行问卷初步设计，之后广泛征求指导导师和相关专家学者的意见进行修改，最后在对调查对象采访修改的基础上得出了问卷的终稿，可认为本问卷在内容上已通过效度检验。

结构效度检验维度主要用来验证测量结果的真实性，根据相关文献阅读决定采用 KMO 值和巴特利特球形度检验来共同验证测量结果的量表效度，当巴特利特球形度检验的显著性水平 $p < 0.001$，KMO 值大于 0.7 越接近 1 时，表明问卷适合进行下一步的探索性因子分析，通过探索性因子分析找到观测变量主成分数量，探究各个观测变量与主成分之间的相关程度，根据分析结果对理论模型的合理性予以判定。研究运用 SPSS26.0 对问卷数据进行 KMO 值和巴特利特球形度检验，具体检验结果见表 3–51。

**KMO 和巴特利特球形度检验**　　　　　　　　　　　　　　　　表 3–51

| KMO 取样适切性量数 | — | 0.869 |
|---|---|---|
| 巴特利特的球形度检验 | 近似卡方 | 3077.282 |
|  | 自由度 DF | 378 |
|  | 显著性 Sig | 0 |

由表 3–51 可知，KMO 度量值为 0.869，大于 0.8，球形检验近似卡方值为 3077.282，自由度为 378，$p$ 值为 0.000，小于 0.001，通过了显著性水平为 1% 的显著性检验，由此可知公墓选址量表非常适合进行因子分析，量表设计良好。

## （二）主成分提取

由表 3–52 可知公墓选址量表 33 个题目的主成分统计中初始特征值大于 1 的因子一共有 6 个累计方差解释率为 66.373%，说明公墓选址量表 33 个题目提取的 6 个因子对于原始数据解释度较为理想（吴明隆，2010年）。其中因子1、因子2、因子3、因子4、因子5、因子6的特征值分别为11.845、3.034、2.269、1.820、1.505、1.431。其对应的解释方差百分比分别为15.647%、12.740%、10.877%、9.926%、8.843%、8.340%。

**总方差解释** 表3-52

| 成分 | 初始特征值 | | | 提取载荷平方和 | | | 旋转载荷平方和 | | |
|---|---|---|---|---|---|---|---|---|---|
| | 总计 | 方差百分比 | 累积（%） | 总计 | 方差百分比 | 累积（%） | 总计 | 方差百分比 | 累积（%） |
| 1 | 11.845 | 35.895 | 35.895 | 11.845 | 35.895 | 35.895 | 5.163 | 15.647 | 15.647 |
| 2 | 3.034 | 9.193 | 45.088 | 3.034 | 9.193 | 45.088 | 4.204 | 12.740 | 28.387 |
| 3 | 2.269 | 6.875 | 51.963 | 2.269 | 6.875 | 51.963 | 3.589 | 10.877 | 39.264 |
| 4 | 1.82 | 5.514 | 57.477 | 1.820 | 5.514 | 57.477 | 3.276 | 9.926 | 49.190 |
| 5 | 1.505 | 4.561 | 62.038 | 1.505 | 4.561 | 62.038 | 2.918 | 8.843 | 58.033 |
| 6 | 1.431 | 4.336 | 66.373 | 1.431 | 4.336 | 66.373 | 2.752 | 8.340 | 66.373 |
| 7 | 1.146 | 3.472 | 69.845 | — | — | — | — | — | — |
| 8 | 0.841 | 2.548 | 72.393 | — | — | — | — | — | — |
| 9 | 0.782 | 2.368 | 74.761 | — | — | — | — | — | — |
| 10 | 0.729 | 2.211 | 76.972 | — | — | — | — | — | — |
| 11 | 0.642 | 1.947 | 78.919 | — | — | — | — | — | — |
| 12 | 0.576 | 1.744 | 80.663 | — | — | — | — | — | — |
| 13 | 0.548 | 1.66 | 82.323 | — | — | — | — | — | — |
| 14 | 0.529 | 1.603 | 83.926 | — | — | — | — | — | — |
| 15 | 0.447 | 1.354 | 85.280 | — | — | — | — | — | — |
| 16 | 0.446 | 1.351 | 86.631 | — | — | — | — | — | — |
| 17 | 0.424 | 1.285 | 87.916 | — | — | — | — | — | — |
| 18 | 0.392 | 1.189 | 89.105 | — | — | — | — | — | — |
| 19 | 0.381 | 1.155 | 90.26 | — | — | — | — | — | — |
| 20 | 0.344 | 1.042 | 91.302 | — | — | — | — | — | — |
| 21 | 0.313 | 0.949 | 92.251 | — | — | — | — | — | — |
| 22 | 0.302 | 0.915 | 93.166 | — | — | — | — | — | — |
| 23 | 0.292 | 0.884 | 94.05 | — | — | — | — | — | — |
| 24 | 0.277 | 0.839 | 94.89 | — | — | — | — | — | — |
| 25 | 0.253 | 0.766 | 95.656 | — | — | — | — | — | — |
| 26 | 0.239 | 0.724 | 96.380 | — | — | — | — | — | — |
| 27 | 0.222 | 0.672 | 97.052 | — | — | — | — | — | — |
| 28 | 0.203 | 0.614 | 97.666 | — | — | — | — | — | — |

续表

| 成分 | 初始特征值 | | | 提取载荷平方和 | | | 旋转载荷平方和 | | |
|---|---|---|---|---|---|---|---|---|---|
| | 总计 | 方差百分比 | 累积（%） | 总计 | 方差百分比 | 累积（%） | 总计 | 方差百分比 | 累积（%） |
| 29 | 0.198 | 0.600 | 98.266 | — | — | — | — | — | — |
| 30 | 0.186 | 0.564 | 98.830 | — | — | — | — | — | — |
| 31 | 0.142 | 0.429 | 99.259 | — | — | — | — | — | — |
| 32 | 0.132 | 0.399 | 99.658 | — | — | — | — | — | — |
| 33 | 0.113 | 0.342 | 100.000 | — | — | — | — | — | — |

根据碎石图可知，折线在成分 6 以后趋向平缓，并在之前急剧下降，说明 33 个题目提取 6 个公因子较为合适（图 3-6）。

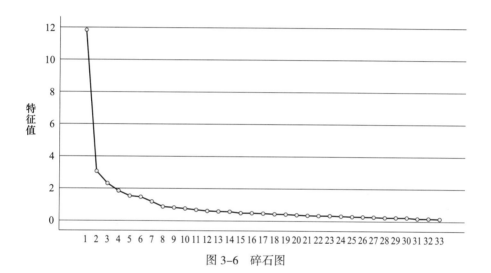

图 3-6　碎石图

### （三）旋转成分矩阵

以特征值大于 1 的因素抽取原则，参照碎石图来确定抽取的因素数目，并删除因素负荷小于 0.3 的项目，保留了 33 个项目，得到表 3-53。如表 3-53 及图 3-6 所示，33 个公墓选址的题项经过旋转后聚成 6 个因子，分别是自然因素、心理因素、交通区位因素、政策法规、社会经济因素及公墓选址。因子 1 包含坡度、植被覆盖度、土壤、土壤阻力、朝向、地质灾害风险度、水源条件、山水格局。因子 2 包含可建设面积、服务范围、城市的物理扩张、管理方便程度、建设成本、外部性。因子 3 包含周边居民接受程度、视觉干扰度、景观敏感度、可视程度。因子 4 包含距离城镇乡距离、交通连接条件、环境敏感带、连接道路等级及周边地类。因子 5 包含上位规划要求、各类保护区限制开发边界、生态保护红线规划、规划用地类型及土地保护政策。因子 6 包含居民满意度、环境友好度、政府导向相符度、投资者意愿及民众认可度。观察表 3-52 可知山水要素归属到因子 1，经过分析及与导师讨论确定山水要素确实应该归属于因子 1（自然因素）。

旋转后的成分矩阵

表 3-53

| 项目 | 成分 | | | | | |
|------|------|------|------|------|------|------|
| | 1 | 2 | 3 | 4 | 5 | 6 |
| A1 | 0.851 | — | — | — | — | — |
| A2 | 0.687 | — | — | — | — | — |
| A3 | 0.740 | — | — | — | — | — |
| A4 | 0.760 | — | — | — | — | — |
| A5 | 0.732 | — | — | — | — | — |
| A6 | 0.806 | — | — | — | — | — |
| A7 | 0.735 | — | — | — | — | — |
| B1 | — | 0.732 | — | — | — | — |
| B2 | — | 0.742 | — | — | — | — |
| B3 | — | 0.699 | — | — | — | — |
| B4 | — | 0.701 | — | — | — | — |
| B5 | — | 0.775 | — | — | — | — |
| B6 | — | 0.739 | — | — | — | — |
| C1 | 0.332 | — | — | — | — | — |
| C2 | — | — | 0.590 | — | — | — |
| C3 | — | — | 0.791 | — | — | — |
| C4 | — | — | 0.792 | — | — | — |
| C5 | — | — | 0.768 | — | — | — |
| D1 | — | — | — | 0.799 | — | — |
| D2 | — | — | — | 0.745 | — | — |
| D3 | — | — | — | 0.649 | — | — |
| D4 | — | — | — | 0.597 | — | — |
| D5 | — | — | — | 0.467 | — | — |
| E1 | — | — | — | — | 0.845 | — |
| E2 | — | — | — | — | 0.813 | — |
| E3 | — | — | — | — | 0.796 | — |
| E4 | — | — | — | — | 0.798 | — |
| E5 | — | — | — | — | 0.609 | — |
| F1 | — | — | — | — | — | 0.849 |
| F2 | — | — | — | — | — | 0.783 |
| F3 | — | — | — | — | — | 0.792 |
| F4 | — | — | — | — | — | 0.490 |
| F5 | — | — | — | — | — | 0.815 |

## 五、数据收集及样本情况

### （一）调研区概况

选取临安为调研区，临安区陆地面积较大，且具备奇特多样的地形地貌，境内地势自西北向东南倾斜，北、西、南三面环山。西北多重峦叠嶂，东南地势相对平坦，全境地貌以中低山丘、丘陵为主。临安光照充足、雨量充沛，四季冷热分明，属季风型气候温暖湿润；境内有南苕溪、中苕溪、昌化溪、天目溪等水系；矿产、植物及动物资源丰富。其基本景观现状如下：

1. 选址不当，影响城市环境

现阶段人们为了表达出对死者的尊敬，将墓地建设在有山、有水环境优良的地点，甚至在农田、道路边缘附近等受限制的地区建设公墓，不仅令人感到不适，还严重影响景观。临安区龙凤山、紫云山公墓等建设在主要交通干道旁，严重影响景观。

2. 观赏面有限，景观功能单一

临安大部分公墓主要是满足埋葬功能，公墓景观造型设计单一，空间较小且较为封闭，一般只存在于边界及入口区，且面积较小，缺少作为园林生态公墓休闲、观赏、生态方面的功能，不利于墓园景观氛围，缺少舒缓人们心情的景场所。

3. 植物景观单一，绿化率不足

临安区大部分墓园内植物种类单一，缺乏季相植物群落景观的营造，绿化率不足，导致青山白化现象。且大部分植物仅局限于松柏类，随着时间的推移，墓园植物生长，郁闭度增加，甚至会使人产生不适感。

4. 管理不到位，导致墓区荒废

临安多数公墓环境恶劣，主要原因是轻管理。一方面，由于公墓选址建设不科学导致管理滞后，村民不愿将骨灰安放进公墓。另一方面，公墓乱葬现象泛滥，导致环境进一步恶化。

### （二）数据收集

通过发放调查问卷搜集数据。根据实际情况，并参照以往学者选取样本的方法，以临安区公墓用地周边居民、普通群众，以及与公墓选址相关且具有相对较高的学历、分辨能力和丰富的工作经验的政府部门作为本次调查的对象。此次问卷调查通过发放电子及纸质问卷的形式来进行随机发放，共持续两个月。其中，线上电子问卷利用问卷星平台进行制作，发放渠道也主要通过问卷星软件，依托QQ、微信、邮箱等进行网络发放，并请相关同学及老师帮忙转发。而线下纸质问卷主要通过实地走访进行发放，7月份向临安区民政局及临安区规划局等相关部门发放问卷，8月份通过实地调研向临安公墓用地周边居民发放问卷，发放问卷的过程中尽量做到全程跟踪，以此来确保调查问卷的有效性。最后共回收512份，有效问卷484份，有效率94.5%，符合要求。

### （三）样本情况

在484份有效问卷中，性别中男士占比48.3%，女士占比占比51.7%；年龄中青年占比 63.4%，中老年占比 36.6%；职业中学生占比 36%，企业人员占比 13.6%，公务员及事业单位人员占比 20%，农民占比 6.4%，自由职业占比 12.8%，退休人员占比 4.8%，教师占比 2.1%，其他占比 4.3%；户口中农业户口占比 61.6%，非农业户口占比 38.4%；人群中普通群众占比 68.2%，殡葬用地周边居民占比 12%，政府公务员及事业单位人员占比 19.2%；周边有墓地的占比 31%，周边没墓地占比 69%。

为进一步深入分析公墓选址影响因素作用机理，对其影响因素与公墓选址分别进行统计分析，具体结果见表 3-55。在影响因素的统计分析中，均值在 3.58~4.38 之间波动，最小值产生于民众认可度，可见民众对临安区公墓选址不满意，选址存在不合理性，未来需进一步加强；最大值产生于政策法规里面土地保护政策，可见民众对于基本农田不得用于建设公墓持认可态度。从标准差来看，基于外部环境的相同大部分影响因素的标准差都小于 1，离散程度较为稳定，但又由于每个人心理主观感受不同导致视觉干扰度、居民满意度、环境友好度、投资者意愿等离散程度较大，但也符合实际情况。在公墓选址的统计分析中，最大均值 4.38 产生于公墓选址中的土地保护政策，表明了政策法规在公墓选址中的重要性发展趋势和现状；标准差维度的离散程度均较为稳定，结果见表 3-54。

影响因素统计分析表 表 3-54

| 项目变量 | 最小值 | 最大值 | 均值 | 标准偏差 |
|---|---|---|---|---|
| 坡度 Nat 1 | 1 | 5 | 4.160 | 0.846 |
| 植被覆盖度 Nat 2 | 1 | 5 | 3.920 | 0.825 |
| 土壤 Nat 3 | 1 | 5 | 4.090 | 0.800 |
| 土壤阻力 Nat 4 | 1 | 5 | 4.200 | 0.751 |
| 朝向 Nat 5 | 1 | 5 | 4.070 | 0.809 |
| 地质灾害风险度 Nat 6 | 1 | 5 | 4.260 | 0.740 |
| 水源条件 Nat 7 | 1 | 5 | 4.290 | 0.778 |
| 山水格局 Nat 8 | 1 | 5 | 4.110 | 0.984 |
| 可建设面积 Soc 1 | 1 | 5 | 4.140 | 0.774 |
| 服务范围 Soc 2 | 1 | 5 | 4.040 | 0.874 |
| 城市的物理扩张 Soc 3 | 1 | 5 | 4.210 | 0.774 |
| 管理方便程度 Soc 4 | 1 | 5 | 4.030 | 0.863 |
| 建设成本 Soc 5 | 1 | 5 | 4.080 | 0.831 |
| 外部性 Soc 6 | 1 | 5 | 4.020 | 0.845 |
| 周边居民接受程度 Psy 1 | 1 | 5 | 3.990 | 0.927 |
| 视觉干扰度 Psy 2 | 1 | 5 | 3.890 | 1.005 |
| 景观敏感度 Psy 3 | 1 | 5 | 4.070 | 0.922 |
| 可视程度 Psy 4 | 1 | 5 | 4.100 | 0.921 |
| 距城镇乡距离 Tra 1 | 1 | 5 | 4.170 | 0.760 |
| 交通连接条件 Tra 2 | 1 | 5 | 4.140 | 0.809 |

| 项目变量 | 最小值 | 最大值 | 均值 | 标准偏差 |
|---|---|---|---|---|
| 环境敏感带 $Tra3$ | 1 | 5 | 4.250 | 0.730 |
| 连接道路等级 $Tra4$ | 1 | 5 | 4.160 | 0.827 |
| 周边地类 $Tra5$ | 1 | 5 | 4.110 | 0.812 |
| 上位规划要求 $Pol1$ | 1 | 5 | 4.220 | 0.824 |
| 各类保护区限制开发边界 $Pol2$ | 1 | 5 | 4.210 | 0.733 |
| 规划用地类型 $Pol3$ | 1 | 5 | 4.140 | 0.764 |
| 生态保护红线规划 $Pol4$ | 1 | 5 | 4.220 | 0.763 |
| 土地保护政策 $Pol5$ | 1 | 5 | 4.380 | 0.727 |
| 居民满意度 $Cem1$ | 1 | 5 | 3.640 | 1.159 |
| 环境友好度 $Cem2$ | 1 | 5 | 3.680 | 1.066 |
| 政府导向相符度 $Cem3$ | 1 | 5 | 3.810 | 0.961 |
| 投资者意愿 $Cem4$ | 1 | 5 | 3.730 | 1.002 |
| 民众认可度 $Cem5$ | 1 | 5 | 3.580 | 1.080 |

## 六、数据分析与处理

### （一）信度分析

实证研究的保证和基础是具有良好信度及效度的测量量表。因此为了能够反映与研究目的相符的信息和内容，并判断该问卷所得到的数据是否可靠，针对收回的 484 份调查问卷，要对其进行信度分析。研究通过 SPSS26.0 软件对回收到的 484 份问卷进行信度分析得到公墓选址各个维度的克隆巴赫系数、$\alpha$ 数值均大于 0.7，位于较高信度区间，表明收集的样本数据通过信度的可靠性检验，验结果见表 3-55：

信度分析 表 3-55

| 维度 | 观测变量个数 | $\alpha$ |
|---|---|---|
| 自然因素 | 7 | 0.931 |
| 社会经济因素 | 6 | 0.925 |
| 心理因素 | 5 | 0.786 |
| 交通区位因素 | 5 | 0.784 |
| 政策法规 | 5 | 0.849 |
| 公墓选址 | 5 | 0.885 |

### （二）相关性分析

相关性分析是研究两个及两个以上的变量之间关系的一种统计分析方法。只有研究假设的变量之间具有较高的相关关系，才有必要进行下一步的结构方程模型验证性因子分析。研究采用 SPSS26.0 中的皮尔逊相关性检验方法检验问卷样本数据中公墓选址各影响因素与公墓选址之间的相关性。

相关性检验表（ $N = 484$ ）　　　　　　　　　　　　　　　表 3-56

| 变量 | 均值 | 标准差 | 1 | 2 | 3 | 4 | 5 | 6 | 7 | 8 | 9 |
|---|---|---|---|---|---|---|---|---|---|---|---|
| 1. 自然因素 | 4.141 | 0.667 | 1 | — | — | — | — | — | — | — | — |
| 2. 社会经济因素 | 4.085 | 0.707 | 0.677** | 1 | — | — | — | — | — | — | — |
| 3. 心理因素 | 4.031 | 0.699 | 0.485** | 0.521** | 1 | — | — | — | — | — | — |
| 4. 交通区位因素 | 4.164 | 0.577 | 0.476** | 0.492** | 0.490** | 1 | — | — | — | — | — |
| 5. 政策法规 | 4.236 | 0.603 | 0.227** | 0.289** | 0.185** | 0.049 | 1 | — | — | — | — |
| 6. 公墓选址 | 3.686 | 0.874 | 0.487** | 0.532** | 0.471** | 0.425** | 0.263** | 1 | — | — | — |
| 7. 学历 | 3.330 | 1.386 | 0.150** | 0.204** | 0.136** | 0.129** | 0.118** | 0.318** | 1 | — | — |
| 8. 户口 | 1.520 | 0.500 | 0.143** | 0.130** | 0.098* | 0.160** | 0.043 | 0.199** | 0.252** | 1 | — |
| 9. 性别 | 1.380 | 0.487 | 0.032 | 0.057 | 0.01 | −0.055 | −0.008 | −0.034 | 0.053 | −0.009 | 1 |

注：* 表示 $p < 0.05$，** 表示 $p < 0.01$，*** 表示 $p < 0.001$。

依据前文提出的研究假设，研究自然、政策、交通区位、社会经济、心理因素及控制变量（户口、学历及性别）和公墓选址之间的相关性，检验结果如表 3-56 所示。由表中结果可知：除政策法规与交通区位因素之间显著性较弱及性别与各个变量均不显著外（性别对公墓选址不具有显著影响），其他各维度间均存在显著相关性。其中，自然因素和社会经济因素存在高相关性（ $r > 0.6$， $p < 0.01$ ），心理因素、社会经济因素、交通区位因素、公墓选址彼此之间存在中高相关性（ $r = 0.3 \sim 0.6$， $p < 0.01$ ）；政策法规与自然因素，心理因素、社会经济因素、交通区位因素、学历及户口存在较低程度的相关性（ $r < 0.3$， $p < 0.01$ ）。

**（三）共同方法偏差**

共同方法偏差是检验研究是否会因受到测量环境等方面的影响而造成自变量和因变量之间产生人为共变。因此，研究以公墓选址的自然因素、心理因素、交通区位因素、社会经济因素、政策法规、公墓选址六个维度及其对应的所有测量变量作为单因子模型的新指标进行验证性因子分析（图 3-7）。

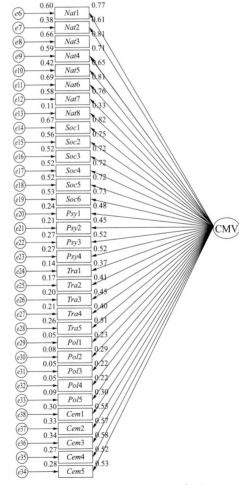

图 3-7　共同方法偏差拟合图

表 3-57 结果显示，模型拟合度指标均未达到参考范围，模型拟合结果较差。因此，公墓选址影响因素模型不存在严重的共同方法偏差问题。

共同方法偏差（CMV）模型拟合度指标 表 3-57

| 指标名称 | 卡方／自由度 | 简约适配度指标 | 增值适配度指标 | 比较拟合指数 | 残差均方和平方根 | 渐进残差均方和平方根 |
|---|---|---|---|---|---|---|
| 参考范围 | ≤ 3 | ≥ 0.9 | ≥ 0.9 | ≥ 0.9 | ≤ 0.05 | ≤ 0.08 |
| 模型拟合度指标 | 10.306 | 0.561 | 0.530 | 0.560 | 0.110 | 0.139 |

## 七、基于 SEM 公墓选址影响因素的实证分析

### （一）验证性因子分析

由于结构方程模型是多因素分析与路径分析的综合统计方法，在进行 SEM 时，研究人员通常会首先评估测量模型（测量变量能准确反映构面时，才能进行结构模型的评估），假如测量变量没办法准确反映构面，则在 SEM 模型中构造该模型将不值得进一步关注。进行结构方程模型分析时，许多情况下不是 SEM 模型存在问题，而是测量模型存在问题，因此在进行结构方程模型拟合之前需进行验证性因子分析。研究首先建立测量模型，并对公墓选址各组潜变量进行验证性因子分析，以保证数据与结构方程模型较好的拟合度。

1. "自然因素"测量模型

研究假设 8 个观测变量 $Nat1 \sim Nat8$（数据从公墓选址变量维度中提取，下文相同）构成了潜变量"自然因素"概念，"自然因素"测量模型图见图 3-8：

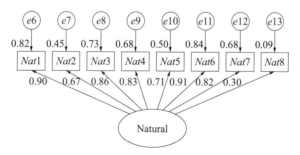

$$CMIN = 137.199; \quad DF = 20; \quad CMIN/DF = 6.860$$
$$IFI = 0.958; \quad TLI = 0.941; \quad CFI = 0.958; \quad RMSEA = 0.110$$

图 3-8 "自然因素"测量模型图

通过初步拟合检验、发现自然因素测量模型需进行修正，基于此观察修正指数 $MI$ 值，发现 $Nat5$ 朝向因素及 $Nat7$ 水源条件 $MI$ 值较高，且 $Nat8$ 山水要素的残差与他们相关过高，考虑到山水要素可能涉及的朝向及水源问题，因此对他们进行删除修正，最终得出"自然因素"测量模型标准化系数如图 3-9 所示：

经过修正，"自然因素"测量模型的拟合度指标如表 3-58、表 3-59 所示。

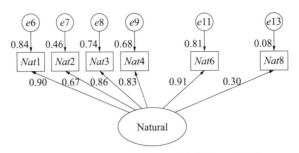

$$CMIN = 19.375；DF = 9；CMIN/DF = 2.153$$
$$IFI = 0.994；TLI = 0.991；CFI = 0.994；RMSEA = 0.049$$

图 3-9  修正后"自然因素"测量模型图

**"自然因素"测量模型拟合度指标**　　　　　　　　　　　　　　　　表 3-58

| 指标名称 | 卡方/自由度 | 简约适配度指标 | 增值适配度指标 | 比较拟合指数 | 残差均方和平方根 | 渐进残差均方和平方根 |
|---|---|---|---|---|---|---|
| 参考范围 | ≤ 3 | ≥ 0.9 | ≥ 0.9 | ≥ 0.9 | ≤ 0.08 | ≤ 0.08 |
| 模型拟合度指标 | 2.153 | 0.994 | 0.991 | 0.994 | 0.0162 | 0.049 |

**"自然因素"显著性检验表**　　　　　　　　　　　　　　　　表 3-59

| 测量变量 | 解释关系 | 潜变量 | 路径系数 | $p$ |
|---|---|---|---|---|
| 坡度 Nat1 | ← | 自然因素 | 0.915 | |
| 植被覆盖度 Nat2 | ← | 自然因素 | 0.678 | *** |
| 土壤 Nat3 | ← | 自然因素 | 0.861 | *** |
| 土壤阻力 Nat4 | ← | 自然因素 | 0.827 | *** |
| 地质灾害风险度 Nat6 | ← | 自然因素 | 0.899 | *** |
| 山水格局 Nat8 | ← | 自然因素 | 0.277 | *** |

注：* 表示 $p < 0.05$，** 表示 $p < 0.01$，*** 表示 $p < 0.001$，"←"表示观测变量解释关系。

2. "社会经济因素"测量模型

研究假设 8 个观测变量 $Soc1 \sim Soc6$ 构成了潜变量"社会经济因素"概念，"社会经济因素"测量模型图见图 3-10。

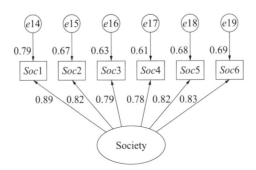

$$CMIN = 124.386；DF = 9；CMIN/DF = 13.821$$
$$IFI = 0.947；TLI = 0.911；CFI = 0.947；RMSEA = 0.163$$

图 3-10  "社会经济因素"测量模型图

通过初步拟合检验发现"社会经济因素"模型拟合度指标不理想，需进行修正，基于此观察修正指数 MI 值，发现 $Soc1$ 可建设面积与 $Soc3$ 城市的物理扩张残差相关过高，$Soc4$ 管理方便程度与 $Soc5$ 建设成本残差相关过高，分析原因可知 $Soc1$ 可建设面积及 $Soc3$ 城市物理扩张两者都需满足公墓建设将来的需求，两者应一起达到最优状态，因此存在残差相关。分析 $Soc4$ 管理方便程度与 $Soc5$ 建设成本两者之间的关系，发现公墓建设管理得好，墓地价格相对较高，因此两者之间也存在残差相关。最终得出修正后的"社会经济因素"测量模型标准化系数如图 3–11 所示。

经过修正，"社会经济因素"测量模型的拟合度指标如表 3–60 所示。

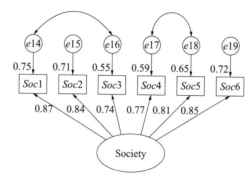

$$CMIN = 25.124；DF = 7；CMIN/DF = 3.589$$
$$IFI = 0.992；TLI = 0.982；CFI = 0.992；RMSEA = 0.073$$

图 3–11　修正后"社会经济因素"测量模型图

**"社会经济因素"测量模型拟合度指标**　　　　　表 3-60

| 指标名称 | 卡方／自由度 | 简约适配度指标 | 增值适配度指标 | 比较拟合指数 | 残差均方和平方根 | 渐进残差均方和平方根 |
|---|---|---|---|---|---|---|
| 参考范围 | ≤ 3 | ≥ 0.9 | ≥ 0.9 | ≥ 0.9 | ≤ 0.08 | ≤ 0.08 |
| 模型拟合度指标 | 3.589 | 0.992 | 0.982 | 0.992 | 0.016 | 0.073 |

表 3–60 检验结果显示，"社会经济因素"模型拟合度指标均达到参考范围，模型拟合结果良好。"社会经济因素"测量模型中各观测变量项的标准化回归系数均达到显著水平（$p < 0.05$），以上研究结果说明"社会经济因素"这个潜在变量得到了数据支持，假设理论模型与数据吻合较好，测量模型与 6 个题项呼应较好，结构稳定、可靠（表 3–61）。

**"社会经济因素"显著性检验表**　　　　　表 3-61

| 测量变量 | 解释关系 | 潜变量 | 路径系数 | $p$ |
|---|---|---|---|---|
| 可建设面积 $Soc1$ | ← | 社会经济因素 | 0.865 | — |
| 服务范围 $Soc2$ | ← | 社会经济因素 | 0.842 | *** |
| 城市物理扩张 $Soc3$ | ← | 社会经济因素 | 0.742 | *** |
| 管理方便程度 $Soc4$ | ← | 社会经济因素 | 0.770 | *** |

续表

| 测量变量 | 解释关系 | 潜变量 | 路径系数 | $p$ |
|---|---|---|---|---|
| 建设成本 $Soc5$ | ← | 社会经济因素 | 0.807 | *** |
| 外部性 $Soc6$ | ← | 社会经济因素 | 0.846 | *** |

注：* 表示 $p < 0.05$，** 表示 $p < 0.01$，*** 表示 $p < 0.001$，"←" 表示观测变量解释关系。

3. "心理因素" 测量模型

研究假设 4 个观测变量 $Psy1 \sim Psy4$ 构成了潜变量 "心理因素" 概念，"心理因素" 测量模型图见图 3-12。

通过初步拟合检验发现需对 "心理因素" 测量模型进行修正，基于此观察修正指数 $MI$ 值，发现 $Psy2$ 视觉干扰度 $MI$ 值相对较高，分析发现 $Psy4$ 可视程度与 $Psy2$ 视觉干扰度两者相类似，可直接将 $Psy2$ 视觉干扰度删除，最终得到 "心理因素" 测量模型标准化系数如图 3-13 所示。

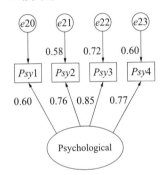

$CMIN = 8.977$；$DF = 2$；$CMIN/DF = 4.489$
$IFI = 0.991$；$TLI = 0.972$；$CFI = 0.991$；$RMSEA = 0.085$
图 3-12 "心理因素" 测量模型图

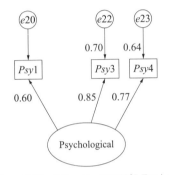

$CMIN = 0.000$；$DF = 0$；$CMIN/DF = \backslash cmindf$
$IFI = 1$；$TLI = 1$；$CFI = 1$；$RMSEA = \backslash rmsea$
图 3-13 修正后 "心理因素" 测量模型图

模型修正后 $GFI$ 值达到上限值 1，"心理因素" 测量模型为一个饱和模型，即模型与拟合度之间的拟合度达到饱和，饱和模型的卡方值与自由度均为 0，所以 $p$ 值、$IFI$ 值、$CFI$ 值、$TLI$ 值、$RMSEA$ 值以及 $SRMR$ 值均无法计算。饱和模型与数据之间的拟合度达到最佳，无须再进行拟合检验。

"心理因素" 测量模型中各观测变量项的标准化回归系数均达到显著水平（$p > 0.05$），以上研究结果说明 "心理因素" 这个潜在变量得到了数据支持，理论模型与数据吻合较好，测量模型与 3 个题项呼应较好，结构稳定、可靠（表 3-62）。

**"心理因素" 显著性检验表**　　　　　　　　　　　　表 3-62

| 测量变量 | 解释关系 | 潜变量 | 路径系数 | $p$ |
|---|---|---|---|---|
| 周边居民接受程度 $Psy1$ | ← | 心理因素 | 0.575 | — |
| 景观敏感度 $Psy3$ | ← | 心理因素 | 0.837 | *** |
| 可视程度 $Psy4$ | ← | 心理因素 | 0.801 | *** |

注：* 表示 $p < 0.05$，** 表示 $p < 0.01$，*** 表示 $p < 0.001$，"←" 表示观测变量解释关系。

4. "交通区位因素"测量模型

研究假设 45 个观测变量 $Tra1$~$Tra5$ 构成了潜变量 "交通区位因素" 概念, "交通区位因素" 测量模型图见图 3–14。

通过初步拟合检验发现需对 "交通区位因素" 测量模型进行修正, 基于此观察修正指数 $MI$ 值, 发现 $Tra1$ 距离城镇乡距离 $MI$ 值相对较高, 分析发现 $Tra1$ 距离城镇乡距离与 $Tra2$ 交通连接条件两者相类似, 可直接将 $Tra1$ 距离城镇乡距离删除, 最终得到 "心理因素" 测量模型标准化系数如图 3–15 所示。

经过修正, "交通区位因素" 测量模型的拟合度指标如表 3–63 所示。

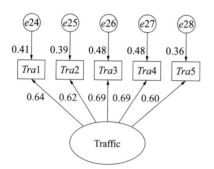

$CMIN = 109.149$; $DF = 5$; $CMIN/DF = 21.830$
$IFI = 0.849$; $TLI = 0.697$; $CFI = 0.848$; $RMSEA = 0.208$
图 3–14　"交通区位因素" 测量模型图

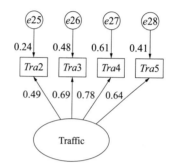

$CMIN = 2.922$; $DF = 2$; $CMIN/DF = 1.461$
$IFI = 0.996$; $TLI = 0.994$; $CFI = 0.998$; $RMSEA = 0.031$
图 3–15　修正后 "交通区位因素" 测量模型图

**"交通区位因素"测量模型拟合度指标** 表 3–63

| 指标名称 | 卡方/自由度 | 简约适配度指标 | 增值适配度指标 | 比较拟合指数 | 残差均方和平方根 | 渐进残差均方和平方根 |
|---|---|---|---|---|---|---|
| 参考范围 | ≤ 3 | ≥ 0.9 | ≥ 0.9 | ≥ 0.9 | ≤ 0.08 | ≤ 0.08 |
| 模型拟合度指标 | 1.461 | 0.998 | 0.994 | 0.998 | 0.015 | 0.031 |

上表检验结果显示, "交通区位因素" 模型拟合度指标均达到参考范围。"交通区位因素" 测量模型中各观测变量项的标准化回归系数均达到显著水平 ($p < 0.05$), 以上研究结果说明 "交通区位因素" 这个潜在变量得到了数据支持, 假设理论模型与数据吻合较好, 测量模型与 4 个题项呼应较好, 结构稳定、可靠 (表 3–64)。

**"交通区位因素"显著性检验表** 表 3–64

| 测量变量 | 解释关系 | 潜变量 | 路径系数 | $p$ |
|---|---|---|---|---|
| 交通连接条件 $Tra2$ | ← | 交通区位因素 | 0.494 | — |
| 环境敏感带 $Tra3$ | ← | 交通区位因素 | 0.691 | *** |
| 连接道路等级 $Tra4$ | ← | 交通区位因素 | 0.780 | *** |
| 周边地类 $Tra5$ | ← | 交通区位因素 | 0.640 | *** |

注: * 表示 $p < 0.05$, ** 表示 $p < 0.01$, *** 表示 $p < 0.001$, "←" 表示观测变量解释关系。

### 5. "政策法规"测量模型

研究假设 5 个观测变量 $Pol1 \sim Pol5$ 构成了潜变量 "政策法规" 概念，"政策法规" 测量模型图见图 3-16。

通过初步拟合检验发现需对 "政策法规" 测量模型进行修正，基于此观察修正指数 $MI$ 值，发现 $Pol2$ 各类保护区限制开发边界与 $Pol4$ 生态保护红线规划存在残差相关，最终得到 "测量因素" 测量模型标准化系数如图 3-17 所示。

经过修正，"政策法规因素" 测量模型的拟合度指标如表 3-65 所示。

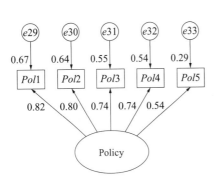

$CMIN = 32.643$；$DF = 5$；$CMIN/DF = 6.529$
$IFI = 0.973$；$TLI = 0.945$；$CFI = 0.972$；$RMSEA = 0.107$

图 3-16 "政策法规" 测量模型图

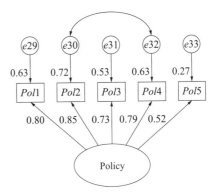

$CMIN = 8.880$；$DF = 4$；$CMIN/DF = 2.220$
$IFI = 0.995$；$TLI = 0.988$；$CFI = 0.995$；$RMSEA = 0.050$

图 3-17 修正后 "政策法规" 测量模型图

"政策法规因素" 测量模型拟合度指标　　　　　　　　　　表 3-65

| 指标名称 | 卡方／自由度 | 简约适配度指标 | 增值适配度指标 | 比较拟合指数 | 残差均方和平方根 | 渐进残差均方和平方根 |
|---|---|---|---|---|---|---|
| 参考范围 | $\leqslant 3$ | $\geqslant 0.9$ | $\geqslant 0.9$ | $\geqslant 0.9$ | $\leqslant 0.08$ | $\leqslant 0.08$ |
| 模型拟合度指标 | 2.220 | 0.995 | 0.988 | 0.995 | 0.018 | 0.05 |

表 3-65 检验结果显示，"政策法规因素" 模型拟合度指标均达到参考范围。"政策法规因素" 测量模型中各观测变量项的标准化回归系数均达到显著水平（$p < 0.05$），以上研究结果说明 "政策法规" 这个潜在变量得到了数据支持，假设理论模型与数据吻合较好，测量模型与 5 个题项呼应较好，结构稳定、可靠（表 3-66）。

"政策法规" 显著性检验表　　　　　　　　　　表 3-66

| 测量变量 | 解释关系 | 潜变量 | 路径系数 | $p$ |
|---|---|---|---|---|
| 上位规划要求 $Pol1$ | ← | 政策法规 | 0.796 | — |
| 各类保护区限制开发 $Pol2$ | ← | 政策法规 | 0.848 | *** |
| 规划用地类型 $Pol3$ | ← | 政策法规 | 0.726 | *** |
| 生态保护红线规划 $Pol4$ | ← | 政策法规 | 0.792 | *** |
| 土地保护政策 $Pol5$ | ← | 政策法规 | 0.519 | *** |

注：* 表示 $p < 0.05$，** 表示 $p < 0.01$，*** 表示 $p < 0.001$，"←" 表示观测变量解释关系。

6. "公墓选址"测量模型

研究假设 5 个观测变量 $Cem1 \sim Cem5$ 构成了潜变量"公墓选址"概念,"公墓选址"测量模型图见图 3-18。

"公墓选址"测量模型的各项拟合度指标良好,无须修正,如表 3-67 所示。

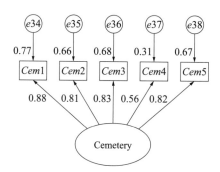

$CMIN = 10.996$;$DF = 5$;$CMIN/DF = 2.199$
$IFI = 0.996$;$TLI = 0.991$;$CFI = 0.996$;$RMSEA = 0.050$

图 3-18 "公墓选址"测量模型图

"公墓选址"测量模型拟合度指标 表 3-67

| 指标名称 | 卡方/自由度 | 简约适配度指标 | 增值适配度指标 | 比较拟合指数 | 残差均方和平方根 | 渐进残差均方和平方根 |
|---|---|---|---|---|---|---|
| 参考范围 | $\leqslant 3$ | $\geqslant 0.9$ | $\geqslant 0.9$ | $\geqslant 0.9$ | $\leqslant 0.08$ | $\leqslant 0.08$ |
| 模型拟合度指标 | 2.199 | 0.996 | 0.991 | 0.996 | 0.017 | 0.050 |

表 3-67 检验结果显示,"公墓选址"模型拟合度指标均达到参考范围。"公墓选址"测量模型中各观测变量项的标准化回归系数均达到显著水平($p < 0.05$),以上研究结果说明"公墓选址"这个潜在变量得到了数据支持,假设理论模型与数据吻合较好,测量模型与 5 个题项呼应较好,结构稳定、可靠(表 3-68)。

"公墓选址"显著性检验表 表 3-68

| 测量变量 | 解释关系 | 潜变量 | 路径系数 | $p$ |
|---|---|---|---|---|
| 居民满意度 $Cem1$ | ← | 公墓选址 | 0.880 | — |
| 环境友好度 $Cem2$ | ← | 公墓选址 | 0.815 | *** |
| 政府导向相符度 $Cem3$ | ← | 公墓选址 | 0.827 | *** |
| 投资者意愿 $Cem4$ | ← | 公墓选址 | 0.558 | *** |
| 民众认可度 $Cem5$ | ← | 公墓选址 | 0.816 | *** |

注:* 表示 $p < 0.05$,** 表示 $p < 0.01$,*** 表示 $p < 0.001$,"←"表示观测变量解释关系。

## (二)修正后的总测量模型验证性因子分析(CFA)

1. 收敛效度

研究假设 29 个观测变量,6 个潜变量构成了"公墓选址"测量模型,"公墓选址"测量模型图见图 3-19。

　　经过修正，最终"公墓选址"测量模型的拟合度指标如表 3-69 所示。

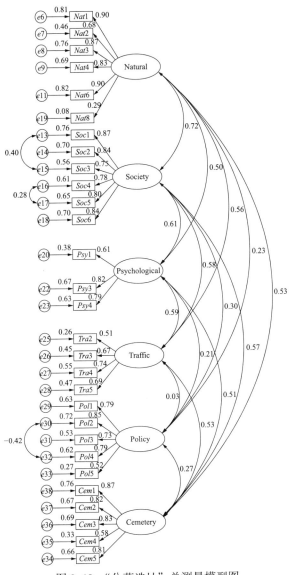

图 3-19　"公墓选址"总测量模型图

"公墓选址"总测量模型拟合度指标

表 3-69

| 指标名称 | 卡方 / 自由度 | 简约适配度 指标 | 增值适配度 指标 | 比较拟合 指数 | 残差均方和 平方根 | 渐进残差均方和 平方根 |
|---|---|---|---|---|---|---|
| 参考范围 | ≤ 3 | ≥ 0.9 | ≥ 0.9 | ≥ 0.9 | ≤ 0.08 | ≤ 0.08 |
| 模型拟合度指标 | 2.920 | 0.922 | 0.911 | 0.922 | 0.055 | 0.063 |

　　表 3-69 检验结果显示，"公墓选址"测量模型拟合度指标均达到参考范围。"公墓选址"测量模型中各观测变量项的标准化回归系数均达到显著水平（$p < 0.05$），组成信度

（CR）大于 0.7，代表该模型具有足够的内部一致性，平均方差萃取量（AVE）除交通区位因素外均大于 0.5，交通区位因素平均方差萃取量为 0.435 接近 0.5，位于可接受范围，因此模型收敛效度良好，以上研究结果说明"公墓选址"这个由 6 个潜变量构成的一阶测量模型得到数据支持，假设理论模型与数据吻合较好，测量模型与 29 个观测变量呼应较好，结构稳定、可靠（表 3-70）。

效度检验表    表 3-70

| 潜变量 | 题目 | 参数显著性估计 | | | | | 因素负荷量 | 题目信度 | 组成信度 | 收敛效度 |
|---|---|---|---|---|---|---|---|---|---|---|
| | | Unstd. | S.E. | t-value | p | Std. | SMC | 1-SMC | CR | AVE |
| 自然因素 | Nat1 | 1.000 | — | — | — | 0.915 | 0.837 | 0.163 | 0.893 | 0.601 |
| | Nat2 | 0.722 | 0.040 | 18.089 | *** | 0.678 | 0.460 | 0.540 | — | — |
| | Nat3 | 0.890 | 0.032 | 27.917 | *** | 0.861 | 0.741 | 0.259 | — | — |
| | Nat4 | 0.802 | 0.031 | 25.478 | *** | 0.827 | 0.684 | 0.316 | — | — |
| | Nat6 | 0.860 | 0.028 | 31.152 | *** | 0.899 | 0.808 | 0.192 | — | — |
| | Nat8 | 0.352 | 0.058 | 6.059 | *** | 0.277 | 0.077 | 0.923 | — | — |
| 社会经济因素 | Soc1 | 1.000 | — | — | — | 0.865 | 0.748 | 0.252 | 0.921 | 0.661 |
| | Soc2 | 1.098 | 0.047 | 23.273 | *** | 0.842 | 0.709 | 0.291 | — | — |
| | Soc3 | 0.856 | 0.035 | 24.449 | *** | 0.742 | 0.551 | 0.449 | — | — |
| | Soc4 | 0.992 | 0.050 | 20.003 | *** | 0.770 | 0.593 | 0.407 | — | — |
| | Soc5 | 1.001 | 0.046 | 21.579 | *** | 0.807 | 0.651 | 0.349 | — | — |
| | Soc6 | 1.068 | 0.046 | 23.457 | *** | 0.846 | 0.716 | 0.284 | — | — |
| 心理因素 | Psy1 | 1.000 | — | — | — | 0.575 | 0.331 | 0.669 | 0.787 | 0.558 |
| | Psy3 | 1.449 | 0.129 | 11.226 | *** | 0.837 | 0.701 | 0.299 | — | — |
| | Psy4 | 1.385 | 0.121 | 11.430 | *** | 0.801 | 0.642 | 0.358 | — | — |
| 交通区位因素 | Tra2 | 1.000 | — | — | — | 0.494 | 0.244 | 0.756 | 0.750 | 0.435 |
| | Tra3 | 1.263 | 0.138 | 9.165 | *** | 0.691 | 0.478 | 0.523 | — | — |
| | Tra4 | 1.613 | 0.178 | 9.066 | *** | 0.780 | 0.608 | 0.392 | — | — |
| | Tra5 | 1.301 | 0.150 | 8.646 | *** | 0.640 | 0.410 | 0.590 | — | — |
| 政策法规 | Pol1 | 1.000 | — | — | — | 0.796 | 0.634 | 0.366 | 0.859 | 0.555 |
| | Pol2 | 0.948 | 0.052 | 18.341 | *** | 0.848 | 0.719 | 0.281 | — | — |
| | Pol3 | 0.846 | 0.050 | 16.951 | *** | 0.726 | 0.527 | 0.473 | — | — |
| | Pol4 | 0.921 | 0.055 | 16.600 | *** | 0.792 | 0.627 | 0.373 | — | — |
| | Pol5 | 0.575 | 0.050 | 11.494 | *** | 0.519 | 0.269 | 0.731 | — | — |
| 公墓选址 | Cem1 | 1.000 | — | — | — | 0.880 | 0.774 | 0.226 | 0.889 | 0.620 |
| | Cem2 | 0.852 | 0.038 | 22.320 | *** | 0.815 | 0.664 | 0.336 | — | — |
| | Cem3 | 0.780 | 0.034 | 23.179 | *** | 0.827 | 0.684 | 0.316 | — | — |
| | Cem4 | 0.548 | 0.042 | 12.974 | *** | 0.558 | 0.311 | 0.689 | — | — |
| | Cem5 | 0.864 | 0.039 | 22.294 | *** | 0.816 | 0.666 | 0.334 | — | — |

注：SMC：多元相关平方（Squared Multiple Correlation）。

2. 区别效度

公墓选址测量模型构面之间需有一定的区分效度，从表中数值可以看到研究所涉及的潜变量 $AVE$ 的平方根（表3-71）对角线值均大于各个潜变量之间相关系数的绝对值，这表明研究各因子之间具有很好的区别效度。

区别效度检验表       表3-71

| | 平均方差萃取量 | 公墓选址 | 政策法规 | 交通区位因素 | 心理因素 | 社会经济因素 | 自然因素 |
|---|---|---|---|---|---|---|---|
| 公墓选址 | 0.620 | 0.787 | — | — | — | — | — |
| 政策法规 | 0.555 | 0.268 | 0.745 | — | — | — | — |
| 交通区位因素 | 0.435 | 0.526 | 0.030 | 0.660 | — | — | — |
| 心理因素 | 0.558 | 0.509 | 0.206 | 0.586 | 0.747 | — | — |
| 社会经济因素 | 0.661 | 0.571 | 0.303 | 0.577 | 0.605 | 0.813 | — |
| 自然因素 | 0.601 | 0.534 | 0.234 | 0.559 | 0.499 | 0.718 | 0.775 |

### （三）结构方程模型拟合

研究将通过问卷调查收集到的数据导入 AMOS26.0 软件中，进行公墓选址理论模型的验证，得到模型输出结果图（图3-20）及各项适配度指标（表3-72）。

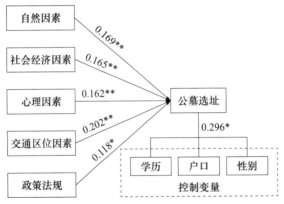

图3-20 "公墓选址"结构方程模型拟合结果图

"公墓选址"结构方程模型拟合度指标       表3-72

| 指标名称 | 卡方/自由度 | 简约适配度指标 | 增值适配度指标 | 比较拟合指数 | 残差均方和平方根 | 渐进残差均方和平方根 |
|---|---|---|---|---|---|---|
| 参考范围 | $\leqslant 3$ | $\geqslant 0.9$ | $\geqslant 0.9$ | $\geqslant 0.9$ | $\leqslant 0.08$ | $\leqslant 0.08$ |
| 模型拟合度指标 | 2.790 | 0.911 | 0.901 | 0.911 | 0.067 | 0.061 |

由表3-72可知，"公墓选址"模型拟合度指标均达到参考范围，模型拟合良好无须进一步修正。"公墓选址"模型中各观测变量项的标准化回归系数均达到显著水平（$p < 0.05$），以上研究结果说明"公墓选址"理论模型与数据吻合较好，得到了数据支撑（表3-73），基于此得出公墓选址各影响因素量化表。

"公墓选址"模型拟合度指标　　　　　　　　表 3-73

| 假设 | | | 标准化路径系数 | 标准误 SE | 组成信度 CR | p |
|---|---|---|---|---|---|---|
| 坡度 Nat1 | ← | 自然因素 | 0.900 | — | — | — |
| 植被覆盖度 Nat2 | ← | 自然因素 | 0.677 | 0.041 | 17.832 | *** |
| 土壤 Nat3 | ← | 自然因素 | 0.869 | 0.033 | 27.789 | *** |
| 土壤阻力 Nat4 | ← | 自然因素 | 0.832 | 0.032 | 25.300 | *** |
| 地质灾害风险度 Nat6 | ← | 自然因素 | 0.904 | 0.029 | 30.702 | *** |
| 山水格局 Nat8 | ← | 自然因素 | 0.287 | 0.059 | 6.305 | *** |
| 可建设面积 Soc1 | ← | 社会经济因素 | 0.874 | — | — | — |
| 服务范围 Soc2 | ← | 社会经济因素 | 0.837 | 0.045 | 23.795 | *** |
| 城市物理扩张 Soc3 | ← | 社会经济因素 | 0.751 | 0.034 | 24.973 | *** |
| 管理方便程度 Soc4 | ← | 社会经济因素 | 0.779 | 0.048 | 20.791 | *** |
| 建设成本 Soc5 | ← | 社会经济因素 | 0.804 | 0.045 | 22.074 | *** |
| 外部性 Soc6 | ← | 社会经济因素 | 0.836 | 0.044 | 23.775 | *** |
| 周边居民接受程度 Psy1 | ← | 心理因素 | 0.612 | — | — | — |
| 景观敏感度 Psy3 | ← | 心理因素 | 0.817 | 0.106 | 12.555 | *** |
| 可视程度 Psy4 | ← | 心理因素 | 0.796 | 0.104 | 12.424 | *** |
| 交通连接条件 Tra2 | ← | 交通区位因素 | 0.511 | — | — | — |
| 环境敏感带 Tra3 | ← | 交通区位因素 | 0.672 | 0.124 | 9.585 | *** |
| 连接道路等级 Tra4 | ← | 交通区位因素 | 0.745 | 0.151 | 9.851 | *** |
| 周边地类 Tra5 | ← | 交通区位因素 | 0.683 | 0.143 | 9.377 | *** |
| 上位规划要求 Pol1 | ← | 政策法规 | 0.795 | — | — | — |
| 各类保护区限制开发 Pol2 | ← | 政策法规 | 0.849 | 0.051 | 18.710 | *** |
| 规划用地类型 Pol3 | ← | 政策法规 | 0.728 | 0.050 | 16.974 | *** |
| 生态保护红线规划 Pol4 | ← | 政策法规 | 0.789 | 0.055 | 16.858 | *** |
| 土地保护政策 Pol5 | ← | 政策法规 | 0.522 | 0.050 | 11.552 | *** |
| 居民满意度 Cem1 | ← | 公墓选址 | 0.867 | — | — | — |
| 环境友好度 Cem2 | ← | 公墓选址 | 0.810 | 0.038 | 22.544 | *** |
| 政府导向相符度 Cem3 | ← | 公墓选址 | 0.820 | 0.034 | 23.282 | *** |
| 投资者意愿 Cem4 | ← | 公墓选址 | 0.565 | 0.042 | 13.521 | *** |
| 民众认可度 Cem5 | ← | 公墓选址 | 0.801 | 0.039 | 22.195 | *** |
| 学历 | ← | 控制变量 | 0.716 | — | — | — |

续表

| 假设 | | | 标准化路径系数 | 标准误 SE | 组成信度 CR | p |
|---|---|---|---|---|---|---|
| 户口 | ← | 控制变量 | 0.354 | 0.071 | 2.442 | 0.015 |
| 性别 | ← | 控制变量 | 0.038 | 0.031 | 0.618 | 0.536 |
| 公墓选址 | ← | 自然因素（假设 H1） | 0.169 | 0.083 | 2.638 | 0.008（支持） |
| 公墓选址 | ← | 社会经济因素（假设 H2） | 0.165 | 0.106 | 2.260 | 0.024（支持） |
| 公墓选址 | ← | 心理因素（假设 H3） | 0.162 | 0.112 | 2.489 | 0.013（支持） |
| 公墓选址 | ← | 交通区位因素（假设 H4） | 0.202 | 0.170 | 2.823 | 0.005（支持） |
| 公墓选址 | ← | 政策法规（假设 H5） | 0.118 | 0.067 | 2.630 | 0.009（支持） |
| 公墓选址 | | 控制变量 | 0.296 | 0.122 | 2.410 | 0.016（支持） |

注：* 表示 $p < 0.05$，** 表示 $p < 0.01$，*** 表示 $p < 0.001$，"←"表示观测变量解释关系。

### （四）拟合结果分析

从自然、社会经济、心理、交通区位以及政策法规 5 个维度来对公墓选址的影响因素展开探讨，并建立了相应的结构方程模型。根据模型拟合结果（表 3-73）可以看出：自然因素、社会经济因素、心理因素、交通区位因素、政策法规因素对公墓选址均具有显著正向影响，假设 H1、H2、H3、H4、H5 成立。其中，交通区位因素影响程度最大，路径系数为 0.202；其次为自然因素、社会经济因素、心理因素、政策法规因素，路径系数分别为 0.169、0.165、0.162、0.118。对模型进行进一步分析，得出如下分析结果：

交通区位因素对公墓选址影响程度最大，在进行公墓选址建设中要充分考虑交通区位因素。交通区位因素包含交通连接条件、环境敏感带、连接道路等级，以及周边地类；在 4 个外生测量变量中，连接道路等级最为重要，影响因子为 0.74，其他指标路径系数分别是 0.51、0.67、0.69。分析原因在于目前临安一部分公墓选址不合理，仅由政府部门决策，公墓选址时未考虑与相关地区其他规划设计的衔接，建设于市区周边，随着城市空间的拓展，出现郊区城市化现象，导致之前已建设的公墓由于城市的扩张刚好处于城市重要地段，面临拆迁问题。临安目前有些公墓为了减少用地成本直接建设在主要公路沿线的显要位置，如九仙山公墓、龙凤山生态公墓，昌化紫云山公墓等，一方面对城市的景观视线造成极大破坏，另一方面对周边居民产生极大影响。因此在进行公墓选址时要着重考虑交通区位因素，避免将其建设在主要交通干线附近。

自然因素主要指公墓选址建设时场地的外部环境因素，主要包括坡度、植被覆盖度、土壤、土壤阻力、地质灾害风险度、山水要素，其路径系数分别为 0.90、0.68、0.87、0.83、0.90、0.29。其中坡度、地质灾害风险影响程度最大，分析原因在于临安多以山地丘陵为主，多数公墓建于山上，因此在进行公墓选址建设时应该主要考虑坡度及地质灾害风险度的影响，避免造成坡度较高影响立面景观及发生泥石流等地质灾害。相较于其他因素的影响程度，山水要素的影响程度相对较小。

社会经济因素包含可建设面积、服务范围、城市的物理扩张、管理方便程度、建设成本、外部性因素，其路径系数分别为 0.87、0.84、0.75、0.78、0.80、0.84。其中可建设面积影响程度最大，分析原因在于临安目前私墓分布广泛，规模巨大，乱埋乱葬现象普遍，青山白化严重。因此公墓进行选址建设时应该充分考虑基址应有一定的可扩建性，不仅需满足近期的需求，还应为将来扩建留有余地。这不仅能防止民众乱埋乱葬，导致更为严重的青山白化现象，还能有效地控制公墓数量，防止资源浪费现象的产生。

心理因素包含周边居民接受程度、景观敏感度、可视程度因素，其路径系数分别为 0.61、0.82、0.79。其中景观敏感度影响程度最大，结合现状分析原因，临安大部分公墓存在布局不合理，选址不科学现象。一部分公墓位于交通干线附近，严重影响城市交通景观；另一方面，个别死者家属花重金随意选择景观较好的位置为死者建造墓穴，墓穴设计五花八门极不统一，对城市景观造成严重破坏，极大地破坏了人们的视觉景观。因此公墓选址要着重考虑避免建在相对醒目的核心地段。

政策法规对公墓选址影响程度最低，其路径系数为 0.118，政策法规因素主要包括上位规划要求、各类保护区限制开发、规划用地类型、生态保护红线规划、土地保护政策，其路径系数分别为 0.79、0.85、0.73、0.79、0.52。其中，各类保护区限制开发影响程度最大。结合现状分析原因，临安区目前有法不依、执法不严现象。因此应该严格执法立法，在公墓进行选址建设时应该着重考虑禁止选址于各类保护区等限制开发的地方。

控制变量对公墓选址有一定的影响，其中学历对其影响程度相对较高，学历越高越注重公墓选址，性别对公墓选址不具有显著影响。

## 八、公墓选址的多群组模型分析

### （一）不同年龄多群组模型分析

为了探究不同年龄是否存在公墓选址影响因素的差异性，进一步通过多群组分析来考察不同年龄对公墓选址模型的稳定性是否存在影响。将中年（$N = 108$）及老年（$N = 69$）划分为一组，将青年（$N = 307$）划为一组，通过 AMOS26.0 分析不同年龄分类调节变量对公墓选址影响是否具有显著差异，拟合度指标见表 3-74，不同年龄多群组模型的 RMSEA 值为 0.053，CFI、IFI 均大于 0.9，TLI 值为 0.899 位于可接受范围，说明模型的适配度良好，可以被接受。模型拟合主要数据分析结果如下：

不同年龄模型拟合度指标　　　　　　　　　　　　表 3-74

| 指标名称 | 卡方／自由度 CMIN/DF | 增值适配度指标 IFI | 增值适配度指标 TLI | 比较拟合指数 CFI | 残差均方和平方根 SRMR | 渐进残差均方和平方根 RMSEA |
|---|---|---|---|---|---|---|
| 参考范围 | ≤ 3 | ≥ 0.9 | ≥ 0.9 | ≥ 0.9 | ≤ 0.08 | ≤ 0.08 |
| 模型拟合度指标 | 2.369 | 0.911 | 0.899 | 0.911 | 0.067 | 0.053 |

表 3-75 显示 $p$ 值小于 0.001，表示年龄因素对公墓选址结构方程模型具有显著影响。但表 3-76 进行的是整体的无差异检定，只能说明整体现象，不能具体分析出青年与中老

年人群对公墓选址影响因素认知差异的具体路径系数，因此要利用不同人群"参数配对"来考察个别变量（表3-76）。当临界比值率大于1.96，则表示在0.05的显著性水平下青年与中老年在该路径认知上具有显著差异。

不同年龄模型差异性检验表　　　　表3-75

| 模型 | 卡方 CMIN | 自由度 DF | 卡方/自由度 CMIN/DF | p | 渐进残差均方和平方根 RMSEA | 增值适配度指标 IFI | 增值适配度指标 TLI | 比较拟合指数 CFI | 简约适配度指标 AIC |
|---|---|---|---|---|---|---|---|---|---|
| 测量系数相等模型 | 23.000 | 123.576 | 0.000 | 0.002 | −0.009 | −0.007 | −0.009 | 77.576 | 0.161 |
| 路径系数相等模型 | 28.000 | 157.431 | 0.000 | 0.002 | −0.012 | −0.009 | −0.012 | 101.431 | 0.210 |
| 协方差相等模型 | 43.000 | 229.732 | 0.000 | 0.003 | −0.017 | −0.012 | −0.017 | 143.732 | 0.298 |
| 结构残差相等模型 | 44.000 | 245.683 | 0.000 | 0.003 | −0.019 | −0.014 | −0.018 | 157.683 | 0.327 |
| 测量误差相等模型 | 76.000 | 2195.207 | 0.000 | 0.037 | −0.193 | −0.188 | −0.193 | 2043.207 | 4.239 |

注：p值均小于0.001，说明具有差异，改变显著。

不同年龄参数配对表　　　　表3-76

| | A 心理因素→公墓选址 | A 自然因素→公墓选址 | A 交通区位因素→公墓选址 | A 政策法规→公墓选址 | A 社会经济因素→公墓选址 |
|---|---|---|---|---|---|
| B 心理因素→公墓选址 | **−3.164** | −1.574 | −2.701 | −1.857 | −2.317 |
| B 自然因素→公墓选址 | 0.729 | **2.957** | 1.114 | 2.659 | 1.952 |
| B 交通区位因素→公墓选址 | 1.758 | 2.739 | 1.940 | 2.597 | 2.303 |
| B 政策法规→公墓选址 | −0.153 | 2.516 | 0.357 | 1.941 | 1.289 |
| B 社会经济因素→公墓选址 | −0.738 | 0.750 | −0.405 | 0.519 | 0.074 |

注：正态分布表，p值0.05和0.01对应的|Z|值是1.96和2.58。

前缀A代表青年，B代表中老年。从表3-76可看出，心理因素→公墓选址、自然因素→公墓选址统计量的值大于1.96，说明青年及中老年这两条路径上具有显著差异，表3-77为年龄群组具体因子载荷差异。

不同年龄路径系数差异表　　　　表3-77

| 路径 | | | 青年 | | | | 中老年 | | | |
|---|---|---|---|---|---|---|---|---|---|---|
| | | | 标准化路径系数 | 标准误 SE | 组成信度 CR | p | 标准化路径系数 | 标准误 SE | 组成信度 CR | p |
| 公墓选址 | ← | 自然因素 | 0.019 | 0.073 | 0.248 | 0.804 | 0.343 | 0.215 | 3.206 | 0.001 |
| 公墓选址 | ← | 社会经济因素 | 0.231 | 0.082 | 2.923 | 0.003 | 0.119 | 0.321 | 0.825 | 0.409 |
| 公墓选址 | ← | 心理因素 | 0.367 | 0.107 | 4.791 | *** | −0.186 | 0.282 | −1.562 | 0.118 |
| 公墓选址 | ← | 交通区位因素 | 0.211 | 0.136 | 2.974 | 0.003 | 0.474 | 0.511 | 2.802 | 0.005 |
| 公墓选址 | ← | 政策法规 | 0.082 | 0.061 | 1.574 | 0.115 | 0.208 | 0.170 | 2.842 | 0.004 |

注：* 表示p < 0.05，** 表示p < 0.01，*** 表示p < 0.001，"←"表示观测变量解释关系。

表 3-77 是基于不同人群的多群组结构方程模型拟合路径系数结果。结果显示，假设 H2、H3、H4 即社会经济因素→公墓选址、心理因素→公墓选址、交通区位因素→公墓选址对青年的影响显著。假设 H1、H4、H5 即自然因素→公墓选址、交通区位因素→公墓选址、政策法规→公墓选址对老年的影响显著。其中 A 青年与 B 中老年相比较其心理因素存在极显著差异，其中青年路径系数 0.37，中老年 -0.19，青年更加注重心理因素的影响，中老年更加注重自然因素对公墓选址的影响，这是因为一方面青年对公墓会有抵触情结，他们更加注重的是周边的公墓会给自身环境带来的影响；另一方面受到传统理念的影响，老年则较为注重墓穴坡度山水格局等因素。因此选址时要考虑周边环境不能对居民产生影响。

## （二）不同人群多群组模型分析

为了探究不同人群是否存在公墓选址影响因素的差异性，进一步通过多群组分析来考察不同人群对公墓选址模型的稳定性是否存在影响。将普通群众（$N = 385$）、政府公务员及事业单位人员（$N = 93$）各分为一组，通过 AMOS26.0 分析不同年龄分类调节变量对公墓选址的影响是否具有显著差异，模型检验结果见表 3-78，不同人群多群组模型的 $RMSEA$ 值为 0.053，$CFI$、$IFI$、$TLI$ 值分别为 0.896、0.897、0.883 位于可接受范围，说明模型的适配度良好。

**不同人群模型拟合度指标** 表 3-78

| 指标名称 | 卡方/自由度 $CMIN/DF$ | 增值适配度指标 $IFI$ | 增值适配度指标 $TLI$ | 比较拟合指数 $CFI$ | 残差均方和平方根 $SRMR$ | 渐进残差均方和平方根 $RMSEA$ |
|---|---|---|---|---|---|---|
| 参考范围 | $\leq 3$ | $\geq 0.9$ | $\geq 0.9$ | $\geq 0.9$ | $\leq 0.08$ | $\leq 0.08$ |
| 模型拟合度指标 | 2.328 | 0.897 | 0.883 | 0.896 | 0.059 | 0.053 |

表 3-79 显示 $p$ 值小于 0.001，表示不同人群对公墓选址结构方程模型具有显著影响。但表 3-79 进行的是整体无差异检定，只能说明整体现象，不能具体分析出群众及政府机关工作人员对公墓选址影响因素认知差异的具体路径系数，因此要利用"参数配对"来考察个别变量（表 3-80）。当临界比值率大于 1.96，则表示在 0.05 的显著性水平下普通群众及政府机关工作人员在该路径认知上具有显著差异。

**不同人群模型差异性检验表** 表 3-79

| 模型 | 卡方 $CMIN$ | 自由度 $DF$ | 卡方/自由度 $CMIN/DF$ | $p$ | 渐进残差均方和平方根 $RMSEA$ | 增值适配度指标 $IFI$ | 增值适配度指标 $TLI$ | 比较拟合指数 $CFI$ | 简约适配度指标 $AIC$ | 简约适配度指标 $ECVI$ |
|---|---|---|---|---|---|---|---|---|---|---|
| 测量系数相等模型 | 23.000 | 59.355 | 0.008 | 0.000 | 0.000 | -0.004 | -0.001 | -0.004 | 13.355 | 0.028 |
| 路径系数相等模型 | 28.000 | 77.145 | 0.016 | 0.000 | 0.000 | -0.006 | -0.001 | -0.005 | 21.145 | 0.044 |
| 协方差相等模型 | 43.000 | 105.831 | 0.008 | 0.000 | 0.000 | -0.007 | -0.001 | -0.007 | 19.831 | 0.041 |
| 结构残差相等模型 | 44.000 | 107.549 | 0.007 | 0.000 | 0.000 | -0.007 | -0.001 | -0.007 | 19.549 | 0.041 |
| 测量误差相等模型 | 76.000 | 455.531 | 0.351 | 0.000 | 0.007 | -0.042 | -0.031 | -0.041 | 303.531 | 0.634 |

注：$p$ 值均小于 0.001，说明具有差异，改变显著。

不同人群参数配对表 表3-80

| | A 心理因素→公墓选址 | A 自然因素→公墓选址 | A 交通区位因素→公墓选址 | A 政策法规→公墓选址 | A 社会经济因素→公墓选址 |
|---|---|---|---|---|---|
| B 心理因素→公墓选址 | **2.188** | 1.711 | 0.302 | 1.958 | 1.076 |
| B 自然因素→公墓选址 | −0.158 | −1.008 | −1.741 | −0.825 | −1.628 |
| B 交通区位因素→公墓选址 | 1.838 | 1.381 | 0.188 | 1.580 | 0.839 |
| B 政策法规→公墓选址 | 0.133 | −0.639 | −1.488 | −0.444 | −1.259 |
| B 社会经济因素→公墓选址 | −0.982 | −1.600 | −2.141 | −1.483 | **−2.030** |

表3-80中，前缀A代表普通群众，B代表政府机关工作人员。从上表可看出心理因素→公墓选址、社会经济因素→公墓选址统计量的值大于1.96，说明普通群众及政府机关工作人员在这两条路径上差异显著，表3-81为普通群众与政府机关工作人员具体路径系数差异。

表3-81是基于不同人群的多群组结构方程模型拟合路径系数结果。结果显示，假设H1、H2、H3、H4即自然因素→公墓选址、社会经济因素→公墓选址、心理因素→公墓选址、交通区位因素→公墓选址对普通群众的影响显著。假设H1、H3即自然因素→公墓选址、心理因素→公墓选址对政府机关的工作人员影响显著。其中A普通群众与B政府机关工作人员比较，心理因素对公墓选址的影响存在极为显著的差异，其中普通群众路径系数为0.06，政府机关工作人员路径系数为0.4。A普通群众与B政府机关工作人员比较，社会经济因素对公墓选址的影响存在极为显著的差异，其中普通群众路径系数0.26，政府机关工作人员路径系数0.07。以上结果表明，普通群众更注重社会经济因素对公墓选址的影响，政府机关工作人员更注重心理因素对公墓选址的影响，这是因为民众大多数考虑的是墓地价格及公墓的优良环境，而政府机关工作人员更多考虑的是选址会不会对周边居民及景观造成影响，普通民众在这方面考虑到的因素则比较片面。因此，选址时政府不仅仅要着重考虑心理因素也要考虑社会经济因素对公墓选址的影响，进而提升公墓选址的群众满意度。

不同人群路径系数差异表 表3-81

| 路径 | | | 普通群众 | | | | 政府机关工作人员 | | | |
|---|---|---|---|---|---|---|---|---|---|---|
| | | | 标准化路径系数 | 标准误 SE | 组成信度 CR | $p$ | 标准化路径系数 | 标准误 SE | 组成信度 CR | $p$ |
| 公墓选址 | ← | 自然因素 | 0.189 | 0.097 | 2.685 | 0.007 | 0.454 | 0.204 | 3.165 | 0.002 |
| 公墓选址 | ← | 社会经济因素 | 0.261 | 0.120 | 3.269 | 0.001 | 0.076 | 0.148 | 0.549 | 0.583 |
| 公墓选址 | ← | 心理因素 | 0.062 | 0.133 | 0.849 | 0.396 | 0.401 | 0.239 | 2.576 | 0.010 |
| 公墓选址 | ← | 交通区位因素 | 0.191 | 0.227 | 2.436 | 0.015 | 0.085 | 0.159 | 0.882 | 0.378 |
| 公墓选址 | ← | 政策法规 | 0.145 | 0.077 | 2.853 | 0.004 | −0.103 | 0.243 | −0.655 | 0.513 |

注：* 表示 $p < 0.05$，** 表示 $p < 0.01$，*** 表示 $p < 0.001$，"←"表示观测变量解释关系。

## （三）城乡差异多群组模型分析

为了探究城乡差别是否存在公墓选址影响因素的差异性，进一步通过多群组分析来考察不同户口状况对公墓选址模型的稳定性是否存在影响。将农业户口（$N = 298$）、非农业户口（$N = 186$）各分为一组，通过 AMOS26.0 分析不同户口状况分类调节变量对公墓选址影响是否具有显著差异，模型检验结果见表 3-82，城乡差异多群组模型的 $RMSEA$ 值为 0.054，$CFI$、$IFI$、$TLI$ 值分别为 0.896、0.897、0.883 位于可接受范围，说明模型的适配度良好。

**城乡差异多群组模型拟合度指标** 表 3-82

| 指标名称 | 卡方/自由度 CMIN/DF | 增值适配度指标 IFI | 增值适配度指标 TLI | 比较拟合指数 CFI | 残差均方和平方根 SRMR | 渐进残差均方和平方根 RMSEA |
|---|---|---|---|---|---|---|
| 参考范围 | $\leqslant 3$ | $\geqslant 0.9$ | $\geqslant 0.9$ | $\geqslant 0.9$ | $\leqslant 0.08$ | $\leqslant 0.08$ |
| 模型拟合度指标 | 2.417 | 0.889 | 0.873 | 0.888 | 0.061 | 0.054 |

表 3-83 显示 $p$ 值小于 0.001，表示城乡差异对公墓选址结构方程模型具有显著影响。但表 3-83 进行的是整体的无差异检定，只能说明整体现象，不能具体分析出城市人口及农村人口对公墓选址影响因素认知差异的具体路径系数，因此要利用"参数配对"来考察个别变量（表 3-84）。当临界比值率大于 1.96，则表示在 0.05 的显著性水平下农村人口及城市人口在该路径认知上具有显著差异。

**城乡差异模型差异性检验表** 表 3-83

| 模型 | 卡方 CMIN | 自由度 DF | 卡方/自由度 CMIN/DF | $p$ | 渐进残差均方和平方根 RMSEA | 增值适配度指标 IFI | 增值适配度指标 TLI | 比较拟合指数 CFI | 简约适配度指标 AIC | 简约适配度指标 ECVI |
|---|---|---|---|---|---|---|---|---|---|---|
| 测量系数相等模型 | 38.678 | 23.000 | -0.023 | 0.000 | 0.000 | -0.002 | 0.002 | -0.002 | -7.322 | -0.015 |
| 路径系数相等模型 | 52.120 | 28.000 | -0.021 | 0.000 | 0.000 | -0.003 | 0.002 | -0.003 | -3.880 | -0.008 |
| 协方差相等模型 | 83.749 | 43.000 | -0.027 | 0.000 | -0.001 | -0.005 | 0.002 | -0.004 | -2.251 | -0.005 |
| 结构残差相等模型 | 90.126 | 44.000 | -0.021 | 0.000 | 0.000 | -0.006 | 0.002 | -0.005 | 2.126 | 0.004 |
| 测量误差相等模型 | 288.450 | 76.000 | 0.132 | 0.000 | 0.002 | -0.024 | -0.012 | -0.023 | 136.450 | 0.283 |

注：$p$ 值均小于 0.001，说明具有差异，改变显著。

**城乡差异参数配对表** 表 3-84

| | A 心理因素→公墓选址 | A 自然因素→公墓选址 | A 交通区位因素→公墓选址 | A 政策法规→公墓选址 | A 社会经济因素→公墓选址 |
|---|---|---|---|---|---|
| B 心理因素→公墓选址 | -1.585 | -1.610 | -0.738 | -0.820 | -1.970 |
| B 自然因素→公墓选址 | -1.166 | -1.189 | -0.281 | -0.103 | -1.647 |
| B 交通区位因素→公墓选址 | 2.326 | 2.572 | 2.274 | 3.275 | 1.966 |
| B 政策法规→公墓选址 | -0.678 | -0.623 | 0.081 | 0.649 | -1.208 |
| B 社会经济因素→公墓选址 | -1.114 | -1.113 | -0.290 | -0.125 | -1.567 |

注：正态分布表，$|Z|$ 值 0.05 和 0.01 对应的 $|Z|$ 值是 1.96 和 2.58。

表 3-84 中，前缀 A 代表农业户口，B 代表非农业户口。从上表可看出，交通区位因素→公墓选址统计量的值大于 1.96，说明农村人口及城市人口在这条路径上具有显著的认知差异，表 3-85 为城乡差异具体路径系数。

表 3-85 是基于不同户口的多群组结构方程模型拟合路径系数结果。结果显示，假设 H1、H2、H5 即自然因素→公墓选址、社会经济因素→公墓选址、政策法规→公墓选址对农业户口居民影响显著。假设 H3、H4 即心理因素→公墓选址、交通区位因素→公墓选址对非农业户口居民影响显著。其中 A 农业户口与 B 非农业户口相比较，交通区位因素存在极显著差异，其中农业户口路径系数 0.198，非农业户口 0.537，非农业户口更加注重交通区位因素对公墓选址的影响，这是因为城乡差异导致城市人口更加注重周边环境对自身生产生活的影响，即城市人口易产生邻避情结。

城乡差异路径系数差异表　　　　　　　　　　　　　　　　　　表 3-85

| 路径 | | | 农业户口 | | | | 非农业户口 | | | |
|---|---|---|---|---|---|---|---|---|---|---|
| | | | 标准化路径系数 | 标准误 $SE$ | 组成信度 $CR$ | $p$ | 标准化路径系数 | 标准误 $SE$ | 组成信度 $CR$ | $p$ |
| 公墓选址 | ← | 自然因素 | 0.182 | 0.341 | 0.150 | 2.264 | 0.024 | −0.025 | −0.041 | 0.188 |
| 公墓选址 | ← | 社会经济因素 | 0.208 | 0.311 | 0.112 | 2.781 | 0.005 | 0.113 | 0.117 | 0.120 |
| 公墓选址 | ← | 心理因素 | 0.070 | 0.198 | 0.263 | 0.751 | 0.452 | 0.537 | 1.036 | 0.258 |
| 公墓选址 | ← | 交通区位因素 | 0.085 | 0.132 | 0.097 | 1.369 | 0.171 | 0.159 | 0.220 | 0.095 |
| 公墓选址 | ← | 政策法规 | 0.270 | 0.441 | 0.157 | 2.813 | 0.005 | 0.092 | 0.111 | 0.141 |

注：* 表示 $p < 0.05$，** 表示 $p < 0.01$，*** 表示 $p < 0.001$，"←"表示观测变量解释关系。

### （四）研究结论

结构方程模型多群组分析显示，不同年龄、不同人群及城乡差异对公墓选址模型都具有调节作用，即影响模型的稳定性，不同性别对公墓选址模型不具有调节作用。

"自然因素→公墓选址"的路径分析可知，在自然因素对公墓选址的影响上，中老年比青年更显著。

"社会经济因素→公墓选址"的路径分析可知，在社会经济因素对公墓选址的影响上，普通群众比政府机关工作人员更显著。

"心理因素→公墓选址"的路径分析可知，在心理因素对公墓选址的影响上，青年更加在意周边公墓对自身生产生活的影响，政府机关工作人员更多考虑的是选址会不会对周边居民及景观造成影响。

"交通区位因素→公墓选址"的路径分析可知，在交通区位因素对公墓选址的影响上，城市人口更加在意公墓距自家的距离。

"政策法规→公墓选址"的路径分析可知，不同群组间不存在显著差异。

# 第四章 公墓总体规划

## 第一节 殡葬服务设施县域总体规划

### 一、殡葬服务设施县域总体规划内容框架

县域总体规划主要是将全县域的资源进行统筹协调，并合理分配。县域殡葬设施总体规划作为其中的专项规划，应对县域内殡葬资源起到统筹和指导作用，因此，应重点制定县域殡葬资源的分配规则，并实施空间管制措施。保证与县域总体规划衔接，并控制和引导县域范围内的殡葬设施。其主要内容框架图如下（图4-1）：

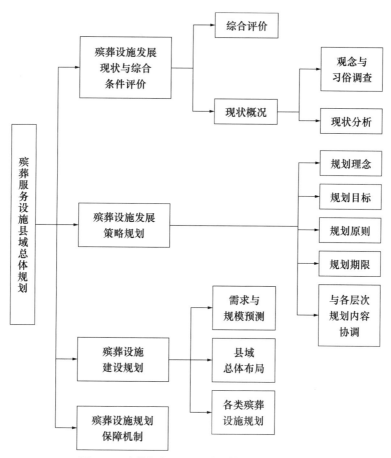

图 4-1 殡葬服务设施县域总体规划内容框架

## 二、殡葬设施发展现状与综合条件评价

### （一）综合评价

综合评价主要是对前期规划区域各条件现状做收集整理工作，通过对区位与资源条件、经济和社会发展的优势和制约因素、生态环境容量、开发建设条件、缩小城乡差距和推进城乡一体化、城镇化等问题进行分析研究，综合评价县域殡葬设施发展的条件、优势、机遇和主要问题，从而为县域殡葬设施总体规划的编制提供前提与依据。

### （二）现状分析

#### 1. 结构分布

主要调查规划范围内现状殡仪馆、殡仪服务中心、公墓及骨灰堂分布。了解其分布状况和结构体系，明确其等级，为市级、区级还是乡镇设施，并划定相应服务范围。

我国殡葬设施在不同的城市中，随着城市的规模不同进行分级配置。同时设施的分级配置结构也要考虑我国殡葬改革政策的引导。不同阶段的殡葬改革目标，需要不同的设施与之对应。殡仪建筑在两个阶段变化不大，安葬设施的形式则依据不同的阶段转变较大。

#### 2. 用地状况

明确在所有公墓、骨灰堂中，规划用地数量、实际土地、已用地量以及剩余土地量等具体数据。

殡葬设施的用地情况与其结构分布，葬式结构等密切相关。我国现阶段城乡发展加速，土地资源紧张，亟须提升土地利用率。故用地现状的调查，可避免土地资源利用率低，浪费严重的情况产生。

#### 3. 存量潜力

主要明确在所有公墓、骨灰堂中，已建墓穴数量、实际使用墓穴数量以及剩余墓穴数量。计算出剩余土地可建造墓穴数以及最大量。

我国现阶段安葬设施用地，根据实际调查，一般平面墓穴加上周边绿化和道路平均占地 $2.8m^2$ 每穴。室内立体化骨灰安葬设施每穴平均占地为 $0.1m^2 \sim 0.5m^2$ 每穴，而草坪葬、花坛葬、树葬等生态葬平均 $1.7m^2$ 每穴。在适当调节三种葬式的配置比例后，每个殡葬设施的安葬面积及存在潜力可以依据城市户数和各个葬式及配置比例、占地面积等计算得出。

#### 4. 葬式结构

了解区域范围内传统墓穴数量，生态墓穴如草坪葬、树葬数量以及骨灰堂墓穴数量，对该区域葬式结构有一个掌握。

安葬设施的用地规模，因城市规模的不同和政策的导向配置而差异性较大。我国殡葬改革的最终目标是不留骨灰，所以现有的安葬设施只是过程中的过渡产品。在殡葬改革的第一阶段，公墓的存在是不可避免的。现阶段应控制经营性公墓数量，提高公益性公墓数量和环境质量。对于各个规模的城市，都应当结合现状安葬设施，新建安葬设施时应以骨

灰寄存楼、廊、塔、壁等复合立体形式为主。远期将逐步取消新建安葬设施，减少殡葬设施用地，改造现有安葬设施为集教育、休闲、祭祀等为一体的复合空间。

### （三）观念与习俗调查

#### 1. 祭拜年限

由于殡葬设施的特殊性，长时间性、固定性等特点，一旦落成投入使用，短时间内再要搬迁的可能性不大。故在建设时，需要对当地民众前来祭拜的年限进行相应调查。在一般情况下，人们拜祭至祖父辈为止，所以按20～30年一代来计算，一座坟墓的拜祭年限约为40～50年，此后可能成为无主坟。不同地区，祭拜年限会有所差异。

#### 2. 各类殡葬设施预期规划比例

一个地区相对应的殡葬设施建设模式也影响着其选址。人们对于新型殡葬形式的接受需要有一定时间，所以近期依旧以传统骨灰墓为主。在民众受教育以及思想开放程度逐渐提升后，生态殡葬形式比例将逐步提高，并取代骨灰墓成为主导模式。故在前期调研时，需了解当地民众对各种殡葬形式的接受程度，以确定现阶段以及未来殡葬服务设施结构。

#### 3. 殡葬设施职能的接受程度

在国外，墓地除了是具有缅怀先人作用的场所以外，还是教育、休闲等活动场所。我国传统观念根深蒂固，在短时间内无法接受将殡葬场所与休闲、旅游等功能相结合。但随着科技以及艺术工艺水平提升，殡葬设施在满足传统殡葬功能的基础上，将会逐步综合观赏、教育等新型功能。生态公墓在我国已得到初步发展，生态型、公园型、旅游型、纪念型公墓会随着民众接受程度的提高而得到更加广泛的应用。

#### 4. 可接受的服务半径

殡葬设施其特殊性在于人们离不开它，但又不愿意与它离得太近。故在前期调研中，需要调查当地民众对殡葬设施建设可接受半径的范围。一般情况下，服务半径不仅与地区交通状况有关，也与社会经济发展水平具有一定的相关性。在相关调查中还发现，人们受教育程度越高，对于距离的要求也越宽松。

#### 5. 特殊风俗习惯的调查

我国地域广阔，民族众多，每个民族甚至家族都会有其独特的殡葬方式。故在规划前，也需要对当地特殊民俗风情进行相关了解。

如流行于我国藏族地区的天葬。藏族人民认为鹫鹰是一种灵性动物，通过它逝者的灵魂才能升入永生的世界。天葬，亦有亲人吊唁，僧侣超度，而后择吉日出殡。天葬师将尸体分解，引鹫鹰来食，以食净为吉祥。现阶段类似的殡葬形式越来越少，但仍要在原则上尊重当地民众的殡葬风俗习惯。

## 三、殡葬设施发展策略规划

### （一）规划理念

在我国封建时期，传统殡葬设施规划的选址理论与实践，是建立在依顺自然、祈求其呵护的基础上，表现出顺应自然、敬畏自然的态度。但主观性较重，对生态环境破坏也较大；相反，近代规划理论随着科技的发展注重改造自然，为我所用。

现代规划理论开始考虑生态环境的重要性，艺术与科学的结合和对可持续发展的重视，使得其适应现代社会的发展。故现阶段我国殡葬设施的规划，既需要学习国外科学的规划理论，又需要传承我国传统殡葬选址中的经验与文化，取其精华、去其糟粕。使得殡葬设施规划既体现科学合理性，又展现我国优秀传统文化，为大众所接受。

**（二）规划目标**

殡葬设施县域规划与其他总体规划相类似，同样需要建立一个系统性的目标，为县域殡葬设施空间建立起一种新秩序，以适应新经济发展和社会转型的要求。目标的确定是问题导向与目标导向的结合，重要的是使县域殡葬设施发展适应社会，改善县域生活环境质量。规划以若干分目标将总目标具体化，如一般分为生态目标、经济发展目标、社会建设目标等，对应相应的策略，使战略目标与具体策略结合，为进一步的规划提供基础。

**（三）规划原则**

**1. 大区分散、小域集聚**

村村建公墓方便附近居民的殡葬活动，但在土地集约利用和殡葬设施服务管理上存在难处。而过于集中式的公墓，在一定程度上违背我国传统殡葬文化"落叶归根"的思想，难以吸引较远距离的民众。殡葬设施在方便、满足居民使用的条件下，可以适当集中。尤其墓地布局更应与用地条件结合，少占耕地，不宜过于追求均衡性。故公墓和骨灰存放处一般以不均衡式分散布置于整个区域，尽最大限度满足全市居民骨灰安葬需求。同时在全市范围内分散的基础上严格控制墓地数量，以小范围集聚的形式进行墓地选址。

**2. 照顾多数、兼顾少数**

在殡葬改革推广之后，殡葬行业法律法规、殡葬设施规划编制以及服务管理等都有一定完善，但设施规划不合理问题仍然存在。故需根据人口分布特征进行选点，墓地布点首先照顾人口集中区域；对少数偏远村落采用骨灰堂等形式进行适当兼顾。确定一般以居住点距公墓30分钟车程为上限划定公墓（骨灰寄存处）服务区域，其服务半径与地区的社会经济发展水平有一定相关性，随着人们受教育程度提高，对于公墓距离要求也逐步放宽。

在前期现状调研中，可利用GIS技术对人口、自然环境等影响因素作出系统的分析，避免出现服务空白区和严重重叠区，方便服务区域内各乡镇居民使用。除在范围上做到基本覆盖外，在殡葬设施建设上需要注重公平性，现阶段我国推行城乡一体化，缩小城乡差距。故在殡葬设施的规划建设上，无论城乡，公益性殡葬设施应建立统一标准。

**3. 交通便利、视线隐蔽**

殡葬设施的特殊性使得影响其选址的因素更为复杂，依托社会学和地理学的研究分析，公墓空间分布关系变化是社会文化和迁移模式变化的反映。殡葬设施作为市政基础设施，是城市赖以生存和发展的基础，其本质是为了服务民众。为便于群众祭奠，殡葬设施不应离居民区相距太远，但考虑到其"邻避性"的特征，在规划时也不应将其安置在居民区附近。而是尽量临近而不紧靠城市主要道路，应位于交通干线附近，方便居民可达的同时，避免对主要道路沿线景观视觉效果产生影响，避免直面交通干道情况发生，所有殡葬设施建设不得影响交通景观。

4. 景观选择、环境保护

墓地作为死者"长住"之处，要求周围生态环境良好，但又不能对当地环境造成太大影响，使得殡葬设施建设和使用可以在"生产、生活、生态"的"三生"空间中做到可持续发展。殡葬设施应当选址在景观资源相对较好的地区，尽量掩映在绿林丛中，但要避开风景区、生态保护区等生态、景观敏感区域，不能影响风景区以及城市重要进出通道的景观视线，尽量避免在"三沿五区"选点。对于少数难以避免的必须注重景观建设，景区附近采取修建景观骨灰塔的形式建设骨灰寄存点，尽最大可能降低对景观的影响。

5. 现有优先、逐步完善

中国传统殡葬文化中有"入土为安"的观念，且乡村社会具有本土性、土地及资产权益构成的重叠性、生产生活空间的复合性、村民的兼业性等特点，在墓地搬迁和选址的过程中，需考虑和尊重当地居民意见。现今殡葬总体发展趋势是节约土地资源、保护生态环境，提供完善服务。故标准化墓地尽可能在现有公墓基础上扩建，尽量不增加公墓数量。逐步完善各项配套设施的建设，并视情况不同，分别采取待建、整改、续建等多种处理措施，同时进行生态化整治，提高绿化覆盖率，改善"青山白化"现象。

（四）规划期限

县域殡葬设施总体规划与县域总体规划期限相同，分近期、远期和远景规划 3 个阶段。殡葬设施因其特殊性，一旦建成投入使用，短期内不宜搬迁。故一般近期期限 10 年左右，远期期限 50 年左右，远景可不设具体期限。

近期规划应主要从发展目标、容量控制与空间布局方面予以合理引导，适当淡化具体项目规划；远景规划应主要从环境容量与空间布局方面予以合理引导，其他内容可简化。

（五）与各层次规划内容协调

殡葬服务设施规划为城乡规划的一部分，需要掌握当地总体规划、区域规划等上位规划，以免发生冲突。同时与之前相应殡葬设施规划进行对比，了解需要发展和改进之处。

须尽快将殡葬设施规划纳入城乡规划体系中，在制作总规及分区规划时，应规划出殡葬设施的范围。为今后殡葬设施的规划选址提供依据，在交通、绿化等专项规划中，也应与殡葬设施等其他基础设施规划互相借鉴，互通有无。避免产生规划上的矛盾与冲突，妥善解决问题，各部门之间协调统一才能做到整体发展。

## 四、殡葬设施建设规划

### （一）需求与规模预测

死亡人口预测是殡葬设施规划的重要依据。未来死亡人口数量是决定城镇或街道各类殡葬设施以及土地使用量的控制指标，同时也是调整土地利用、实现殡葬设施供需平衡的重要依据。死亡人口预测是否科学准确，直接影响到规划的合理性和实用性。

死亡人口与社会总人口基数、人口年龄结构等因素有关。我国人口基数大，老龄化程度加大，人口死亡高峰经预算大致在2050年左右。国家的人口普查也会将人口的死亡率记录在内，一般来说，人口的死亡率在短时间内不会有太大波动，但会因为一些因素而上下浮动。目前常用的计算方法有平滑预测法，包括移动平均法、滑动平均法等；趋势线预测法主要包括直线趋势型、指数趋势型等方法。

移动平均法：设某一时间序列为 $y_1$，$y_2$，$y_3$，$\cdots$，$y_t$，则下一时期 $t+1$ 时刻的预测值为：

$$\hat{y}_{t+1} = \frac{1}{n}\sum_{j=0}^{n-1} y_{t-j} = \frac{y_t + y_{t-1} + \cdots y_{t-n+1}}{n} = \hat{y}_t + \frac{1}{n}(y_t - y_{t-n})$$

式中 $y_t$ 为 $t$ 时刻的移动平均值，$n$ 为移动时距（点数）。

滑动平均法：三点滑动平均为 $\hat{y}_t = (y_{t-1} + y_t + y_{t+1})/3$；

滑动平均为 $\hat{y}_t = (y_{t-2} + y_{t-1} + y_t + y_{t+1} + y_{t+2})/5$，式中 $\hat{y}_t$ 为 $t$ 时刻值。

直线型趋势线：$y_t = a + bt$；

指数型趋势线：$y_t = ab^t$，

式中 $y_t$ 为 $t$ 时刻值，$a$、$b$、$c$ 为计算系数。

这些计算方法都只是较为常用和简易的，误差也会相对较大。另外，由于人口死亡率会相对波动，故需要预测分析将来人口死亡率的趋势。通常会设置一个最大人口死亡数，防止因死亡率上升而导致基础设施不足的情况出现。

**（二）县域总体布局**

我国殡葬设施规划体系尚未成熟完善，因其属于城乡规划当中的基础设施专项规划，故依旧以城乡规划体系基础进行探讨。城乡规划包括城镇体系规划、城市规划、镇规划、乡规划和村庄规划，城市规划和镇规划又包括总体规划和详细规划，其中详细规划分为控制性详细规划和修建性详细规划。在县域殡葬设施总体规划的层面上，包括了区域宏观层次与总体中观层次，其范围和程度与城乡规划体系中的城市总体规划相近，可将殡葬设施规划分为以下几个方面：

1. 殡葬服务设施总体布局规划

县域殡葬服务设施总体规划中的总体布局规划主要是依据相关上位规划以及法律法规来确定规划方向和目标。首先，在确定县域范围内整体殡葬设施建设状况下，总体布局规划需要发现问题并提出相关整治方案。其次，确定需要保护的自然保护地带、风景名胜、文物古迹等区域，确定原有墓区及私墓改造、用地调整原则、方法和步骤，进行综合技术经济论证，提出规划实施步骤与方法的建议。最后，以各行政区划为基础单位，在了解各地区人口数量、文化习俗、自然环境等前提下，确定区域内殡葬设施分布、大致范围以及结构，合理布置殡葬设施，做到统筹全局，基本覆盖人口范围。

乡镇与县城或市区状况不同，市（镇）区人口数量多，建筑密度大，土地资源较乡村更加紧张。故殡葬设施总体规划在有必要时需要单独考虑县城或市区状况，重点在于土地利用、与周边环境的影响以及扩展性等问题。考虑其长期发展状况，是否会影响城镇发展，以免建成后与市（镇）区发展产生矛盾和冲突。而乡镇重点在于确定殡葬设施相关发展优势和制约因素，以及与周边乡镇的关联性。根据当地自然条件、人口分布、交通状况以及环境保护等方面的因素，确定区域基础设施的布置，提出实施规划的有关技术、经济政策和措施。

2. 殡葬服务设施规模等级确定

殡葬设施作为城乡基础设施，其目的在于服务民众，促进当地经济、生态等良好发展。故其规模预算是规划中非常重要的一部分，规模过小难以满足民众需求，规模过大又容易造成资源浪费。

殡葬设施的需求量主要与基本需求量、私墓存量、公墓存量、迁移安置量以及不可预计量等因素有关，在计算时需综合考虑。以公墓为例，《浙江省公墓管理办法》中规定，"骨灰公墓墓穴占地面积，单穴不得大于 $0.7m^2$，双穴不得大于 $1m^2$"。当然，公益性公墓除了真正用于安葬的墓穴占地外，还有如交通、管理、绿化等其他公共设施用地，故其计算公式为：公墓占地规模＝墓穴占地 × 墓穴总数／墓穴占总用地的比例。

一般将公墓划分为三个等级：小型公墓墓穴数量在 1000 对以下，占地 10 亩以下，只设入口区与墓园区；中型公墓墓穴数量在 1000～5000 对之间，占地 50 亩以下，相应配置游憩设施与管理设施。大型公墓墓穴数量在 5000 对以上。占地 50 亩以上，一般以组团分布，功能设施更加完善。因此每个殡葬设施点都需按照实际情况规划建设，避免"面子工程"的出现。

3. 殡葬服务设施选址布点

殡葬服务设施的选址布点规划是在总体布局规划和考虑规模等级规划的基础上进行的进一步选址，进而确定殡葬设施建设地点。根据现代规划体系中的生态与环境、经济与产业、人口与社会、历史与文化以及信息与技术，作出符合我国民众意愿的科学规划。

由于相关影响因子较多，可用综合评价法或加权记分法等运算方式来确定选址的合理性。但这些方法主观性较重，有时无法准确作出判断，所以相关结果只能供参考，最终确定还需结合各类要素综合考虑。

在不同城市中，殡葬设施结构等级应与城市规模相协调，不同人口数量配置不同大小和密度的殡葬设施。同时，随着殡葬政策的变化，相应殡葬设施形式和布置也应随之调整，殡仪馆的形式在短时期内差异不会太大，但诸如安葬方式等可能会有较大改变。

殡仪馆数量在一座城市当中不应太多，大城市在 3 个以内，中等城市在 2 个以内，小城镇一般 1 个基本可以满足需求。若需求量较大，则以提高殡仪馆火化能力等措施为主，不建议再兴建多所，以免给城市发展带来较大压力。由于殡葬设施的特殊性，一旦建成，短时间内不容易搬迁，所以在规划选址时需要格外谨慎。前几章具体分析了我国传统文化中的殡葬设施选址要素和我国现代城乡规划体系中的殡葬设施规划选址要素，在两者的基础上加以分析对比，取其精华、去其糟粕。构成适合我国传统的现代殡葬设施规划影响因素，以下为殡葬设施选址要素体系构成（图 4-2）。

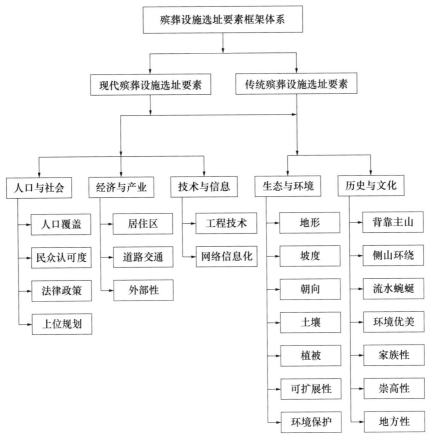

图 4-2　殡葬服务设施规划选址要素框架体系

### （三）各类殡葬服务设施规划

殡葬设施规划体系作为城乡规划体系中的一个子系统，首先需要以上位规划为依据，不得与之发生冲突，满足远期城乡发展战略。在殡葬设施规划中，殡仪馆在我国作为集火化、殡仪服务以及殡葬引导管理的机构，其规划选址对其他殡葬设施规划有很大影响。在"合情合理"地规划布局殡葬设施的基础上，需要遵守可持续发展观念，尽量利用棕地或者较为贫瘠的地块，避免选址在林地、耕地以及可能会妨碍城乡发展的地块。

1. 殡仪设施规划

殡仪馆一般选址在人口较为密集的市（镇）区附近，可方便人们使用。但殡仪馆不宜选择建设在地势较高处，以免带来视觉干扰和对周边居民的负面影响。另外，殡仪馆在我国同时有火化和殡仪的功能，虽然现阶段火化设施技术有大幅度提升，但也需要考虑其可能对大气和地下水带来的影响。所以，殡仪馆选址最好在城区下风向以及地下水较深或者河流下游。同时，殡仪馆应建设在交通便利处，但要避免建在市区中心或人流量较大的地方。比较理想的位置是市区次干道或者与主干道不远的位置上。最后，由于殡仪馆带有殡仪功能，所以需要避开居民区，以防止噪声影响附近居民。

2. 墓地设施规划

墓地设施作为殡葬主体设施,其分布、规模、建造形式对整个区域殡葬规划至关重要。在进行墓地设施规划选址时,需要考虑多种因素。在政策法规方面,有殡葬改革相关的政策制度、基础设施建设的法规、行业内的服务法规等;在文化方面,包括当地精神文化、建筑文化、地域文化;在社会经济方面,需要考虑我国不同民族各种风格迥异的丧葬形式以及当地民众的丧葬心理。在物质层面,在地形地貌上,需要考虑墓地选址的竖向设计、坡度等,建设后对附近视线的影响和对周边景观的影响等。另外,选址处的小气候、服务半径也是重要的考虑要素。故墓地设施规划是一项跨越多门学科的综合技术,需要多方面考虑评判。

3. 骨灰安置设施规划

我国古人崇尚"入土厚葬",骨灰寄存楼的产生与佛教的佛塔相似。在我国很多农村,新公益性公墓未及时建造起来,加之农村村民居住分散,导致很多村民享受不到基础设施服务,骨灰安置设施是过渡和补充的途径之一。

现阶段骨灰寄存楼一般与公墓或者殡仪馆组合建设,也有独立选址建设的。在组合建设中,骨灰寄存楼的选址基本与殡仪馆和墓区选址相似。但骨灰寄存楼对整体效果的把握、布局的结构以及景观的塑造要求更高。单独设置骨灰寄存楼的选址一般位于土地资源紧张、需求量大或自然条件较差的地域。同时,骨灰寄存楼相对于墓地及殡仪馆,给周围环境造成的影响较小,可以利用其来打造竖向景观,使得整体层次感更强。同时,骨灰寄存楼(塔)也可以与景区一同打造,一些造型美观精致的楼塔亦可放在道路视线范围内。

## 五、殡葬设施规划保障机制

### (一)推动生态殡葬设施发展

建设殡葬设施最好要少占甚至不占建设用地,骨灰葬应该是多元化、立体化、新型的殡葬方式。积极引导群众转变传统殡葬观念,大力推进"绿色殡葬""生态安葬"等。公墓须大力开展树葬、草坪葬等生态化安葬形式。相对集中的村镇以及城市,可重点开展公益性骨灰堂的建设,大力推进骨灰撒海、骨灰深埋等绿色葬法,逐步改变骨灰安葬的情况。另一方面,要大力宣扬生态殡葬文化,摒弃传统不良风俗习惯,从思想上改变民众对殡葬的态度。建立健全生态葬激励政策,完善后续遗体捐献安置办法。

### (二)优化设施区域功能配置

殡葬设施主要包括殡葬功能区、业务服务区、游览休憩区、园务管理区等区域。其中,殡葬功能区是主体功能区,是实现公墓基本功能的区域,应突出庄重、肃静之气氛;业务服务区是殡葬功能区的主要附属区,为实现殡葬功能而服务,应包括停车场、商业服务等设施;游览休憩区主要供人游览休憩所用,此区应与殡葬功能区进行合理分隔,并尽力摆脱肃穆气氛,过渡到活泼、自由、欢快的环境;殡葬管理区是对内服务区,主要为墓区的管理用地,设置后勤、安保以及园林养护等工作在内的管理用房、辅助设施等,不对外开放，占地面积较小，并设专用出入口。

### （三）处理好各空间交通组织

大型公墓应综合考虑各个功能区之间的关系，同时结合当地绿化植物的选择，通过巧妙组织祭祀流线，规划协调各空间，将景点尽量布置到视觉焦点处，组合成综合型的现代生态殡葬设施。由于殡葬设施的特殊性，一般不与主干道相连，但尽量要保证有1～2条宽度大于等于5m的支路能通畅便捷地与公路相接。内部道路设计与建设应与其功能密切联系，要力求方便便捷，考虑到人的适宜步行距离不宜太长，在设计中应有合理的考虑。停车设施采用前置与后置相结合的形式，同时，鼓励居民纪念活动通过公共交通出行。

### （四）加大现有墓地整治力度

针对私坟，可根据《浙江省殡葬管理条例》规定，涉及"三沿五区"范围内的坟墓，除受国家保护的具有历史、艺术、科研价值的坟墓外，政府及有关部门应在调查摸底的基础上，有步骤、有差别地进行清理、迁移、深埋、不留坟头或者进行生态遮挡。针对公益性生态墓地，应逐步完善各项配套设施的建设，并视情况的不同，分别采取待建、整改、续建等多种处理措施，同时进行生态化整治，提高绿化覆盖率，改善"青山白化"的现状，实现"见树不见墓，见树不见碑"。

## 六、实证研究——临安区殡葬服务设施总体规划

### （一）规划概况

#### 1. 县域总体位置

临安区区域面积3126.8km²，是浙江省陆地面积最大的县级市（临安1996年撤县设市，2017年撤市设区）。临安区位于浙江省西北部，属天目山区，东邻余杭区，南连富阳市和桐庐县、淳安县，西北面与安徽省相接。整体市境东西宽约100km，南北长约50km，距杭州市约46km、距上海市约258km，处在杭州至黄山的黄金旅游线上。

#### 2. 历史文脉

临安县在宋代属临安府（今杭州），为其属县。"杭州"时称"临安"有三说：一是南宋偏安江南，有"临时安置"之意；二是南宋朝廷感念吴越国王钱镠对杭州的历史功绩，以其故里"临安"为府名；三是寓有"君临即安"之意。临安名从西晋太康元年一直沿用。由于南宋时期的北方移民，使得临安成为以南方文化为主体，兼具有北方文化特色的城市。自宋以后，临安名称基本稳定。

#### 3. 环境特征

（1）地质地貌

临安区地层发育较齐全，以沉积岩为主，且岩石较破碎、易风化，是形成地质灾害的重要原因。

临安区境内地势自西北向东南倾斜，市境北、西、南三面环山，形成一个东南向的马蹄形屏障。西北多崇山峻岭，深沟幽谷；东南为丘陵宽谷，地势平坦，全境地貌以中低山

丘陵为主。境内低山丘陵与河谷盆地相间排列，交错分布，大致可分为中山—深谷、低山丘陵—宽谷和河谷平原三种地貌形态，中山（海拔高度1000m以上）面积占5.4%，中低山（海拔高度800m～1000m）占8.8%，低山（500m～800m）占18.3%，丘陵岗地（100m～500m）占57.4%，河谷平原（100m以下）占10.4%。

（2）气候水文

临安区属于中亚热带季风气候区，光照充足，雨量充沛，四季分明。容易受到台风、寒潮和冰雹等灾害性天气影响，气候垂直变化明显。

临安区域分属太湖、钱江江两大水系。南苕溪、中苕溪属太湖水系；昌化溪、天目溪属钱塘江水系。主要溪流均发源于海拔1000m以上山脉，上游多峡谷，坡陡谷深流急，中下游河段处于低山丘陵区域，地势较平坦，多河谷平原。

**（二）临安区殡葬设施现状**

1. 殡葬法规体系健全，但存在有法不依现象

《中华人民共和国殡葬管理条例》发布实施后，浙江省人民政府于1997年发布实施了《浙江省殡葬管理条例》，此后于1999年发布实施了《浙江省公墓管理办法》；杭州市则于1995年发布了《杭州市殡葬管理条例》，于1997年2月1日起施行，并于2003年出台了《关于在全市农村推行生态墓地建设的意见》。临安区（当时为"临安市"）在这种背景下于2002年向各相关部门印发了《临安市殡葬管理实施办法》，对当地殡葬行业的发展进行了具体的规定，又于2004年出台了《中共临安市委临安市政府关于整体推进殡葬改革工作的实施意见》，为农村殡葬深化改革提供了法律依据。综上可见，当时的临安市（现为临安区）已经建立了完善的殡葬法律法规体系，在制度上已经为全市殡葬改革提供了坚实保障。

然而，受根深蒂固的中国传统殡葬习俗的影响，各项关于殡葬管理的法律法规在实际施行过程中仍存在不少问题，虽已"有法可依"，但"有法必依"则受到诸多因素影响。全市范围尤其是农村地区还普遍存在违规殡葬现象。

2. 殡葬改革重点明确，但成效差异明显

按照国家政策，临安区贯彻"积极地、有步骤地实行火葬，改革土葬，节约殡葬用地，革除丧葬陋俗，提倡文明节俭办丧事"的殡葬管理方针，明确临安区殡葬改革重点是推行火化、节约用地和革除陋习。

遗体火化方面，临安区取得长足成效，自1996年开始在全市范围内全面推行火化，截至目前全市遗体火化率已经连续多年达到100%，全市城乡居民已经完全接受遗体火化的丧葬模式，在殡葬改革中取得了阶段性成果。但除遗体火化外，临安区殡葬改革的另外两个重点任务却明显成效不足，在节地殡葬和文明丧葬两个方面形势不容乐观。

节地殡葬方面，临安区虽然与遗体火化改革同时启动全市骨灰进公墓工程，但由于传统殡葬观念根深蒂固、公墓建设缺乏统一规划、管理人力物力不足、配套政策滞后等多重原因，骨灰进公墓的改革一直存在较大问题，在全市范围内普遍存在骨灰私葬、大办丧事等陋习（图4-3）。纵观全国发展形式，绿色殡葬的推广是殡葬改革的必经之路，近年来

各级民政部门都将其放在殡葬工作的首要位置，对于骨灰寄存楼及廊、塔、壁、亭等立体式安葬设施的推广也已经取得显著成效，东部各大中城市对此接受程度正迅速提高。树葬、花葬、草坪葬、海葬等绿色节地葬式，在各地政府部门都因地制宜作出的宣传推广和政策鼓励下也得到了长足发展，尤其是京、沪等大城市，骨灰多元生态处理方式已经为大多数市民所接受。因此，针对当前临安区骨灰私葬现象抬头的现状，通过政策保障、资金补助、规范管理等多重手段推进全市范围的骨灰进公墓工程已经刻不容缓，不保留骨灰或骨灰少占地已经成为当前临安区殡葬改革的主要任务之一。

文明殡葬方面，同样受几千年传统观念的制约，"薄养厚葬"、奢华治丧、丧事扰民等不良陋习在全市范围还普遍存在。甚至在临安城区也时有小区停尸设灵做法事、大街搭棚摆丧宴、灵车喧闹游行等严重扰民现象，农村更是普遍存在"一家办丧事，全村不安宁"现象。如何通过优越治丧场所的建设，提供良好的殡仪服务，辅以完善的政策保障，正确引导文明殡葬氛围的建立是临安区当前深化殡葬改革的另一个主要任务。

3. 殡仪满足基本需求，但服务水平不高

临安区现有两座殡仪馆，其中第一座殡仪馆位于临安区西郊的玲珑街道雅乌村南；第二座殡仪馆位于昌化镇镇区以东02省道南侧。两处殡仪馆现均设有火化厅、悼念灵堂、殡葬设施销售处、休息厅、办公区、职工宿舍等设施。能够满足临安区基本的殡葬需求。

时至今日，我国的大中城市尤其是东部沿海地区各大中城市的殡仪服务已经达到较高水平，如上海市已经建成了"殡仪馆＋殡仪服务站（公司）＋公墓"的一条龙殡葬服务体系，丧属只需一个电话即有专业人员上门将整个治丧活动安排妥帖。目前我国先进地区的殡仪服务一般包含以下内容：遗体接运及停放；治丧场所提供和灵堂布置；遗体防腐整容及净身更衣等；遗像冲印、花圈祭奠用品提供；祭奠和超度法事；告别会和追悼会策划；丧属心理疏导服务；丧宴策划及主持；丧属及亲朋食宿接待、休闲消遣服务；治丧场所整理清洁服务；遗体火化服务；灵车服务；骨灰处理咨询及个性化安放和丧葬服务。临安区目前仅有两家殡仪馆提供基本的殡仪服务，此外没有其他殡仪服务机构，只能提供遗体火化、悼念场所布置、殡葬用品出售等基本服务，服务内容相对单一，服务水平不高。这也是目前大部分丧属选择在家办丧事的重要原因。

受行业特殊性制约，文明丧葬习惯的形成，不能一味采取堵的方式，通过完善服务设施提供优越的贴心服务，吸引丧属在固定的殡仪服务场所治丧是疏导当前殡葬陋习的重要手段。因此，临安区深化殡葬改革必须重视殡仪服务设施和水平的提升。

4. 公墓建设覆盖面广，但布局凌乱、重建设轻管理

为了响应国家政策，全面推进殡葬改革，临安从20世纪90年代后半叶开始与遗体火化改革同步启动了"村村建公墓"工程，通过政策保障和政府强制拆除新修私坟等手段在全市范围大力推进骨灰进公墓工程（图4-4）。在政府大力主导下，截至目前，临安区共建成不同规模的公墓612处，骨灰寄存室（堂）4处，总规划占地面积2450.93亩，已经建成的公墓占地面积1319.76亩，其中已安葬墓穴7万穴，空置4.2万穴，已经真正实现村村有公墓。

图 4-3　私墓建设普遍

图 4-4　原有公墓缺乏管理

但受传统观念和多重政策局限影响，临安区在大建公墓时期为了完成政府指标，在全市范围内尤其是西部农村普遍存在"为建公墓而建公墓"的现象，除市区和原青山湖街道等少数区块外，许多村庄建设公墓的根本出发点是"政府要求做"，纯粹为应付上级检查，同时，由于量多面广，政府难以对每个公墓的建设进行统一规划和质量把控，从而导致现存公墓中有大量村级公墓选址不合理、建成后无人入葬、公墓荒废等情况出现。有些公墓甚至不足 20 穴，建成后仅用于无主骨灰埋葬，墓区杂草丛生，道路湮没。同时，由于选址的随意性，许多公墓建在村庄、道路视觉焦点处，在严重影响景观的同时也给城乡经济发展的用地空间造成极大负面影响。

当然也有堪称典范的公墓建设工程，如原青山湖街道（图 4-5～图 4-7）利用大面积征地拆迁的契机，全镇统一规划选址，建成全镇唯一一个大型公墓，此后全镇骨灰统一进公墓，是区域范围内唯一的公墓，除此以外不新增一寸殡葬用地。这也说明在临安区范围内实现公墓集聚和骨灰统一进公墓是完全可行的。

图 4-5　公墓统一规划

图 4-6　公墓整体开发

图 4-7　公墓绿化率高

**5. 公墓运营机制建立，但与市场需求存在矛盾**

民政部《公墓管理暂行办法》第三条规定："公墓是为城乡居民提供安葬骨灰和遗体的公共设施。公墓分为公益性公墓和经营性公墓。公益性公墓是为农村村民提供遗体或骨灰安葬服务的公共墓地。经营性公墓是为城镇居民提供骨灰或遗体安葬实行有偿服务的公共墓地，属于第三产业。"根据国家政策，临安区民政部门在市区建设了第一家公营性公墓——九仙山公墓，目前第二家经营性公墓已经完成规划和土地征用，即将开工建设。除此之外，其余公墓全部属于公益性公墓。通过经营性公墓建设和对全市公墓审批管理，临安区已初步确立公墓运营管理机制。

受制于行业特殊性，目前临安区公墓在经营管理方面存在一定的乱象。虽然经政府合法审批的经营性公墓全市仅有一家，但部分临安公益性公墓打擦边球私自扩建、超规模建设、按经营性公墓开发现象普遍存在于城区周边，如东湖村公墓目前经营面积已经大大超出当初审批范围，且公墓价格也已经是公益性公墓的数倍甚至十数倍。当年的"村村建公墓"使全市各村庄都建有公墓，但部分偏远山区由于观念相对滞后，加上政策引导不力，公墓荒废现象严重，如龙岗镇北部、岛石镇等乡镇虽建有多处村级公墓，但多数公墓规模小，无人入葬，甚至存在建成后全部废弃现象，村民还是按照土葬习俗骨灰私葬。

**（三）殡葬服务设施规划目标**

1. 规划期限

本规划以 2016 年为基准年，规划期限为 15 年，即 2015—2030 年。分两期建设完成：

近期 5 年：2016—2020 年；

远期 10 年：2021—2030 年。

由于项目的特殊性，本规划虽然建设规划设至 2030 年，但在建设完成后其设施必须保证 50 年使用要求。即所有设施的建设标准必须满足 2065 年以前的临安区殡葬服务需求。

2. 总体目标

临安区殡葬服务设施总体规划的总体目标是：截至 2020 年，全市建成 2 个服务设施完善的殡葬服务中心、26 个标准化公墓和 12 个左右特色骨灰安放场所，形成覆盖城乡居民的殡葬服务及墓葬设施，能基本满足群众 2030 年以前的殡葬需求；全面停止其他墓地审批，有效遏制骨灰私葬，逐步普及生态葬法，做到新增墓葬全部入标准化公墓。至 2030 年，按各区域人口比例，进一步完善前期建成 26 个标准化公墓和 12 个以上骨灰存放点，在全市建成环境优越、设施先进、管理到位的墓葬设施；在人口相对集聚的集镇新增 2 至 4 处殡仪服务站，在全市建成 4～6 个殡仪服务中心；殡葬设施能满足 2065 年以前全市所有殡葬需求，并适当预留殡葬发展用地；逐步完成现有零散墓葬和各村级公墓入园工作，全面实现市域殡葬统一入园；全面治理殡葬乱象，形成系统的殡葬法执法环境和良好的殡葬服务水平；将临安区建成全国殡葬改革示范区。

3. 具体目标

（1）严格控制公墓数量增长

截至 2020 年，严格控制标准化公墓以外的公墓建设，全市除本规划所涉的标准化公墓外不再新增公墓用地。标准化公墓所在区块的原有公墓要规范墓穴续租，提高容积率，加大殡葬用地循环利用。

（2）因地制宜促进公益性骨灰存放设施建设

在局部用地紧张的区域，根据交通、用地、民俗习惯等因素，推进公益性骨灰楼

（堂）建设。至 2020 年，各镇（街道）公益性骨灰存放设施实现全覆盖，墓位（骨灰存放格位）数量基本满足当地户籍人口的殡葬需要。

（3）建立完善的殡葬服务体系

通过对现有殡仪馆的改建扩建，建立服务功能完善的殡葬服务中心，至规划期末彻底解决当前丧葬扰民和殡葬服务缺乏场所等问题。

（4）建立完善的殡葬管理体制

针对当前殡葬管理法规和执法中存在的问题，全面推进地方殡葬立法和依法行政，杜绝当前普遍存在的有法不依、执法不严、违法不究等现象。通过规划实施，促进临安殡葬管理的制度化建设，构建完善的殡葬管理制度体系。

4. 上位相关规划

在进行临安区殡葬服务设施总体规划前，以《临安市国民经济和社会发展第十三个五年规划纲要》《临安市"十三五"民政事业发展规划》《临安市城市总体规划（2002—2020）》（1996 年 12 月 28 日至 2017 年 9 月 15 日为临安市）等上位规划为指导，同时参考《临安市"十二五"旅游业发展规划》《临安市"十二五"公路水路交通运输发展规划》等相关规划。对于上位规划，不得违背这些原则和要求，并要将上位规划确定的规划指导思想、城镇发展方针和空间政策贯彻落实到本层次殡葬规划的具体内容中。对相关规划需考虑区域整体利益和长远利益，有助于协调和解决城乡之间的矛盾和问题。

**（四）殡葬服务设施规划调研内容**

1. 居民需求调研

临安区共有 5 个街道、13 个乡镇，调研组每到一个乡镇会对当地 4～5 人进行简单的访问调查，总访问人数约 70 人。故在项目开展初期，通过对临安各乡镇实地考察调研以及询问当地居民情况，大致总结出居民对殡葬设施选择的偏好。在民众所选择的各相关要素重要性中，殡葬设施地理位置、周边环境以及交通分别占前三位。之后是价格、管理水平、建造风格以及工作人员服务态度。

从以上调查结果可知，民众对殡葬设施所处的位置尤为看重，这与我国传统殡葬选址观密不可分。殡葬设施周围绿化等环境塑造以及交通便利性也是考虑的重要因素，相反，由于大众对殡葬设施使用频率不高，所以对其风格以及工作人员服务态度并不十分重视。

2. 临安区人口现状及分布

根据 2010 年第六次人口普查数据，临安区常住人口为 566665 人。具体分布情况见表 4-1。

临安区第六次人口普查常住人口分布　　　　表 4-1

| 镇（街道） | 人口 | 镇（街道） | 人口 | 镇（街道） | 人口 |
|---|---|---|---|---|---|
| 锦城街道 | 129034 | 高虹镇 | 29028 | 昌化镇 | 22609 |
| 锦北街道 | 47875 | 太湖源镇 | 28147 | 河桥镇 | 12049 |
| 锦南街道 | 17034 | 天目山镇 | 26371 | 湍口镇 | 9150 |

| 镇（街道） | 人口 | 镇（街道） | 人口 | 镇（街道） | 人口 |
|---|---|---|---|---|---|
| 玲珑街道 | 33251 | 於潜镇 | 41485 | 龙岗镇 | 18976 |
| 青山湖街道 | 45325 | 潜川镇 | 16965 | 岛石镇 | 22423 |
| 板桥镇 | 20510 | 太阳镇 | 21254 | 青凉峰镇 | 24819 |

从表中数据可以看出，临安区和青山湖街道集聚了全市约50%的人口，除此之外，於潜、高虹、太湖源等镇人口规模较大。

根据临安区民政局所提供数据以及实地调研，市内共有公墓612处，其中于潜镇、天目山镇和太湖源镇公墓数量最多，分别为64处、64处和57处。全市公墓规划土地面积2450.93亩，已使用1319.76亩；墓穴数量为15万穴，已安葬约7万穴。在殡葬设施类别方面，公益性公墓504处，规划土地面积1841.05亩，已使用893.69亩，墓穴数量为9万穴，已使用5万穴；生态墓地108处，规划土地面积611.78亩，已使用424.48亩，墓穴数量为4万穴，已使用1.7万穴；骨灰堂4处，规划土地面积1.95亩，已使用1.55亩，规划墓穴数1160穴，已使用332穴（参见附录4）。

由以上数据可得，全区范围内，殡葬设施现状主要以公益性公墓为主，且公益性公墓的安葬使用率比生态墓地和骨灰堂高。

根据2010年临安区第六次人口普查数据，临安区自2006年以来的死亡人口数据如表4-2所示：

**临安区近年死亡人口数据**　　　　　　　　表4-2

| 年份 | 总人口 | 死亡人数 | 死亡率（‰） |
|---|---|---|---|
| 2006 年 | 526117 | 3348 | 6.36 |
| 2007 年 | 526411 | 3389 | 6.44 |
| 2008 年 | 526472 | 3701 | 7.03 |
| 2009 年 | 525859 | 3588 | 6.82 |
| 2010 年 | 525879 | 3630 | 6.90 |
| 2011 年 | 526974 | 3652 | 6.93 |
| 2012 年 | 525984 | 3699 | 7.03 |
| 2013 年 | 526917 | 3602 | 6.84 |
| 2014 年 | 528828 | 3234 | 6.12 |

由表4-2可得，近几年总人口趋于稳定。根据临安区人口年龄结构可知，最近10年死亡人口数量不会有太大变化，平均每年死亡人数约为3500人，以此推算到2020年，5年累计死亡人数约为17500人（以2016年为基准年计算）。

全市65岁以上老人占全市总人口的9.8%，共5.55万人；另据临安区统计数据，2010

年年末 60 岁以上人口总数为 86956，占户籍人口总数 16.5%，这一比例正在不断上升；而 35 至 59 岁人口占 45.2%，人口数为 237730（表 4–3）。

2010 年末临安区（时为市）户籍人口结构　　　　　　　　表 4–3

| 指标 | 年末数 | 比例（%） |
|---|---|---|
| 全市总人口 | 525879 | 100 |
| 其中：农业 | 415730 | 79.1 |
| 非农业 | 110149 | 20.9 |
| 其中：男性 | 263344 | 50.1 |
| 女性 | 262535 | 49.9 |
| 其中：0～17 岁 | 75956 | 14.5 |
| 18～34 岁 | 125237 | 23.8 |
| 35～59 岁 | 237730 | 45.2 |
| 60 岁及以上 | 86956 | 16.5 |

综合多年资料可得出，临安区死亡高峰年龄集中在 76 至 85 岁。以临安区 2016 年预期平均寿命 80 岁估算，至 2025 年，第六次人口普查中的 65 岁以上老人全部达到 80 岁以上，而到 2030 年，2010 年年末 60 周岁以上的人口全部达到 80 岁。以此为依据可以预测至 2030 年墓穴需求量应达到 8.7 万穴。在此基础上再参考当前人口信息，至 2065 年，不考虑墓穴重复利用，将人口预期寿命提高至 85 岁计，则至 2065 年，目前在 35 周岁以上的人口将全部达到 85 周岁以上，加上 2030 年以前的死亡人口，则届时总死亡人口将达到 32.5 万。

据以上估算，临安区全区墓穴规模在不考虑旧墓迁入和墓地重复利用情况下，要建成能容纳至 2065 年所有骨灰的墓地，需建成墓穴 32.5 万穴，而容纳 2030 年以前骨灰所需墓穴数则为 8.7 万穴。即在规划近期，全市需建成墓穴 8.7 万穴；远期则需新增墓穴 23.8 万穴。

**（五）殡葬服务设施规划内容**

经详细现场调查，在充分征求民意和相关镇（街道）意见基础上，综合考虑实际所需，确定临安区公墓和骨灰寄存处布局如下：规划在全市范围 5 个街道 13 个镇共建设 26 个标准化公墓，5 个景观骨灰塔和 7 处骨灰灵堂。其中市区所辖街道新建公墓 2 个，扩建 3 个；其余乡镇新建公墓 9 个，扩建 12 个。分别在锦北和锦南街道各设一处骨灰寄存处，其余乡镇共新建骨灰寄存处 10 处。

在实际建设过程中，公墓原则上严格按照规划进行布点，骨灰存放处则可以根据实际情况灵活增减，同时可以在现有大型公墓中增建骨灰寄存处，以便于进一步促进骨灰的集中处理。此外，针对少数偏远山区也可通过修建小型骨灰存放处的方式解决土地资源稀缺的问题。

1. 殡葬服务设施总体规划布局

（1）标准化公墓规划布局

依照我国国情，在现阶段，临安区全市范围内仍以标准化公墓为主。通过分析全市人口分布及年龄状况，并根据标准化公墓在城乡规划体系下分析其影响因素，调查访问了当地民众，了解其风俗习惯和殡葬想法；结合交通等现有基础设施布局；确定覆盖范围，在充分保证殡葬服务设施满足人民要求的情况下确定选址区域。

规划中，新建公墓11处，扩建15处，除市区范围内规划的4处新（扩）建公墓外，其余乡镇街道规划2~3处新（扩）建标准化公墓，可基本满足各区人民的殡葬需求。

根据殡葬设施规划的相关原则，结合实际情况。原则上每个乡镇设立1~2处公墓点，如板桥镇，该镇西北临近市区，相关殡葬设施可与市区共用，且所辖面积相对较小，故只在镇区东南面设立一处公墓点。而相对于人口较为集中或个别乡镇所辖面积较大，可多设立一处公墓。如太阳镇，该镇所辖范围属南北狭长形，故需要在镇区范围内的北部、中部以及南部各设一处公墓点，以保证殡葬设施服务范围覆盖绝大部分民众。考虑在现有殡葬设施的利用上，如昌化镇，在省道附近原有一处殡仪服务中心，故昌化公墓点的布局选址临近服务中心，可提升殡仪服务中心的利用率。故在规划布局时，尽可能利用原有交通及殡葬设施，节省资源的同时也方便民众（图4-8）。

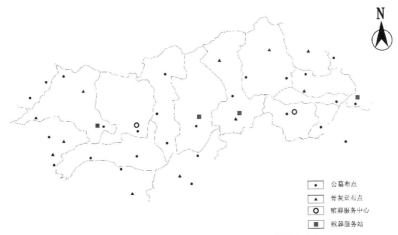

图4-8 临安区各村镇殡葬服务设施总体规划

（2）景观骨灰塔规划布局

景观骨灰塔主要分布于景观要求较高且用地较为紧张的地区，部分地区由于交通不便，乡镇次干道不完善，故只能将殡葬设施规划于主干道附近。针对这些特殊情况，可运用骨灰塔，设置景观骨灰塔既可在外界景观上，也可在实际上覆盖所服务的范围，给百姓带来便利。

（3）骨灰灵堂规划布局

骨灰灵堂在造价上比骨灰塔有优势，故除特殊情况外，一般选址与用地紧张或者土地使用情况不甚理想之处，还是以骨灰灵堂为主。骨灰灵堂由于在我国还处于发展阶段，特别是在广大农村地区，其接受度并不高，所以在初期作为标准公墓的补充用。

骨灰灵堂以及骨灰塔的规划布局在现阶段主要以辅助公墓点为主，在人口分布差异明显的地区，如天目山镇，全镇人口主要集中在镇区中南部，北部人口较少，故在天目山镇殡葬服务设施的规划布局中，在镇区中部设立较大规模的公墓一处，南部设一处骨灰灵堂，在人口较少的北部设骨灰塔一处，方便民众的使用。同时，天目山作为临安区旅游景点之一，其景观效果也是重点考虑因素，故不过多建设视觉影响较大的公墓，而以景观效果较好的骨灰塔以及骨灰灵堂代替。另外，如人口密集的市区，以及以山区为主的清凉峰镇，土地资源紧张，设置骨灰灵堂及骨灰塔可较好地解决这类问题（图4-8）。

（4）殡仪服务中心（站）规划布局

临安现有两个殡葬服务中心，分别位于临安区西郊的玲珑街道雅乌村南，和昌化镇镇区以东02省道南侧（图4-8）。两个殡仪服务中心基本能满足现有临安范围内的基本殡仪需求，故不再增加殡仪服务中心。另外分别于龙岗、于潜、藻溪以及青山湖新建殡仪服务站，一方面可引导居民摒弃大操大办丧事，鼓励推行绿色环保的殡葬程序；另一方面可缓解居民在社区或乡镇办丧事时所带来的扰民等影响，满足附近居民的殡葬要求。

2. 殡葬设施市（镇）区及乡规划选址

在确定所规划殡葬设施可基本覆盖全市范围后，在总体规划的基础上，通过殡葬服务设施选址要素的分析，筛选地区相关主要选址因素，并逐一筛选得分较高的区域，并在我国传统选址文化的基础上再进行具体选址，确定高度、朝向等。以下选取几处具有代表性的实例，表明选址中相关要素的应用。

（1）建议选址新建

泉口村位于临安区东面青山湖街道，在经过实地考察调研，以及访问当地居民后，建议另选殡葬区域新建。

首先，就生态与环境方面来说，泉口公墓紧邻余杭县界，在现有基础上，可扩展空间少，后续发展空间小，且其本身建设规模不大，这是限制其发展的重要因素之一；其次，就经济与产业方面，泉口公墓正前方为待开发用地，是青山湖科技城的建设用地。泉口公墓的位置，相对于建设用地太过开敞，无论是在景观上还是对后期青山湖科技城的经济建设上，均会产生负面影响；最后，就人口与社会方面，由于泉口公墓旁边为垃圾场，垃圾产生的臭味和焚烧产生的异味，使得附近居民对该公墓认可度不高（图4-9～图4-11）。

图4-9　可扩展空间小

图4-10　正对建设用地

图4-11　垃圾场焚烧污染

（2）建议原址扩展

基于以上几方面要素的总结分析，泉口公墓所覆盖范围内，建议选址新建公墓。

交口公墓位于临安中部，属天目山镇。在经过实地考察调研后，该公墓建设基本符合殡葬设施选址要素，建议在原址处进行扩建。

在生态与环境方面，交口公墓所处地形和坡度较好，有利于建设。区域内土壤、植被条件好，周围空置的土地较多，可扩展性强，有较大的再开发空间。在经济与产业方面，交口公墓邻近02省道复线，虽对景观有一定影响，但通过后期地形以及植被的塑造，可对公墓进行遮挡，降低其景观敏感度。且由于殡葬配套设施用地完善，有利于当地公墓及殡葬产业的发展。在人口与社会方面，交口公墓所在的地理位置优越，可覆盖较大范围内的殡葬需求，真正做到物尽其用。在历史与文化方面，交口公墓两侧有山体环绕，且前方有小溪流过。一方面其隐蔽性提高，可提升其景观观赏度；另一方面也符合我国传统殡葬选址观念。

3. 公墓及骨灰堂选址

深湖公墓及骨灰堂选址于临安区锦南街道深湖村，位于临安区南面。在尽量少设殡葬设施的原则下，锦南街道范围内，仅规划深湖公墓一处。考虑到人口需求等多方面发展因素，故在公墓周边规划设置一处骨灰灵堂，尽量做到少占地和可持续发展。

深湖公墓及骨灰堂的选址要素，从生态环境和历史文化来看，周围植被覆盖率高，环境优美。有溪流环绕经过，周边群山延绵，殡葬设施隐蔽性强，地形有利于殡葬设施建设，环境优美且符合我国传统殡葬选址文化。在经济与产业方面，其与居民区距离较远，但邻近102省道，交通便利。在人口与社会方面，其所处位置可覆盖临安城区南部以及锦南街道整个区域。在调查当中发现，无论是当地政府还是民众，对殡葬设施的建设积极性很高，做好了很多前期准备，对选址结果认可度也较高。

# 第二节　公墓空间布局评价与优化

## 一、多群体决策下公墓空间布局评价模型构建

研究所构建的多群体决策可从微观参与群体的行为规则去反映宏观整体的地理空间系统决策，具有较高的扩展性和灵活性。在Arc GIS中的Model Builder（模型构建器）环境中，参考实际的规划流程，通过构建"自下而上"的决策模型从而有效模拟城市空间的布局决策。通过分析决策中各方利益相关者与外部环境信息、不同利益者之间的交互，确定不同参与群体的行为特征以及不同规划目标下的主导群体，按照一定的规则，构建基于多群体参与的决策模型，从而实现不同规划目标下公墓的空间布局结果。本节首先介绍了该决策模型的内涵，其次对研究中面向各类参与群体具体行为规则进行阐述，对多个规划目标进行设计，确定主导群体，最后在Arc GIS中的Model Builder环境中对研究所需的多群体决策模型进行构建。

**（一）决策模型构建思路**

1. 决策模型结构

研究构建的多群体决策模型运用"自下而上"的建模方法，对公墓空间布局结果的变化进行研究。主要通过设置简单的参与群体行为规则，使参与群体与整体的环境及其他的参与群体进行共同决策，最终得到整个宏观空间布局的结果。虽然研究单一参与群体的行为规则和参数权重设置方法比较简单，但是当该参与群体同其他参与群体以及环境信息发生交互行为时，或者决策目标发生变化时，整个宏观系统的结果就会出现显著的变化特征。研究所构建的多群体决策模型基本包括以下要素：① 多个参与群体；② 环境；③ 参与群体的行为规则。

群体是研究决策模型中重要组成部分，需要选取公墓布局决策中有影响力的多种属性或者多种类型的群体，在研究中主要考虑影响力较大的群体。用群体行为反映出整体群体组织运行的特性，并满足各群体对公墓空间布局的需求预期，以达到高效发挥群体作用、提高系统决策功能的目的。

环境信息是决策模型中另一重要组成部分，环境信息无法决策。在研究中指的是参与群体行为活动的研究区环境背景，由研究区中的相关信息直接确定，如自然因素、区位因素以及社会人文因素等，为参与群体的行为活动提供一种依据或者基础，并且影响参与群体的决策。

参与群体的行为规则是模型中必不可少的部分，在文中一方面是参与群体与其他参与群体之间的关系，另一方面是参与群体和外界环境信息的关系，是决策模型系统中最为核心的一部分。公墓空间布局的决策是由各类群体共同参与决定，但不同群体的参与程度有所不同，不同目标下的主导群体不同，共同才能决定公墓的布局结果。而参与群体对环境信息的感知是根据各群体对研究区中的各种环境背景信息进行评判，从而确定其目标期望结果下的公墓布局。

根据以上分析，研究构建的多群体决策模型具有以下优点：① 扩大了研究实际应用的范围。② 提高了后续研究的指导应用的可行性，强化了复杂特征的简单表达。③ 降低了模型建立和分析的难度。

2. 决策模型的设计

研究所构建的模型系统拥有多种类型的参与群体的集合，不仅能实现单一参与群体的决策功能，并且能够分析各类参与群体受到外界环境信息的影响，实现共同进行布局决策的特性，可以探究较为复杂的系统决策。换言之，用这种自下而上的研究方法表现微观参与群体和宏观目标之间的相互关系。通过对现实中具有公墓布局决策功能的群体行为特性进行分析，基于每类参与群体自身的属性或状态，使参与群体感知研究区环境信息，对其进行评判，从最大程度上实现各自的目标，根据参与群体之间的决策关系，确定不同参与群体的作用程度和不同目标下的主导群体，完成现实世界中公墓空间布局不同目标下的虚拟决策。而效用函数设计的合理性需要基于有效的研究区环境信息评判，将利用课题组现有研究成果——经过量化的指标和结构方程模型显化的因素以及相关研究分析结果，作为多群体决策规则设计基础，完成对多群体决策规则的设计，用多类参与群体对各类指标因素进行评判和衡量来反映各类参与群体的不同决策行为特征。决策模型流程图如图 4-12 所示。

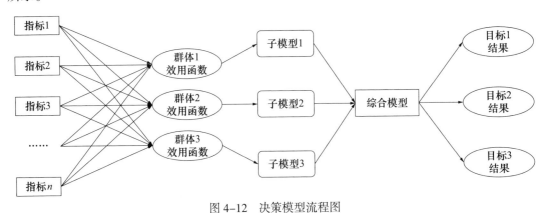

图 4-12　决策模型流程图

（1）效用函数设计

模型构建的核心是对决策规则的构建与实现，需要在特定的工具上完成。研究的决策模型需要由串在一起的多个处理工具组成，处理工具主要由 ArcGIS 提供。主要是利用 ArcGIS 中的 Model Builder 工具对多群体决策模型进行构建，为构建以及实现空间处理模型的工具、脚本以及数据的整合提供了一个图形化的模型构建框架。在 ArcGIS 中的 Model Builder 的环境中，将所用到的数据和空间分析工具以图标形式展示，并且可以在对图标的定义、选择和操作中完成对模型的定义与检验。在 Model Builder 的环境下，首先将所需的处理工具和数据拖动到一个模型中，然后按照有序的步骤把它们连接起来，以创建相应的功能或者流程去实现现实中复杂的任务。模型表达了决策流程所需的重要框架，并为研究内容创建了一个简化的、可管理的真实世界场景。通常一个复杂的模型可以按功能划分为多个简单的子模型，然后再组装起来，所以需要将多群体综合决策模型分解为多个子模型。模型实现的过程实际上就是解决问题的过程，不论是简单或复杂的模型，都需要经历以下几个步骤，模型构建流程图如图 4-13 所示。利用 Model Builder 进行空间处理建模时可以像编程一样通用，Model Builder 模型构造器可自动运行所定义的操作功能，并将决策过程自动化和流程化，并保存以便可以重复使用。通过 ArcGIS 中的 Model Builder 完成决策规则的实现和模型的表达。

图 4-13　模型构建流程图

公墓空间布局受到不同参与群体共同决策的影响，但在不同规划目标下，各自发挥的作用大小即各自的参与程度会有不同，并且在不同群体的交互博弈中，由于各利益方预期结果不同，期望结果与规划目标较为相符的群体将占据主导地位，所以不同目标下的布局结果并非单纯叠加。此时需要通过多个群体期望效用值 $U$ 的合作决策来表达公墓的空间

布局的综合效用值 $S$。在有限制条件和多目标的情况下，为了体现某类群体的主导地位，采用线性分割的办法来定义决策模型的综合效用值 $S$。研究中城市公墓空间布局的线性决策模型具体描述为下式：

$$S = k_i \times U_i / (k_1 \times U_1 + k_2 \times U_2 + k_3 \times U_3)$$
$$U_i = (U_1, U_2, U_3)$$
$$k_i = (k_1, k_2, k_3)$$

式中，$S$ 为公墓空间布局的综合效用值，$U_1$、$U_2$、$U_3$ 分别为不同参与群体的期望效用值，$k_1$、$k_2$、$k_3$ 分别为各个参与群体所占比例，$i = 1, 2, 3$，$k_1 + k_2 + k_3 = 1$。

其中每类参与群体都会受到区域环境中多种影响因素的共同影响，各类因素影响结果可以划分为若干的指标进行衡量和判断，而不同的群体会对不同的指标因素有所侧重。这样每类参与群体对规划区中各类指标进行评判，就得到了各类参与群体对于规划区域内公墓空间布局期望的效用值 $U$。用效用值 $U$ 反映各类群体在选择城市公墓位置时的主观意愿利益或期望实现值，效用值高低代表参与群体的预期符合程度。

$$U = x_1 \times w_1 + x_2 \times w_2 + \cdots + x_i \times w_i$$
$$x = x_1, x_2, x_3, \cdots, x_i$$
$$w = w_1, w_2, w_3, \cdots, w_i$$

式中，$x_1, x_2, x_3, \cdots, x_i$ 为各指标因素，$w_1, w_2, w_3, \cdots, w_i$ 为各指标因素的权重。

（2）决策规则设计基础

文中主要用指标体系来作为研究多群体行为规则特征的基础，用不同参与群体对不同影响因素的感知和评判来反映各类参与群体的偏好，从而决定参与群体行为决策的特征。

此前本课题组成员已完成了对公墓用地选址适宜性评价指标体系的构建和指标因子适宜性分析的量化分级，之后在指标体系构建这一基础研究成果之上对因素进行进一步细分，基于结构方程模型研究假设理论对公墓选址影响因素作用路径、作用机理以及影响因素定量关系描述进行了相关研究。而研究的多群体决策下的公墓空间布局正是在课题组的这些前期研究成果的基础之上，对已有研究进行的进一步探讨和深化。因此：

首先，关于文中所需的研究多群体行为规则的指标体系和指标量化分级标准的确定，主要利用了课题组已构建的公墓用地选址适宜性评价指标体系结构和指标分级标准，作为指标分类的基础结构和数据。

其次，由于基于结构方程模型假设理论的研究成果已经实现了公墓合理布局下的指标影响相符度的衡量，因此可根据已完成的结构方程模型研究假设的分析研究结果，重点考虑公墓空间布局的特性，从结构方程模型研究假设分析结果中选择已经通过假设验证的变量因素；按照可操作性、可量化以及可视化的原则对这些影响要素进行筛选；按照研究结果中的各个因素作用路径系数，适当摒弃无法获取或者无法量化分析的影响作用较小的指标因素；按照主导性和整体性原则，确定相应的公墓空间布局影响要素。

按照指标体系结构，最终确定研究所需的指标体系和分类标准，如表4-4和表4-5所示。经过量化分级的指标因子和结构方程模型显化的因素以及相关的研究分析结果，通过将多群体的决策规则和效用函数的设计导入到所构建的多群体决策模型中去，来消除多群体综合决策模型在实现过程中的不确定性，增强多群体决策规则的科学性和合理性。

**公墓用地评价指标体系** 表4-4

| 目标层 A | 准则层 B | 指标层 C |
|---|---|---|
| 公墓用地适宜性评价 | B1 自然因素 | C1 高程 |
| | | C2 制备覆盖率 |
| | | C3 坡度 |
| | | C4 坡向 |
| | B2 区位因素 | C5 交通便捷度 |
| | | C6 距城镇与居住区距离 |
| | B3 社会经济因素 | C7 视觉干扰度 |
| | | C8 用地类型 |
| | | C9 人口密度 |

**分类标准** 表4-5

| 指标 | 适宜 | 较适宜 | 较不适宜 | 不适宜 |
|---|---|---|---|---|
| C1 高程 | < 200（m） | 200~400（m） | 400~600（m） | > 600（m） |
| C2 植被覆盖度 | < 0.2 | 0.2~0.6 | 0.6~0.9 | > 0.9 |
| C3 坡度 | < 6° | 6°~15° | 15°~30° | > 30° |
| C4 坡向 | 南 | 东南、西南 | 东、西、东北、西、北 | 北 |
| C5 交通便捷度 | 4.5~8.72 | 2.65~4.5 | 1.3~2.65 | < 1.3 |
| C6 距城镇与居住聚居区距离 | > 900（m） | 600~900（m） | 300~600（m） | < 300（m） |
| C7 视觉干扰度 | > 1000（m） | 500~1000（m） | 100~500（m） | < 100（m） |
| C8 用地类型 | 建设用地 | 草地 | 林地 | 耕地、水体 |
| C9 人口密度 | > 346（人/km²） | 180~346（人/km²） | 84~180（人/km²） | < 84（人/km²） |

指标体系选取自然因素、区位因素、社会经济因素作为二级准则层，选取海拔高度、坡度、坡向、植被覆盖度、交通便捷度、距城镇与居住聚居区距离、视觉干扰度、用地类型以及人口密度作为三级指标层。但由于课题组已有研究中的指标因素的权重来源与多群体决策研究角度不符，虽然调查对象众多但未对问卷调查对象按照研究的参与群体进行分类，所以现有研究的权重并不具有适用性。为了确定研究中3类参与群体的指标偏好，需要重新进行问卷调查，在对调查对象进行分类和行为分析的基础之上，针对不同参与群体分别展开问卷调查。

**（二）多群体确定及行为规则分析**

文中建立的决策模型的关键主要是如何对各类参与群体的行为特征进行适当的分析和

描述，说明各类群体是如何对外界环境信息作出反应和评价的。根据实际的情况选取影响力较大的参与群体，忽略影响力小的参与群体可以有效地节省模型构建和运行成本。研究所构建的公墓空间布局决策模型中的设计思路是将公墓空间布局过程中主要涉及的政府群体、民众群体和规划专家群体进行适当的描述，形成三类合作参与者，其他影响较小的参与群体暂不作考虑。文中各类群体对公墓位置的选择主要是基于对环境信息评判的综合效用值，即选择的是他们认为最符合他们利益和期望的城市位置。参与群体在选择公墓建设位置的同时，但并不仅仅只会计算一个位置的效用值，同时会计算城市中若干个其他位置的效用值，并且对比这些效用值的计算结果，最终参与群体将会选择效用值比较大的场地。通过该种方法确定城市中效用值大的备选场地，能够体现更加真实的随机效用决策。

1. 多群体选取原则

（1）整体性原则

公墓空间布局决策作为一个非常复杂的系统，只有充分全面地了解和分析各类参与群体的决策行为才能选取科学合理的参与群体。因此在选取参与群体时，需要将公墓空间布局决策作为一个整体、综合的系统，从决策的各个方面、多个角度的整体性考虑，全面分析，才能选择科学合理的参与群体。

（2）主导性原则

影响公墓空间布局决策的群体错综复杂，但在实际的研究中，很难面面俱到，此时需要坚持主导性原则，根据实际公墓空间布局决策的情况选取影响力较大的参与群体，忽略影响力小的参与群体，以节省模型构建和运行成本，高效地对决策行为进行研究。

（3）政府参与群体及其决策规则

现代公墓的选址主要是由当地政府主导规划，是公墓选址的重要决策者。政府群体决定城市中的土地利用是否能发生变化，扮演着公墓规划中的约束者、决策者以及建设者。政府群体主要是通过城市规划政策及宏观调控决定着土地利用的变化方向，因此对公墓空间布局的过程和结果有着很重要的影响力，也可以决定公墓最终以哪种方式进行布局发展。在模拟公墓的空间布局过程时，政府这一参与群体的主导作用无法忽略。

在公墓空间布局的模型中，政府的主要作用是基于墓地的环境特点和政府对于公墓发展和利用的目的，制定全市域的公墓规划，以实现对整座城市公墓的空间布局规划和宏观结构调整，引导或者限制其他主体的行为或意见。政府除了需要考虑公墓是否足够满足需求之外，决策的一个重要准则是要在现实的空间中实现对城乡土地资源的合理配置及利用。换言之，政府在进行主体行为时或配置、利用土地资源时，必须在最大限度上与最大空间效益准则相符合。公墓作为一种特殊的公共服务设施，其位置的选择与城市空间发展、社会和谐紧密相关。美国住房和城市发展部1970年的一份报告称墓地占据了美国近200万英亩的土地。然而，主要的问题不仅仅是土地的数量，而是这片土地往往是有价值的城市财产。政府面临着寻找足够的土地永久分配给墓地使用，同时确保这些地点满足社会道德的双重问题。在满足城市公墓发展需求的同时，需要充分利用现有资源，解决公墓与城乡土地资源、社会和谐之间的矛盾。对于政府这类参与群体的行为特征，设计以下的计算公式表示政府群体对公墓用地环境评价的期望效用值 $U_g$，以反映政府群体对研究区环境信息的感知和评判，其行为规则的效用函数表达如式：

$$U_g = w_1 x_1 + w_2 x_2 + w_3 x_3 + \cdots + w_n x_n$$

式中，$U_g$ 为政府群体的期望效用值，$w_1$、$w_2$、$w_3$，$\cdots$，$w_n$ 为政府群体决策下指标体系中指标的权重，$x_1$、$x_2$、$x_3$，$\cdots$，$x_n$ 为指标体系中的各个指标因素条件。

2. 民众参与群体及其决策规则

民众是公墓空间布局决策的重要推动力之一，在布局选址的过程中有着十分重要的地位。民众是公墓的服务对象，是公墓布局的直接利益相关者。公墓位置的确定不仅与直接使用者紧密相关，更与墓地周边居民的生活息息相关。随着人们民主意识和参与意识的增强，民众对待公墓选址自我矛盾的态度正逐渐呈现，即民众既赞成公墓的建设，但又不希望选址与自家毗邻。不当的选址不可避免地会受到民众的抵制，这也是影响社会和谐的一大隐患。有调查结果表明多数民众不希望公墓附属于城市居住区，对于那些交通便利但是离家相对较远的地方接受度是高度优先的。当公墓选址的位置最大程度地满足民众的态度时，公众才愿意真正接受这个公墓，公墓的利用才能达到最大化，城市土地资源利用效率才能得到提高，也可避免产生不必要的社会矛盾。研究中民众的决策行为目的主要是由民众群体对于备选场地的交通便捷度、生活适宜性的偏好共同决定的，同时也会受到其他因素的影响。

对民众这类参与群体对公墓用地评价的效用值 $U_p$ 可用以下公式进行计算，以反映民众群体对研究区环境信息的感知和评判，其效用函数表达为：

$$U_p = w_1 x_1 + w_2 x_2 + w_3 x_3 + \cdots + w_h x_h$$

式中，$U_p$ 为民众群体的期望效用值，$w_1$、$w_2$、$w_3$，$\cdots$，$w_h$ 为民众群体决策下指标体系中指标的权重，$x_1$、$x_2$、$x_3$，$\cdots$，$x_h$ 为指标体系中的各个指标因素。

3. 规划专家参与群体及其决策规则

规划专家是城市土地利用的研究者，规划专家的决策在土地利用政策的制定中占据重要地位。公墓作为一种公共服务设施，其用地选择曾常常被规划者忽视，很少被认为是关键的土地利用。规划新公墓的传统趋势是将公墓置于城郊边界，但随着城市的发展，国土资源越来越紧张匮乏，放置在城市边界的公墓反而成为限制城市扩张的重要因素，因此城市土地需要得到更加有效灵活的利用。如何选择一个合适的场地建设公墓，以及如何使公墓与其他用地共存成为规划者日益关注的问题。规划专家常常从专业的角度出发，选择适宜的环境去设置公墓。如今不断有规划学者提出必须要利用现有的社会和环境方面的资源，增加公墓用地与其他用地的契合度，如在城市化密集的地区，将公墓场地的选择与城市绿地空间结合，通过规划建立一致的共性，使它们共存。墓地可作为城市的开敞空间，但在许多市政计划的文件中，公墓却只被分配了有限数量的环境质量。未来公墓选址应与城市的功能和空间结构紧密联系起来，寻找一个功能和空间上的最佳位置。规划专家从城市规划的角度，对土地利用提出专业建议，为公墓用地布局选择城市空间上的效能最大化区域。规划专家对公墓用地评价行为规则的效用函数值 $U_e$ 计算公式如下式，以反映规划专家群体对研究区环境信息的感知和评判，其效用函数表达为：

$$U_e = w_1 x_1 + w_2 x_2 + w_3 x_3 + \cdots + w_m x_m$$

式中，$U_e$ 为规划专家群体的期望效用值，$w_1$、$w_2$、$w_3$、$\cdots$、$w_m$ 为规划专家群体决策下指标体系中指标的权重，$x_1$、$x_2$、$x_3$、$\cdots$、$x_m$ 为评价指标体系中的各个指标。

### （三）多目标设计

群体决策理论的应用常常涉及多目标的问题，不同的土地利用规划目标分别对应着需要有不同的建设限制条件约束。针对研究区内公墓空间布局现状问题，根据我国殡葬改革和绿色殡葬的要求，并结合研究区的经济发展战略，设置了3个不同的规划目标，分别展示了模型针对不同规划目标下的公墓空间布局。不同目标情境下各类参与群体的影响力不同，其作用效果不同。并且在不同目标中的多类参与群体合作博弈，期望结果与规划目标较为相符的参与群体将占据主导地位，因此导致不同规划目标下的不同布局结果。文中设定的目标1为以社会治理，目标2为以人为本，目标3为生态优先，通过分析目标情境，确定不同规划目标决策中的主导群体。通过对三类参与群体的问卷访谈，针对不同的规划目标，调整不同目标条件下各群体所占的权重参数，通过多个群体期望效用值 $U_g$、$U_p$、$U_e$ 的不同参与程度的合作决策来表达公墓的空间布局的综合效用值 $S$，从而实现公墓空间布局模型在不同情境下实现目标结果，综合模型表达如下式。

$$S = k_i \times U_i / (k_1 \times U_g + k_2 \times U_p + k_3 \times U_e)$$
$$U_i = U_g, \ U_p, \ U_e$$
$$k_i = k_1, \ k_2, \ k_3$$

式中，$U_i$、$k_i$ 分别为规划目标下的主导群体及其所占权重，$U_g$、$U_p$、$U_e$ 和 $k_1$、$k_2$、$k_3$ 分别为政府群体、民众群体、规划专家群体以及各自群体所占比例，$k_1 + k_2 + k_3 = 1$。

根据前文对参与群体效用函数的设计，以下为不同规划目标下线性模型的具体描述，见式：

$$S = k_i \times \sum w_i x_i / (k_1 \times \sum w_n x_n + k_2 \times \sum w_h x_h + k_3 \times \sum w_m x_m)$$
$$w_i = (w_n, \ w_h, \ w_m)$$
$$x_i = (x_n, \ x_h, \ x_m)$$

式中，$k_i$、$x_i$、$w_i$ 分别代表主导群体所占比例，以及主导群体决策下的各指标因素和权重；$k_1$、$x_n$、$w_n$ 代表政府群体所占权重，以及政府群体决策下的各指标因素和权重；$k_2$、$x_h$、$w_h$ 代表民众群体所占权重，以及民众群体决策下的指标因素和权重；$k_3$、$x_m$、$w_m$ 代表规划专家群体所占权重，以及规划专家群体决策下的各指标因素和权重。

1. 目标1：社会治理

现代社会治理是一个"共建、共治、共享"的过程，是一个涉战略性、全局性、价值性的部署，是一场推进社会发展、提升社会文明程度的、深刻的制度性变革，为的是推动城市建设的公正环境、诚信环境、福利环境、安全环境。公墓本身就是一种具有非常特殊社会性质的公共服务设施，它不仅是城市公共设施的组成元素，还是居民生活的重要构成部分，是所属城市的区域文化和地域等各方各面的缩影，并和城乡发展之间形成了一定程度上相互作用、相互制约的关系，公墓体现了城乡社会中的本质属性。该目标条件要求在城乡社会全方面和谐发展的情况下，要求各类主体从城乡可持续发展的角度出发，既要使公墓不能阻碍城市的发展，又要缓解因为城市空间的拓展而带来的城市殡葬设施用地（尤其是公墓用地）和城乡建设用地之间的矛盾，并且能够在最大限度上满足城乡居民对公墓的使用需求，深入贯彻绿色殡葬的理念，节省城乡的土地资源，促进城乡发展的良性循环、集约布局、均衡发展、综合衡量，实施总量控制和布局优化，有机融入城乡的整体发展，将公墓的建设发展融入并促进现代城市发展的进程之中，使公墓布局在最适宜的空间区域，以促进城乡的和谐发展。在该目标模式下希望通过探讨适合现阶段公墓发展特点的布局，既要符合城市发展的实际情况，又要做到适度超前、弹性发展，为将来公墓的发展作出规划思想的引导与物质的准备。根据前文对三类群体行为特征的分析，社会治理通常属于政府行为的考量，该目标符合政府的决策行为，社会治理目标的实现主要是由政府来推动实现，政府在进行决策行为时，会综合考虑，协调各种因素，在目标条件下，政府行为将占据主导地位。因此该目标条件的公墓空间布局决策的综合效用值 $S$ 可用以下公式表示，参数含义如：

$$S = k_1 \times U_g / (k_1 \times U_g + k_2 \times U_p + k_3 \times U_e)$$

$$S = k_1 \times \sum w_n x_n / (k_1 \times \sum w_n x_n + k_2 \times \sum w_h x_h + k_3 \times \sum w_m x_m)$$

2. 目标2：以人为本

最不受欢迎的城市空间也是最不适合死者的城市空间。公墓设施服务的对象不仅仅是已故者，更多的使用服务对象反而是来此缅怀或祭奠家人朋友的生者，所以公墓除了要提供给死者一个埋葬之地，更重要的是要满足生者的心理需求。目前我国公墓的改革依然以我国传统丧葬观和殡葬文化为主，在此基础之上确定人文化和人性化的改革方向。在理想情况下，大多民众希望有一个靠近家人和亲属的墓地。其中不仅反映出居民希望公墓的位置能够方便祭祀，也包含了一种情感需求。但是对于许多中国人，公墓是一种典型的邻避设施，人们对公墓会有一种"不要在我家后院"的情结，不希望公墓的位置靠近居住地，但又希望这些公墓周边具有便利的交通设施，这样便于祭祀。此外，由于不同地区的风俗不同，人们对公墓地址有不同要求。选址时应对这些传统习俗和民族习惯给予最大的尊重，这样公众才愿意真正接受这个公墓，公墓的利用才能达到最大化。因此在对公墓进行选址时需要考虑到公众的不同心理与态度，以此避免产生不必要的社会矛盾。该目标要求各类群体从人的需求出发，规划布局中要从人性的角度出发，在规划的过程中要重视与公众的沟通和交流，考虑到生者对公墓的心理需求，以及各地人文历史传承的不同殡葬风俗的要求，增强公共墓地可达性，从而提高公墓的使用率，选择最适宜的公墓布局区域，因此在该目标中，民众群体的决策行为占据绝对的主导作用，该目标下综合决策效用值 $S$ 的表达式为，参数含义如：

$$S = k_2 \times U_p / (k_1 \times U_g + k_2 \times U_p + k_3 \times U_e)$$

$$S = k_2 \times \sum w_h x_h / (k_1 \times \sum w_n x_n + k_2 \times \sum w_h x_h + k_3 \times \sum w_m x_m)$$

3. 目标3：生态优先

新世纪以来，为了进一步深化环境保护的成果，改善环境质量，扩展已经取得的环境治理以及生态保护成果，浙江省已经开始了从"绿色浙江"到生态省建设，再到生态文明建设的实践探索，生态环境保护进入新的时期。而目前不少公墓存在着破坏城市生态环境的问题，如何减少公墓对城市环境的影响是未来公墓规划的重要任务。现有城市公墓占地面积较大，墓地功能单一，占有大量风景环境的城市公墓无人驻足，这也是对城市土地资源和公共资源的一种浪费。一方面现代公墓不应一味与城市空间相隔离，而应注重向两者相结合的方向进行转变。另一方面充分利用荒山裸地，墓址选择尽量选用贫瘠地进行建设，利用墓区内的植树绿化山坡，起到生态修复作用。该目标的设定意在研究区全域在仅布局生态空间的情况下，在城市总体规划和各类用地布局的过程中应该根据城市中各区域的地形条件，将市区内或者郊区的荒山瘠地作为公墓建设备选用地，统一布局划定，与城市中的其他功能用地同时研究规划并且统一布局。结合目前我国公园化墓地改革模式的要求，各类参与者应从生态保护的角度出发，考虑公墓应在哪些区域进行布局，使公墓空间布局在符合生态优先目的最适宜的区域，合力将原本是城市中较为敏感的公墓用地，建设成为兼具殡葬功能性与休闲生态性于一体的城市绿地系统的一部分。根据前文对三类群体的分析，这一目标与规划专家的决策行为特征比较契合。如何选择一个合适的场地建设公墓，使之不与城市环境脱节，将公墓场地的选择与城市绿地空间结合，通过规划建立一致的共性，使它们共存，是如今规划专家应考虑的问题。通过适当的模糊公墓与城市中其他功能用地之间原有的明显界限，使公墓不再是使用率低、功能单一、公众避之不及的设施，而是形成与山相依、与田相融、与水相和的城乡大环境。在此目标下规划专家的决策行为相较于另外两类主体，更具主导作用。该目标下综合决策效用值 $S$ 的表达式为，参数含义如：

$$S = k_3 \times U_e / (k_1 \times U_g + k_2 \times U_p + k_3 \times U_e)$$

$$S = k_3 \times \sum w_m x_m / (k_1 \times \sum w_n x_n + k_2 \times \sum w_h x_h + k_3 \times \sum w_m x_m)$$

**（四）多群体决策模型构建**

本节主要关于在 ArcGIS 平台中进行模型的构建和整合。空间分析功能是 ArcGIS 的核心功能和本质特征。因此利用 ArcGIS 中的 Model Builder 这一高效的建模工具，为设计或实现公墓空间布局处理模型提供了有效的图形化建模框架。建立面向公墓空间布局的多群体决策模型，从而对不同目标条件下的公墓空间布局进行模拟。主要建模步骤包括：① 明确建模目标，分析决策目标的具体要求。② 根据要实现的目标将问题进行分类，将总目标分解成若干个子目标，再运用 Model Builder 工具针对这些子目标题分别建立专门的子模型。根据前文对多群体决策模型各个环节的基础性分析，多群体决策的总目标主要有社会治理目标、以人为本目标以及生态优先目标，而每个目标都受到不同参与群体的影响，因此可将每一类参与群体各自的预期目标设计为子模型。③ 最后根据各个层级模型直接的关联性，整合到统一的模型之中，将一系列的数据和工具串联起来，建立相应的流程和功能，将数据和工具与基础数据集结到一个具体的模型之中，按照一定的步骤将它们连接起来去实现复杂的不同目标条件下的公墓空间布局。利用 Model Builder 提供的可视化建模环境，构建所需的多群体决策模型，集成地理统计和空间分析等多种与空间分析相关的处理工具，将多种类型的空间分析处理工具在模型中串联，从而实现针对公墓空间布局的多群体决策工作的自动化与流程化，加快复杂的多个目标下的公墓空间布局处理模型的运行，并极大地提高数据处理效率。

1. 决策子模型构建

在收集完所有基础数据后，在 Model Builder 环境下，将所有栅格数据拖至模型窗口中，即完成了初始数据的调用，以此将所有基础数据集成至一个模型中，然后按照各类参与群体各自行为规则的效用函数，添加链接，将数据串联，得到各类参与群体决策行为的子模型。

根据前文对三类群体行为特征的分析和效用函数的设置，在 Model Builder 环境下设计三类群体决策子模型，如图 4-14 所示。

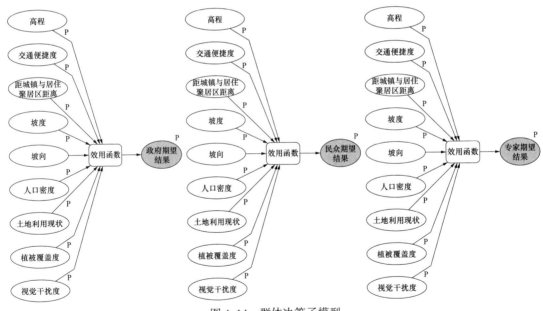

图 4-14　群体决策子模型

2. 综合决策模型构建

根据前文对各目标下多群体综合决策的效用函数的分析，按照相应的转换规则，添加工具，定义图标，仍然在 ArcGIS 的 Model Builder 环境中，整合各个子模型形成一个完整的综合决策模型系统。为了保证结果的科学合理性，在模型设计时将桐庐县处于地质灾害易发区、与城市上位规划相冲突的区域设置为禁止建设区域，作为模型实现的约束条件，使结果更加科学合理。多群体综合决策模型结构如图 4-15 所示。

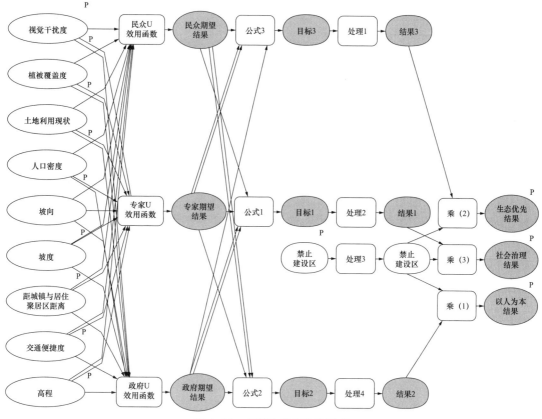

图 4-15　多群体综合决策模型

## 二、实证研究：桐庐县百江镇公墓空间布局评价与优化

经过对桐庐县百江镇的现状分析和各类群体、决策目标和模型设计的研究，结合前文的分析讨论，本章将实现多群体决策模型。根据在 ArcGIS 中的 Model Builder 所构建的子模型和综合决策模型，确定不同参与群体的预期目标结果，并模拟社会治理、以人为本、生态优先三种目标下的桐庐公墓空间布局决策，分析对比不同目标下的空间布局结果的空间聚集性和空间相关性，最后对现状进行优化并提出建议。

### （一）各类参与群体决策规则结果确定

本研究所用的评价指标体系和指标的权重反映的是各类参与群体对环境信息的感知和评判，是对参与群体决策规则进行确定的重要依据。3 类参与群体分别从自身目的所获利益最大化出发，确定不同参与群体的指标偏好，根据构建的 3 类群体的子模型，获得 3 类参与群体客观目标期望值 $U_g$、$U_p$、$U_e$，作为不同规划目标下的公墓空间布局决策结果的基础。

#### 1. 各类参与群体决策规则确定

由于已有的指标体系权重与本研究的研究角度不同、未对问卷调查对象按照本研究的参与群体进行分类，所以其权重对本研究并不具有适用性。为了确定本研究中 3 类参与群体的指标偏好，本研究需要重新进行问卷调查，在对调查对象进行分类的基础之上，针对不同参与群体分别展开问卷调查。本研究为了确定不同参与群体对不同指标因素的偏好，需要对普通民众、政府相关工作人员以及设计院或高校规划专家三类群体分别进行更深层次的调查，发出问卷、打分表各 50 份，并进行标记，访谈前对本研究的具体目的和理论进行一定的介绍和解释。问卷介绍了公墓空间布局评价指标模型的基本层次结构，并针对层次分析法的矩阵评分标度以及其代表的含义进行解释。可以让各类群体根据自身生活经验、专业知识、从业经验对城市公墓用地评价指标的重要性判断给出各自的意见。为保证最终打分结果的有效性和科学性，分别选取三类群体人员，并且各类人员的人数分布相对平均，这样可以根据本研究研究的多个角度对公墓空间布局问题的评价指标作出比较合理的重要性判断。最终收回的有效打分表共为 143 份。采用德尔菲法对各类群体进行调查，征求各类群体对评价指标重要性程度两两比较的相关意见。确定各因素权重的过程中，为了使权重更具科学性，采用层次分析法确定不同层级的不同因素指标之间的相对重要性程度。评分标度表如表 4-6 所示。

**评分标度表**　　　　　　　　　　　　　　　　　　　表 4-6

| 标度 | 含义 |
|---|---|
| 1 | 表示两个因素相比，重要性相同 |
| 3 | 表示前者与后者相比，稍微重要 |
| 5 | 表示前者与后者相比，明显重要 |
| 7 | 表示前者与后者相比，强烈重要 |
| 9 | 表示前者与后者相比，极端重要 |
| 2，4，6，8 | 表示上述相邻判断的中间值 |
| 倒数 | 若因素 $i$ 与因素 $j$ 的重要性之比为 $b_{ij}$，那么因素 $j$ 与因素 $i$ 重要性之比 $b_{ji} = 1\backslash b_{ji}$（$i, j = 1, 2, \cdots, n$） |

根据打分结果，分别构造准则层与指标层的两两比较判断矩阵，如表 4-7 所示。

**构造判断矩阵**　　　　　　　　　　　　　　　　　　表 4-7

| $Ai$ | $B1$ | $B2$ | …… | $Bn$ |
|---|---|---|---|---|
| $B_1$ | $b_{11}$ | $b_{12}$ | …… | $b_{1n}$ |
| $B_2$ | $b_{21}$ | $b_{22}$ | …… | $b_{2n}$ |
| …… | …… | …… | …… | …… |
| $B_n$ | $b_{n1}$ | $b$ | …… | $b_{nn}$ |

在专家问卷回收之后，需要根据检验公式，对各层级所有的判断矩阵进行一致性指标 $CI$ 的计算，其中 $\lambda_{max}$ 为根据各个判断矩阵所求出的最大特征根，可通过 yaahp 软件计算。通过一致性检验判断所求的权重是否合理，检验公式为：

$$CI = \frac{\lambda_{\max} - 1}{n - 1}$$

对于 $n = 1, \cdots, 12$，根据表 4-8 查找相应的平均随机一致性指标 $RI$

**RI 参考值**  表 4-8

| $n$ | 1 | 2 | 3 | 4 | 5 | 6 | 7 | 8 | 9 | 10 | 11 | 12 |
|---|---|---|---|---|---|---|---|---|---|---|---|---|
| $RI$ | 0 | 0 | 0.52 | 0.89 | 1.12 | 1.24 | 1.36 | 1.41 | 1.16 | 1.49 | 1.52 | 1.00 |

根据公式计算一致性比例 $CR$ 并进行一致性检验。

$$CR = \frac{CI}{RI}$$

若 $CR < 0.1$，则认为判断矩阵经过一致性检验，一致性可以接受；若 $CR \geq 0.1$，则需对矩阵进行调整，将问卷返回给专家再次进行打分或重新调整。

若判断矩阵一致性可以接受，则可采用特征值法确定各层级指标因素的权重。首先，求出各个矩阵的最大特征值 $\lambda_{\max}$ 以及其对应的特征向量，然后对求出的特征值向量进行归一化处理，即可得到各层级指标因素的权重，最后，将有从属关系的各层次权重结果相乘求出指标层对于总目标各项评价指标的综合权重。这一过程仍在 yaahp 软件中实现，直接得到最大特征值 $\lambda_{\max}$ 以及各指标权重结果。指标权重计算公式如下：

$$W_g = \lambda_{\max} g$$

式中 $W_g$ 为权重；$g$ 为特征向量；$\lambda_{\max}$ 为最大特征值。

在 yaahp 软件中，按照上述步骤进行计算，得到各类参与群体主导下的指标体系权重值的计算结果分别如表 4-9～表 4-11 所示，分别代表政府群体、民众群体以及规划专家群体的各自的指标偏好。

**政府群体公墓用地评价指标权重**  表 4-9

| 目标层 | 准则层 | 权重 | 指标层 | 权重 |
|---|---|---|---|---|
| 公墓用地适宜性评价 | 自然因素 | 0.2914 | 高程 | 0.022 |
| | | | 植被 | 0.0435 |
| | | | 坡度 | 0.0377 |
| | | | 坡向 | 0.0445 |
| | 区位因素 | 0.2814 | 视觉干扰度 | 0.1438 |
| | | | 交通便捷度 | 0.118 |
| | | | 距城镇与居住区距离 | 0.1629 |
| | 社会经济因素 | 0.4276 | 用地类型 | 0.1369 |
| | | | 人口密度 | 0.22895 |

民众群体公墓用地评价指标权重 表 4-10

| 目标层 | 准则层 | 权重 | 指标层 | 权重 |
|--------|--------|------|--------|------|
| 公墓用地适宜性评价 | 自然因素 | 0.3764 | 高程 | 0.0267 |
| | | | 植被 | 0.0211 |
| | | | 坡度 | 0.0342 |
| | | | 坡向 | 0.0504 |
| | 区位因素 | 0.4071 | 视觉干扰度 | 0.1439 |
| | | | 交通便捷度 | 0.1978 |
| | | | 距城镇与居住区距离 | 0.3093 |
| | 社会经济因素 | 0.2165 | 用地类型 | 0.09795 |
| | | | 人口密度 | 0.11865 |

规划专家群体公墓用地评价指标权重 表 4-11

| 目标层 | 准则层 | 权重 | 指标层 | 权重 |
|--------|--------|------|--------|------|
| 公墓用地适宜性评价 | 自然因素 | 0.4669 | 高程 | 0.0459 |
| | | | 植被 | 0.0261 |
| | | | 坡度 | 0.0766 |
| | | | 坡向 | 0.0573 |
| | 区位因素 | 0.3074 | 视觉干扰度 | 0.261 |
| | | | 交通便捷度 | 0.1391 |
| | | | 距城镇与居住区距离 | 0.1683 |
| | 社会经济因素 | 0.2257 | 用地类型 | 0.1081 |
| | | | 人口密度 | 0.1176 |

2. 各类参与群体期望结果

根据上述研究中各类参与群体对应的评价指标相应权重，以及群体行为特征的效用函数，将所有基础数据整合，根据在 ArcGIS10.4.1 平台中的 Model Builder 模块中构建的针对政府群体、民众群体以及规划专家群体构建的子模型，按照相应的步骤，输入数据，运行模型，计算出各类参与群体各自行为特征规则下的桐庐县百江镇公墓空间布局的结果。另外，采取自然断点法，将结果分为 4 个等级，分别代表符合各类参与群体目标期望不同程度的区域，最终得到百江镇政府群体、民众群体以及规划专家群体的公墓空间布局的期望结果，如图 4-16～图 4-18 所示，结果统计如表 4-12～表 4-14。

根据分析结果，对于政府群体来说，需要考虑各方意见，但最主要的是考虑城市用地之间的冲突以及后续发展，在成本较低、有一定人口密度等社会经济条件适宜的地区，最大程度地节省城市土地资源，实现可持续发展。

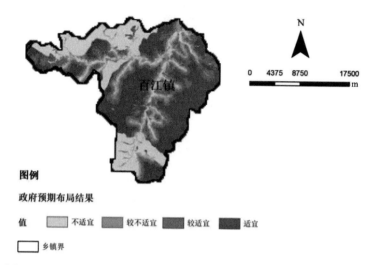

图 4-16　政府群体目标预期的公墓空间布局评价结果（以百江镇为例）

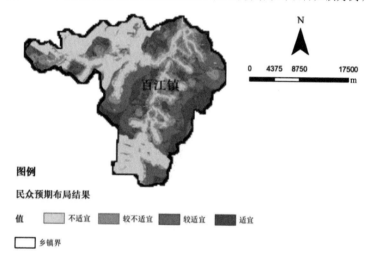

图 4-17　民众群体目标预期的公墓空间布局结果（以百江镇为例）

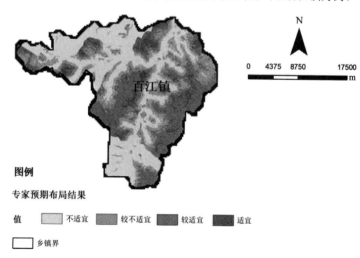

图 4-18　规划专家群体目标预期的公墓空间布局结果（以百江镇为例）

政府群体预期结果统计　　　　　　　　　　　　　　　　　表 4-12

| 等级 | 比例（%） |
|---|---|
| 不适宜、较不适宜 | 66 |
| 适宜、较适宜 | 34 |

民众群体预期结果统计　　　　　　　　　　　　　　　　　表 4-13

| 等级 | 比例（%） |
|---|---|
| 不适宜、较不适宜 | 69 |
| 适宜、较适宜 | 31 |

专家群体预期结果统计　　　　　　　　　　　　　　　　　表 4-14

| 等级 | 比例（%） |
|---|---|
| 不适宜、较不适宜 | 72 |
| 适宜、较适宜 | 28 |

　　根据分析结果，对于民众群体来说，由于公墓特殊的人文属性，大多数民众对公墓仍有一定的避讳心理，另外民众想要获得较为舒适的居住生活环境，所以希望公墓与居住区能保持一定的距离，公墓的布局应该应远离居住区。另一方面，公墓作为一种公墓服务设施，为了便于居民使用，需要设置在交通条件良好的区域。

　　根据分析结果，对于规划专家群体来说，他们认为公墓作为一种城市公共服务设施，需要注重其公共属性，推动公墓成为城市绿色空间的重要补充，加之目前我国的殡葬改革，绿色殡葬的推行，所以规划专家更多关注的是适合建设公墓的环境条件等。

　　图 4-16～图 4-18 分别为政府群体、民众群体、规划专家群体对城市公墓空间布局的偏好，颜色越深的区域，三类群体愿意选择该处作为公墓建设用地的可能性越高，相反，颜色越浅的区域，三类群体愿意选择该处作为公墓建设用地的可能性越低。根据以上分析，每类参与群体被赋予的期望为：

　　政府群体具有的期望如下：

　　① 节省土地资源，节约成本；

　　② 不能与城市土地利用及相关政策相冲突。

　　民众群体具有的期望如下：

　　① 距居住区有一定的距离；

　　② 交通条件便捷。

　　规划专家群体具有的期望如下：

　　① 自然条件适宜，利用荒山裸地；

　　② 与城市环境相融合。

**（二）多目标下公墓空间布局**

　　本研究主要通过对三类群体进行问卷调查，每类群体各 50 份。根据问卷调查结果和前文权重计算步骤，计算出各个目标条件中的各类群体权重值，以此确定不同目标条件下各类群体的重要性程度以及相应参数值，如表4-15。通过不同目标条件的设定，将相同的期望和效用函数代入各个目标中，调整模型中的权重参数，开展针对不同目标下桐庐县百江镇公墓空间布局的模拟，以结果平均值作为分类基准线，实现公墓用地的优化配置。

各类群体在不同目标中所占比例 表 4-15

| 目标 | 政府群体 | | | 民众群体 | | | 规划专家群体 | | |
|---|---|---|---|---|---|---|---|---|---|
| | 1 | 2 | 3 | 1 | 2 | 3 | 1 | 2 | 3 |
| 权重 | 0.36 | 0.26 | 0.31 | 0.34 | 0.48 | 0.26 | 0.30 | 0.26 | 0.43 |

1. 目标1：社会治理

根据前文的分析和讨论，调整该目标下模型的权重参数，代入到前文所构建的多群体决策的综合模型之中，得到在社会治理的目标要求下桐庐县公墓空间布局结果，并与现状公墓点分布进行对比（图4-19）。

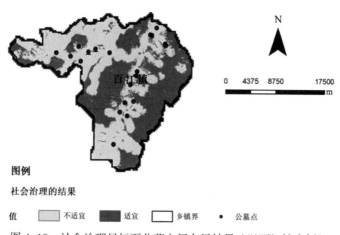

图 4-19 社会治理目标下公墓空间布局结果（以百江镇为例）

社会治理的目标中的模型参数，3类群体的参数相对比较平均，但根据前文分析，在该目标情境下，在3种群体的共同参与中，政府群体占主导作用，所以该结果比较符合政府群体的预期结果，该目标下公墓空间分布统计结果如表4-16所示。利用ArcGIS中的空间连接工具，将公墓现状点数据与社会治理目标的布局结果进行匹配，落在适宜区内的公墓点个数为83个，落在不适宜区内的个数为283个。在这种情境下，等级为适宜的区域总面积为608.76km²，占全县总面积的33.28%。这些区域主要分布于桐庐县乡镇附近，尤其集中于百江镇、合村乡、分水镇、钟山乡、瑶琳镇，但避开了桐庐县的基本农田用地、生态林地和水体，中心城区分布较少且零碎，总体来说各个乡镇均有分布。不适宜的区域总面积为1220.83km²，占桐庐县总面积的66.72%，主要为大面积的林地，道路用地两侧、建筑分布集中区以及城市中心的区域。

社会治理目标结果统计　　　　　　　　　　表 4-16

| 等级 | 面积（km²） | 比例（%） |
|---|---|---|
| 不适宜 | 1220.83 | 66.72 |
| 适宜 | 608.76 | 33.28 |

在社会治理的目标下，政府群体的决策占据了主导作用，因此该目标的公墓空间结果在一定程度上满足了并反映了政府群体的决策行为。一方面，在这一目标条件下，对城镇发展的影响较小，与城市扩张的冲突降低到最小。另一方面，该目标下的公墓建设的建设成本可以得到有效降低。这是由于在该目标下，布局既要符合当前的适宜性又要兼顾未来的可发展性，要符合公墓与城市社会的未来和谐发展，需要考虑到建设成本、相关政策限制、城市扩张等问题，则公墓布局的适宜区域则不会过多分布于城镇中心区域，而是会较多地分布在乡镇附近，这样既不会给城市扩张或者社会未来发展带来困扰，也可以给公墓未来发展留有余地。因此，对桐庐县的公墓空间布局来说，社会治理目标是一种比较符合政府对城市建设和谐发展要求的目标情境，此布局结果便于城市顺利扩张，弹性发展。

2. 目标 2：以人为本

根据前文的分析和讨论，调整该目标下模型的参数，得到在以人为本的目标下桐庐县百江镇公墓空间布局结果，并与现状公墓点分布进行对比，如图 4-20。

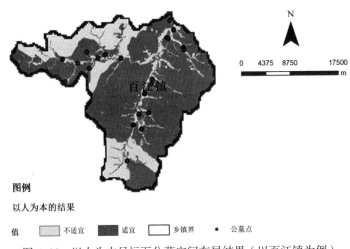

图 4-20　以人为本目标下公墓空间布局结果（以百江镇为例）

根据前文的分析，在以人为本的目标情境中的这 3 类群体的参与中，民众群众占主导作用，在该目标要求下，比较符合民众群体的需求。该目标情境下公墓空间分布。

统计结果如表 4-17 所示。将模拟结果与实际情况进行对比，在该情境下，落在适宜区现状公墓点个数为 81 个，落在不适宜区域内的公墓点个数为 285 个。在以人为本目标下，等级为适宜的区域总面积为 895.4km²，占全县总面积的 48.94%。这些区域在桐庐县各乡镇、街道附近均有分布，即使是中心城区如城南街道、桐君街道等地也有分布。这些区域大多集中于交通便捷、但与居民点以及城市景观节点保持一定距离的地段。不适宜的区域总面积为 934.19km²，占桐庐县总面积的 51.06%，主要为大面积的基本农田用地、生态保护林地、交通不发达的区域。

**以人为本目标结果统计**　　　　　　　　　　　　　　　　表 4-17

| 等级 | 面积（km²） | 比例（%） |
|------|------------|-----------|
| 不适宜 | 934.19 | 51.06 |
| 适宜 | 895.4 | 48.94 |

在以人为本的目标下，由于民众参与群体决策行为的主导作用高于政府参与群体和规划专家参与群体，则在这种目标情境中，相较于政府和规划专家，民众的参与程度较高，这就导致民众群体的期望在结果中占有明显优势，也符合该情境以人为本的目标要求。相较于另外两种结果，该结果的适宜区面积较大，该目标结果的适宜区主要分布在坡度、高程等地形条件适中、交通便捷以及区位条件便利的地区，也避开了影响居民生活集中的区域。主要原因是该目标要求公墓布局主要是满足公众的对公墓有所避讳的情感需求和特殊节日出行便利的使用需求，需要尽量符合公众目标期望，该结果公墓分布的区域符合公众所需的区位条件。所以，在该结果下群众满意度较高，符合以人为本的目标要求，公墓利用度也将会提高。但由于公众对于其他约束条件如社会发展、生态保护的相关因素明显考虑不足，该结果的适宜区面积明显较高。总体来说，公墓作为为生者和逝者服务的重要公共服务设施，该结果可以在最大程度上为的城乡居民服务，满足公众的情感与使用需求。

3. 目标 3：生态优先

按照前文各情境中参与群体权重参数的确定，调整该目标下模型的参数，得到在生态优先的目标情境下桐庐县公墓空间布局结果，并与现状公墓点分布进行对比，如图 4-21 所示。

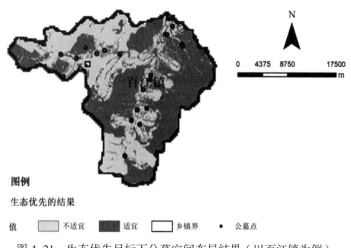

图 4-21　生态优先目标下公墓空间布局结果（以百江镇为例）

根据前文的分析，在生态优先的目标情境中，规划专家群体的权重参数比较高。且规划专家群体占主导作用，其参与程度比较高，而民众群体和政府群体参与程度相对而言比较低。该目标下公墓空间分布统计结果如表 4-18 所示。将该结果在 ArcGIS 中与现状公墓点进行空间连接，分布在适宜区现状公墓点的个数为 72 个，落在不适宜区内的公墓点个数为 294 个。在生态优先目标下，适宜区总面积为 713.54km²，占全县总面积的 39.00%。这些区域分布广泛，自然条件适中，荒山贫瘠地区得到了利用，生态敏感地得到了有效保护，市区范围内的部分建设用地也可以作为公墓建设的备选区域。不适宜的区域总面积为 1116.05km²，占桐庐县总面积的 61.00%，主要为桐庐县的生态敏感区域，如基本农田、生态林地、水源保护地等。

**生态优先目标结果统计**　　　　　　　　　　　　　　　　　　表 4-18

| 等级 | 面积（km²） | 比例（%） |
|---|---|---|
| 不适宜 | 1116.05 | 61.00 |
| 适宜 | 713.54 | 39.00 |

在生态优先的目标下，根据前文的分析，规划专家决策行为的主导作用高于两类群体，结果在一定程度上比较符合规划专家群体的期望结果需求。这一目标结果的适宜区主要分布在自然条件适宜、最大程度地保护基本农田、生态林地、水源保护地等生态敏感地区，而与城市用地没有明显的隔离，相较于另外两种目标结果，该目标下的公墓空间布局最大限度地保护了桐庐县的生态绿地、水体等环境。因为在该目标情境下，城市生态保护是主要的目标要求，此外，如何将公墓环境与现有城市环境相融合也是另一重要考虑因素。

在目前殡葬改革的大背景下，这种目标结果的公墓空间布局比较符合生态保护的目的，将公墓规划成为城市绿地系统的重要组成部分，提高与城市其他用地的契合度程度，符合未来殡葬改革公墓的长远期发展。

### （三）结果分析——多目标结果特征分析

（1）空间相关性分析

在空间位置上，事物或者现象越靠近也就越相似，也就越具有空间位置上的依赖关系。为了探究三种目标下的适宜区布局结果在空间上是否具有相关性，本研究运用 ArcGIS 中的空间自相关工具，将结果转换为矢量数据后，可以直接计算全域莫兰指数，进而分析不同结果在空间上的相关性，计算结果如表 4-19 所示。

**各目标下全域莫兰指数**　　　　　　　　　　　　　　　　　　表 4-19

| 统计值 | 社会治理结果 | 以人为本结果 | 生态优先结果 |
|---|---|---|---|
| *Moran's I* | 0.260239 | 0.3137 | 0.270883 |
| Z 值 | 100.357023 | 114.364253 | 114.700777 |
| P 值 | 0 | 0 | 0 |

　　根据计算结果，三种计算结果中 P 值均为 0，通过了显著性检验。在社会治理目标结果中，$Moran's\ I$ 指数为 0.260239 > 0，以人为本目标结果中，$Moran's\ I$ 指数为 0.3137 > 0，在生态优先目标结果中，$Moran's\ I$ 指数为 0.270883 > 0。因为莫兰指数的取值在 −1 到 1，在通过显著性检验的前提下，$Moran's\ I$ 指数大于 0 即为正相关，小于 0 即为负相关，并且指数值越大就表示空间分布上的相关性越大，即在空间上的聚集分布现象越普遍。所以通过对以上 3 种公墓空间布局 $Moran's\ I$ 指数的计算，可以得出 3 种目标条件下，桐庐县的公墓空间布局结果在空间上均具有正相关性。

（2）空间分布方向与重心分析

　　为了进一步分析 3 种目标结果下的空间布局差异，本研究应用标准差椭圆方法来分析三种结果空间布局的分布方向、重心。标准差椭圆的方位角可以表示分布结果的主要趋势方向，而椭圆的短轴与长轴的长度为标准距离，可以反映分布结果在主趋势或次要方向上的离散或聚集程度。因此本研究直接使用 ArcGIS 分析统计工具中的标准差椭圆工具对 3 种目标结果进行计算，并将生成的椭圆大小级别设置为 1，输出的椭圆面积可以覆盖 68% 的适宜区布局结果。得到的各个结果分别如图 4-22～图 4-24 所示，并得到各个目标下的统计对比结果，如表 4-20 以及图 4-25 所示。

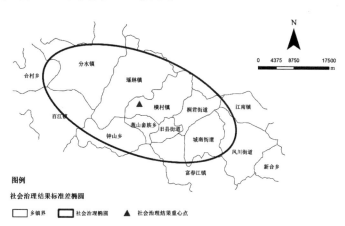

图 4-22　社会治理结果标准差椭圆

图 4-23　生态结果标准差椭圆

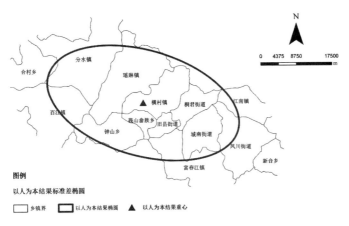

图 4-24 以人为本结果标准差椭圆

**各结果标准椭圆差参数值** 表 4-20

| 分类 | 社会治理结果 | 以人为本结果 | 生态优先结果 |
|------|------------|------------|------------|
| 长轴 | 25042.53991 | 24298.37814 | 24394.22058 |
| 短轴 | 12087.51324 | 12891.03605 | 11954.59854 |
| 方位角 | 111.029061 | 106.331916 | 107.81354 |
| 面积 | 950872495.5 | 983960735.7 | 916072597.6 |

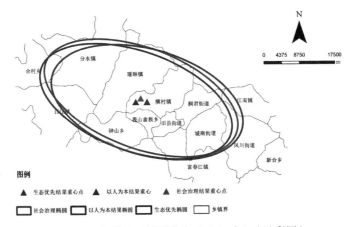

图 4-25 各结果下椭圆分布及重心对比（见彩图）

根据标准差椭圆的计算结果来看，社会治理结果、以人为本结果以及生态优先结果的空间分布方向及重心分布结果差异并不显著，分布方向均为西北—东南方向，椭圆重心均分布在桐庐中心区域附近，这一结果产生的原因主要是在于桐庐县西北—东南布局的基本狭长形态，另外桐庐县西北端和东南端区域的地形条件较差、交通便捷度低、不适合建设和使用，也是导致3种结果重心集中于桐庐县中心的原因。但从标准差距离来看，社会治理结果的主半轴最长，以人为本结果的主半轴最短。

而以人为本结果的短半轴最长，生态优先结果的短半轴最短。因此从分布方向上来说，社会治理的布局结果最为收缩，生态优先的分布结果次之，以人为本的分布结果在主趋势方向上最为扩散。而从椭圆面积来看，以人为本结果的椭圆面积最大，而生态优先结果的椭圆面积最小，也反映了在以人为本的目标下，适宜区空间布局结果最为离散，而生态优先的目标下，适宜区空间布局结果最为集中。在社会治理和生态优先的目标结果下，椭圆重心均偏向桐庐县的西部，这是因为这些区域的高程、坡度等地形条件适中，荒山、荒坡、瘠地较多，离桐庐县中心有一定的距离，但交通条件良好。这些条件决定了这类区域的公墓布局可以避免干扰城市的扩张和发展，符合社会治理的目标要求，而荒山瘠地也符合规划专家对于生态保护、利用墓区内的植树绿化山坡、起到生态修复作用的预设，因此即使在社会治理和生态优先两种不同的条件设定下，这些区域的结果均具有较高的适宜性。而以人为本的目标结果下，椭圆重心即位于桐庐县中心附近，这是因为城镇中心附近的交通便捷程度高，地形条件较好，因此符合民众对公墓位置的要求。

（3）多目标结果比较

从前文对 3 种目标结果空间分布特征来看，3 种目标的公墓空间布局结果在空间上均具有正相关性。但分布集散程度差异性并不显著，重心分布的差异也不大，造成这一结果的主要原因首先是基于桐庐县呈西北—东南布局的狭长形态，其次桐庐县西北端和东南端区域的地形条件较差、交通便捷度低，并不利于公墓的建设或使用，因此 3 种结果分布方向相似、重心点相近。

根据模拟结果统计可知（表 4-21），在目标一社会治理的结果中，桐庐县适宜区所占比例最低，为 33.28%；以人为本的规划目标下，桐庐县适宜区所占比例最高，为 48.94%。从 3 种目标结果分布特征及原因分析的对比可知，如表 4-22 所示，也存在着一定的差别。结合前文分析，3 种目标结果差异性主要体现为：社会治理目标布局结果主要分布于乡镇附近，中心城区及附近分布较少且零散，此结果对城镇发展的影响最小，适宜性用地比例最低。而以人为本目标的布局结果多集中于地形条件、区位条件较好的区域，该结果下空间布局适宜性用地比例最高、分布结果最为离散。生态优先目标的布局结果中荒山贫瘠地区得到了利用，市区范围内的建设用地作为了公墓建设的备选区域，此目标下适宜区空间布局结果最为集中。

各目标决策结果统计

表 4-21

| 分类 | 目标 1：社会治理 | 目标 2：以人为本 | 目标 3：生态优先 |
| --- | --- | --- | --- |
| 适宜区比例 | 33.28% | 48.94% | 39.00% |
| 不适宜区比例 | 66.72% | 51.06% | 61.00% |
| 现状点个数 | 83 | 81 | 72 |

多目标结果特征及原因

表 4-22

| 分类 | 结果特征 | 原因 |
| --- | --- | --- |
| 社会治理目标 | 适宜区总面积为 608.76km²，占全县总面积的 33.28%。主要分布于桐庐县乡镇附近，尤其集中于百江镇、合村乡、分水镇、钟山乡、瑶琳镇，但避开了桐庐县的基本农田用地、生态林地和水体，中心城区分布少且零碎 | 该目标的公墓空间结果在一定程度上反映的是政府群体的决策行为。需要考虑到建设成本、相关政策限制、城市扩张等问题，符合公墓与城市社会的未来和谐发展 |

续表

| 分类 | 结果特征 | 原因 |
|---|---|---|
| 以人为本目标 | 适宜区总面积为 895.4km², 占全县总面积的 48.94%。这些区域大多集中于坡度、高程等地形条件适中、交通便捷，但与居民点以及城市景观节点保持一定距离的地段。此目标下适宜区空间布局结果最为离散 | 该目标要求公墓布局要是满足公众对公墓有所避讳的情感需求和特殊节日出行便利的使用需求 |
| 生态优先目标 | 适宜区总面积为 713.54km², 占全县总面积的 39.00%。分布广泛，自然条件适中，荒山贫瘠地区得到了利用，市区范围内的部分建设用地也可以作为公墓建设的备选区域。此目标下适宜区空间布局结果最为集中 | 该目标下生态保护是主要的目标要求，如何将公墓环境与现有城市环境相融合是重要考虑因素。需要在保护现有环境基础上，通过规划建立一致的共性，寻求公墓在城市功能和空间上最佳位置 |

结合以上分析结果来看，首先城镇中心区域的适宜性分布的结果均不多，这是因为目前社会对公墓仍保持一种避讳的心理，与西方国家不同，我国公墓的发展仍保持一种去城市中心化的布局，但由于主城镇中心人口密度较大，对公墓的需求较高，适宜性较高的区域会在城镇中心附近区域出现。结合以上 3 种结果可以看出，城市边缘的荒地均有适宜区和较适宜区的分布，也符合我国目前大多数公墓布局的特点。其次，交通便捷区域的适宜性程度都比较高，这是因为公墓的本质还是一种为人服务的公共服务设施，从公众可达程度这一角度考虑，无论公墓距离居住区远近，交通便捷程度高的区域都是理想的公墓布局区域，交通便捷程度高的区域不仅可以缩短公众的出行成本，提高公墓利用率，在一定程度上还可以降低公墓的建设成本。最后，生态林地、基本农田耕地、水源保护地等区域基本上都属于不适宜区域，这一结果产生的原因是制度法规等因素在布局选择中占有重要地位，城市的规划政策对公墓的选址作出了约束和规定，国家或当地政府出台的相关行政法规对公墓可建设的用地、数量、规模等进行约束，如为了保护城市生态环境、保护耕地，生态敏感区域、基本农田等地明令禁止公墓建设，这就在很大程度上控制了城市公墓空间布局的最终结果，这也正符合我国绿色殡葬改革的有序推进。也正是由于桐庐县环境条件的差异，导致了 3 种布局结果均呈现不均匀分布。

经过对社会治理目标、以人为本目标和生态优先目标结果的分析和比较，可以发现在不同的规划要求中，公墓的布局结果会受到各类参与群体和各种因素不同程度的影响，而有些原因或机制在公墓布局中无法忽略，即使参与群体和规划目标有所不同，但公墓空间布局主要集中于地形条件良好、交通便捷和远离居住区附近的区域。在未来的规划或实际建设中，这些原因或因素都需要被关注和重视。

### （四）公墓空间布局优化

根据前文对 3 种规划目标的对比分析结果，3 种目标下的布局结果各有利弊，而在实际布局中均需加以考虑，如何进行科学设计与规划，是构建和优化集约型、高效型、生态型土地利用方式的关键。基于此，本研究对桐庐县公墓空间布局进行优化，主要利用 ArcGIS10.4.1 平台中的空间叠加分析工具，对 3 种目标结果进行叠加，得到优化后的桐庐县公墓空间布局结果（图 4-26）。根据分析结果，适宜区比例为 32%，不适宜区比例为

68%，统计结果如表 4-23。虽然各个目标结果各有差异，但优化后的布局结果可使各群体的目标期望均在一定程度上得到相对平衡的满足与实现，可以此构建"政府管理、专家参与、居民共享"的多准则合作模式，是一种比较高效的规划目标。

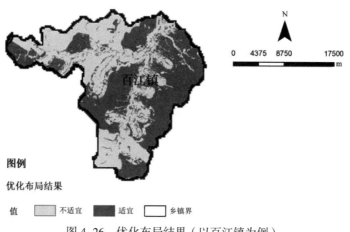

图 4-26　优化布局结果（以百江镇为例）

**优化布局结果统计**　　　　　　　　　　　　　　　　　　　　　　　表 4-23

|  | 适宜 | 不适宜 |
|---|---|---|
| 比例（%） | 32 | 68 |

此外为了实现不同规划目标下的公墓空间布局，促进城市公墓空间布局的新局面，根据前文对桐庐县公墓现状问题的分析与研究，本研究同时提出优化建议，如下：

1. 根据区域特征科学规划布局，促进社会治理

对于城市中的不同区域，需要因地制宜地制定相应的规划策略，在城市规划制定中打破公墓作为城市中独立的割裂空间的现状，实现城市和社会发展的有效治理。在人口集聚程度较高的中心城区、居民活动程度较高的城镇生活区，如桐君街道、城南街道等地，应使传统公墓的建设比例降低。与西方国家随处可见的墓园绿地相比，我国公墓公园化程度较低，居民对公墓仍有一定的避讳心理，目前公墓仍是影响城市发展与扩张的重要限制因素。但在这些区域，可建设一些新型城市公墓，如骨灰壁龛或骨灰楼，在一定程度上减少群众的疑虑与不安。在人口密度小、公共服务设施建设相对薄弱的城市近郊区是公墓布局的优选之地，且这些区域土地成本低，在未来需要时可以进行扩建，并且共用已具备的基础设施和交通配套，极大地减少公墓建设成本。而在乡村区域以及偏远乡镇地区，如新合乡、合村乡等，公墓选择尽量选用荒山贫瘠地进行布局建设，并利用墓区内的植树绿化基址，起到生态修复作用。

在加强统筹观念的基础上，因地制宜，根据不同区域的特点与尺度，考虑公墓空间的分区布点和职能的建设与拓展，从城市不同区域角度出发分析公墓的布局和规模的设计，从城市空间协调的角度对城市公墓的土地利用进行系统性的构建，实现城市和公墓的互动式发展。简而言之，在适宜性程度较低的城镇中心区域选择均衡式的布局，建设小、中型

和艺术型、特色型的公墓；在城市郊区选择重点式的公墓空间布局，建设大型的、规模化的、多元化的公墓；而对于乡村区域选择均衡式的公墓布局，建设大、中、小型兼具的空间布局规模。根据城市中不同区域具体发展情况的不同，采用不同的公墓布局模式，以符合城市和社会和谐发展的需求，达到社会治理的目标要求，使整座城市的公墓布局更加科学合理、因地制宜、集约高效。

2. 推动公墓用地多功能建设，推进以人为本

公墓是城市的公共服务设施，但是由于我国传统殡葬文化观的影响，大多数人对公墓仍有避讳。如何消减公众对公墓的避讳心理，提升公墓发展潜力，为公众带来积极意义是未来公墓发展的重要途径。（1）以创新的思维，重新定义公墓的功能定位。在城乡的建设发展和人民的生活水平提高的背景下，公墓的功能属性绝不仅仅是单纯的安葬逝者，公墓基本的殡葬功能已经不再能够满足民众物质和情感两方面的需求，公墓开始有了其他的功能属性，除了追思缅怀的祭奠功能，还有传承殡葬文化的衍生功能、发扬精神文化的派生功能等。（2）应重构城市中公墓的公共性。将公墓作为一种多功能的公共服务设施，与城市生态、农业、文化业相结合。推动公墓融入城市建设，使公墓成为公众可以日常使用的公共设施，提高公墓用地的土地利用价值。促使城市公墓空间真正成为社会化程度高的、具有一定公共服务性质的现代城市空间，以降低公众对公墓的邻避反应。（3）引导现代公墓往园林化墓园的方向转变。公墓景观与城市的风貌和发展息息相关，公墓的园林化还能够在极大程度上缓解其给城市或者社会带来的负面影响。但公墓景观是一种比较特别的园林景观，需要考虑的因素比一般的城市公园的景观更多，而在我国目前绿色殡葬改革的推进下，要求公墓景观在形式上应尽量保持和原有的城市自然景观以及人文景观的秩序相一致，在功能上可以实现生态平衡的维护。在公墓景观上充满人情味，尽可能缓解公墓对城市发展和居民日常生活的负面作用，进而推动公墓布局发生较大的变化。

在保持公墓埋葬逝者的这一基本功能属性的前提下，在一定程度上尽可能提高公众对公墓在日常环境中出现的接受程度，进一步满足公众的情感需求以及使用需求，从人的角度出发，推进公墓多功能的建设。这样才可能有效地推广新型的公墓用地利用方式，促进公众生活和公墓建设的协同发展。

3. 倡导公墓布局与城市用地兼容，完善生态保护

在《城市用地分类与规划建设用地标准》中，殡葬设施用地在城乡用地分类中，被定位为"区域公用设施用地"。但实际建设中，公墓很少发挥作为公用设施用地的属性，公墓用地甚至公墓周边用地的土地利用率并不高。另外对于一些建设时间较长的公墓来说，其选址在前期是相对合理的，但由于时代的变迁，城市化的发展会带来城市格局的变化，会在一定程度上造成一些较不合理的情况，所以需要搬迁、改扩建等措施。因此有必要提高公墓用地与城市的相容性，高效利用城市土地，最大限度地发挥土地的经济和社会效益。（1）现代公墓的建设需要克服其建设的单一性。寻找公墓与其他公共设施，尤其是城市绿地系统，如城市公园、植物园等之间的联系和互通性，以便达到城市土地资源优化和综合效益最大化的同时实现。建立多元化的城市职能体系和格局，提升公墓用地在城市

土地利用的兼容性，促进公墓的可持续发展。（2）因地制宜合理使用荒山瘠地。在坚持集约用地，保护基本农田和生态敏感地的前提下，公墓空间布局应结合荒山、荒坡建设，以及利用一些非耕地或不宜耕种的土地，以保护农田、耕地等景观斑块。尤其对于桐庐县这种多山多丘陵的地区，对适合开发的山地、坡地应首先进行考虑。（3）将一部分公墓环境与城市周边的自然环境相融合可以为城市提供公共空间。将公墓与城市绿地、城市公园边界环境、郊区环境相融，可使公墓公园化，将其融入城市中去，作为城市公共空间的一部分，提供城市绿化功能、表达人文精神等。

城市中的公墓建设需要提升公墓存在的合理性和自身价值，以倡导公墓空间布局与城市的其他用地相兼容。以试图消除城市中公墓的封闭性的方式，使公墓景观融入城市绿地建设的系统中去，解决现阶段城市土地资源紧缺和供需矛盾，从而达到目前绿色殡葬、生态保护的公墓建设要求。

# 第三篇　公墓规划设计

　　本篇章主要内容为基于实证研究的，从整体环境、景观要素与植物专项三个方面出发，由表及里，对公墓规划设计的层层剖析，并根据研究分析结果，结合我国公墓设计发展现状，抽丝剥茧，因地制宜，探索总结公墓设计的优化策略，从而对"中国式"公墓规划设计作出微弱贡献，为形成更加适合我国国情的公墓体系助力。

# 第五章　公墓整体环境设计

公墓是殡葬系统的重要组成部分，随着殡葬改革的进行，我国的公墓建设得到了迅速发展，同时有关公墓设计的问题也日渐暴露，除了基本的祭祀功能外，难以构建一个宁静、祥和、崇高的多功能复合空间。公墓功能定位单一、总体布局混乱、功能分区合理性欠缺、景观性和生态效益差、文化传承不足且片面等问题在公墓的建设与设计中日益突显。这些问题一方面导致了很多公益性公墓利用率极其低下，造成了土地的严重浪费，另一方面，也已经开始逐渐影响到人民群众的生活，随着老龄化的日益严重，长远来看，负面效应将会只增不减。

在当前社会转型之际，如何立足于我国实际国情，改善公墓整体环境，提高我国公墓的利用率，成为当前我国殡葬行业改革发展的一个十分棘手却又迫在眉睫的问题。因此，本章在分析研究的基础上，从使用者的角度出发，为我国公墓环境设计提出建议，对"中国式"公墓进行探索。目前的环境评价研究中，人们关注的焦点主要集中在客观环境而忽略了环境对人的服务功能。因此，本章节从使用者角度出发，运用文献分析、访谈研究、问卷调查等方法，构建公墓环境满意度指标体系，并对杭州市安贤陵园和钱江陵园展开调查，综合评价使用者环境满意度现状，评价包括两个部分：一是对使用者特征的客观分析；二是使用者对公墓整体以及各个环境要素的满意度评价分析。最后，根据研究结果，结合杭州公墓环境的现状，提出环境设计以人的可持续发展、因地制宜、因"实"制宜的原则，并有针对性地从基面环境、设施环境、文化环境3个层面分别阐述公墓环境设计优化策略。

## 第一节　公墓整体环境相关理论

### 一、环境要素理论

现行国家标准《环境管理体系　规范及使用指南》GB/T 24001（ISO 14001）中对环境的定义是："环境是组织运行活动的外部存在，包括空气、水、土地、自然资源、植物、动物、人以及它（他）们之间的相互关系。"该定义反映了人与自然要素、人与生物以及自然要素与生物之间的关系，环境质量良好需要三方关系的和谐，这对于构建本文的公墓环境满意度指标体系具有指导作用。

环境按照形成原因分为自然环境与人工环境；按照空间大小分类，有宏观环境、微观环境；就活动功能而言，有居住、生产、办公、运动、通信、交通、休闲等环境；从分支学科而言，有社会环境、经济环境、生态环境、建筑环境、光环境、水环境等。《建筑外环境设计》中的环境要素理论对物质环境的要素进行了分类，包括基面要素、设施小品要素以及围护面要素3个维度。公墓环境仍然是外环境中的一种，其基本要素与一般环境要素大致上相同，这对本文公墓环境设计的研究提供了启示与思路。

## 二、环境设计

环境设计是指对人类的生存空间进行艺术化设计的系统工程，是从人文、生态、空间、功能、技术、经济和艺术等方面进行的综合设计。环境设计的内涵非常广泛，环境设计系统的理论建立在自然环境的基础上，是人工环境和社会环境中自然科学和社会科学的综合研究成果。自然环境是不依赖意识而存在的无机界和有机界，是客观的物质世界。人工环境是在原生的自然环境中改造、建成的物质实体，包括它们之间的虚空和排放物，构成了次生的人造景观。社会环境是人类在历史发展过程中，因受到原生环境与次生环境的影响，从而形成了不同的民族、生活、风俗、政治、宗教、文化等，并构成了不同的人文环境。环境设计就是围绕自然环境、人工环境和社会环境所进行的设计与再设计。

## 三、公墓环境设计实践

由于城市规划、宗教信仰和文化等多方面的差异，国外公墓环境设计研究开始较早，因此在公墓的相关实践及理论方面都较为成熟。

1976年乔赛亚·梅格斯（Josiah Meigs）设计的新天堂墓园（New Haven Cemetery），一扫传统坟地和教堂墓地的荒凉气氛，成为美国第一个经过设计的墓地景观。1831年第一个"乡村"花园式墓园——奥本山墓园（Mount Auburn Cemetery）在波士顿诞生，它由马萨诸塞州园艺协会建造，设计师受英国花园结构物的启发设计了埃及式大门、哥特式小教堂和诺曼式塔楼。辛辛那提的园艺家在1845年根据建筑师霍华德·丹尼尔斯（Howard Daniels）的设计建造了斯普林（Spring）墓园。景观设计师阿道夫·施特劳赫（Adolph Strauch）在1855年成为斯普林墓园的总监督后，把杂乱的园塔、石头和观赏植物改为由大片草坪、湖、石碑组成的景观，并且提出"景观草坪计划"，使美学品位成为墓园设计的原则之一，并影响到后半个世纪的墓园设计。西蒙兹（O. C. Simonds）1883年担任芝加哥恩赐之地墓园（Graceland Cemetery）的主管时，成为施特劳赫景观草坪计划的有力支持者，他1887年创立美国墓园管理协会，并通过海特（F. J. Haight）的现代公墓（Modern Cemetery），宣告了"墓园设计师"职业的专业化。国外众多墓地随着岁月流逝和城市发展逐步成为城市开放空间中的一部分，进而成为世界著名的游览圣地，如：维也纳的中央公墓（Central Cemetery），意大利米兰纪念公墓（Cimitero Monumentale）、莫斯科的新圣女公墓（Новодевичьекла́дбище）和圣彼得堡艺术家墓地、美国的奥本山墓园等，这些墓园都得益于其著名的景观环境，成为世界公墓的精品和典范。公墓环境设计整体发展向园林化迈进，2003 年 ASLA 景观设计奖的一个墓园作品——枫林大道（Maple Avenue）就体现出这样的理念和先知，并以此为先河开始了这样的探索。现在国外主要进行的工作是对原有墓地进行扩建和改造，以满足当今不断增加的墓穴需要。意大利的索韦尔公墓加建工程、格拉多圣皮埃尔公墓扩建工程、阿来佐城市公墓扩建工程；瑞典林地公墓（Woodland Cemetery）改造；美国休斯敦的贝丝·伊斯雷尔墓园、山景城墓园（Mountian View Cemetery）改建等。

国内对公墓规划设计的研究大致有 3 个发展阶段：萌芽阶段、初步发展阶段和多元化发展阶段。

第一阶段（—1996 年），是公墓规划设计研究的萌芽阶段。这一阶段学者研究的主要内容包括从公墓个案规划设计视点出发的实践探索和从殡葬角度出发的宏观理论性研究。葛立三等学者从地理环境、规划思想、总体布局、规划手法等方面对黄山龙裔公墓进行了研究，杨宝祥从双凤山城市墓园的概况入手，对墓园的设施、植物造景、景观营造等进行了分析，周洪涛等学者则从殡葬改革角度入手展开探讨。第二阶段（1997—2007 年），公墓规划设计研究领域逐步拓展，初现多元化。一方面，从殡葬角度出发的研究仍在继续，另一方面，出现了新的研究主题，研究内容拓展到公墓现状问题、传统文化和现代文化对公墓规划设计的影响等。有的学者探讨了殡葬与公墓建设的关系，有的学者从传统文化角度进行了探索，有的学者则从现代文化角度出发进行了研究。第三阶段（2008 年以后），虽然研究文献数量总体上依然不是十分可观，但关键词词汇类别得到了拓展，多元化趋势明显。一方面，围绕新时代文化特征进行的研究主题有了进一步发展，如对公墓发展现状与墓地困境、绿色殡葬与公墓建设模式的研究；另一方面，对公墓具体规划设计的研究也有所深入，研究内容拓展到公墓的规划编制、具体内容的规划设计。

## 四、公墓环境设计理论

（一）公墓的整体规划和环境设计。纽约大学布雷特·J.加夫龙斯基（Brett J. Gawronski）通过设计案例体现了目前美国公墓环境设计规划的前瞻方向，尤其是在减少混凝土、水泥等生态破坏性材料的使用方面对生态型公墓环境的建设有一定的意义，作者从美国墓地日益拥挤的、土地资源严重不足的实际情况出发，提出建设能够对抗时光的"永世墓地设施"，结合自身的设计理念对设施的材料进行探讨，然后从时间、历史、选址、景观等多方面对设计场地进行了深刻透彻的分析；因地制宜地进行道路规划，结合场地的自然条件设计出多层的墓穴；墓穴不同于以往的一次性设施，作者设计出随着时光流逝可逐步叠加的、渐渐与周围场地环境融合的"永世的""可生长的"墓地设施。塔尼娅·莱娜·沙德（Tanja Lena Schade）通过研究美国的现有埋葬方式来寻找一种减少浪费、污染的可持续性的通用做法，探讨了当今美国面临的可持续性问题，试图寻找不消耗子孙后代生存机会和资源的生活方式，他提到绿色埋葬不使用有毒化学品，仅需要较少的资源，用树木作为坟墓的标记，同时研究了美国对死亡的态度，对绿色葬礼的愿景以及绿色墓地会产生怎样的未来收益，希望通过环境友好的方式来满足人类的基本需要。雅辛塔·M.麦卡恩（Jacinta M. McCnn）有《墓园规划设计》等专题的研究，主张墓园整体纪念性空间的设计，并强调墓园设计应该朝艺术化方向发展。20世纪以后，国外出现了大批关于墓园的系统理论研究成果并重视墓园理论的教育培养，如德国的某些大学里开设墓园专业，以三年学制的形式对墓园进行系统的研究，包括历史、文化、规划设计等诸多方面。1958年，日本有关部门颁布了墓园相关规划设计标准，其中包括墓园规模、配置和设施等内容。加拿大的谢里尔·菲尔德（Cheryl Fields）和迈克尔·索尔兹伯里（Michael Salisbury）于2002年分别以《墓园设计：超越传统》（*Cemetery Design: Transcending the Traditional*）和《加拿大建设森林墓园的可行性研究》（*A Feasibility Study of the Woodland Cemetery in Canada*）为题进行了相关研究。

（二）在人文领域探讨公墓与文化、宗教彼此间的关系和相互影响。伊丽莎白·肯沃西·提瑟（Elizabeth Kenworthy Teather）经过常年大量对中国香港各个墓地的实地研究，以中国传统堪舆学为背景对其进行分析，尤其将多重文化背景下的香港独特的丧葬形式、文化内涵进行了展示。坂口隆（Takashi Sakaguchi）重点探讨了"shuteibo"，这是一种以圆形筑堤为特点的公共墓地，其主要建在晚绳文时代后半期的日本北海道，基乌地区的该类型墓地是了解绳文时代晚期狩猎密集社会的关键。

（三）国内关于公墓发展的相关理论论著，主要介绍公墓形式及其环境设计的产生和发展趋势。翟俊在《美国墓园概述》中对美国各个发展时期墓园的发展变化进行了概述，介绍了美国若干个著名陵园，说明了陵园发展对整个景观规划的意义。叶莺、高翅从人类墓葬习俗的起源入手，简述了西方墓园的发展过程，并着重分析了现代公墓形式演变的3个阶段。张媛明、罗海明从陵园规划实际需要解决的问题出发，初步构建了公墓体系规划的编制内容，建立了包括3大类9小类的公墓体系规划技术标准体系。匡绍武、佘果辉阐述了中国传统堪舆思想和丧葬文化，描述了我国目前的陵园占地面积大、生态破坏性大的现状。

在公墓的具体环境设计上，国内的研究还较薄弱，虽然有涉及纪念性景观的研究，但还不够系统。洪艳铌提到了墓园内各要素的空间序列和空间构成组织。赵海翔提到了在纪念性景观中如何更好地利用空间中各要素的构成，空间单元的尺度和空间的序列组织。这些现有的对墓园空间的研究还只是停留在一个基本的空间理论层次上，对墓园整体环境空间的研究还较欠缺。另外有很多研究以实际案例为探讨出发点，分析公墓在整体规划、植物配植等园林要素中的运用。张伟以合阳烈士陵园建筑规划设计为工程实例，结合人工环境、自然地貌与景观特征，从空间环境的布局、空间序列的组织、植物景观空间营造3个主要方面对典型案例进行调研与研究分析，探讨小型现代墓园空间环境设计中所遇到问题的解决思路。王亚新针对哈尔滨市公墓的环境现状调查，从环境要素角度提出了公墓环境的改进建议。柴芬友提出公墓环境中树种选择应打破陵园中多用松柏树种的传统，选用叶色、花色丰富的树种和花卉，通过乔灌草各层之间的高低错落，常绿树与落叶树的配合和各种植物群落的组合，使得四季的植物景观显示出丰富的变化层次，体现优良生态环境中植物多样性的特征。顾菡将明代、民国和新中国成立后建设的三个不同性质的陵园景观进行比较，得出陵园景观设计的主题意义及其主题表达方式。张敏提到新型的墓葬形式，提出挖掘陵园的生态性、艺术性和文化性，在陵园设计中应更加强调其对于周边环境和整体城市的生态作用。

综上所述，在公墓设计研究上，国内外大都集中在公墓发展历程、公墓的功能性与功能分区、总体布局上，但我国与国外研究的明显区别，是国外研究起步较早，在公墓设计的理论和实践上较为成熟，而我国对公墓设计的研究时间相对较短，对公墓带来的负外部性影响研究与国外比之不同且较国外而言关注更多，对公墓墓园化的研究也起步较晚。总体来看，我国公墓规划设计研究的主题演进可以归结为：由公墓规划设计相关主题的概念、类型、发展等宏观讨论逐渐转变为单一主题的细化、延伸和深入研究，以及不同研究领域的交叉探讨；研究方法上则是理论研究与实践研究齐头并进；而在研究影响因素方面，学者们的研究主要跟随经济发展水平和政府政策的演变，政策导向性明显，研究主题紧跟国家政策变化呈现多样性，文化视角是主线，殡葬角度贯穿始终，关注点更多集中在公墓的文化探究、典型公墓案例具体内容的规划设计研究，学界对公墓规划设计逐渐重视。值得注意的是，环境要素是公墓环境设计研究的一个角度，《建筑外环境设计》中的环境要素理论为本章节的因子选取和研究框架构架提供了思路，公墓环境要素是支撑本章节最为重要的基础理论之一。

## 第二节　环境满意度评价分析方法介绍

满意度的评价主要是研究与空间使用者的主观感受有关的各种要素，从更为本质、全面的视角了解他们的实际需求，以期设计出更为人性化的空间。对环境满意度的研究多集中于社会学、城市建设等领域。环境满意度的评价应用较为广泛，早期主要是社会学家和环境心理学家在此领域进行了比较深入的研究。建筑规划界对环境满意度评价的兴起主要原因在于现代主义建筑缺少人性的一面受到的质疑，在此之后，设计者和开发商开始注重居民对建筑和居住环境的影响，并在之后的几十年里进行了大量的各类空间使用满意度的研究。本节将从理论与应用等多个角度对环境满意度评价分析方法展开介绍。

### 一、使用者满意度理论研究

目前，国内外学者对使用者满意度主要有以下几种观点。

#### （一）期望差异理论

期望差异理论是在顾客满意度基础上发展而来，该理论认为，若购买过程中获得的实际绩效高于购买期望，顾客，也就是使用者就会产生高度满意的心理状态，并且会产生再次消费的意愿；反之亦然。

#### （二）平等理论

平等理论也是在顾客满意度基础上发展而来。这种理论认为，价钱、收益、时间和精力是决定满意度的主要因素。若使用者所付出的时间、精力和金钱与获得的收益或价值达到平衡，则会产生使用者满意的心理状态。因此使用者可以通过衡量其所付出的时间、精力、金钱和其所获得的价值、体验之间的关系来测量这次使用过程是否使其满意。

### （三）感知绩效理论

在感知绩效理论中，使用者满意度不是一种由比较而产生的心理状态，而是实际绩效的作用效果，因此使用者满意和使用者期望之间并没有关系，该理论认为，"在此模型中，只考虑基于旅游者体验的旅游者满意度评价，而不考虑他们的期望。此模型适用于当旅游者不知道想要什么和对旅游目的地一无所知的情况下，实际旅游体验是他们唯一评价满意度的参考。"

### （四）总满意度理论

该理论认为，对满意度形成影响的因子不仅有总体满意因子，还有分因子。使用者对使用地中所有可区分的分因子的满意程度的综合可以被描述为总体满意度。分因子则会因为使用者的主观因素，如社会背景、情绪、期望等，以及使用地的客观元素，如地点、时间等产生明显的差别。因此在满意度的研究中还应注重对这些可区分因子满意度的研究。

以上4种理论是目前研究阶段中，采用较多的用来构建使用者满意度测评体系的满意度理论。在前两个理论中，使用者满意度是通过使用者的心理比较而产生的一种心理状态，而在感知绩效理论中，使用者满意度则与之相左，变成了一种使用者与使用预期无关的实际感知。在总满意度理论中，使用者满意度的影响因素由总体满意因子扩大到了其以下层级的分因子，该理论在一定程度上增加了测评体系的系统性。在对上述4种理论进行分析之后，笔者认为应该根据使用者的实际情况对这4种理论进行选择取舍。

## 二、环境满意度主要研究领域

对于建成环境的满意度研究，国外关注最为普遍的领域是住房、邻里、社区等居住环境，它们曾经都是西方社会科学家、环境心理学家研究的领域。

在1970年之后有更多的建筑专业研究者投入其中。其中较为有代表性的满意度研究成果有：D. 坎特（D. Canter）的住房满意度模型。坎特用"块面分析"的分类方法建立了多变量满意度模型，此后他又将块面法与场所理论结合起来，发展成一个"元理论"——块面理论。其他学者在此基础上提出了许多综合评价模型，如1985年唐纳德（Donald）的"场所评价综合模型"。吉福德（Gifford）在1987提出的住宅满意度综合模型。该理论强调人口统计特征的区别。其他的居住满意度评价实践和理论，主要在评价因子的选择上有所区别。历经40余年的探索，西方发达国家的满意度评价理论伴随建筑观、城市观、自然观逐步完善。在建筑科学化发展的有力推动下，形成了汲取众多相关学科知识、更为系统全面的研究体系。建筑规划领域，其研究对象从最初的小范围居住区、老年或学生公寓、医院等个案研究发展到后来的办公、商业、娱乐等公共建筑，甚至放大到城市空间和区域环境的评价。直至当下，建筑学科领域的学者开始关注诸如绿地、墓园、交通建筑这类功能更为复杂、综合性更强且与使用者关系更为密切的类型。

国内对环境满意度的研究多集中于社会学、城市建设等领域，对环境质量的满意度大都在居住环境等少数领域发起，研究时间也远短于国外。主要有以下几个方面：

**（一）整体性的建成环境满意度研究**

杨公侠教授在环境评价理论的推广和实践方面做了大量的工作，他结合视觉环境进行许多环境评价研究，并重点介绍了英国学者坎特的"目标场所评价理论"和"块面语句法"，通过指导研究生参与环境评价实践，进行了一定范围的应用方法探索，著有《环境心理学的理论模型和研究方法》《上海居住环境评价》等研究成果。华南理工大学朱小雷博士对建成环境评价进行了研究，在其出版的《建成环境主观评价方法研究》一书中对城市居住环境质量的主观评价进行了较为深入的研究。李宁宁等将社会满意度分为自身需求的满意度和环境需求的满意度两方面，其中环境需求中的物理环境需求则是指与人们生存质量直接相关环境的"硬件"需要，包括自然环境、城市建筑设施等，据此可认为，自然环境满意度的基础是人们对其所处自然环境的评估，并基于此对其自然环境需要得以满足的程度加以判断而形成的一种认知。段雯祎通过对北京市居民的自然环境满意度进行研究，提出自然环境满意度就是使用者所感知到的自然环境状况与其预期水平相符合的程度，是客观环境质量的主观反映。

**（二）居住环境满意度研究**

郝武波对农村人居环境进行了研究，从农村经济生态基础条件、住宅、公共设施和社会服务等方面来设计问卷，通过建立探索性因子分析模型提出潜变量，尝试建立人居环境满意度指标体系，并得到人居环境满意度总指数，说明了农村居民对住宅情况的满意度最高，对社会服务、基础条件因子的满意度较高，对公共设施建设的满意度最低，公共设施建设中居民最为不满意方面为农村健身场所、娱乐设施配套设施的建设。陈志霞从居住环境满意度的层次出发，认为居民对城市或社区的环境满意度属于社会满意度的中观层次，提出这一层次中社区满意度的研究内容与自然环境密不可分。重庆大学张智博士分析研究了居住区环境的特点及居民对居住环境质量的需求，建立了以居民健康为主、兼顾居民生活质量如舒适性等的评价指标，把环境要素、环境设施、环境管理融入居住区环境质量评价中，采用层次结构模型，建立了居住区环境质量综合评价指标体系。浙江大学区域与城市规划系王伟武在杭州城市生活质量的定量评价研究中将城市生活质量的评价指标分为社会经济环境和生物物理环境两大类，经济环境指标选择人口密度、住宅用地基准地价和大专以上学历人口比例，生物物理环境指标选择建设用地比例和地表温度。吴硕贤等陆续对杭州、厦门、南京和温州等市居住区的使用者进行了生活环境质量的问卷调查，这些居住区是我国南方地区旧规划建设居住区和旧城住宅区的代表，他利用多元统计分析研究了居住环境质量各因子的统计关系和规律，并选出了相对独立的评价因素。

**（三）开放空间满意度研究**

李红光通过将郑州市城市开放空间现状、使用情况、使用者评价和意愿联系为一体的专门性研究，探索了城市开放空间的效能体现与使用者、使用活动相互作用的方式和影响程度。黎贝结合成都市绿道建设现状和易行的原则，以感知绩效理论作为研究的基础理论之一，从感知绩效角度对测评指标的选择进行研究。除此之外还包括旅游环境满意度等方面的研究。

### 三、环境满意度影响因素与评价分析方法研究

#### （一）使用者满意度影响因素的晕轮效应

"晕轮效应"由皮扎姆（Pizam）等在 1978 年发现，其主要的内容是指，使用者总体满意度的评价会受到使用者对某个单项属性评价的影响。在对使用者满意度进行研究的过程中，为了减少这些单项属性的评价对整体满意度评价的影响，应在研究之初就确定这些有可能会导致满意或不满意的单项属性的数量与种类，因此，在本章节的使用者满意度研究中，界定对使用者满意度影响因素的数量、种类以及对这些影响因素的测度和排序等工作是非常重要的。

#### （二）使用者满意度影响因素

对使用者满意度影响因素相关文献进行整理归纳后，发现大多数学者均选择了从使用者自身因素和使用目的地的硬、软件因素 3 个大方面对使用者满意度影响因素展开研究。各类满意度评价对评价因子的选择各有侧重点、具体的设计上有较大的差别。

哈尔滨建筑大学郭恩章教授所作《城市居住小区环境质量评价技术研究》中的主要因素如下：规划结构布局、道路与交通、建筑群体组合、绿化和活动场地、公共服务设施、工程管网布局、环境质量保障。单菁菁将社区满意度的影响因素归纳为社区绿化、环境卫生等 20 个方面。黄颖探讨满意度评价时强调以功能组织、空间设计、流线安排、文化感知、细节处理为一级指标的评价因素模型。方静以功能组织、流线安排、空间设计、整体空间环境、其他服务设施、物理环境和细部形象作为 7 个一级评价指标，其下包含 23 个描述性的二级指标。重庆大学张智采用层次结构模型，建立了居住区环境质量综合评价指标体系，建立了居住区环境质量评价模式。同济大学孔键提出针对人性化设计的关注要素，其中涉及乘客对空间的评价，阐述了乘客在地铁车站内心理和生理两方面需求的影响因素，主要考虑声、光环境需求、温湿度、气流速度、负离子数量和空气清洁度等为主的空气环境需求，心理方面需求主要表现在声光热等物理特性方面、安全感、对方位与方向的感知和车站的识别性。黎贝通过对成都市三环路外绿地进行问卷研究，甄选出成都市绿道使用者满意度的影响因素主要有可达性、环境质量、游憩项目、配套与服务设施、环境效益与绿道声誉，并且提出主要的影响因素是环境质量，其次是可达性、游憩项目、配套及服务设施、环境效益。段雯祎在对北京市居民的自然环境满意度研究中，从声环境、空气及水体、绿化及墓园满意度出发研究对主观幸福感的影响作用。柳艳超、吴立周等研究了殡葬方式的生态建设评价，以西安主要公墓为研究对象，构建了殡葬方式生态建设评价的指标体系，主要包括资源和环境两个准则层，以及土地消耗量、景观性等共 9 个指标层。

目前未见与公墓环境主观评价有关的研究，因此本文的满意度研究将会在公墓环境要

素理论的基础上，一方面考虑公墓基本功能的特殊性，另一方面结合墓园、绿地、居住环境等空间的满意度研究成果，直接从使用者角度出发，对公墓满意度评价指标体系作出初步探索。

**（三）满意度影响因素分析方法**

在国家自然科学基金的资助下，吴硕贤以人群的主观评价为核心，利用量化方法进行居住环境质量评价，他在建立较完备的层次结构评价因子模型的基础上，进行建筑环境综合评价方法的研究。缪立新等提出舒适性、可靠性和经济性3层影响因素，采用具有递阶结构的评价目标集：准则层（即一级判断指标）、准则子目标（即为二级指标）、约束条件以及对应的二级指标对方案进行评价，随后采用两两比较的方法确定判断矩阵，再依公式计算判断矩阵的最大特征根以及对应的特征向量，以此作为相应的系数最终得出优先顺序（即方案的权重）。柳艳超、吴立周等基于对西安主要公墓的现场调研，运用层次分析法对我国主要的殡葬方式进行生态建设评价。

对使用者满意度评价方法总结如下：满意度评价考察环境的多方面内容，一般评价过程为，确定评价目标和对象、构建评价指标体系、确定评价指标权重、确定隶属函数、构造评价矩阵、进行定性和定量评价。其中，在分析方法上，一方面通过相关分析、方差分析等分析方法考量自身因素对满意度的影响，另一方面通过建立满意度测评体系研究使用目的地的硬、软件因素探索对满意度有影响的因素。

总体而言，在环境满意度评价和分析方法研究上，国内外满意度的理论研究相对已经成熟，国外对环境满意度研究最为普遍的关注领域是住房、邻里、社区等居住环境，国内对环境满意度的研究多集中于社会学、城市建设等领域，对环境质量的满意度调查大都在居住环境等少数领域发起，在开放空间、建成环境整体评价上有一定的研究基础，但研究时间要远短于国外。至于环境满意度影响因素，在对使用者满意度影响因素相关文献进行整理归纳后，发现大多数学者的因子选择基本离不开从使用者自身因素和使用目的地的硬、软件因素3个大方面。在环境要素理论的基础上，结合公墓功能的特殊性，与公墓环境较为相关的影响因素主要有道路与交通、绿化和活动场地、公共服务设施、文化感知、细节处理、心理识别等。

# 第三节　环境满意度指标体系构建

## 一、使用者环境满意度指标体系构建

### （一）使用者满意度

满意度评价是建成环境主观评价的重要部分，它反映的是构成建成环境的综合性评价。使用者满意度的内涵主要体现在以下几个方面：

1. 比较性。使用者满意度是一种心理状态。并且这种心理状态是通过将使用者使用前与使用后的心理进行比较而产生的。

2. 评价性。使用者满意度是使用者对使用目的地建设情况与经营管理情况的一种评价，是规划建设者与经营管理者在控制使用地正常运作时应加以利用的宝贵信息反馈。

3. 综合性。使用者满意度的评价的内容是具有综合性的，其评价内容是使用者对使用地的环境质量、游憩项目、配套设施、基础设施等各方面的满足程度。因此，在对使用者满意度的研究中，应注重其影响因素的综合性，从多个影响因素入手。

## （二）指标体系构建原则

建立一套科学、完善的评价指标体系，需要尽可能涉及影响使用者环境满意度的方方面面。因此，指标选取应遵循以下原则：

1. 科学性原则。评价指标体系的拟定和取舍都需要有科学的依据。只有坚持科学性原则，获取的信息才具有可靠性和客观性，评价的结果才具有可信度。

2. 层次性原则。指标的选择应尽可能从不同层次、不同方位涵盖环境评价的决定性要素，以真实地反映结果。

3. 可操作性原则。各评价指标的设计要求概念明确、定义清楚，指标应便于量化、收集和整理；评价方法应便于计算；使用分析结果应便于解释现状，对现实有指导意义。

4. 相对独立性原则。指标之间应尽量避免内容交叉或相互包含，每个指标的含义都应该具有相对独立性。

5. 全面性与重点性相统一的原则。指标设置尽可能包含公墓环境的各个方面，从不同层次和不同角度来衡量，使得整个指标体系具有完整性。但又要突出重点，尽量去除反映同一内容的重复性指标。

通过以上 5 项基本原则为基础，充分结合环境要素理论，可以初步建立一个较为完整的评价体系。另外，对指标体系的选取应结合地区实际情况而定，使其既能够体现环境设计的基本要求，又能与实际所需要表现的情况相一致。只有这样，一个地区性的公墓环境评价才具有真正的意义，才能为公墓环境设计提供科学的参考依据。

## （三）指标体系因子选定

在评价指标选取上，一方面，进行相关文献资料的回顾，从中发现有较大参考价值的评价指标，选取的评价指标必须对环境质量有重大影响，这样才能突出事物的主要矛盾；另一方面，满意度评价主要是从公墓使用者的角度出发，因此进行实地调研和访谈研究，把指标的选取建立在充分调动评价主体主观能动性的基础之上，通过与使用者交谈中提及某关键词的频数来捕捉重要的满意度指标倾向，从使用者的切身感受中找到他们关注率较高的因子，通过分类总结得出评价指标因子。

## （四）文献资料分析

本研究充分利用现有的数据库，如中国知网、维普科技期刊、万方数据库等来查阅资料进行文献调研，文献调研过程中采用文献研究法作为资料的主要的收集方法。在文献阅读基础上，结合环境要素理论，得出公墓环境满意度评价的初级指标。已有研究中的环境满意度指标体系主要观点见表5-1。

环境满意主要指标因子及研究学者 表 5-1

| 代表人物 | 因子类别 |
| --- | --- |
| 郭恩章等 | 规划结构布局、道路与交通、建筑群体组合、绿化和活动场地、公共服务设施、工程管网布局、环境质量保障 |
| 黄颖 | 功能组织、空间设计、流线安排、文化感知、细节处理 |
| 柳艳超、吴立周等 | 资源和环境两个准则层，以及土地消耗量、景观性等共 9 个指标层 |
| 孔健等 | 心理、生理两方面需求的影响因素 |
| 方静 | 功能组织、流线安排、空间设计、整体空间环境、其他服务设施、物理环境和细部形象 |
| 黎贝 | 可达性、环境质量、游憩项目、配套与服务设施、环境效益 |
| 张智 | 细化分类居住区环境质量指标由 3 部分组成：环境要素指标、环境设施指标、环境管理指标 |
| 王伟武 | 社会经济环境和生物物理环境两大类 |
| 钱键，宋雷 | 基面要素、围护面要素和设施小品要素 3 大类 |

### （五）指标体系的确定

使用者需求应包含物质和精神两方面，环境满意度评价也将从这两个方面出发，满意度评价研究针对影响使用者主观感受的各种环境要素。本文考虑的是公墓内部物质环境要素和内部社会环境要素中的文化内涵要素，管理服务状况、周边环境要素不在本文的研究范围。因此，在环境要素分类的基础上，对文献研究结论以及访谈研究的结论进行整理分类，本文将公墓环境满意度评价指标归纳为三大要素：基面环境、设施环境和文化环境，并设 14 个指标（表 5-2）。其中，基面环境包括：绿地、道路、水体、场所、围合面；设施环境包括：卫生、信息、休憩服务、照明安全、艺术景观和无障碍设施；文化环境包括整体氛围、社会文化和个体文化。最后参考已有文献研究，结合使用者需求理论，对各指标进行测量项描述，为后面的量表设计提供参考。

公墓环境满意度指标体系 表 5-2

| 目标层（$A$） | 系统层（$B$） | 指标层（$C$） | 指标说明 |
| --- | --- | --- | --- |
| 公墓环境满意度指标体系（$A$） | 基面环境 $B1$ | 绿地 $C1$ | 绿地层次丰富程度、植物种类感知 |
| | | 水体 $C2$ | 水体类型多样性、水体质量感知 |
| | | 场地 $C3$ | 可停留场所数量、具有吸引力的场所数量、场地分布合理性、场所功能完善度、场地形式多样性 |
| | | 道路 $C4$ | 交通驳接便利程度、铺装效果、畅通性、停车场容纳感知、出入口位置方便程度、到达墓区所需时间 |
| | | 围合面 $C5$ | 围合面形式多样性、具有吸引力的围护面数量 |
| | 设施环境 $B2$ | 卫生设施 $C6$ | 卫生设施数量、分布合理性、干净整洁程度 |
| | | 信息设施 $C7$ | 信息设施数量、分布合理性、形式多样性、明晰度、标识信息完善度 |
| | | 休憩服务设施 $C8$ | 设施数量、分布合理性、形式多样性、功能完善度 |
| | | 照明安全设施 $C9$ | 设施完善度 |

续表

| 目标层（A） | 系统层（B） | 指标层（C） | 指标说明 |
|---|---|---|---|
| 公墓环境满意度指标体系（A） | 设施环境 B2 | 艺术景观设施 C10 | 设施数量、种类多样性 |
| | | 无障碍设施 C11 | 设施完善度 |
| | 文化环境 B3 | 整体氛围 C12 | 精神体验、氛围营造状况 |
| | | 社会文化 C13 | 传统文化、现代文化、地区文化感知 |
| | | 个体文化 C14 | 心理感受、个体人文关怀 |

### （六）指标权重计算

#### 1. 权重依据对象

权重的考察主要考虑使用者群体和专家群体。一者从自身需求条件出发，对指标的重要性进行排序；另一者则从专业技术角度出发，详细评价以满意度评价为主、环境质量和心理舒适度为辅的评价体系为导引进行研究，从而对各一级指标对使用者的影响程度进行排序。

在权重确定的过程中，考虑到本文的实际需要而非仅限规范上的数值范围，依据对象以使用者群体为主。

#### 2. 权重的计算方法

当前，关于权重系数的确定方法有很多，根据计算权重系数原始数据的来源不同，方法大致分为两类：主观赋权法和客观赋权法。这两类方法各具优缺点。主观赋权法客观性较差，但解释性较强；客观赋权法确定的权值在大部分情况下精度较高，但有时会与实际情况相悖，对所得结果难以进行合理的解释。因此，评价时一定要根据实际情况选择权重确定方法，以保证评价体系具有针对性、有效性和可实施性。

本文利用使用者对因子的重要性程度排序，采用层次分析法研究公墓使用者环境满意度。计算方法如下：

根据重要性程度排序均值构造判断矩阵。设层次模型中某一层次有 $A_1$，$A_2$，$\cdots$，$A_n$，$n$ 个元素，其评价准则为数量性数据 $C$；各元素的指标值为 $a_1$，$a_2$，$\cdots$，$a_n$，以 $A_i/A_j$ 表示 $A_i$ 比 $A_j$ 的重要性程度，其标度为 $b_{ij}$，表示 $A_i$ 比 $A_j$ 重要 $b_{ij}$ 倍。又设 $A_i$ 与 $A_j$ 的 $C$ 指标值之比为 $a_i/a_j = k_{ij}$。标度函数公式如下：

$$b_{ij} = b^{\frac{\ln(k_{ij}^p)}{\ln k}}$$

$k$ 为全部元素中，$C$ 指标的最大值与最小值之比；$b$ 为与 $k$ 相对应的元素相对重要程度的标度；$p$ 为调整系数，当选取准则为指标值越大越好时，取值 1；反之取为 -1。

采用和积法求权重，公式如下：

（1）将判断矩阵 $P$ 每列正规化：

$$p'_{ij} = \frac{p_{ij}}{\sum_{i=1}^{n} p_{ij}} \ (i=1, 2, \cdots, n, j=1, 2, \cdots, n)$$

（2）将正规化后的矩阵按行加总：

$$\vec{p_i} = \sum_{j=1}^{n} p'_{ij} \ ( i = 1, 2, \cdots, n )$$

（3）将 $\vec{p_i}$ 归一化后即得到特征向量：

$$w = ( w_1, w_2, \cdots, w_n )^{\mathrm{T}}, \ w_i = \frac{\vec{p_i}}{\sum_{i=1}^{n} \vec{p_i}} \ ( i = 1, 2, \cdots, n )$$

（4）计算最大特征根 $\lambda_{\max}$：

$$\lambda_{\max} = \sum_{i=1}^{n} \frac{( C \times W )}{n \times w_i}$$

（5）一致性检验：$P$ 矩阵中各元素 $p_{ij}$ 应满足，对任意的 $1 \leqslant k \leqslant n$，有 $p_{ij} = p_{ik}/p_{jk}$。则一致性指标为：

$$CI = \frac{\lambda_{\max} - n}{n - 1}$$

当 $CR = \dfrac{CI}{RI} < 0.1$ 时，认为矩阵 $P$ 的一致性满足要求，其中 $CR$ 为随机一致性比率。$RI$ 为一致性指标。与矩阵阶数有关的 $RI$ 值见表 5-3。

RI 值　　　　　　　　表 5-3

| 阶数 | 3 | 4 | 5 | 6 | 7 | 8 | 9 |
|---|---|---|---|---|---|---|---|
| $RI$ | 0.58 | 0.90 | 1.12 | 1.24 | 1.32 | 1.41 | 1.45 |

## 二、问卷设计

### （一）量表的制定

测量项目的确定是研究过程中最重要的一环。截至目前，国内对于公墓环境的相关研究极少，还没有从使用者满意度角度全面评估公墓环境品质的量表，因此，本研究在本书 3.2 部分的指标体系因子和相关性较强的文献研究的基础之上，根据具体应用范围和适应性进行了调整改进，得到每个指标的测量项目。最后，根据以上内容初步编制了公墓环境满意度评估问卷，采用李克特量表，态度等级分为非常满意、满意、一般、不满意、非常不满意，对应的值分别为 5，4，3，2，1。

### （二）问卷的组成

问卷包括 4 个部分：（1）使用者基本信息，包括性别、年龄、文化程度、宗教信仰、收入水平，用以测定不同类别使用者满意度之间的差异；（2）使用者使用行为特征和动机，包括伴随人员、停留时间、一年来访次数和来访动机；（3）使用者的认知观念；（4）使用者对墓园环境因子的重要性程度排序以及满意度评价，包括总体满意度和各个环境要素的满意度评价。

### （三）数据分析方法

本章探寻的是影响使用者对公墓环境满意度的主要因素以及它们之间的相互关系，为的是了解使用者的需求，发现其中的规律性。在这个过程中，涉及问卷调查收集的调查数据结果，选择运用软件进行统计分析。

1. 信效度分析

满意度评价研究的质量检测通常会关注其信度和效度。

（1）信度分析

信度指标反映了问卷结果的可靠性，即同一份测试对同一个被试者测试多次所得结果的一致程度，是评价分析的基础。评价题目的长度、题型和题数、题目区分度都影响着问卷的信度。在做数据分析之前，首先要对测量量表的信度进行可靠性检验。信度分析好的内部一致性是采用累加李克特量表的一个前提。折半信度法和克朗巴哈系数法是常用的问卷内部一致性的评价方法。前者将问卷的题目分为两半，然后计算这两部分得分的相关系数。但此法要求二者的方差齐性，且折半的方式不同得到的相关系数值也不同。克朗巴哈系数法利用的是各题得分的方差、协方差矩阵，或相关系数矩阵。本文将主要采用克朗巴哈值对杭州市公墓使用者满意度研究的问题进行内部一致性检验。当 $a$ 大于 0.7 时，表示信度相当高；$a$ 介于 0.35 与 0.7 之间，为可接受信度；$a$ 低于 0.35 者为低信度。

（2）效度分析

效度即有效性，是指研究结果的准确性，和测量工具测出所要测量特征的正确性程度，常用方法主要有：（1）单项与总和相关效度分析：这种方法用于测量量表的内容效度；（2）准则效度分析：这种方法主要测量逻辑效度或表面效度；（3）结构效度分析：是指测量结果体现出来的某种结构与测值之间的对应程度，所采用的方法是因子分析，有学者认为这是最理想的效度分析方法。

2. 描述性统计分析

描述性统计分析内容包括频数分析、统计描述分析和平均数分析、方差分析等，这些分析可用于描述统计数据的总体情况。在本文中，通过描述性分析中的频数分析与百分比分析描述使用者的基本属性与使用属性特征，通过对满意度测评量表中各评价项的分值进行平均值和标准差分析来描述使用者的基本属性信息与满意度的关系。其中，平均数可表示使用者对各评价项的满意程度，标准差可用于表示使用者的认知一致程度，若标准差较大，则说明使用者在该方面的认知上存在较大差异。单因素方差分析是通过测量观测变量的方差来判断单一控制变量是否对观测变量有显著影响。本文中主要探讨杭州市公墓使用者除性别以外的基本属性与各测评指标满意度感知是否具有显著性差异，若有显著性差异则再作进一步分析。

# 第四节　实证分析——基于使用者环境满意度调查

## 一、现状概况

### （一）区域概况

杭州市有着江、河、湖、山交融的自然环境。它位于中国长江三角洲南翼，杭州湾西端，钱塘江下游，京杭大运河南端，是长江三角洲重要中心城市和中国东南部交通枢纽，地处长江三角洲南沿和钱塘江流域，地形复杂多样。杭州市西部属浙西丘陵区，主干山脉有天目山等。东部属于浙北平原，地势低平，河网密布，湖泊密布，物产丰富，具有典型的"江南水乡"特征。农业生产条件得天独厚，农作物、林木、畜禽种类繁多，种植林果、茶桑、花卉等 260 多个品种，杭州蚕桑、西湖龙井茶闻名全国。全市森林面积 1635.27 万亩，森林覆盖率达 64.77%。杭州汉族为主、少数民族散杂居，有道教、佛教、伊斯兰教、天主教和基督教 5 个宗教。

杭州市作为一个历史文化名城，又是全国殡葬综合改革试点城市，早已开始进一步深化殡葬改革，推出了一系列的创新举措。自 2010 年开始，杭州就开始持续推进殡葬改革，出台《杭州市区殡葬基本服务项目免费办法》《关于在全市农村推行生态墓地建设的意见》等文件，实行惠民殡葬政策，积极推行节地生态安葬，开展"青山白化"现象的整治工作。至 2019 年，浙江省杭州市的殡葬改革成果已十分显著，火化率常年保持 100%，农村生态葬法覆盖行政村率达到 99.7%。

涉及公墓环境建设，杭州市紧跟时代要求，在全市范围内，开展公墓整改行动，美化公墓环境，引进艺术墓碑，创新合葬方式，打造生态园林式景观，建设节地生态示范区。在 2018 年各大公墓更是积极打造生态园林性公墓，积极响应政策，本着"魂归生态，落叶归根"的理念，以休闲观光为方向，对公墓进行生态改造，环境优美宛如园林，吸引了不少群众关注。现在杭州市的各个公墓则从整体上规划生态园林，以生态学原理为指导，科学系统地进行公墓绿化、植树、种草，公墓不再只是葬墓，还造林造园，合理的布局、山形地貌以及河流水源的顺势利用，使得整个公墓建筑与自然相协调，成为优美的人文景观。

杭州市在公墓环境建设中已经取得了一定成果，但由于传统殡葬观念根深蒂固，目前公墓的环境利用率与墓园设计理念中的生态园林、人文景观等初衷不够同步，亟须探讨背后的原因，因此选取杭州地区作为研究区具有一定的必要性。

本研究主要对现代城市公墓进行研究，研究范围为杭州城区公墓，农村以及其他类型的公墓，不属于本文的研究范围。

**（二）研究区公墓布局与环境现状**

1. 杭州市公墓整体情况

通过对杭州市民政局、统计局以及公墓的现有资料搜集得出，据不完全统计，杭州市共有较大型国营和私营公墓 24 处，大多始建于 20 世纪 90 年代。24 处较大型公墓不均匀地分布在杭州市区，均位于各区的郊区偏远地带。在资料分析、文献调查和实地调研的基础上，选取了不同规模、不同区的两处公墓（安贤陵园、钱江陵园）进行实地调研。表 5-4 反映了杭州市公墓的基本分布情况以及调研公墓的基本概况。

杭州市公墓情况统计表　　　　　　　　　　表 5-4

| 序号 | 名称 | 规模（10⁴m²） | 位置 | 建设年份 | 墓区划分 | 墓型种类 |
|---|---|---|---|---|---|---|
| 1 | 南山陵园 | 19.1 | 上城区 | 1981 年 | — | 墓葬、树葬、花坛葬 |

续表

| 序号 | 名称 | 规模<br>（10⁴m²） | 位置 | 建设年份 | 墓区划分 | 墓型种类 |
|---|---|---|---|---|---|---|
| 2 | 龙居寺陵园 | 13.3 | 江干区 | 1984年 | — | 树葬、草坪葬、墓葬、艺术墓穴 |
| 3 | 华侨永久陵园 | 10.7 | 江干区 | 1998年 | — | 墓葬、树葬、草坪葬 |
| 4 | 元宝山陵园 | 11.2 | 江干区 | 2010年 | — | |
| 5 | 半山公墓 | 12.1 | 拱墅区 | 1987年 | — | 墓葬、树葬、花坛葬、草坪葬等 |
| 6 | 半山生态公墓 | — | 拱墅区 | — | — | |
| 7 | 钱江陵园 | 26.6 | 西湖区 | 1994年 | — | 墓葬、树葬、草坪葬、节地墓葬、规格墓葬、艺术墓葬 |
| 8 | 市第二公墓 | 2.7 | 西湖区 | 1985年 | — | 墓葬、树葬、花坛葬 |
| 9 | 龙驹坞公墓 | — | 西湖区 | — | | |
| 10 | 美女山公墓 | — | 滨江区 | — | | |
| 11 | 东郊陵园 | — | 萧山区 | — | | |
| 12 | 慈福园陵园 | 23.3 | 萧山区 | — | 传统墓区、艺术墓区、名人个性化墓区、生态墓区、壁葬区和基督墓葬区 | 墓葬、树葬、草坪葬、节地墓葬、艺术墓葬 |
| 13 | 山南陵园 | 40 | 萧山区 | — | 传统墓区、基督墓葬区、艺术墓区节地墓区 | 墓葬、树葬、草坪葬、壁葬、艺术墓葬 |
| 14 | 安贤陵园 | 66.7 | 余杭区 | 1999年 | 安息园、纪念园、文化园、忠孝园 | 墓葬、树葬、花坛葬、壁葬、塔葬、艺术墓穴、个性化墓地 |
| 15 | 回族公墓 | — | 余杭区 | — | — | |
| 16 | 临平公墓 | — | 余杭区 | 1986年 | 福寿区、永福区、永寿区、特墓区、文华园区、生态墓区等几十个墓区 | 普通、标准、高档、树葬、草地葬、室内葬等 |
| 17 | 印花坞<br>基督教公墓 | — | 余杭区 | 1999年 | 基督教墓区和常规墓区 | — |
| 18 | 闲林公墓 | — | 余杭区 | 1988年 | — | |
| 19 | 凤凰山公墓 | 33.3 | 余杭区 | — | — | |
| 20 | 市第三公墓 | — | 余杭区 | 1986年 | | |
| 21 | 瓶窑公墓 | — | 余杭区 | 1991年 | | |
| 22 | 鹿山公墓 | — | 富阳区 | — | | |
| 23 | 状元坞陵园 | 39.8 | 富阳区 | 2012年 | | |
| 24 | 九仙山公墓 | 3.3 | 临安区 | 1994年 | | |

2. 公墓自然环境现状

（1）道路

杭州市各个公墓主入口均与等级较高的城市道路衔接，公墓环境内道路布局主要分为两大类。整体地势较为平坦的公墓多采用规则式布局，如钱江陵园。整体地势起伏较大的公墓，有的采取自然式多条环路交接的方式，如安贤陵园、半山公墓。在路面材料的选择上，杭州市公墓大多选择了沥青、混凝土或是混凝土板成品。在不同道路等级上，道路材料的区分度小。在道路形态方面，一般在入口的直路前面设置办公设施，作适当遮挡，同时将设施前广场、入口广场与停车场进行结合。这种设计有时会因为停车数量较大或停车管理不善，导致入口拥挤，交通不便。道路交通标志设置较少。

安贤陵园道路等级明确，道路容量合理（图5-1）。安贤陵园内停车场地较为充分，基本能够满足高峰期的停车需要。办公设施的前广场作为日常停车需要的固定停车场，设施前广场和部分主次干道可以作为高峰时期的临时停车场。同时安贤陵园还有一个大型停车场可提供助益。安贤陵园通过控制主次入口的开放避免了道路对设施的直冲。为了避免道路形态过于单一而行走乏味，直线型的支路采取变化组合，增加行走的乐趣。安贤陵园主干道和次干道的铺装主要是深灰色沥青。支路和墓间小路以混凝土板成品为主，部分为花岗石。停车场的铺装为混凝土板成品，临时停车场为沥青。在次干道、支路和墓间小道的铺装色彩上较为统一，以青灰色为主，配合以黄色和砖红色。车辆行驶较多的次干道上有明确的交通指示标志指示交通行进。

钱江陵园道路系统不完善，道路分级不明确。仅有两级容量有明显差异的道路。钱江陵园整体坐落于上升的山体上，容量较大的道路为宽度不等的台阶，是划分并且通向各个墓区的道路。容量较小的道路是墓间小路。钱江陵园内没有通行车辆的能力。公墓内的停车场地严重不足，仅能满足公墓日常的停车需要。停车空间位于公墓入口处，公墓入口紧邻道路，缺少回车空间。公墓内道路全部为直线型道路，形成了不规则的网状系统，道路系统缺乏变化。钱江陵园内的一级道路的铺装为灰色的混凝土和条石或是红色的混凝土块成品。墓区小道为条石或是红色、灰色的混凝土块成品。铺装色彩上相对较为单调。停车区域内缺少相应的停车位划分标志。未在钱江陵园环境内发现道路照明设施。

（2）场地

杭州市作为省会城市，地价可谓寸土寸金。墓区是公墓环境所特有的场地，杭州市的公墓环境内的墓区场地一般面积较大，但墓区内及各个墓区间设计较为单一，容易使人产生视觉上的疲劳和混乱，不易于识别。绝大多数公墓内除去墓区之外的场地面积比例都较小，这就出现了公墓环境内墓地场地与其他功能场地在比例上极大的不均衡。公墓内环境除墓地外的其他场地外，主要类型是道路派生场地。道路派生场地与设施前后广场或是停车场进行结合。例如，九仙山公墓、钱江陵园主要是道路派生广场与设施前后广场的结合，一方面预留出设施周围的空间，另一方面可以用作临时停车的场地。安贤陵园内存在这公共广场，公共广场主要用于人们进行休息休闲等活动，加上具有设计感的喷泉水池，该广场体现了公共广场的景观性、功能性和标示性，具有很好的实践意义。

安贤陵园的综合性广场与主干道衔接，同时是办公设施的前广场（图5-2）。该广场主要起到了纪念广场和交通广场的作用。该广场内设置宣传孝道的碑刻和雕塑，可以起到教育后人、宣传孝道、传达哀思的作用。该广场既可以用来停放车辆，也可以用作为疏导交通的空间。该广场上还布置有园区分布牌，方便人们分辨前进区域的方向。广场上缺少交通指示标志、售卖亭等各类服务设施。安贤陵园园内的路侧带型空间出现在次干道处，主要起到缓冲空间的作用，是车辆暂时停放、调转方向的空间。该空间使行人的视线更为开阔，改善了直线行走过程中的单调感。该空间后侧的绿色植物形成良好的背景。该区域缺少艺术景观设施和简单的座椅等服务设施。安贤陵园内可选择的葬式众多，有墓葬、树葬、壁葬、草坪葬等，各类葬式均有相应的墓区且比例较为合理。安贤陵园的分区层次化明显，在大的分区下进一步分区。安贤陵园内的各类场地规模给人适度的主观感觉。安贤陵园内艺术墓地为人们发挥创造性提供了一定的空间（图5-3）。

钱江陵园的综合性广场与入口紧接，同时是办公设施的前广场（图5-4）。该广场主要起到交通广场的作用。广场整体功能过于单一。钱江陵园绝大部分位于山势之上，该广场作为公墓环境内仅有的广场未能充分发挥其作用。广场内缺少景观艺术、信息服务等设施。该广场既可以用来停放车辆，也可以用作为疏导交通的空间。广场上缺少交通指示标

图5-1　安贤陵园道路

图5-2　安贤陵园广场

图5-3　安贤陵园墓区

图5-4　钱江陵园广场

志和座椅、售卖亭等各类服务设施。钱江陵园内缺少较为明显的路侧带型空间。钱江陵园内有可供选择的葬式有墓葬、树葬、壁葬等。树葬作为新兴的生态葬式在钱江陵园正处在积极推广的时期。钱江陵园的分区缺少明显的层次，但是分区较为规则，各个墓区比例较为均衡。钱江陵园内的综合性广场在入口牌楼和办公设施之间尺度较小，给人感觉压抑。钱江陵园内的墓区大小较为适度。配套设施方面，钱江陵园内的各种场地内都缺少相应的配套设施。

（3）绿化

虽然大多数公墓都注重公墓环境的绿化，除专门打造的生态公墓外，都未能形成乔灌草的绿化体系，人们对高绿化率的主观感受不强，对周边环境的景观美化作用较弱，同时未能充分体现杭州市的植物景观特色。

各个公墓内均有多种植物，此处仅分析在公墓环境内数量比较多、视线吸引度高的典型植物。安贤陵园内几种比较典型的植物中，香樟和日本五针松属于常绿乔木，无患子和小叶杨属于落叶乔木，杜鹃属于常绿灌木，大果核果茶属于落叶花灌木。几种典型植物在搭配上比较合理，乔灌木的分布也较为合理。地被以草地为主，草地管理现状良好。常绿乔木作为行道树，保证了公墓环境内长期的绿色景观，同时透过常绿乔木的树干可以看到远处的风景。落叶小乔木布置在墓区边缘划分了墓区的界线，夏季遮挡了烈日，冬季不影响光照。高大乔木和灌木组合配置、置石点景形成了组合有序、层次分明的绿地景观。乔木除了作为行道树引导行进、绿化道路两侧外，还是绿化墓区内部的重要手段。以冠幅较小的常绿乔木为主间植在墓碑行列之间。灌木除了与乔木组合种植外，还可以作为分隔道路的绿化带使用。

钱江陵园内几种比较典型的植物中，杜松属于常绿乔木，山杨属于落叶乔木，球化石楠属于常绿灌木（图5-5）。几种典型植物的搭配比较合理，但是乔木数量大，灌木明显较少。地被以草地为主，草地管理现状良好。半山公墓乔木主要用来绿化墓区内部，以冠幅较小的常绿乔木或是枝叶繁密的落叶乔木间植在墓碑行列之间。保证公墓内绿色的同时不遮挡冬季的阳光。九仙山公墓植物种类较少，植物的组合搭配不甚合理。虽然乔灌木和地被植物管理状态均较好，但是未能形成乔灌草组合的空间层次和围合（图5-6）。

图5-5　钱江陵园植物

图5-6　钱江陵园绿地

（4）水面

杭州市公墓环境内的水面并不是必需的基面要素。部分公墓环境存在着自然水体，如安贤陵园和钱江陵园。安贤陵园内的大型水面基本位于公墓环境的中心位置，分割公墓整体空间（图5-7）。加之安贤陵园本身是由下而上，水面更是成为公墓环境的视线引导，水面周围种植高大乔木，树影倒映水中，水体起到良好的承接作用，为公墓环境增加了一定观赏性。安贤陵园内自然水体面积较大，与墓地分别位于办公设施和停车场一侧，与整体公墓环境联系较好，能够起到很好的环境美化作用。在安贤陵园公墓的山脚处，还有与假山石结合小溪流，由于水位低，水岸设计灵活，岸边有相应的植物，能很好地起到水体的承接、美化、视线聚集的作用。

钱江陵园内有喷泉水池一处，日常处于有水状态。喷泉形态优美，与周围环境相融合，是较好的景观，公墓内还有大面积的自然水面，水面与公墓环境的联系较好，景观作用强，公墓山体上还有仿自然小溪的景观，有水，且水岸美观，景观性好（图5-8）。

图5-7　安贤陵园水体

图5-8　钱江陵园喷泉

（5）围护面

杭州市公墓环境内的围护面较少，主要以办公设施为主，设施风格各异。例如，安贤陵园公墓和钱江陵园公墓的设施风格基本属于现代风格。基本配以大面积墙，在色彩上以大面积浅色为主，装饰味相对简化，追求一种轻松、清新的气氛。目前中国这种设施风格较多，属于主导型的设施风格。虽然这种设施风格给人感觉通透，阳光、风与视线能够很好渗透，但是设施风格与公墓整体环境的中式风格有较大差异。安贤陵园和钱江陵园的设施风格符合杭州市内设施的整体风格，但在体现杭州市独特设施特点上不足。安贤陵园和钱江陵园内均有葬壁，是独立墙面的一种。二者在风格上均采取了中式风格。钱江陵园的葬壁采用暗色，给人端庄肃穆之感，同时在道路一侧有效地阻挡了人们看向中心墓丘的视线。安贤陵园内的葬壁则与连廊相结合，使人们的视线不被完全阻挡（图5-9）。

图 5-9 安贤陵园独立墙面

3. 公墓配套设施现状

标志是最重要的信息标志，起到引导介绍的作用。到访的公墓环境内并没有发现路牌。在各个公墓内均未发现道路方向标志，仅在安贤陵园、钱江陵园等公墓内发现明确的停车场交通规划线和地点指示牌。缺少限速、停止和禁止鸣笛等交通标志。指示牌以及问询指示在杭州市公墓环境内有少量设置并不能完全满足人们的需要，例如在安贤陵园内发现用于指示墓区的指示牌及平面图，钱江陵园公墓内有墓区平面图。

杭州市公墓环境内有很多艺术景观设施，以独立的静态雕塑作品为代表，这些雕塑的主要制作方式是雕和刻，主要的表达形式是圆雕、凸雕和浮雕，雕塑的材料主要是各类石材、花岗石或是汉白玉等。杭州市公墓环境的雕塑主要分布在入口处和主要场地，作为景观节点，吸引人们视线。以安贤陵园为例，沿着主入口道路设有二十四孝等人物和动物雕塑，起到了引导道路行进的作用；在办公设施前的主路一侧有一对浅浮雕生肖柱，在喷泉中心有一个标志性的人物雕塑（图 5-10、图 5-11）。生肖文化是中国传统文化的一部

图 5-10 安贤陵园景观设施

图 5-11 安贤陵园雕塑

分，生肖与中国的纪年方式相关联，与人们的年龄和生死有着微妙的联系，这些动物雕塑和生肖柱较好地体现了公墓的独特环境和中国传统文化。安贤陵园公墓内还有刻绘和描述二十四孝的碑刻和艺术墓内各种或具体或抽象的雕塑。钱江陵园公墓则将麒麟、大象等动物雕塑设置在公墓外围栅栏外，将石狮子设置在大门左右两侧。

除了独立的雕塑作品外，墓碑以及附属的栏杆和石狮子等都是公墓环境内常见的艺术景观设施。但是墓碑以及附属的形式非常单一，艺术价值很低，没有起到很好的景观美化作用。杭州市公墓内没有发现明显的无障碍设施，而且多数杭州市公墓内道路坡度大，存在较多台阶，较不便于残疾人、老年人及能力丧失者行走。

4. 公墓环境文化现状

文化的载体有物质文化与非物质文化。杭州市公墓内的文化体现基本都是社会文化为主，如传统孝道文化、近代文化，个体文化未见。安贤陵园内有抗战纪念墙面展示抗战精神文化，另有两弹一星纪念园、孝道等，同时安贤陵园内有各种各样的名人墓葬和艺术墓葬，除了这些物质载体，安贤陵园还通过音乐营造整体的文化氛围。钱江陵园的文化体现主要是通过雕塑小品、烈士纪念墙面来体现，整体文化体现较差。

## 二、问卷发放与回收情况

### （一）问卷发放结果

本次调查小组共有 4 人，分别在案例地的入口、重要交通路口等人群聚集地进行了问卷发放工作。在进行调查之前由笔者对其余发放问卷人员进行此次调查的目的、要达到的效果以及问卷设计思路的讲解，沟通了需要重点关注的具体内容，以及及时纠正不认真填问卷的行为或者对无效问卷进行标注，确保数据的有效性、客观性和真实性，问卷当场回收。

由于人群来访的特殊性，问卷集中发放时间在 2019 年 12 月冬至期间，并在 2020 年 1 月以及 4 月初清明节期间发放了补充问卷。考虑到数据获取时间短暂的特殊性，问卷发放时基本采取一对一发放与回收。无效问卷的判断依据为：一是存在多个选项未勾选；二是单项选项多选。三次共发放问卷 400 份，回收 400 份，有效问卷 383 份，有效问卷率为95.8%，其中安贤陵园有效问卷 193，有效问卷率 96.5%，钱江陵园有效问卷 190 份，有效问卷率 95%。第一次两个公墓分别发放 100 份，安贤陵园有效问卷 95 份，钱江陵园有效问卷 94 份；第二次两个公墓分别发放 25 份，安贤陵园有效问卷 23 份，钱江陵园有效问卷 22 份；第三次两个公墓分别发放 75 份，安贤陵园有效问卷 71 份，钱江陵园有效问卷 72 份。

### （二）指标权重的确定

笔者采用通过调查 383 份问卷中使用者对各指标重要性的排序，再经过层次分析最后确定权重。

1. 确定指标重要性程度

在问卷的末尾设置排序问题：请您对以下环境因子进行排序（从最重要到最不重要排序）。此问题的设置目的在于了解评价因子对于使用者满意度评价的影响程度。赋值方法为，排名第一的1分，排名第二的2分，依次类推，即得分越低则排名越前。指标层重要性程度及排序见表5-5。

指标层重要性程度及排序　　　　　　　　　　表5-5

| 序号 | 指标内容 | 均值 | 排序 |
| --- | --- | --- | --- |
| 1 | 道路 | 4.291 | 2 |
| 2 | 场地 | 3.944 | 1 |
| 3 | 绿地 | 6.612 | 9 |
| 4 | 水体 | 7.112 | 13 |
| 5 | 围合面 | 7.235 | 12 |
| 6 | 信息设施 | 4.923 | 4 |
| 7 | 卫生设施 | 4.959 | 5 |
| 8 | 照明安全设施 | 4.569 | 3 |
| 9 | 艺术景观设施 | 6.634 | 10 |
| 10 | 休憩服务设施 | 5.513 | 7 |
| 11 | 无障碍设施 | 5.534 | 8 |
| 12 | 整体氛围 | 5.321 | 6 |
| 13 | 社会文化 | 7.812 | 11 |
| 14 | 个体文化 | 8.021 | 14 |

2. 权重分析

采用层次分析法的权重分析计算，权重分析结果见表5-6。

此权重排序表明在使用者主观感受下指标的重要性情况，通过核心指标层的权重可以发现，使用者对公墓基面环境的场地和道路格外看重。此外，对设施环境中的信息设施和照明安全设施亦认为比较重要，对公墓内标识系统的要求是能够快速地认清目的地并准确地寻路，如若标识不清会造成效率低下。而对于水体、围合面、社会文化和个体文化普遍认为重要性程度低，继而都被赋予较低的权重。

（三）信效度检验

1. 信度检验

利用SPSS统计分析软件对问卷调查的选项信度进行分析，即测试克隆巴赫系数值，如表5-7所示，系数值为0.827；在排除人口统计基础变量后再对其他项目进行信度分析，其克隆巴赫系数值为0.812；在排除人口统计基础变量和使用行为特征变量后再对其他项目进行信度分析，其克隆巴赫系数值为0.743。综上，通过多种方式进行信度分析，发现该问卷观察值能超过70%地诠释或表达真实值，表明问卷具有相当高的信度。

2. 效度分析

本文采用结构效度分析法即因子分析法进行效度分析，利用巴特利特球度检验分析这些指标，如表 5-8 所示，*KMO* 值为 0.883 > 0.7，卡方值为 3068.548，自由度为 120，在 0.000 的水平上显著，说明该问卷数据具有良好的效度。

权重分析结果　　　　　　　　　　　　　　　　　　　表 5-6

| 系统层 | 指标层 | 权重 |
|---|---|---|
| 基面环境<br>0.3887 | 道路 | 0.1498 |
| | 场地 | 0.1664 |
| | 绿地 | 0.0403 |
| | 水体 | 0.0121 |
| | 围合面 | 0.0201 |
| 设施环境<br>0.5206 | 信息设施 | 0.1256 |
| | 卫生设施 | 0.1041 |
| | 照明安全设施 | 0.1367 |
| | 艺术景观设施 | 0.0323 |
| | 休憩服务设施 | 0.0621 |
| | 无障碍设施 | 0.0598 |
| 文化环境<br>0.1001 | 整体氛围 | 0.0643 |
| | 社会文化 | 0.0247 |
| | 个体文化 | 0.0111 |

信度分析表　　　　　　　　　　　　　　　　　　　表 5-7

| 变量名称 | 克隆巴赫系数 | 项数 |
|---|---|---|
| 全部变量 | 0.827 | 20 |
| 排除人口统计变量 | 0.812 | 15 |
| 排除人口统计变量和使用行为变量 | 0.743 | 11 |

*KMO* 和巴特利特球形度检验　　　　　　　　　　　　表 5-8

| 取样足够度的 *KMO* 度量 | | 0.883 |
|---|---|---|
| 巴特利特球形度检验 | 近似卡方 | 3068.548 |
| | *DF*（自由度） | 120 |
| | *Sig.*（显著性概率） | 0.000 |

## 三、使用者特征分析

### （一）使用者基本属性分析

本部分进行描述性分析的内容包括：杭州市公墓使用者的性别、年龄、受教育程度、宗教信仰和年收入这 5 方面的使用者基本属性。调查样本的基本构成情况见表 5-9。

调查样本的基本构成情况　　　　　　　　　　　　　　　　　表 5-9

| 项目 | 选项 | 人数 | 百分比（%） |
|---|---|---|---|
| 性别 | 男 | 188 | 49.1 |
| | 女 | 195 | 50.9 |
| 年龄 | 18 岁以下 | 8 | 2.1 |
| | 18～24 岁 | 38 | 9.9 |
| | 25～34 岁 | 30 | 7.8 |
| | 35～44 岁 | 98 | 25.6 |
| | 45～54 岁 | 106 | 27.7 |
| | 55～64 岁 | 78 | 20.4 |
| | 65 岁及以上 | 25 | 6.5 |
| 文化程度 | 小学及以下 | 33 | 8.6 |
| | 初中 | 72 | 18.8 |
| | 高中 | 165 | 43.1 |
| | 大学 | 100 | 38.3 |
| | 研究生 | 13 | 3.4 |
| 宗教信仰 | 佛教 | 93 | 24.3 |
| | 基督教 | 17 | 4.4 |
| | 伊斯兰教 | 8 | 2.1 |
| | 其他宗教 | 5 | 1.3 |
| | 无 | 260 | 67.9 |
| 年收入水平 | 3 万元及以下 | 18 | 4.7 |
| | 3 万～7 万元 | 22 | 5.7 |
| | 7 万～11 万元 | 34 | 8.9 |
| | 11 万～15 万元 | 120 | 31.3 |
| | 15 万元及以上 | 189 | 49.3 |

**（二）使用者使用属性分析**

1. 了解使用者出行的组合方式对设施环境的设置有一定的指导作用（表 5-10）。在此次调查中，被调查者多是与家人一同前来，包括成年家属和未成年家属。在以亲属为单位的使用者中，差不多有四分之一的使用者选择与未成年人一起前来，占总人数比例的21.4%。这表明家庭和未成年人在前来公墓的行为上无论是出于主动还是被动都有着比较好的作用，是公墓环境设计时不可忽略的群体。此外，独自前来的使用者也有一部分，占比 22.6%，与朋友一起前来的数量不多但也有 9.2%。

2. 使用者的停留时间在 1～2 小时的占比 49.3%，0.5～1 小时的占比 41.3%，占总人数的 90.6%，说明使用者在公墓具有较长的停留时间，很可能除去祭扫时间之外进行了别的活动，在公墓环境设计时需要考虑使用者诸如休闲游憩等活动的需要。另外，2 小时以上的也有部分，占比 7.3%。调查还发现，安贤陵园的停留时间较钱江陵园长，1～2 小时的占比更多，这与墓园的环境特征分不开，安贤园是生态型人文纪念墓园，在景观环境上更具舒适休闲特点，更适合使用者逗留。

3. 在前来次数上，超过一半的使用者平均一年来 2 次，有 193 人，占比 50.4%，来 1 次和 3 次的相差不大，分别占比 19.8% 和 23.8%。这说明目前使用者来公墓集中在一年 2 次的祭扫时间段，但也不乏 3 次及以上的。因此，进行环境设计时，需要合理考虑公墓环境与设施的使用效率与吸引力度。

4. 动机上，本次问卷主要调查了扫墓祭拜、感受文化氛围、休闲放松、学习研究、绘画摄影等动机，扫墓祭拜是主要原因，占比 96%，其他动机相对较弱，但也不是完全没有，其中，感受文化氛围和休闲放松分别有 16 人和 20 人。因此，环境设计除首先考虑满足祭扫的基本功能之外，也应该加入诸如休闲、生态等功能的表达。

**使用行为特征分析**　　　　　　　　　　　　表 5-10

| 项目 | 选项 | 人数 | 百分比（%） |
|---|---|---|---|
| 停留时间 | 半小时内 | 8 | 2.1 |
| | 0.5～1 小时 | 158 | 41.3 |
| | 1～2 小时 | 189 | 49.3 |
| | 2 小时以上 | 28 | 7.3 |
| 平均一年来的次数 | 1 次 | 76 | 19.8 |
| | 2 次 | 193 | 50.4 |
| | 3 次 | 91 | 23.8 |
| | 4 次及以上 | 23 | 6 |
| 伴随人员 | 未成年家属 | 121 | 21.4 |
| | 成年家属 | 254 | 44.9 |
| | 朋友 | 52 | 9.2 |
| | 团体活动 | 5 | .9 |
| | 独自 | 128 | 22.6 |
| | 其他 | 6 | 1.1 |
| 出行动机 | 扫墓祭拜 | 377 | 85.3 |
| | 感受文化氛围 | 26 | 5.9 |
| | 休闲放松 | 32 | 7.2 |
| | 学习研究 | 2 | 0.5 |
| | 绘画摄影 | 2 | 0.5 |
| | 其他 | 3 | 0.7 |

### （三）使用者认知观念分析

1. 使用者对环境设计的态度

由图 5-12 和图 5-13 分析可知，58.8% 的使用者认识到随着城市进程的加快，环境良好的城市墓园是必须的，认为墓园环境设计很重要，应该说具有较高的认同度；但是，在问卷调查中，47.8% 的使用者表示发达国家墓园可作休闲墓园与墓园环境优美并无完全的紧密关系（23.2% 的使用者非常不同意，而 24.5% 的使用者不同意）。对此，笔者了解到部分使用者认为发达国家之所以墓园可以作为休闲园，有一部分原因是墓园环境设计优美，使得他们的墓园具备作为休闲园的基础条件，但更重要应该是文化和观念上的差异。

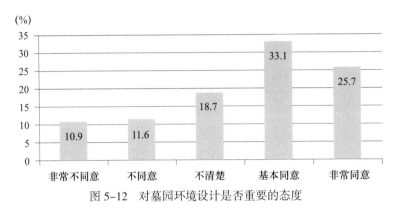

图 5-12　对墓园环境设计是否重要的态度

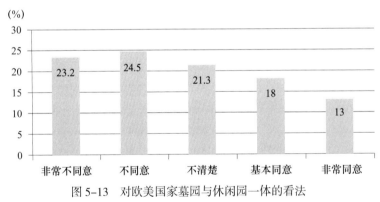

图 5-13　对欧美国家墓园与休闲园一体的看法

2. 使用者对环境设计影响的认知

由表 5-11 和表 5-12 可以看出，80.4% 的使用者不同意对墓园进行环境设计可以增加来公墓的频率这个观点，仅有 6.8% 的使用者同意这个观点，其中非常同意这个观点的使用者仅占 1.3%，具有较低的认同度。但是，在问卷调查中，73.4% 的使用者表示对墓园进行环境设计可以改善公墓的形象（41.8% 的使用者非常同意，而 31.6% 的使用者基本同意）。这表明使用者在对公墓环境设计的作用认知和实际行为存在较为明显的差异，通过问卷过程中使用者的描述了解到，部分使用者认为前往公墓的频率并不会受环境设计的影响而明显增加，这主要是文化和观念的差异造成的，但公墓环境设计良好确实可以增加使用者对公墓的好感度，即使频率增加不明显，逗留时间也会加长。

对墓园进行环境设计可以增加来公墓的频率，对此看法的态度　　表 5-11

| 选项 | 次数 | 百分比（%） | 有效百分比（%） | 累积百分比（%） |
|---|---|---|---|---|
| 非常同意 | 5 | 1.3 | 1.3 | 1.3 |
| 基本同意 | 21 | 5.5 | 5.5 | 6.8 |
| 不清楚 | 49 | 12.8 | 12.8 | 19.6 |
| 不同意 | 165 | 43.1 | 43.1 | 62.7 |
| 非常不同意 | 143 | 37.3 | 37.3 | 100 |
| 总计 | 383 | 100 | 100 | |

对墓园进行环境设计可以改善公墓的形象，对此看法的态度　　表 5-12

| 选型 | 次数 | 百分比（%） | 有效百分比（%） | 累积百分比（%） |
|---|---|---|---|---|
| 非常同意 | 160 | 41.8 | 41.8 | 41.8 |
| 基本同意 | 121 | 31.6 | 31.6 | 73.4 |
| 不清楚 | 79 | 20.6 | 20.6 | 94 |
| 不同意 | 15 | 3.9 | 3.9 | 97.9 |
| 非常不同意 | 8 | 2.1 | 2.1 | 100 |
| 总计 | 383 | 100 | 100 | |

## 四、使用者环境满意度现状分析

对使用者的满意度研究，一方面要考虑使用者对公墓环境的整体评价，另一方面也要考虑使用者对各环境要素的满意度评价情况。本文首先分析使用者对公墓环境的整体满意度，即满意度综合评价，在此基础上再对各环境要素分别展开分析和讨论。

### （一）总体满意度分析

本部分分析公墓环境的整体满意度，先对使用者的总体满意百分比进行了统计，得到一个初步评价倾向，作为综合评价结果的参照，再通过模糊综合评价对公墓环境满意度总体评价进行定级。

1. 总体满意度满意百分比

笔者将两个公墓的使用者总体满意度评价按照很满意到很不满意的方式进行人数统计，并认为选"一般"的使用者对该公墓满意度不置可否，于是就有三个向度即表示满意、中立和表示不满意，得到满意选项占全部选项的百分比，称作满意百分比，满意百分比可以确定所有使用者中填写满意或不满意选项总数的对比，得出初步评价倾向。

从表 5-13 和表 5-14 满意度百分比中我们可以清晰地看到，安贤陵园和钱江陵园支持满意选项的使用者占大多数，分别有 66.84% 和 52.64% 的使用者表示对目前公墓的整体环境状况满意，安贤陵园比钱江陵园的满意度略高，从此数量上可以基本看出使用者对安贤陵园和钱江陵园满意度的偏向情况。另外有 28.5% 的使用者表示对目前安贤陵园整体环境的感觉一般，42.63% 的使用者表示对钱江陵园满意度一般。总的来说，对安贤陵园和钱江陵园整体环境感到"满意"和"一般"的使用者分别占被调查总人数的95.34%和95.27%，被调查的使用者对目前安贤陵园整体环境状况的评价处于一般偏上的水平。结合满意度百分比的评价倾向，平均值分析才具有重要参考价值，证明所求平均值反映了大多数人的满意度预期选项。从表的统计结果可知，就满意度平均得分情况而言，使用者对目前安贤陵园和钱江陵园环境的总体评价平均得分为3.76分和3.53分，属于中等偏上水平，也就是被调查的使用者对目前公墓整体环境状况的评价处于一般偏上较为满意的水平，将作为后面模糊评价总体满意度的参考。

安贤陵园总体满意度评价　　　　　　　　　　　表5-13

| 选项 | 频数 | 百分比（%） | 满意百分比（%） | 平均得分 |
|---|---|---|---|---|
| 非常满意 | 30 | 15.54 | — | |
| 满意 | 99 | 51.30 | 66.84 | |
| 一般 | 55 | 28.50 | 28.50 | 3.76 |
| 不满意 | 7 | 3.63 | 4.66 | |
| 非常不满意 | 2 | 1.03 | — | |
| 总计 | 193 | 100 | | |

钱江陵园总体满意度评价　　　　　　　　　　　表5-14

| 选项 | 频数 | 百分比（%） | 满意百分比（%） | 平均得分 |
|---|---|---|---|---|
| 非常满意 | 12 | 6.32 | — | |
| 满意 | 88 | 46.32 | 52.64 | |
| 一般 | 81 | 42.63 | 42.63 | 3.53 |
| 不满意 | 7 | 3.68 | — | |
| 非常不满意 | 2 | 1.05 | 4.73 | |
| 总计 | 190 | 100 | — | |

2. 用模糊综合评价对满意度总体评价进行定级

（1）确定评价因素及权重

平均值分析能够初步反映调查样本的集中趋势，方便了解多数人的满意度倾向，优点是比较直观，也是进行模糊综合评价的基础。首先进行均值计算，将满意度选项从非常不满意到非常满意依次进行赋分，由好到差、由强到弱依次赋值为5、4、3、2、1。根据以下公式计算出使用者对公墓环境评价因子满意度的平均分。

$$\overline{X} = \frac{X_1 + X_2 + \cdots + X_n}{n} = \frac{\sum\limits_{i=1}^{n} X_i}{n}$$

（其中$n$代表问卷份数，$X_n$代表问卷统计值）评价因素均值结果及权重如表5-15所示。

各环境要素均值及权重　表 5-15

| 指标因子 | | 均值 | | 权重 |
| --- | --- | --- | --- | --- |
| | | 安贤陵园 | 钱江陵园 | |
| 基面环境 | 道路 | 4.53 | 4.52 | 4.291 |
| | 场地 | 2.51 | 2.31 | 3.944 |
| | 绿地 | 4.65 | 3.76 | 6.612 |
| | 水体 | 3.58 | 2.81 | 7.112 |
| | 围合面 | 3.05 | 3.03 | 7.235 |
| 设施环境 | 信息设施 | 3.23 | 3.52 | 4.923 |
| | 卫生设施 | 3.86 | 4.45 | 4.959 |
| | 照明安全设施 | 2.98 | 2.87 | 4.569 |
| | 艺术景观设施 | 3.97 | 2.13 | 6.634 |
| | 休憩服务设施 | 3.28 | 3.41 | 5.513 |
| | 无障碍设施 | 2.27 | 2.09 | 5.534 |
| 文化环境 | 整体氛围 | 3.11 | 3.93 | 5.321 |
| | 社会文化 | 2.38 | 2.97 | 7.812 |
| | 个体文化 | 2.01 | 2.03 | 8.021 |

（2）用模糊理论进行评价定级

指标测量后需要对其评定等级 E1、E2、E3、E4 和 E5 这 5 个等级，评价等级标准见表 5-16、图 5-14。

评价定量标准　表 5-16

| 评价值 $X_i$ | 等级 | 对应结果 |
| --- | --- | --- |
| $X_i > 4.5$ | E5 | 非常不满意 |
| $3.5 < X_i \leqslant 4.5$ | E4 | 不满意 |
| $2.5 < X_i \leqslant 3.5$ | E3 | 一般 |
| $1.5 < X_i \leqslant 2.5$ | E2 | 满意 |
| $X_i \leqslant 1.5$ | E1 | 非常满意 |

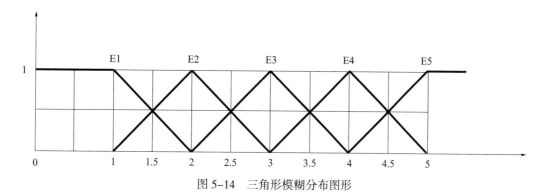

图 5-14　三角形模糊分布图形

1）确定评价对象集：$X$＝使用者满意度综合评价。

2）评价因子集：$U$＝｛道路，场地，绿地，水体，围合面，信息设施，卫生设施，照明安全设施，艺术景观设施，休憩服务设施，无障碍设施，整体氛围，社会文化，个体文化｝

3）求权向量

4）确定隶属度函数

5）构造评定矩阵

求出各级因素 $i$ 对评价等级 $j$ 的贡献；$M_j（x_i）$ 记为 $r_{ij}$，即构成一个十行十列的评价矩阵 $R$。

$$R＝（r_{ij}）14×14$$

6）综合评价

采用"加权平均型"（•，＋）算子 B＝A⁰R 定级。

最终得到安贤陵园满意度综合评价分值为 2.12，钱江陵园的满意度综合评价为 2.35，评价等级都处于 $E3$ 层级，说明使用者对公墓环境总体比较满意，与参照的总体满意度百分比和平均值情况吻合。

3. 总体满意度评价总结

此次满意度综合评价结果证明，调查者对公墓环境的总体感觉比较满意。一方面是因为随着物质文化生活水平的提高以及殡葬改革的进行，人们对公墓的接受度在不断提高；另一方面是因为生态园林公墓与一般传统的公墓环境建设要求不同，整体质量上更高，尤其是其良好的自然环境和景观环境，在满足使用者基本祭扫需求的基础上，相较传统的公墓还满足了感知觉上的舒适性，因此使用者对生态公墓的整体满意度较高。

**（二）各要素满意度分析**

本部分在前面总体满意度评价的基础上进行，首先通过对系统层 3 个要素和指标层14 个因子进行排序比较来对各要素满意度情况进行一个整体的了解，知悉各环境要素满意度的基本情况，再分别从 3 个环境要素维度展开分析和讨论。

1. 各环境要素满意度整体情况

为了对公墓各环境要素的满意度评价现状展开合理评价，本文在分别分析各环境要素满意度现状前，先对 3 个要素的总体满意情况做了一个了解，并对各个指标因子进行了一个频数统计，以对指标因子的整体情况作一个方向性了解。在此基础之上，再对各个描述因子分别展开讨论。

本文从基面环境、设施环境、文化环境 3 个维度进行满意度的讨论，对 3 个维度的指标，包括道路、场地、绿地、水面、信息设施、卫生设施、照明安全设施、休憩服务设施、艺术景观设施、无障碍设施、围合面、氛围营造、社会文化、个体文化共 14 个因子进行了描述性统计分析，以 5 分制计分，1 分表示很不满意，2 分表示不满意，3 分表示一般，4 分表示比较满意，而 5 分表示非常满意。表 5–17 为使用者满意度测评量表中的指标的平均值、标准差以及他们的总体排序。

各环境要素均值及标准差 表 5-17

| 指标因子 | | 安贤陵园 | | | | 钱江陵园 | | | |
|---|---|---|---|---|---|---|---|---|---|
| | | 均值 | 均值排序 | 标准差 | 标准差排序 | 均值 | 均值排序 | 标准差 | 标准差排序 |
| 基面环境 | 道路 | 4.53 | 2 | 0.583 | 10 | 4.58 | 1 | 0.563 | 10 |
| | 场地 | 2.51 | 11 | 0.756 | 4 | 2.31 | 12 | 0.759 | 4 |
| | 绿地 | 4.65 | 1 | 0.494 | 14 | 4.06 | 3 | 0.494 | 13 |
| | 水体 | 3.58 | 5 | 0.612 | 9 | 3.21 | 8 | 0.731 | 6 |
| | 围合面 | 3.05 | 6 | 0.571 | 11 | 3.23 | 7 | 0.571 | 11 |
| 设施环境 | 信息设施 | 3.23 | 10 | 0.721 | 5 | 3.12 | 9 | 0.732 | 5 |
| | 卫生设施 | 3.86 | 4 | 0.692 | 7 | 4.25 | 2 | 0.623 | 8 |
| | 照明安全设施 | 2.98 | 8 | 0.531 | 13 | 2.97 | 10 | 0.531 | 12 |
| | 艺术景观设施 | 3.97 | 3 | 0.801 | 1 | 3.43 | 6 | 0.792 | 1 |
| | 休憩服务设施 | 3.28 | 7 | 0.761 | 3 | 3.71 | 4 | 0.766 | 3 |
| | 无障碍设施 | 2.27 | 13 | 0.703 | 6 | 2.29 | 13 | 0.703 | 7 |
| 文化环境 | 整体氛围 | 3.11 | 9 | 0.552 | 12 | 3.68 | 5 | 0.452 | 14 |
| | 社会文化 | 2.38 | 12 | 0.782 | 2 | 2.37 | 11 | 0.781 | 2 |
| | 个体文化 | 2.01 | 14 | 0.661 | 8 | 2.03 | 14 | 0.618 | 9 |

从表 5-17 可以看出，平均值方面，安贤陵园排名前 4 位，由前到后依次是绿地、道路、艺术景观设施、卫生设施，集中在基面环境和设施环境两个维度；平均值排名后 4 位的由后到前依次是个体文化、无障碍设施、社会文化、场地，基面环境、设施环境和文化环境 3 个维度都有涉及。钱江陵园排名前 4 位的由前到后依次是道路、卫生设施、整体氛围、绿地，排名后 4 位的由后到前依次是个体文化、无障碍设施、艺术景观设施、场地。由此可见，安贤陵园和钱江陵园对绿地、道路、卫生设施都较为满意，但在艺术景观设施和整体氛围的满意度上相差较大，这与两个公墓的特点分不开，安贤陵园是浙江省唯一的园林文化示范陵园和人文纪念景观园地，在园林生态和景观方面是佼佼者，而钱江陵园山势更为陡峭，其最大的特色是园内电梯，生态环境相对不如安贤园。标准差方面，两个墓园排名前 4 位的都有艺术景观设施、社会文化、休憩服务设施、场地，均高于 0.75，3 个维度都有涉及；排名后 4 位的都是绿地、照明安全设施、整体氛围、围合面，均低于 0.58。平均值能反映评价项的总体水平，标准差能反映使用者在认知的差异大小。基于上述原理，本文接下来将对 3 个维度分别进行总体情况的初步分析与讨论。

2. 基面环境的满意度评价现状

对基面环境满意度的评价从绿地、水体、道路、场地和围合面 5 个指标共 17 个描述项进行，统计结果见表 5-18。在基面环境的评价中，安贤陵园整体评价较好，道路、绿地、水面都达到满意水平，钱江陵园道路、绿地达到满意水平，两个墓园的围合面都一般，场地满意度均偏低。

基面环境描述因子均值统计 表5-18

| 指标因子 | | 安贤陵园 | | | 钱江陵园 | | |
|---|---|---|---|---|---|---|---|
| | | 均值 | 均值排序1 | 均值排序2（总） | 均值 | 均值排序1 | 均值排序2（总） |
| 绿地 4.65\4.06 | 绿地层次丰富程度 | 4.71 | 1 | 2 | 3.91 | 2 | 8 |
| | 植物种类感知 | 4.64 | 2 | 4 | 4.14 | 1 | 6 |
| 水体 3.58\3.21 | 水体类型多样性 | 3.71 | 1 | 9 | 2.06 | 2 | 13 |
| | 水体质量感知 | 3.55 | 2 | 10 | 3.41 | 1 | 9 |
| 场地 2.51\2.31 | 可停留场所数量 | 2.31 | 4 | 16 | 2.21 | 4 | 16 |
| | 有吸引力的场所数量 | 2.11 | 5 | 17 | 2.13 | 5 | 17 |
| | 场地分布合理性 | 2.79 | 13 | | 2.52 | 1 | 12 |
| | 场所功能完善度 | 2.54 | 2 | 14 | 2.34 | 3 | 15 |
| | 场地形式多样性 | 2.34 | 3 | 15 | 2.44 | | 14 |
| 道路 4.53\4.58 | 交通驳接便利程度 | 3.85 | 5 | 8 | 4.85 | 1 | 1 |
| | 道路铺装效果 | 4.68 | 2 | 3 | 4.31 | 5 | 5 |
| | 道路畅通性 | 4.85 | 1 | 1 | 4.75 | 2 | 2 |
| | 停车场容纳感知 | 4.51 | 4 | 7 | 3.94 | 6 | 7 |
| | 出入口方便程度 | 4.62 | 3 | 5 | 4.52 | 4 | 4 |
| | 到达墓区所需时间 | 4.57 | 6 | 6 | 4.59 | 3 | 3 |
| 围合面 3.05\3.23 | 围合面形式多样性 | 3.12 | 1 | 11 | 3.29 | 1 | 10 |
| | 有吸引力围合面数量 | 2.81 | 2 | 12 | 3.06 | 2 | 11 |

第一，在绿地满意度方面，安贤陵园绿地在基面环境乃至所有指标中平均分都最高，为4.65，在影响绿地的2个因子中，整体评价较好，评价等级都为E5。其中，绿地层次丰富程度在整个基面环境中平均分很高，达到4.71，仅次于道路畅通性，植物种类感知均值达到4.64。钱江陵园的绿地满意度也较好，但整体上不如安贤陵园，特别是绿地层次丰富程度。两座墓园的绿地满意度都较好这一方面与墓园的生态品质分不开，安贤陵园整个园区的绿地具备规模，且层次丰富、植物多样，钱江陵园整体绿化程度也不错，只是相对来说在层次上不如安贤陵园，另一方面使用人群对植物种类很少有专业上的认知，生态墓园的植物种类容易超出期待。

第二，在道路满意度方面，安贤陵园的道路满意度均值4.53，6个评价因子整体满意度较高，其中的道路通畅性位居整个基面环境指标中的第一位，平均分到达4.85，说明使用者对墓园的道路畅通程度非常满意。而钱江陵园的道路满意度为4.58，略高于安贤陵园，主要区别体现在交通驳接便利程度上，钱江陵园的交通驳接便利程度满意度评价均值达到4.75，在所有指标中排名第一，说明使用者对钱江陵园的交通驳接非常满意。这主要是因为钱江陵园拥有12部山体电梯，可直达扫墓苑区，在很大程度上缩短了使用者到墓区的距离，相应的满意度水平较高。

第三，在水体满意度方面，安贤陵园水体平均分 3.58，评价等级为 E4，水体的 2 个评价因子满意度处于中等水平，其中水体类型多样性评价为 3.71，处于相对较为满意的水平。而钱江陵园的水体整体满意度一般，均值 3.21，在水体类型与水体质量上都一般。总的来说，二者存在差异但差异并不是很大。这一方面与公墓本身的自然地理条件分不开，安贤陵园地势整体上较钱江陵园更为平坦，因此安贤陵园山脚下有大面积的自然水体，亲水性更强，钱江陵园则以人工水体为主，另一方面，目前使用者对公墓水体的期待值本身不大，水体品质高是满意度的加分项并非决定项，因此，尽管两个墓园在水体的满意度上存在差异，但这一差异的影响并不是很大，这一点与绿地有着相似之处。

第四，在场地满意度方面，两个墓园的场地满意度都不理想，分别为 2.51 和 2.31，有较大的提升空间。6 个评价因子中，整体水平均偏低，其中，有吸引力的场所数量、场地形式多样性、场地功能完善度以及可停留场所数量甚至在整个基面环境指标中排到后四位，而且两个墓园的情况基本一致，这反映了使用者对公墓场地的需求并未得到满足。从实地调研来看，公墓使用者有一半以上是 45 岁以上的中老年人，另外有一部分是 25 岁以下的青年和未成年人，这两个使用人群对场所的数量、可停留性以及场所的吸引力都会有一定的期待，这可能是场地整体评价偏低的一大原因。

第五，在围合面满意度方面，两个墓园的围合面满意度评价都一般，2 个评价因子水平也较为一般，评价等级为 E3，这可能与使用者对围合面的感知不强烈有关。

3. 设施环境的现状评价

对设施环境满意度的评价从卫生设施、信息设施、休憩服务设施、照明安全设施、艺术景观设施和无障碍设施 6 个指标 16 个描述项进行，各要素的统计结果见表 5-19。在设施环境的评价中，安贤陵园艺术景观设施和卫生设施达到满意水平，均值分别为 3.97 和 3.86，钱江陵园休憩服务设施和卫生设施到达满意水平，均值分别为 3.71 和 4.25。两座墓园的信息设施、照明安全设施满意度均一般，且无障碍设施满意度都偏低。

设施环境描述因子均值统计　　　　　　表 5-19

| 指标因子 | | 安贤陵园 | | | 钱江陵园 | | |
|---|---|---|---|---|---|---|---|
| | | 均值 | 均值排序1 | 均值排序2（总） | 均值 | 均值排序1 | 均值排序2（总） |
| 卫生设施 3.86\4.25 | 卫生设施数量 | 3.77 | 2 | 5 | 3.77 | 2 | 5 |
| | 分布合理性 | 3.67 | 3 | 7 | 3.67 | 3 | 6 |
| | 干净整洁程度 | 3.91 | 1 | 3 | 4.51 | 1 | 1 |
| 信息设施 3.23\3.12 | 信息设施数量 | 3.57 | 2 | 8 | 3.57 | 2 | 7 |
| | 分布合理性 | 3.68 | 1 | 6 | 3.78 | 1 | 4 |
| | 形式多样性 | 3.05 | 3 | 12 | 3.05 | 3 | 12 |
| | 标识标牌明晰度 | 2.91 | 5 | 15 | 2.99 | 5 | 14 |
| | 标识信息完善度 | 3.22 | 4 | 10 | 3.02 | 4 | 13 |

| 指标因子 | | 安贤陵园 | | | 钱江陵园 | | |
|---|---|---|---|---|---|---|---|
| | | 均值 | 均值排序1 | 均值排序2（总） | 均值 | 均值排序1 | 均值排序2（总） |
| 休憩服务设施 3.28\3.71 | 设施数量 | 3.11 | 3 | 13 | 4.01 | 3 | 3 |
| | 分布合理性 | 3.02 | 4 | 11 | 4.12 | 1 | 2 |
| | 形式多样性 | 3.79 | 1 | 4 | 3.19 | 4 | 10 |
| | 功能完善度 | 3.33 | 2 | 9 | 3.13 | 2 | 11 |
| 照明安全设施 2.98\2.97 | 设施完善度 | 2.98 | 1 | 14 | 2.97 | 1 | 15 |
| 艺术景观设施 3.97\3.43 | 设施数量 | 4.01 | 2 | 1 | 3.31 | 2 | 9 |
| | 种类多样性 | 3.93 | 1 | 2 | 3.48 | 1 | 8 |
| 无障碍设施 2.27\2.29 | 设施完善度 | 2.27 | 1 | 16 | 2.29 | 1 | 16 |

第一，在卫生设施满意度方面，安贤陵园均值为3.86，评价等级为$E4$，虽然未达到非常满意，但使用者对公墓的卫生设施还是较为满意的，3个评价因子的满意度都较好，相差不大。钱江陵园卫生设施满意度均值为4.25，明显比安贤陵园要高，说明使用者对钱江陵园的卫生设施比较满意，3个评价因子中卫生设施的干净程度尤为突出。两座墓园的卫生设施在数量和分布上满意度都一般，说明都还有一定的改进空间，可以更加合理。

第二，在休憩服务设施满意度方面，安贤陵园均值为3.28，满意度一般，5个评价因子中，设施数量和设施分布合理性的满意度都不高，分别为3.11和3.02，在整个设施环境的指标中排名靠后，而钱江陵园的休憩服务设施满意度较好，均值达到3.71，数量和分布合理性满意度更是远远超过安贤陵园，均值分别为4.01和4.12。实地调研中发现，钱江陵园的休憩设施多以坐凳形式呈现，而且是沿着阶梯设置，为使用者在攀爬的途中提供了充分的休憩选择，这可能也是钱江陵园休憩服务设施满意度高的原因，而安贤陵园其实休憩设施也不少，但除了入口的休憩设施之外，其余分布的设施因位置的不合理，导致停留性差、利用率低，使用者容易忽略，因此满意度较为一般，另外这可能与使用人群中中老年群体的休憩需求分不开。

第三，在艺术景观设施满意度方面，安贤陵园整体满意度较好，均值达到3.97，2个评价因子在整个艺术景观设施的因子中分别排到第一和第二，说明使用者对安贤陵园艺术景观设施的数量和多样的形式都较为满意。而钱江陵园的这一设施满意度一般，仅3.43，2个评价指标也都不是很突出，说明钱江陵园的艺术景观设施无论是在数量还是在类型上都仍有较大提升空间。

第四，在两座墓园的信息设施、照明安全设施方面，满意度都一般。信息设施的5个评价因子中，标识标牌的明晰度、设施形式以及信息完善度满意度偏低，说明都有很大提升空间。这可能与使用群体的年龄特征与使用需求有关，公墓规模较大时，园内墓穴数量很多，而使用者前来公墓的频率并不是很高，若出现标识不清晰、信息不完善等现象，就会导致使用者在找寻墓地时产生混乱，无法准确、迅速找到，这就容易导致使用者对信息设施的满意度不高。实地调研中发现，不少公墓的信息呈现形式较为单一，部分指示牌、指示地标出现模糊损毁，未得到及时修复。另外，实地调研中发现照明安全设施并不明显，这是这类设施本身的特点，加上公墓晚间使用率极低，而使用者作出评价的很大一部分是基于视觉信息，这很可能是使用者对照明安全设施满意度水平不高的原因。

第五，在两座墓园的无障碍设施方面满意度都偏低，均值分别为 2.27 和 2.29，评价等级为 E2，说明使用者对公墓无障碍设施较为不满意，有较大的改进空间。

4. 文化环境的现状评价

对文化环境满意度的评价从整体氛围、社会文化、个体文化 3 个指标 5 个描述项进行，各要素的统计结果见表 5-20。两座墓园的文化环境满意度都偏低。

文化环境描述因子均值统计　　　　　　表 5-20

| 指标因子 | | 安贤陵园 | | | 钱江陵园 | | |
|---|---|---|---|---|---|---|---|
| | | 均值 | 均值排序 1 | 均值排序 2（总） | 均值 | 均值排序 1 | 均值排序 2（总） |
| 整体氛围 3.11\3.68 | 氛围营造感知 | 3.11 | 1 | 1 | 3.68 | 1 | 1 |
| 社会文化 2.38\2.37 | 传统文化感知 | 2.57 | 1 | 2 | 2.47 | 1 | 2 |
| | 现代文化感知 | 2.28 | 2 | 3 | 2.33 | 2 | 3 |
| | 地区文化感知 | 1.85 | 3 | 5 | 1.95 | 3 | 5 |
| 个体文化 2.01\2.03 | 个体人文关怀 | 2.01 | 1 | 4 | 2.03 | 1 | 4 |

两座墓园的社会文化和个体文化的满意度评价都偏低，个体文化更是 14 个因子中的最低值，二者的均值分别为 2.01 和 2.03，评价等级都为 E2，说明使用者对公墓社会文化和个体文化的表达不满意，这可能跟公墓的传统功能定位有关，设计上更注重满足使用者的基本需求，对文化表达较为忽略，在这方面有较大的改进空间。

整体氛围的评价上，安贤陵园满意度水平一般，钱江陵园的整体氛围满意度较高，说明使用者对钱江陵园的整体氛围较为满意。社会文化的 3 个评价因子满意度水平都较为一般，其中地区文化感知有很大提升空间，墓园对传统文化主要表现在孝道文化，通过文字、雕塑进行简单展示，但文化的传达与连接仍然不强。个体文化中的心理感受和个体人文满意度都非常低，尽管文化环境的权重不高，但使用者对个体文化的期待仍未达到，这可能与使用者的文化水平与环境的品质要求日益提高分不开。

虽然从权重判断上，文化环境的重要性不如基面环境和设施环境，这是因为公墓作为一个场地，满足人们的基本使用需求是最基础的要求，但这并不意味着文化环境不重要，从使用者对文化环境的低满意度可见一斑，说明使用者对公墓的文化环境有着潜在的心理和精神需要，期待与实际有出入满意度才会不足。

### （三）满意度的人口统计学差异

本节运用单因素方差研究分析 14 个观测变量以及总体满意度共 15 个变量与使用者年龄、受教育程度、宗教、年收入之间的关系，通过分析结果判断这些测评指标与这些使用者基本属性间是否存在显著差异（表 5-21）。由于宗教人数太少，为了保证数据可靠性，本文未对这一变量进行方差分析。

不同 $P$ 值对应的显著性差异　　　　　　　　　　　表 5-21

| Sig.（P 值） | 显著性水平 |
| --- | --- |
| Sig.（或 P 值）> 0.10 | 不存在显著差异 |
| 0.05 < Sig.（或 P 值）< 0.10 | 存在差异，但不明显 |
| 0.01 < Sig.（或 P 值）< 0.05 | 差异显著 |
| Sig.（或 P 值）< 0.01 | 差异非常显著 |

分析过程如下：首先对样本进行方差齐次性检验，如结果显示样本具有方差齐次，则先进行单因方差分析，得到存在显著齐次性方差差异的测评变量，然后用最小显著性差异法（Least-Significant Difference）对这些变量进行进一步检验。在本节中，首先以年龄为例阐述检验方法，对整个分析过程进行详细说明，之后对于其他的各观测变量，则仅列出具有显著差异的两两分析结果（表 5-22）。

年龄对各观测指标的满意度齐次检验　　　　　　　表 5-22

| 观测变量 | 方差齐次性检验 | 显著性 | 观测变量 | 方差齐次性检验 | 显著性 |
| --- | --- | --- | --- | --- | --- |
| 绿地 | 2.632 | 0.023* | 无障碍设施 | 2.632 | 0.023* |
| 水体 | 2.781 | 0.001* | 卫生设施 | 2.781 | 0.001* |
| 场地 | 2.354 | 0.041* | 照明安全设施 | 2.354 | 0.206 |
| 道路 | 2.632 | 0.023* | 整体氛围 | 2.632 | 0.411 |
| 围合面 | 2.781 | 0.378 | 社会文化 | 2.781 | 0.001* |
| 信息设施 | 2.354 | 0.041* | 个体文化 | 2.354 | 0.041* |
| 休憩服务设施 | 2.632 | 0.023* | 整体满意度 | 2.632 | 0.123 |

注：* 代表齐次方差概率小于 0.05。

1. 分析使用者各基本属性对各观测指标满意程度的影响

对样本进行使用者年龄的方差齐次性检验，检验结果见表 5-23。

不同年龄段使用者的满意度差异分析　　　　　　　表 5-23

| 观测变量 | F 统计量 | 显著性 |
| --- | --- | --- |
| 场地 | 26.132 | 0.012 |
| 道路 | 6.315 | 0.025 |
| 水面 | 7.523 | 0.025 |

| 观测变量 | F统计量 | 显著性 |
|---|---|---|
| 信息设施 | 5.493 | 0.014 |
| 休憩服务设施 | 16.343 | 0.012 |
| 艺术景观设施 | 6.471 | 0.000 |
| 社会文化 | 6.261 | 0.000 |
| 个体文化 | 11.519 | 0.015 |

从表5-23可以看出，大多数观测指标与使用者年龄的方差齐次性概率小于0.05，具有方差齐次性。这些指标包括水体、场地、道路、艺术景观设施、休憩服务设施、信息设施、卫生设施、无障碍设施、社会文化和个体文化。

2. 对有方差齐次性的变量进行单因素方差分析

不同年龄的使用者在场地、道路、信息设施、休憩服务设施、艺术景观设施、社会文化和个体文化7个方面的感知表现存在显著差异。而后对这8个存在方差齐次的观测变量进行分析。由于篇幅限制，以下略去了受教育程度、宗教、年收入对各观测指标满意程度的影响分析中的方差齐次性检验和单因素方差的结果，仅将这3项的分析结果进行了汇总。

3. 对存在方差齐次性的观测变量进行分析

根据上述分析方法，本文对年龄、受教育程度、年收入对各观测指标的满意度分别进行检验。分析结果显示，影响年龄、受教育程度、宗教各观测指标满意度的因素主要在场地、道路、信息设施、休憩服务设施、艺术景观设施、社会文化和个体文化6个方面。而年收入对使用者不存在显著的满意度感知差异影响。这也解释了各环境要素满意度分析中艺术景观设施、社会文化、休憩服务设施、场地标准差偏高的结果（表5-24）。

**最小显著性差异法（LSD）分析**    表5-24

| 项目 | 类别 | 场地 | 道路 | 信息设施 | 休憩服务设施 | 艺术景观设施 | 社会文化 | 个体文化 |
|---|---|---|---|---|---|---|---|---|
| 年龄 | 18岁以下 | 1.234 | 1.435 | 1.432 | 1.223 | 1.718 | 1.243 | 1.302 |
| | 18~24岁 | 0.945 | 1.201 | 1.112 | 1.241 | 1.002 | 1.010 | 1.129 |
| | 25~34岁 | 1.201 | 1.004 | 1.201 | 0.945 | 1.112 | 1.241 | 1.112 |
| | 35~44岁 | 1.129 | 1.241 | 1.010 | 1.129 | 1.004 | 1.201 | 1.241 |
| | 45~54岁 | 1.004 | 0.623 | 0.543 | 0.432 | 1.129 | 1.112 | 1.002 |
| | 55~64岁 | 1.001 | 0.546 | 0.678 | 0.487 | 1.234 | 1.113 | 1.201 |
| | 65岁及以上 | 0.945 | 0.542 | 0.413 | 0.522 | 1.241 | 1.010 | 1.124 |
| | F值 | 1.201 | 1.004 | 1.301 | 2.945 | 1.112 | 2.241 | 2.112 |
| | P值 | 0.034 | 0.036 | 0.038 | 0.041 | 0.012 | 0.024 | 0.033 |

| 项目 | 类别 | 场地 | 道路 | 信息设施 | 休憩服务设施 | 艺术景观设施 | 社会文化 | 个体文化 |
|---|---|---|---|---|---|---|---|---|
| 学历 | 小学及以下 | 1.201 | — | 1.201 | — | — | 1.241 | 1.112 |
| | 初中 | 1.234 | — | 1.432 | — | — | 1.243 | 1.302 |
| | 高中 | 1.129 | — | 1.010 | — | — | 1.201 | 1.241 |
| | 大学 | 0.945 | — | 0.413 | — | — | 1.010 | 1.024 |
| | 研究生及以上 | 1.129 | — | 1.241 | — | — | 0.945 | 0.542 |
| | $F$ 值 | 1.867 | — | 2.317 | — | — | 1.786 | 2.345 |
| | $P$ 值 | 0.024 | — | 0.031 | — | — | 0.036 | 0.014 |

（1）对年龄分析结果显示，年龄对7个方面存在影响，包括：场地、道路、信息设施、休憩服务设施、艺术景观设施、社会文化和个体文化。同时，结果显示，未成年人对7个方面的满意度都较高，这可能是由于未成年到公墓这类特殊事物的经验少，因此造成未成年人对公墓的感知较为模糊，期望值偏低，满意度较高。45～65岁的中老年人对道路、休憩服务设施、信息设施3方面的满意度较低，对场地、艺术景观设施、社会文化、个体文化满意度一般，这可能是因为中老年人身体素质的差别，因此对到达墓区的距离、休憩以及信息显示等有一定要求，因此满意度较低。18～35岁的青年人对道路、信息设施满意度都一般，对艺术景观设施满意度较高，但对场地、休憩服务设施、社会文化、个体文化的满意度很低，这可能是因为这个年龄段的青年人对文化表达和场地品质更为在意。

（2）对受教育程度的分析结果显示，受教育程度对场地、信息设施、社会文化、个体文化4方面存在影响。从表可以看出，对表中4个方面的满意度最高的为"高中学历以下"的使用者，这有可能是因为高中以下学历的使用者多为一些未成年的中小学生，这些未成年人缺少类似场所的出行经验，因此对公墓的预期较低。同时，本科以上学历的使用者对这4个方面的满意度较低。其中，本科学历的使用者对个体文化总体满意度最低。研究生及以上学历使用者在社会文化、个体文化方面满意度都很低。对本科学历的人群而言，首先，他们较中小学生相关体验更多，对场地、信息会有一定的预期；其次，本科学历以上的人群对文化的表达有一定的要求。

## 五、公墓环境分析结果与存在问题

### 1. 内部便利程度不足

墓园内道路较为畅通，使用者对其整体满意度较高，但局部园路偏窄，设置欠合理。另外，交通驳接便利程度评价一般，这说明对使用者而言，杭州市规模较大的公墓存在内部驳接的问题。调查发现，使用人群中，中老年群体占较大一部分，而客观存在的墓区距离和交通驳接系统方面的不完善，更是降低了使用者特别是体力欠缺人群对公墓的满意程度，这一点从钱江陵园的满意度较安贤陵园略好也可见一斑。作者在实际调研中发现，目前杭州市部分公墓设置了内部驳接系统，配有交通工具跟站点，但使用率并不高，更多是公墓工作人员进行巡视之用。

2. 可停留场所有待改进

环境满意度评价结果显示，使用者对场地的评价较低；在对年龄的分析结果中显示，中老年人对可停留场所数量满意度最低，而未成年人以及中青年人对场地的停留性、吸引力、场地形式的满意度都较低。说明使用者认为现有的停留场所数量以及功能并不能满足其需求。根据数据分析结果以及现场调研，作者将可停留场所不足的原因归纳为以下两点：

（1）可停留场所数量不足

在公墓环境设计中，由于对使用人群的停留、休憩的使用需求考虑不足，园内可停留场所数量不足，使得建成公墓缺乏可停留空间，降低了使用者在该方面的满意度。使用者对墓园绿地满意度较高，而对水域及活动场地面积的满意度却较低，墓园的开敞面积不到总面积的四分之一，不可进入面积达到一半以上，有效使用面积较少，同时，园林及服务建筑过少，可活动面积不足。由于在设计中过少地关注中老年人的行为需求，导致休憩的场所空间缺乏，特别是不能满足中老年人的使用需求，研究结果表明，在具备一定规模的公墓中，中老年人更需要可停留的场所进行短暂休憩，他们往往更偏好安静、安全的场所，而行为偏好则是使用者对场所的心理需求。因此对年龄的分析结果显示，中老年人对可停留场所数量满意度较低。

（2）场所感不足，停留性差

场所有其自身的气质与情感，它具有一种潜在的、无形的场所精神，而这种场所精神，能够暗示使用者场所的使用功能。对公墓的场所而言，这种场所精神的形成既受到场所空间中的景观环境的影响，也受到场所空间中必要的设施与配套服务的影响。调研过程中发现，在许多公墓的尺度适宜停留的空间中，由于缺乏相应的景观设计，在一些可停留场所中也缺乏必要的停留设施设置或者存在数量不足的问题使得场所的场所感缺失、停留性差，从而造成了使用者对可停留场所数量不足的认知结果。另外，部分场所的景观安全存在一定隐患，场所中植物过密且过于低矮容易阻挡使用者视线，导致使用者产生害怕的心理和情境联想，从而降低使用意愿。墓园密林区的使用效率极低，很大程度上与其营造出的环境场景有关。

同时，满意度研究结果显示，使用者对有吸引力的场所数量评价很低，这点主要在未成年人和青年人中比较明显。现代公墓除了基础的功能分区之外，另有一些景观性质的场所与之相伴，而不同的功能区段应有其与之相匹配的空间形式。在调研中发现，现有的公墓尽管有部分公墓的景观环境，包括绿地、水体等的面积较大，但景观环境与基础功能场地的关联性并不强，形式孤立且尺度单一。这样孤立的公墓线性空间，一方面是由于对公墓环境整体和谐性考虑较少，在一些场所缺少必要的景观空间；另一方面，在一些以休憩功能为主的区块中，由于缺乏空间尺度变化，而线性空间具有强烈的导向性特征，使得许多使用者在该类场所中难以停留，停留性很差，导致了资源的浪费。同时，结合杭州市市域公墓规划以及现场调研情况发现，杭州市大部分公墓在规划设计中均按合理距离设置停留场所，但在场所设计中，场所整体特色意向不明晰，环境空间中的特色因素未充分被利用等原因，导致这些场所特征不明确、形象不鲜明，而使得在使用者快速来往墓区的过程中由于缺乏视觉吸引力而被忽视。另外营造上更多地提供了被动环境，而缺乏主动使用环境，使整体场所感略显薄弱。

3. 设施使用考虑仍需加强

在不断的实践与探索中，公墓的配套设施建设还存在诸多问题，主要表现为：首先，园内各类标识虽然较为完善，但在设置上存在不妥，如部分标识牌设置过高或过低，难以发现或查阅，另有部分标识牌被植物阻拦或遮挡、字体过小等现象，可阅性低，缺乏明晰的指示说明和安全提醒标识，部分使用者反映安贤陵园标识牌颜色深、字体小且数量不足，地面指示非常不显眼，令人很长时间找不着方向，连续性不强，有时跟着路标一段时间之后会断掉指引。墓园在对使用者的导向性上有所欠缺，各子区域间的联系也可能因此而受到影响。同时，信息表达的形式也较为单一，基本以指示牌为主，这就导致了使用者对标识系统的满意度较低。其次，卫生设施和休憩服务设施数量与分布需更加合理，比如垃圾桶的数量不足，同时厕所、垃圾桶在分布上与墓园的尺度匹配性不够合理。本文研究的公墓都具备一定的规模，然而卫生间大多仅在入口设置一处，墓园深处未见，同时绿地有休憩亭、休息座椅的设置，但垃圾桶数量明显不足，园内也缺少便利商品服务等配套设施。再次，艺术景观设施上的文化特色体现不足，雕塑小品吸引力较弱，使用者对雕塑小品及城市文化风貌等特色评价较低，侧面反映了墓园对地域文化的表达不足，使用者的认同感较低。大多数雕塑小品等文化景观停留在"观"的层面，单调缺乏趣味性，未能令使用者留下深刻印象，另有一部分使用者甚至完全没有注意到。造成这一结果的可能原因有：墓园大多数的文化景观以静态雕塑或文化墙的形式呈现，可参与性的景观极少；而部分富有精神内涵的文化墙、文化雕塑被遮挡、掩盖、不易发现与亲近；墓园以"清廉"为主题，与普通使用者之间的文化鉴赏存在一定差距。此外，在其他需求未能得到满足的情况下，使用者所感受到的文化吸引力也会有所降低。最后，使用者对于公墓的无障碍设施更是根本没有印象，笔者也很少在公墓内注意到盲道、无障碍扶梯等设施，这给特殊人群带来很大的不便。

4. 整体环境文化性缺乏

使用者对整座墓园的文化环境满意度水平整体偏低。即使在满意度综合评价中，文化环境的权重很低，特别是个体文化，但在对文化环境评价时使用者的满意度依然过低，这说明使用者在首先满足了对公墓的基本祭扫需求之外，对文化环境也开始产生要求，而现有公墓无法满足他们的文化需求，这就导致了文化环境满意度低的现象。

文化环境中，除去整体氛围的满意度尚可，社会文化和个体文化的满意度都极低。笔者认为，整体氛围的满意度之所以会尚可，很大一部分原因是景观环境、艺术小品、音乐等的配合加持导致，并非整体的文化氛围本身让使用者满意。因此，公墓整体环境的文化性有待提升。调查发现，目前公墓文化环境更多注重的是我们传统的孝道文化，这与公墓的性质相关，也与我们千百年来的传统文化有关。近现代文化、地域文化的体现不足，部分公墓会就抗战文化、奋斗历程等进行文化呈现，但其呈现方式并不十分考虑使用者的行为习惯，在空间上与使用者没有形成良好的连接。比如安贤陵园内有两弹一星纪念园、革命烈士纪念园，但无论是在位置上、还是标识度上都给人以过强的距离感。笔者认为，墓园是文化连接的一个载体，除去本身的纪念功能之外，更应该创造一个"时空交流"的渠道，让今人得以实际感知前人的精神、文化，从中产生情绪共鸣甚至对未来的思考。而目前的墓园在文化场所的塑造上更多仅仅停留在纪念性上，并没有产生更多的连接。

现代公墓除满足基本的祭扫功能之外，还应该关注使用者的体验。公墓设施的特殊性，使得它不只是基础的城市设施，更是缅怀亲人、追忆前人的情感寄托的重要场地，有着很强的情感和心理作用。尽管在权重计算时重要程度不高（在空间的基础环境与设施环境相比较之下），但相应的使用者满意度也很低，说明使用者对目前公墓的文化氛围并不满意，而是有着更高的期待。因此，将公墓融入文化要素，包括社会底色文化、地区文化甚至个体文化等，对提升公墓的满意度有着积极的作用，也有利于提升公墓体验感。

# 第五节　公墓环境设计策略

## 一、环境优化目标

对公墓环境的优化建议，应当在尊重现有场地的前提条件下，提出具有一定改良性和前瞻性的优化措施。从优化建议中体现使用者的诉求，真正做到从"以人为本"的角度出发思考设计是满意度评价研究的意义所在。笔者提出的优化具体目标如下：

首先，重视使用者的基本需求。公墓环境设计的首要目的是满足人们的祭扫需求与基本使用需求，一座公墓的成功与否则要看它为使用者带来了多少使用体验。

其次，重视公墓设施的建设。包含必要的无障碍设施设置，完善特殊人群尤其是残障人士的使用设施，以及设置足够的垃圾桶和等候座椅等。

最后，重视公墓空间活力的营造。包含加强公墓的主题性、营造良好的使用体验和文化氛围等。环境设计代表了一座公墓的整体印象，要判断一座公墓是否具有吸引力要看使用者是否愿意受其吸引并纷纷聚集或者停留在此进行活动，对公墓环境设计而言，使用体验是一座公墓现有活力的体现，文化性则是公墓活力是否可持续的前提。

总之，使公墓更好地发挥其"原始职能"和"传送带"的作用是此次优化的基本目标，而提出针对今后的公墓空间设计需要进行优化设计的几点建议是本次优化的最终目标。通过对公墓环境的优化起到激活周边的城市公共空间的作用，不仅能使公墓本身的资源配置得到有效利用，还能使使用效率显著提高，并且对文化传承也有着重要作用。

## 二、设计原则

### （一）人的可持续发展原则

人的可持续发展既包括考虑使用者当前的使用特点，强调功能完善、设施数量、分布合理等，也包括考虑使用者精神需求的可持续，强调情感寄托、思想交流、文化传承等。

考虑人的可持续发展，一方面从人的基本需求出发，既包括使用需求，也包括心理满足，另一方面考虑精神需求。公墓是比较特殊的设施，虽不像居住区那样需要重点考虑使用者的长期使用需求和长期行为，也不像其他开放空间那样重点考虑人们的休闲游憩需求，但公墓作为一个情感、思想、文化等的载体，它是人们与逝去亲人交流联合的纽带，是人们情感、精神、心灵的一处寄托，公墓甚至承载了我们中华民族的文化传承，文化是一代代的传承，正是那种不忘却历史、不忘却来路、不忘却先人的精神为我们的文化注入了源源不断的活力，这是我们继往开来、砥砺前行的根基。在公墓的环境设计中，一方面基础环境满足人们使用上的行为和心理需求，另一方面要通过融入文化，包括民族文化、地区文化等大的社会文化，以及涉及个体的心理感受、情感共鸣等，来满足人们的精神、情感和心理发展需要，增加使用者的文化认同感、地区认同感甚至国家认同感，注重环境对人影响的作用，人与环境是相互依存的，人的一切心理和行为无处不受周围环境的影响。因此，要创造由建筑、绿地、道路、活动场地及公共建筑组成的良好硬件环境，并以硬件环境质量来陶冶人们的性情，从而形成良好的公墓软环境。

**（二）因地制宜、因"实"制宜原则**

因地制宜一方面是要尊重生态自然环境，确立自然生态与公墓环境的组织结构模式，另一方面体现的也是环境设计的生态化追求。建立和完善生态结构，实现生态系统功能的正常运行，使人类与自然空间能够和谐相处。针对不同条件、不同地方的公墓，有规划地设计不同风格的公墓环境，同时强调整体的和谐连续，总体布局上讲求空间感、画面感和秩序感。同时，要考虑使用者的区域特质，"因地制宜""因实制宜"地增加公墓地域文化来提高使用者的精神体验。

因地制宜原则为公墓环境指明优化方向。公墓环境问题的背后说到底就是一个发展的问题，要以尊重自然规律为基础，提高环境质量为根本出发点，以人与自然和谐相处为最终目标，实现人类与环境的持续协调有序发展。公墓环境设计的因地制宜既要考虑空间环境，也要考虑时间环境，一方面从空间维度对环境进行设计，另一方面考虑时间维度，如植物、文化的时间表达等。

## 三、公墓环境设计优化策略

**（一）基面环境设计策略：提升环境品质，塑造引力场所**

公墓的基面环境设计，通过提升道路、场地、绿地、水体、围合面这些环境要素的品质，来塑造整个公墓的场所感，以此提高公墓环境的吸引力。

1. 合理高效的道路系统

首先，杭州市公墓在道路布局方面应该因地制宜，综合考虑公墓整体风格、土方工程量和通行便捷性等多方面的因素。合理高效的道路系统主要体现在容量合理、动静分区明确、形态与地形和环境风格相适宜、铺装实用、照明适度五个方面。路面材料应该依据道路等级进行区分选择，例如在主路上选择方便机动车辆通行、便于维护管理的沥青、混凝土或是混凝土板成品等材料。人行小道可以考虑采用砖、路石或是草缝、混凝土块等多种材料，便于增加人们的行走体验和不同区域的活动引导。虽然公墓夜间极少有人到访，但考虑到杭州市冬季日落时间较早，还是应当在连接出入口与停车场、主要办公设施的道路两侧设置照明设施。在道路形态设计上，尽量避免直冲，在设计面积允许的情况下，尽可能将入口广场与停车场分离设计，避免交通流线的混乱。合理设置道路引导标识，一方面规范机动车辆和行人的行为，另一方面增加空间趣味。

其次，提高内部的可达性。可达性是影响公墓使用者满意度的重要因素之一，实证研究结果指出，交通驳接的便利程度对公墓可达性影响尤为显著。因此，应当从这两方面入手提高公墓的可达性：（1）优化公墓墓区及道路交通的驳接，增设并改善墓葬标识系统，满足使用者对便捷交通的需求；（2）完善内部交通系统建设，通过设置合理的交通换乘点，提高使用者的内部到达便捷性。

2. 细致多样的场地规划

在杭州市公墓现状中，介绍到杭州市地价较高、公墓土地成本大等现实。我们既要考虑到公墓经营的实际困境，也要最大程度上为人们提供更为人性化的使用体验。所以在场地设计方面，可以考虑以下几个设计方向。

（1）综合性广场集中功能，增强场所吸引力

广场是室外环境中最具有公共性、最富艺术魅力、最能反映文化特征的开放空间。这要求我们在进行环境设计时，要考虑到不同人群对室外空间的不同需求。针对不同年龄、不同阶层人群的特征和需求，设计空间多样化、同时具有兼容性的环境。空间本身就是公墓的销售对象，节约土地、集中功能、实现效益的最大化成为公墓内场地规划，尤其是综合性广场设计的重点。公墓环境的综合性广场是个宽泛的定义。通常此类广场与主要道路衔接和入口，与设施的前后广场关系紧密。公墓环境内的综合性广场是纪念广场、交通广场、宗教广场和休闲娱乐广场的集合。通过各类纪念雕塑和祭祀设施的设置，给人们提供纪念缅怀的凭借，发挥广场的纪念作用。广场内的空余空间既可以用来集散、联系、过渡及停车，也可以作为临时停车的预留场地。可以将各类交通指示标志与地面铺装进行结合，在充分完成交通功能的同时不破坏环境景观。在广场周边设置座椅、休息台阶、售卖亭等服务设施来满足人们的休憩需要。公墓环境内的综合性广场是各类设施小品要素最为集中的区域，分布有序是综合性广场乃至整个公墓体现设计水准展现人文主义设计关怀的重要窗口，因此综合性广场内尽可能完善各类设施小品设置，并对设施小品进行合理选址。

（2）路侧的带型空间多样化设计，提供服务

路侧和墓区内的带形空间应当体现多样化的设计，避免长距离的单一设计引发的单调和识别困难。因此在墓区带型空间的设计中，可以考虑左右变化设计，进行场地变换。路侧的带型空间适应于经常以直线型形态出现主干道和次干道周边。路侧的带型空间可以起到变化空间形态、缓冲道路与设施和场地、提供休憩空间的作用。路侧的带型空间在设计形态上可以有多重变化，改变行人在道路行进过程中的视觉单调。路侧的带型空间通过乔灌木的结合进行空间围合，改变行人的空间感受。路侧的带型空间通过乔灌木的空间围合

及空间的预留缓冲了道路对设施和场地的冲击，同时带形空间内的乔灌木也同时遮挡了道路直接望向墓区的视线。路侧的带型空间内是设置各类设施小品的良好场所。例如，设置必要的信息设施指示行人的前进方向，设置座椅等服务设施为行人提供临时的休息场所，设置尺度合宜的艺术景观设施增加环境内的艺术氛围等。

（3）墓区内多种葬式，比例合理

公墓内的内部区域就是指公墓内的各个墓区。公墓内的内部区域的规划要点是增加墓区内葬式，凸显各个墓区特点，增强墓区的景观性。葬式的选择一方面受到民族和宗教信仰的影响，另一方面受到社会文明、生态意识和新兴丧葬趋势的影响。信仰伊斯兰教的很多民族推崇土葬，也有些少数民族推崇水葬。杭州市也有不同民族的群众和众多宗教的信徒，杭州市的公墓应当根据周边集聚的使用者族和群众信仰设置各类不同葬式的墓区。随着社会文明的进步、社会整体生态环保意识和"重生孝，轻死葬"意识的增强，花草葬、树葬等能够避免山体灰化等可以增加公墓环境生态效益的生态葬式局面逐渐打开，因此应当在墓区规划上平衡花草葬、树葬等生态葬式墓区和传统墓区比例。通过小道和灌木进行空间围合划分，通过视线和行走路线引导的差别，增加各个墓区的差别性和识别度。在墓区内结合植物配植、墓碑的设计和其他景观艺术小品的布置，增加墓区内的景观艺术和观赏游览性。例如，在传统墓葬墓区内，采用无基座的墓碑代替高基座的墓碑，利用基座占据的空间种植草类和地被植物，增加绿色景观和视线的通透性。

3. 因地制宜的绿地景观

良好的公墓绿地环境需要乔木、灌木与地被植物相结合，形成全方位植物景观系统，增加绿色生态公墓的直观感受。杭州市公墓环境的绿地在植物选择上主要有两个方面的要点。一方面，选取杭州市具有代表性的园林植物。"落叶归根"是中国人千百年来不曾改变的乡土情结，很多多年漂泊在异乡的游子将百年之后回归故土作为最后的凤愿。不同的水土养育不同的植被风貌，江南的垂柳、北国的劲松等成为地区标志。因此在公墓环境内选取当地具有代表性的植物能够彰显地域特色。另一方面，要遵循适地适树的原则。随着培育技术和栽培方式的不断发展与提高，很多南方植物也能够在杭州市这种冬季较冷的城市的部分地区种植。但是公墓环境绿地管理支出相对较少，从环境生态设计的角度出发，应当选择抗寒性好、适宜本地环境的树种，节约管理成本和树木购买成本。

而在环境设计时，既要考虑到景观的空间维度，也不能忽略景观的时间维度：

（1）时间维度

绿地景观植物是随着时间不断进行变化的景观，能够成为公墓环境时间变迁的见证者。从可持续发展角度出发，在绿地景观规划的过程中，应当将时间作为考虑的重要的因素。一方面要考虑绿地景观远期的景观效果，另一方面还要考虑绿地景观的四季景观变化。各种植物的寿命不同，在各个成长期形态差异大，在植物选择时既要考虑当前景观的效果，也要根据数年后植物的形态形成的景观效果进行合理的预期。

（2）综合布置，营造多样空间

乔木、灌木和地被植物的不同高度和形状可以组合成不同的空间形式并有不同的作用。乔灌木的组合能够形成封闭水平空间、垂直空间、开敞式水平空间和开敞空间等多种空间类型。封闭式水平空间给人感觉相对隐私，适合在地处山地、林地的公墓环境的墓区内采用，在高大乔木的遮蔽下布置墓碑也符合堪舆学的布局。垂直空间适合墓区的划分。开敞式水平空间和开敞空间适合入口广场和道路衔接处等需要开阔视线和交通引导的区域。入口区需要开敞的视线，需要枝干较高的乔木或是低矮的灌木。综合服务区是人流集中，行人驻留时间长的区域，主要乔灌草的结合，营造层次丰富、景观效果好的植物景观。墓区内部高大乔木与低矮灌木穿插在墓碑中间，尽量以耐寒、耐践踏的地被植物代替硬质铺装。

### 4. 小而精的水面景观

水面不是公墓环境内必不可少的要素，但是水面不论在景观还是功能上都有不可替代的作用。水面能够倒映蓝天白云绿树，具有独特的环境美化作用，同时能分割空间；水面在公墓环境内有独特的功能作用，以水面为媒介可以开展多项活动，例如将死者骨灰撒在水面中的水葬活动或是亲人在水面上放小白船等的祭祀活动等。其设计策略首先从是否具有设计水面的条件和设计的重点出发。水面要素的设计应当遵循因地制宜原则，设计的重点主要是增强联系。杭州市冬季的低温对水面的冬季景观和人工水体的防冻胀设计有很严重的影响。同时，因为公墓环境的特殊性，公墓必须远离水库及河流堤坝附近和水源保护区。公墓应当根据自身基址的实际情况，选择是否将水面作为自身公墓环境基面设计要素之一。选择设计水面要素，要注意水岸及池底的防冻胀设计和冬季结冰期的安全问题等。此外，如果水面开展水葬活动，出于卫生安全应当设置独立的水循环系统以避免对地下水和其他水源的污染。公墓环境内的水景主要布置在综合服务区的广场上。水景的设计应当照顾水景的有水景观和无水景观，使得水景有水无水均有景观可以观赏。水景的设计以精巧为佳，应当注重与植物景观如花镜、花坛的结合，还可以考虑与各类设施小品结合，增强水面的艺术景观作用。通过对杭州市公墓环境现状的调查发现，水面在公墓环境内与其他设计要素及使用主体的联系均较弱。水面要素应当加强与设施和设施小品要素的联系，发挥其在空间组织中的作用；加强与绿地要素的联系，丰富植物的景观层次和种类，增加植物景观的表现力；同时通过开展各项活动增加与人的联系。

### 5. 风格相符、形式多样的围合面

设施立面的形式与设施风格直接相关。杭州市的公墓在设施的风格选择上首先要考虑与公墓环境整体的设计风格相吻合，其次有限考虑具有杭州市特色和代表性的设施风格，可以适当考虑在设施要素上体现各个经典设施风格要素。

照壁、栅栏、绿筒和树丛都是围护面要素，它们是独立墙面的一种。照壁一般设计造型多样，具有较高的艺术性和景观观赏价值。照壁主要设置在需要遮挡视线的位置，可以遮蔽不良的景观，还可以营造空间的变化。照壁结合孔洞、漏窗可以创造出独特的框景景观。照壁的选材丰富，各类石材、大理石、砖均可。色彩、图案与主题契合即可。葬壁是一种特殊的设施墙面。葬壁的风格尽可能与设施风格一致。色彩上可以选择给人平静安慰的蓝色，让人温暖的橙色或是肃穆的黑色、白色。葬壁的整体造型以简洁为佳。栅栏一般

选材以强度好、耐久性佳的铸铁为佳，造型方面也是千变万化，选择欧式的花纹样式更能够契合杭州市的氛围。栅栏的色彩选择感觉沉稳黑色较好，有更加明确的边界感。绿篱和树丛是围合空间的优良材料，通过乔灌木的组合形成纵向和横向的多种空间。同时植物种类的不同、植物枝叶的疏密程度、叶片大小以及是否落叶，会在四季形成不同的视觉感受。独立墙面还可以与水结合，形成水幕墙。

**（二）设施环境设计策略：完善设施功能，增强使用体验**

使用者的环境体验有很大一部分直接来源于对环境中设施的直接或间接使用行为，公墓环境也不例外。在以往的公墓环境设计中，对使用者的使用需求更多是从最基本的公墓祭扫需求出发，设施配套也围绕这一点，而对使用者作为人的日常需求考虑较少。现在的墓园功能不再单一，同时可以具备休闲园、生态园、文化园等功能属性，那么，在满足使用者基本纪念需求的同时，"纪念性"和"日常性"的并置不失为一个设计方向。

1. 清晰的信息设施

当今的社会是高速的信息社会，快速准确地获取信息是人们在各种环境内的基本要求。公墓环境内场地面积较大，场地之间的区别相对较小，不易识别。信息设施主要设置在入口区、综合服务区和道路。入口区和道路处的信息设施主要用于行进引导，综合服务区的信息设施用于获取公墓整体信息，公墓环境内的主路系统一般较为简单，只需要在道路交叉口处设置路牌。很多公墓环境内的道路系统为环路，需要明确的道路方向标志进行引导，避免车辆逆行，产生安全问题。交通标志方面，因为公墓环境内行人众多应当限制车速，即应当设置限速标志。在交叉路口处设置提示标志，提示车辆避让行人。公墓是逝者的安息之处，一般情况下应当保持公墓环境内的安静肃穆，即应当设置禁止鸣笛的标志。因为公墓内通常人流量较小，通过行人问路存在一定难度，所以指示牌以及问讯标志的设置就显得尤为重要，其设置可以与座椅、灯具等进行结合，并可以采用平面图、沙盘等多种方式。指示牌、信息牌等主要设置在道路交叉口、道路入口等处。钟塔和扩音器的设置是灵活的，应结合公墓的定位及环境氛围进行选择，如公墓环境内设置有墓塔，可以考虑与其结合。扩音器可以与假山置石进行结合。

2. 合理的卫生设施

公墓环境内最为常见的行为之一是祭祀纪念活动，伴随着该项活动会有很多垃圾产生，垃圾箱的设置显得尤为必要。垃圾箱主要设置在综合服务区和墓区之间。垃圾箱可以在若干墓区设置一个，既满足人们的需要，又避免因为大多数时间到访者较少而使得过多的垃圾箱闲置。垃圾箱可以设置在道路一侧、路侧空间内和入口广场内。垃圾箱应当设置垃圾分类的垃圾箱，选择色彩柔和、材质不过分生硬的类型。公用厕所的设置密度根据人流活动频率和密集程度而加以区分，可以设置在入口广场周边处和多个墓区集中处。公用厕所的设施风格应与公墓环境整体相一致。地处山地、林地的公墓可以采用各类环保厕所。适合公墓环境的厕所有：无水可冲洗环保厕所、泡沫封堵型环保厕所、太阳能环保厕所、车载环保厕所、真空环保厕所几种。这些环保厕所可以有效节约用水、用电，减少环卫工作压力，尤其适合公墓这种在水、电资源和人力管理方面有较大压力和限制的环境。

这些环保型公厕的外形应尽可能与周边环境相融合。

3. 完善的休憩服务设施

坐具的设计要点主要有两方面,一方面是以人为本,一方面是高效实用。休息椅凳的设置方式应该考虑人在室外环境中休息时的心理习惯和活动规律,背部提供屏障安全感,前方提供开阔视线;人们在公墓内的行为和情感通常更具有隐私性,坐具的设置应更加注重为使用者提供在满足安全前提下更为隐蔽的环境。坐具一般设置在综合服务区和墓区周边的路侧带性空间内。

4. 多样的艺术景观设施

特色的雕塑题材,从而达到体现城市特色和自身特点的目的。杭州市公墓有不少独具特色的墓园,如基督教墓园,在园内可以适当设置一些与基督教相关的雕塑意向。在墓碑及附属雕塑方面的设计要点是造型去繁就简和提升雕塑艺术内涵。目前的公墓墓穴在雕塑上主要追求大体积的高档石材、繁复的雕刻栏杆,配合以或大或小的石狮子或白象。墓碑及附属雕塑应当追求简洁大气个性的造型,既可以节约一定的成本还可以充分体现墓主人的个人特色。雕塑本身是一种艺术表现形式,在墓碑及附属雕塑方面进行艺术设计可以提高墓碑的艺术观赏价值,展现墓主人的艺术修养。

5. 细节处的无障碍设施

随着生活水平的提高,人们的寿命逐渐延长,同时公墓到访者的年龄也逐步上升,公墓的硬件设施应当逐步完善,无障碍设施就是其中应当首先完善的部分。在杭州市的公墓内,应当根据自身环境与条件在人行道上铺装导盲块、止步块。非机动车道及人行道的宽度,尤其是墓区内的小道应当尽可能地满足轮椅等无障碍车辆的通行需要,并对道路纵坡加以限制等。在设施入口、服务台、楼梯、公厕、专用厕所设置提示盲道,在公墓环境内使用国际通用的无障碍标志。如果公墓整体环境地形复杂,难以实现全面的无障碍设计,也应当在入口区和综合服务区内遵照标准完成无障碍设施的保障。杭州市公墓的非机动车道和人行道还应当注意冬季防滑和积雪清理,体现社会对于残疾人、老年人及能力丧失者的重视。在卫生设施中应考虑设置独立的残疾人厕所,或专设残疾人厕位。此外,所有无障碍设施均应该有明显的标志,以方便使用。

**(三)文化环境设计策略:加强情感关怀,打造"生态"墓园**

墓园无论从建筑物本身或是人的原始心理,及其外部和内部环境来说都与生态化密不可分,尤其是墓园的内在本质就是将死亡躯体这一实物形式转化为另一种形式(骨灰)的过程,而这一过程本身恰恰是一种生态化的转化,是回归自然的一种特别的"实质性存在"和特殊表现形式。同时,墓园作为死亡文化的实物形态又反作用于人们的殡葬心理和文化形态,触及人们心灵深处的原始情感。因此,现代城市墓园设计正应本着生态化的设计理念,它不仅应该给逝者一个优美宜人的安息环境,同样也应当给生者一个生态、绿色、可持续发展的缅怀空间。它将不再像以前一样是一个孤立而有边界的特殊场所,而是融解变化成为城市中的景观生态,并融合于城郊的自然景观之中,渗透于居民的生活,成为弥漫于城市中的绿色液体。同时,在墓园的自然环境中渲染一种超然的气氛,使人的精神在这里得到释放，找寻回归自然的心理体验。

总的来说，文化环境设计可以考虑以下两种设计手法：

（1）直接设计

直接设计是利用直观的事物来表现公墓的人文内涵。通常包括三类：视觉文字类，指的是与墓园有关的园名景名、匾额对联等；现场演绎类，指的是具有地方特色的音乐、影像等；人文活动类，指的是各种具有文化传统的文化活动。通过感知觉的表达来打造有生命的"情感性"墓园环境，所谓"情感性"墓园环境，是指能够给使用者带来心灵感动，让使用者能够感受到舒适、一致的墓园环境，使用者会感觉像跟前人进行交流一样，他们把祭扫看成一种沟通、传承，产生一种精神体验，而不仅是限于表面形式的传统。

（2）间接设计

文化载体多种多样，公墓人文环境除了直接设计外也可采用非视听的间接设计法。间接设计利用代表性人文信息或中国人文意境，以文化常识的形式传递公墓的人文内涵。通常包括三类：知名人文类，指的是本身在地域范围内具有较高知名度的文化；经典意境类，指的是环境形式契合经典的文化审美；联想通感类，指的是以隐喻的方式表现人文内涵。现有墓园人文环境设计充满着隔离感。公共性的文化场地往往开放性与表达性不足，比如名人墓，纪念空间等，部分墓园即使具备也更多的是单纯的纪念作用，仅在外形景观上区别于普通墓穴，对社会公共文化背后的知名度以及带给人的思考、共鸣缺乏考虑，这样会给人一种高高在上的感觉，不利于和使用者之间进行良好的沟通与交流。公墓设计师必须转变观念，文化纪念应该充当沟通的桥梁，与公墓的使用者建立起连接，一方面重点是在设计名人墓、文化纪念墙等公共文化上，另一方面重点是在使用者与逝去亲人的情感连接上，都应该多从使用者的角度考虑，创造真正有文化传承的墓园空间。

# 第六章　公墓景观要素设计

墓园作为人类历史文明的产物，反映着一个时期的文化习俗传统和社会经济状况。但由于人们对墓园的偏见、人地矛盾的突出、传统墓园的现状问题，墓园景观始终得不到发展。因此，亟待针对公墓景观要素进行设计提升和优化，让墓园的景观更加生态自然，逐渐转变人们对墓园的偏见。本章以城市墓园景观作为研究对象，对多个案例进行深入分析，总结设计策略并进行实例论证，形成研究闭环，旨在探讨把城市墓园与公园设计结合，实现城市墓园由园林化过渡到公园化的有效路径，以顺应墓园功能多元化、葬式生态化、景观丰富化的发展趋势。

主要研究结论如下：我国传统墓园现状问题：墓园功能单一、生态问题日益严峻、墓园景观形式呆板。针对这3大问题，分别在功能配置、墓葬形式、景观要素配置这3方面，提出相应的墓园景观设计原则和策略。城市墓园公园化景观设计原则分别为：人文关怀原则；融合共生原则；弱化表现墓葬区域原则；文化艺术性原则；由园林化向公园化过渡原则。城市墓园公园化景观设计策略分别为：融入多种功能，营造复合型殡葬空间策略；合理利用地形，注入多元生态葬形式策略；丰富景观要素，提升墓园公园化景观策略。

## 第一节　公墓景观发展现状

当前城市绿地严重短缺，墓园会成为城市绿地的重要组成部分。研究者克劳弗斯（Klaufus）提出墓园是一种功能性的城市基础设施，在实现城市可持续发展的过程中，需要避免将墓园看成房地产和基础设施，因为这会对社会公平产生消极影响；加拿大的研究者昆顿（Quinton）对城市公园和墓园两者展开了综合对比分析，分析墓园具有的娱乐功能、气候调节功能和审美功能等。我国景观核心期刊《中国园林》曾将墓园作为主题，邀请了知名的学者张文英、杨滨章共同探讨研究国内外当前的墓园建设现状。2010年殡葬行业的首本绿皮书《殡葬绿皮书：中国殡葬事业发展报告》的颁布促进了我国殡葬行业事业稳步发展。2013年期间"景观中国"曾经在互联网上把当代城市墓园作为主题设置为独立频道，分别从设计方法、设计概念等方面对墓园景观规划设计展开深度探讨。2015年，我国的著名建筑学期刊《世界建筑》邀请设计师对各个地区的墓园设计展开分析和探讨。

墓园作为城市绿地纳入公共空间的呼声逐渐高涨。刘泽阳提出"融会贯通"手法支撑的开放式墓园设计理念，意在使墓园融入城市绿地景观；王丝丝提出墓园设计主题公园化的主张；原佳伟总结得出墓园艺术化、公园化的趋势，同时也指出传统观念下难以推行的状况；杨小洁论述了墓园规划体系，指出生态化、人性化、园林化的发展趋势。周巍提出以人为本，尊重历史原则、因地制宜原则、植物合理配置原则、景观生态性原则、生态安葬的生态恢复墓园设计原则。

翻阅相关资料能够发现，国外 19 世纪时便将墓园与公园相融合，我国和其他国家相比，墓园起步较晚，由于人口结构和土地资源的压力，面临的挑战和任务会更为艰巨，稍有不慎很可能造成土地资源的巨大空置和浪费。虽然有学者提出墓园与公园结合的理念，但就实际情况看，不甚理想。不过目前已有不少城市墓园开始进行这一尝试，并获得很好的经济效益，如云南金宝山生命公园、武汉石门峰、广州罗浮净土等都是墓园公园化景观打造的典范。但目前城市墓园景观设计的理论研究较为匮乏，特别是墓园公园化，亟待进行针对性的研究。

# 第二节　国内外优秀案例分析

通过实地调研国内优秀墓园，以及通过文献查阅对国外公园化墓园的案例分析，总结了它们的优秀共性。

## 一、上海青浦福寿园调研分析

### （一）基本概况

上海福寿园于 1994 年建园，从 1996 年开始，总经理王计生陆续带高层出国，先后考察了美国的阿灵顿国家公墓、法国的拉雪兹神父公墓和俄罗斯的新圣女公墓。确定了学习对象后，福寿园也决定从"公墓"向"公园"转型。园内从基础环境改造到文化氛围营造，再到大型的公益纪念设施建造，10 年后的上海福寿园成为中国公墓行业的标杆墓园，被世界殡葬协会列入"世界十大公墓"，并被誉为"东方最美墓园"。福寿园的成功并不是一蹴而就，而是先后经历了以下 3 个阶段（表 6-1）。

上海福寿园发展阶段　　　　　　　　　　　　　表 6-1

| 阶段 | | 墓园规划 | | 墓园设计 |
| --- | --- | --- | --- | --- |
| 1998—2002 年 | 集中类型 | 在创建墓园早期阶段，福寿园所使用的开发方式是卖多少开发多少，绝大部分的开发区域都在墓园边缘部分，这给之后福寿园的持续发展留下了更多的空间 | 传统型 | 福寿园早期的墓碑以传统墓形为主，在视觉感官上较为单调，且会损耗很多的石材资源。墓区内部的植物种类也不够多样化，绝大多数植物都是松柏类 |
| 2002—2006 年 | 按照整体布局 | 福寿园展开了整体性的规划布局，按计划布局整个园区。且使用分步式的开发充分调动了全园公共景观空间的发展。让墓园空间逐渐公园化 | 艺术化 | 通过参观以及培训的方式，福寿园在墓石的设计方面获得了明显提升。也是我国首个墓石个性化创作的墓园。颜色丰富的石材以及多种类型的植物进行搭配，建设成了具有艺术特点的墓园 |
| 2006 年至今 | 可持续性 | 墓园开发通过预留、点缀的手段，使福寿园内出现了大量的公共空间与景观绿地。同时因为早期阶段的积累，墓园所拥有的景观效果以及祭扫氛围得到了质的提升。同时使用滚动开发以及分期建设的方式，实现持续发展 | 公园化 | 福寿园率先引入了"园中园"的综合性墓区用地模式，以"公墓变公园"的理念为指导，注重将墓园建设成一处集逝者归宿、纪念、生态绿地、游憩、景观于一体的复合型空间 |

　　我国城市墓园的发展历程实际上从上海福寿园的发展情况便可大概了解。我国过去的墓园所具有的功能仅仅只是殡葬。伴随城市化进程的不断深入，现代的人们越来越关注墓园的景观设计，并且在国家开始推广墓园公园化建设后，墓园功能才变得多样化，现代墓园不仅拥有殡葬功能，还需具有生态、教育、休闲等功能。

### （二）功能设置

　　上海福寿园所设置的功能区域主要有：入口引导区、景观休闲区、服务区、纪念区、墓葬区、水景区（图 6-1）。传统墓区绝大多数都设置在最外围，环保类墓区主要在中心区域，避免功能相互之间产生干扰，以创造足够完备的墓园景观（表 6-2）。

上海福寿园功能拓展表　　　　　　　　　　　　　　　　　　　　表 6-2

| 功能分区 | 功能拓展 |
| --- | --- |
| 入口引导区 | 骨灰临时寄存、小卖部、业务咨询、接待办公、厕所 |
| 景观休闲区 | 公共绿地、名人墓区、节地生态葬墓区 |
| 服务区 | 骨灰存放塔、人文博物馆等 |
| 纪念区 | 新四军广场、癌症患者俱乐部等 |
| 墓葬区 | 名人墓区、主题墓区等 |
| 水景区 | 瀑布、景观河道、喷泉水景 |

图例
入口引导区　　景观休闲区
服务区　　　　墓葬区
纪念区　　　　边界水景缓冲区

西
南　　北
东

0　　　100m

图 6-1　功能分区图（见彩图）

### （三）墓葬方式

**1. 艺术墓**

上海福寿园的艺术墓区结合逝者身份划分为多个不同的片区，现状墓区主要包含老干部、知识分子以及军人墓区。在墓位的设计方面非常重视植物的和谐搭配，和周围的环境完美融合，整个片区如同自然的公园一般，墓碑结合了逝者的职业特点而设计。

**2. 树葬**

树葬区部分并没有设置独立的片区，而是合理地使用了新建园区附近树林来创建墓穴，最大程度利用了墓园附近区域，确保了整体墓园空间较强的完整度。

**3. 花坛葬与草坪葬**

该片区位于墓园的中心区域，草坪中间镶嵌着非常小巧而精美的墓碑，周围的花坛种满了各种颜色的花卉，墓碑上写着人生格言，如同美丽动人的雕像，安详地伫立在墓园中。

**4. 塔葬**

园内设有骨灰储存楼，其在墓园景观的轴线区域中，使用简洁现代化风格与传统古典风格相融合的建设方式，在整个墓园视觉的焦点区域，和水面及广场的景观互相辉映。

**5. 壁葬**

壁葬结合广场和水景以及庭院展开一体化的设置。

**6. 传统墓葬**

传统墓区占地面积最大，使用方格网络状布局方式，位于环形路网周边，每个墓穴组团以灌木或绿篱隔离，远处只能看见绿化，从而较好地遮挡了消极视线。

### （四）墓碑设计

馨香园用小型节地艺术碑取代了传统的大墓碑，净面积 0.16m²，高度仅 40cm，减少了占地面积。间隔种植月季以及金蜀桧，丰富了墓碑外围的花园空间，结合东西方文化，以极具现代的简约手法打造出良好的墓区景观（图 6-2）。

图 6-2　馨香园墓碑设计

紫薇园墓碑设计：坚持"藏"与"近"的设计，让墓碑藏于景中，从而拉近人与自然的距离。利用景石来进行墓碑载体的设计，融合中国写意山水的含蓄之美，并以中国山水画的风格布景，赋予园区浓厚的艺术气息（图 6-3）。

图6-3　紫薇园墓碑设计

四季花丘墓碑设计：墓碑设计多元化、节地化，以小组团为单位，同时满足不同客户的需求，模糊了景观区与墓葬区的界限。量身定制艺术墓，每个墓碑如人生一样都是独一无二的。核心区块以小型的西式艺术立碑围合排布，空间灵活、绿化繁茂，看似随意散漫的空间处处考究，展现出"多元共生、生机勃勃"的"世外桃源"景象。中间区块构建小组团的花园艺术节地墓，每个小组团都拥有独特的主题及绿化空间布局（图6-4）。

### （五）景观小品设计

上海福寿园内设计了许多雕塑以及景观小品来展现上海当地的人文历史，为了能够充分调动来此处扫墓人的生活激情，园内结合景观小品展示佛教文化、石雕文化和生命文化，这让墓园之内的文化内涵得到了充分彰显。例如下图为一名双手交叉的修行者雕塑，由远及近逐渐从大地之中凸显出来，隐喻生命的消逝，具有较强意境感，体现出了对生命的领悟（图6-5）。

图6-4　四季花丘墓碑设计　　　　　　　图6-5　景观小品设计

### （六）植物设计

馨香园将大量玫瑰花材运用在景观形象的打造上，烘托出别致的浪漫气氛。爬藤蔷薇覆盖了园中高低错落的石柱，弱化了石材的硬冷感（图6-6）。

玫瑰园内的主要植物为月季（图6-7），例如碑后的丰花月季、碑前的地被月季等。碑前的花境里还种植了宿根花卉、香草植物、球根花卉、灌木、观赏草类等近20种植物来丰富墓园环境，营造自然的庭院氛围。

四季花丘挑选树种之时，主要选择各种常绿乔木，然后再辅以一些时令花卉，使人身处于此便能够真切地感受到四季的流转（图6-8）。

### （七）案例启示

上海福寿园基于"公墓变公园"的建设理念，将视线最好区域的40%用于打造景观环境。将人文纪念功能与墓园景观有机结合，在环境、艺术、人文、思想上进行全面塑造，对于保存和利用地域人文资源起到了很重要的作用。通过创新"背对背"墓碑排列方式来改变传统的"排排坐"方式，致力于打造环境优美、生态良好的多功能墓园。上海福寿园还在道路方面进行升级改造，墓区道路逐步采用草坪代替原有大理石铺装的路面，极大地减少了石材应用，提高绿化覆盖率（图6-9）。

图6-6　馨香园植物设计

图6-7　玫瑰园植物设计　　　　图6-8　四季花丘植物设计　　　图6-9　以"植草格"上铺装草坪取代原来的大理石路面

## 二、合肥大蜀山文化园调研分析

### （一）基本概况

合肥大蜀山文化园原为合肥市一家生态公墓，通过环境改造、绿化提升、文化注入和产品艺术化设计，成功营造出现代生态公墓的氛围。其内的墓葬方式十分丰富，园区景色优美、植被茂密、四季有景可赏。因地制宜，充分利用大蜀山国家森林公园的旅游资源，2012年被国家旅游局（现文化和旅游部）评为"AAA级旅游景区"。

### （二）墓葬方式

1. 百卉园花坛葬

百卉园花坛葬一改传统的骨灰盒形式，将骨灰深埋，与大地相融，种植四季花卉于其上，使整个园区呈现一片生机，营造出生者与逝者共享的公共空间（图6-10）。

2. 明爱园森林葬

明爱园是大蜀山文化园第一座生态墓园（图6-11），其设计思路是将生态葬式与景观设计、环境艺术、祭祀功能有机结合，打造生者、逝者与后人共享的城市墓园公共空间。森林葬一方面节约了土地资源，另一方面减轻了群众的殡葬负担。这种墓葬形式将逝者骨灰深埋入土，不仅符合国人入土为安的传统风俗习惯，而且也遵循了绿色节地的新型环保理念。逝者姓名会被刻在纪念墙之上，用以寄托亲人的思念之情。此外墓园每年还会定期举行"生态礼葬仪式"送别逝者。

3. 铭心园、铭爱园铜板葬

"铜板葬"是一种西化的葬式，也可以称为"隐形铜板葬"（图6-12）。碑座嵌入草坪与地面平行，然后再装上铜板墓碑，单碑占地约0.3m$^2$。这种落葬方式为深埋型，与草坪落葬方式相同，打造出来的园区环境清幽，常年碧草如茵。

图6-10　百卉园花坛葬图　　　　图6-11　明爱园森林葬图　　　　图6-12　铭心园、
铭爱园铜板葬

4. 玫瑰园节地葬

玫瑰园是综合各类节地葬式的新型园区，多为背靠背深埋节地葬式，墓碑采用独具匠心的小型墓碑。背靠背的设计错落有致，有效节省了土地资源。墓碑两旁月季、花境植物竞相开放，更有垂直绿化植物攀缘其间（图6-13）。

5. 长青园景观葬

"景观艺术葬"是大蜀山文化园在2014年推出的一种新型节地环保葬式，即将骨灰落葬在特殊设置的镀铜管中，通过密封处理后放置于较高档的花岗石材料中，在墓区石壁之上设置高级铜板，采用现代工艺进行刻字。单个墓碑占地面积约为0.27m$^2$。墓区内种植形态各异、造型精美的景观苗木，让墓位和景观融为一体，呈现出自然之美（图6-14）。

6. 怀祥阁壁葬

园内的壁葬墓碑和高端石材与雕花铜板有机结合，工艺精妙，用料考究；布局错落有致，并以"恒玫瑰、福天使、心灵树"为主题图案，寓意美好，造型独特别致，清新悦目。此种将墓园景观建设与节地环保的壁葬相融的设计思路，开创了本土新型壁葬的先河（图6-15）。

图6-13　玫瑰园节地葬　　　　图6-14　长青园景观葬　　　　图6-15　怀祥阁壁葬

### （三）景观小品设计

园与园之间的过渡地段有5组雕塑，分别象征"圆满""舞韵""守望""叶脉""相依"，串联起整个设计脉络，赋予产品美好寓意。通过不锈钢与玻璃相结合的抽象雕塑，展现出龙脉和风姿的雄伟态势，营造出静中有闹、闹中取静、自然和谐的景观氛围。不同的人对其会产生不同的感悟，该景观小品的设计目的便是希望让人明白生命的价值，懂得生活的意义（图6-16）。

图 6-16 五组雕塑

### （四）植物设计

沁香园园区种植了20多种玫瑰花，由专家精心选种培育，花朵品相好、花量大。每个墓区搭配不同的玫瑰品种，千株万朵，绚烂绽放，创造出唯美浪漫的花园风貌，漫步其中，宛如走入童话世界（图6-17）。

图 6-17 浪漫玫瑰

### （五）案例启示

合肥大蜀山文化园的设计首先在墓园结构方面，由横向延伸到立体，主张的发展方向是纵向发展；其次，在情感方面，园内不只是单纯的排列墓碑，而是具有现代简约的墓葬方式；再次，墓园景观的营造打破了传统墓园的悲怆气氛和恐怖环境，致力于营造温馨舒适的景观环境；最后，园区内空间形式丰富多样，封闭空间与开放空间过渡自然，结合了多种复合景观场所，园区与园区之间的过渡空间也被充分利用，汇入了冥想功能。

## 三、杭州安贤园调研分析

### （一）基本概况

安贤园是浙江仅有的以园林文化建设为主题的示范墓园。安贤园经过合理的规划设计，具备多种艺术风格，全面形象地展现了浙江人文历史的发展进程，园内功能丰富多样，集纪念功能、安葬功能与休闲功能于一体，是较为成功的现代人文景观。

### （二）墓碑设计

常青苑园内的墓碑比较小巧且隐蔽。每棵树下都放置形状不同的小型节地墓碑（图6-18），这些墓碑只有一本书的大小，以简短文字记录着逝者生前的生活影像，避免造成观者排斥的心理感受。

图6-18 常青苑墓碑设计

### （三）墓园水体设计

安贤园的水景形态丰富多样，自然水面和人工水面均有，也包含流水和静水。园区入口设置了大面积喷泉，与景观雕塑相互配合丰富园区入口景观；园内中轴上的自然水面分割了两边的绿地空间。假山和流水设计在墓园末端，起到承接功能及美化效果。水景集中连贯布置，除了静态的水池外，还有小规模的落水景观，使用动静结合的方式让环境显得更幽深，并在水体附近设置假山及植物景观，顺着水的方向看去，可见高处的小西湖景观，在此处，水体不仅具有塑造自然格局的功能，还具有指引的功能。

### （四）植物设计

安贤园拥有丰富的植物类型，营造了较为丰富的植物景观空间层次。园中除了各种常绿植物，如松柏等，还搭配种植了各类灌木、花草、藤本植物等。在空间布局方面，行道树主要选用形态优美、具备季相景观的常绿树，不仅树形优美、色彩丰富，而且还可以起到指引方向的作用。墓碑的行列空隙中，间植小冠的常绿树（图6-19）。

图6-19 安贤园植物设计

### （五）案例启示

安贤园以爱国主义生命教育为主题，社会主义核心价值观为导向，致力于构建弘扬民族优秀文化的纪念性公园，在设计过程中综合考虑了不同客户的需求，提供了丰富多样的墓葬形式，营造了符合城市发展的多功能墓园空间。

### 四、美国奥本山

#### （一）基本概况

奥本山墓园始建于 1831 年，占地 71hm$^2$，是美国第一座公园化墓园。建园之时，美国内政部（主管部门）就以这样的理念设计：既安葬死者，也为活着的人提供休憩、郊游的场所。它的这一设计理念成为 19 世纪后半叶美国乡村公墓运动和城市公园建设的范本。在 2003 年，该墓园被确定为美国国家历史地标。

#### （二）功能设置

墓园依然具备其最初的功能：提供墓葬服务、举行追悼仪式和葬礼，同时为周边城市居民提供休闲、集会、散步场所。如今衍生出了新的使用功能：墓园提供教堂室内外的婚礼服务，也承接会议场地出租服务，许多外地游客将其当作旅游景点参观游览。

#### （三）墓葬方式

墓园除了传统墓葬，还设有两种生态墓式，一种是林地墓葬，另一种是草坪墓葬。由于奥本山墓园在规划之初也是一个树木园，故其约 90% 的占地面积为林地墓葬，即葬在树林下面。

#### （四）墓碑设计

奥山墓园的一个突出特征就是其每个墓碑的大小、形状、风格都不同，这与西方崇尚自由的思想观念契合。死者家属根据死者生前的爱好、信仰、习惯，请雕刻者创造出独一无二的墓碑。通常是一个家族共同拥有一块经过规划的墓地，也有单独的坟墓。走在墓园里，方尖碑、人文雕像、碑亭、柱廊、塔等形式的碑体随处可见。雕刻精美、形式多样，散布在自然环境中的大理石、花岗石等材质的纪念碑以及墓石增强了整座墓园的艺术性以及历史感，仿佛置身于优美的雕塑公园。

#### （五）植物设计

建园之初，奥本山就已有丰富的自然景观资源，茂密的树林、山地、沼泽、由连续几个世纪的冰蚀沉淀而成的山脊及冰川退却而形成的池塘。后来，墓园又相继种植了各种乔、灌、草等植物。目前全园共有 700 多个植物品种，种植的树木已超过 7000 株，形成了整个墓园的景观框架。在树种选择上，通过植物的色彩、季相变化、姿态等观赏功增加墓园植物的美学性。这里的植物包括红色山茱萸、枫树、紫树、绣球花、白果、落叶松等。植物配置有疏有密有张有弛，形成开敞空间、半开敞空间以及开阔的覆盖空间，增加了墓园植物景观的空间层次，弱化了墓园的庄严感，形成轻松愉悦的空间氛围。这种自然环境的塑造，让逝者能够回归自然，让生者能够亲近自然。

#### （六）案例启示

各种雕刻精美的墓碑，纪念碑分布于墓园各处，社会名流安息于此，为墓园营造了丰富的人文景观，体现了一定时期的社会文化和哲学价值。整座墓园按照园林化的手法建造，都依山就势，墓园各处风景秀丽、和谐整体，草坪、绿树，花丛自然相映，各种景观小品、雕塑、石柱等构成要素不仅是为了纪念而建造，而且考虑到了景观的需要。

## 五、案例优势总结

通过上述优秀案例分析可知，国内外墓园虽处于不同的地理位置、不同的自然环境、不同的文化背景，但它们的成功也有相似之处，即合理的规划布局和"墓园公园化"的建设理念，并注重生态环境的保护，充分发挥了墓地与公园的双重功能。笔者主要从功能设置、墓葬形式、景观要素配置这3方面作出优秀墓园景观设计共性总结，具体如下：

### （一）功能复合

现代墓园不仅应具有基本的安葬逝者的功能，同时还需增加休闲及教育等功能。例如合肥大蜀山文化园在围墙一隅，设计一处与自然相接的冥想空间，设有心经抄写台、空灵鼓、轻音乐吧台，使禅意文化与空间完美结合。上海福寿园设计了一条文化旅游路线，将生命教育主题融于墓园设计之中，还建设了生命纪念馆来展现丧葬文化、地域文化、生命教育文化等相关的内容，从而让墓园拥有一定的传承和教育功能。

### （二）多元生态葬式

主要包括草坪葬、树葬、花葬及壁葬等多种形式，生态葬式能够有效节约土地资源，模糊墓葬区与景观区的边界。例如上海福寿园将节地生态葬设置在景观区，做到"建碑不见碑"，将墓藏于景中。康馨园作为过渡空间，虽然它的面积仅有 $151m^2$，但通过将"雕塑＋平板葬＋景观葬＋花坛葬"多元化生态葬式融为一体的墓葬结构容纳了806座墓穴。

### （三）墓碑设计

墓碑应尽可能少地占用土地资源，可以缩小墓碑的体积，让墓碑拥有更强的艺术性，例如玫瑰园不再使用传统的朝南朝向的墓碑设置方式，而采用隐形的方式对其进行处理，将其"藏"于植物之中，并利用植物对人们进行视线遮挡。此外还可以合理利用现代互联网技术，创建二维码墓碑，避免墓碑直接暴露在人们的视野范围之内。

### （四）墓园水体设计

根据不同的空间氛围可选择不同形态的水，例如杭州安贤园的入口喷泉与静水池。动态的水既可以打破单调的空间氛围，在听觉上潺潺的流水声，能够带给人们更强的景观体验感；同时又象征着生命的流动，伴随水流漂泊，就如同人生一样变化无常，因此要懂得去珍惜。静态水可以有效舒缓人悲痛的感觉和情绪，让人能够对生命进行深深的思索，感悟当下的时光。逝者如同这静谧的水面一般，所有的一切终将归于平静。

### （五）景观小品设计

园区中使用的景观小品必须切合区块主题，从而起到"画龙点睛"的作用，例如紫薇园中将景石直接作为碑体使用。康馨园区中的5组雕塑不仅提升了中心花坛景观，还让人明白了生命的价值，懂得了生活的意义。

### （六）铺装设计

铺装设计应满足使用、景观、生态3种功能。例如上海福寿园墓区道路逐步采用草坪代替原有大理石铺装的路面，极大地减少了石材应用，提高绿化覆盖率。杭州安贤园的景观大道运用了具有祥和意义的铺装图案。

### （七）植物设计

丰富园区植物种类，改变传统种植观念和"一碑一树"的设计方式，合理配置乔灌木以及草本植物，改善墓区景观环境。合理栽植长寿植物，如银杏、雪松和罗汉松等，紫薇园中植物设计的关键点在于使用长寿树种来创造多造型的树桩，从而设计出具有中国山水意境的墓园。

# 第三节 墓园公园化景观设计策略

针对我国墓园现状中的墓园功能单一、生态问题日益严峻、墓园景观形式呆板、空间冷漠与情感文化缺失这4个主要问题，通过对墓园使用人群景观需求进行调查，并结合上述优秀墓园景观案例分析的4方面总结，进一步提出解决传统墓园现状问题的相应景观提升对策：在功能设置方面，提出营造复合殡葬空间策略，以解决墓园功能单一问题；在墓葬形式方面，提出注入多元生态葬式策略，以解决生态严峻问题；在景观要素配置方面，提出丰富景观要素策略，以解决墓园景观形式呆板问题；在文化方面，提出运用表达手法，赋予墓园情感文化策略，以解决空间冷漠与情感文化缺失问题。

## 一、景观设计原则

### （一）人文关怀原则

墓园最重要的功能是为人服务，要能够给逝者提供一处安息的场所，同时还能够给生者提供一个追思的纪念场所，因此在整个墓园景观设计的过程中需重视人文关怀的基本原则。不仅需要对所有的逝者表示平等与尊重，充分满足现代人的个性化需求；还要能够给使用者提供方便的服务，关注来访的人在墓园之中的活动需要，提供一些休息的平台和便民服务基础设施。需要改变过去传统墓园的阴森环境，要使用合理的色彩搭配，在设计层面充分彰显出人文关怀以及人性化的特点。要将人作为设计的核心，关注人的实际需求，让人能够在景观优美的空间之中对逝者缅怀，塑造可提供给人情感寄托的重要场所。

### （二）融合共生原则

融合共生指两者互相结合共同发展。墓园景观设计中可分为5种融合，分别是：① 逝者骨灰、土壤与植物的融合。逝者骨灰与土壤结合以实现入土为安，一起滋润植物生长，达到三者融合。② 人与墓园景观的融合。墓园不再阴森恐怖，人们可在此欣赏自然，人景合一。③ 过去与现在的时空融合。在这充满希望的地方，生者向逝者述说往事，是一种过去与现在的时空融合。④ 纪念功能与休闲功能的融合。生者缅怀纪念逝者的同时可以欣赏墓园景观，放松心情。⑤ 墓园与城市的融合。有了以上4种融合，才能形成墓园与城市的融合。墓园不再是单一功能的祭奠场所。墓园融于城市，城市包容墓园。

## （三）弱化表现墓葬区域原则

为了降低人们对墓地普遍的恐怖心理，要注意在视觉上弱化表现墓葬区的丧葬氛围。可以利用生态节地葬式，将其与环境融合在一起，做到"建墓不见墓，墓融于景"的效果。

## （四）文化艺术性原则

融入一些地域特色以及当地的文化艺术内涵，能够避免墓园景观的同质化，让人们在此处感受到独有的归属感。不同地区拥有不一样的文化内涵及民风民俗，因此墓园景观设计应该与当地的文化及社会背景相协调、相适应，注重墓园个性的打造，深层挖掘并评估地域特色文化，将优秀的文化转化注入有形的墓园景观当中，一方面是对地域文化的展示与展现；另一方面也有利于文化的传承与延续。因此，墓园景观的设计需拥有足够的美感，雕塑以及墓碑的风格不能过于死板，需要充分满足人们的审美需要，将墓园真正建造成具有艺术感的地方。

## （五）由园林化向公园化过渡原则

现阶段传统习俗深入人心，导致墓葬改革面临困难。因此改革方式可先经过园林化，继而过渡至公园化。所谓园林化即通过植物绿化、景观小品及服务设施等，增加绿地面积，美化环境，改善墓园环境。所谓公园化，并非传统意义上包括休闲娱乐区、老人活动区、儿童活动区的公园，公园化的墓园应是将祭奠融入休闲，一花、一树、一草及每个墓碑既是祭奠的对象也是观赏的对象，在祭奠中观赏自然，在自然中回忆往昔。墓园公园化既能为逝者提供一个良好的"人生后花园"，又可为生者提供一个优美的休闲园。墓园公园化，使墓园由单一的祭祀功能向复合型功能转变，有利于改善墓葬空间，既能开发一种新型休闲游，又保证了对传统文化的继承。

# 二、墓园公园化景观设计策略

## （一）融入多种功能，营造复合型殡葬空间策略

### 1. 多种功能

城市墓园公园化从功能上来说，功能已不能仅是作为安放逝者骨灰或遗骨，而是要由单一性向复合性转变的综合性场所，为人们提供追思亲友、休闲景观的多功能墓园。

### （1）文化教育功能

墓园是历史文化的见证也是人类历史的见证，它记录着当时生活的全部信息，是逝者的归宿、后人的纪念形式，也是追念先人、教育后代学习高尚品德、树立正确的价值观、生死观的教育形式。利用墓园内部的景观墙、浮雕、和碑文等方面的设计，导入佛家道家等文化的精神内涵。充分满足现代人心理层面的需求，同时还能让古人的智慧传承下去，探寻现代和传统相融合的方式。在充分尊重各地风俗的前提条件下，和时代共同进步，结合生态化以及绿色化的殡葬现代理念，让参观墓园的人能够感受到生和死的内涵，塑造正确的价值观。从而让墓园真正成为具有教育价值的优秀场所。

可以在墓园中展开教育活动，让现代年轻人拥有科学的价值观，更能理性地思考生死，激励青年更加重视生命。增强现代人的荣誉感、使命感，使用更直观的表现方式来引

导人更珍爱生命、牢记过去的历史，让我国的民族价值观获得充分传承。而且还可以利用墓园让现代人对墓葬的方式有更加深入的认识，转变过去传统的墓葬观念，让现代化的生态节地葬实现更好的发展。

（2）祭祀纪念功能

殡葬是墓园最核心的功能，能够给人们提供祭祀和安葬的主要场所。现代化的城市墓园核心功能要能够充分满足人民群众的祭祀功能。这是社会高速发展的一种生成物，是对逝者进行合理安葬的现代化形式。人们的殡葬行为能够让墓园具有一定的特殊之处，墓园也是人类缅怀逝者的专门场地，是对逝者进行追思和缅怀、表达尊重的重要场地，所以现代墓园需要合理进行景观设计，创造安详静谧的环境空间。

（3）生态功能

墓园在展开规划设计的过程中需做到尊敬自然顺应自然，要充分保留原场地特点，合理使用当前现有的场地展开合理规划，让墓园环境和自然环境更协调。在合理使用原本自然条件的前提条件下，对一些不利条件进行优化改造，从而创建能充分满足殡葬需求的环境，让参观的群众能够融入大自然之中。因此在生态墓园的设计环节，需使用景观生态学理论及景观规划理论来对空间展开设计，同时还需对其中的生态群落进行塑造，使用合理艺术配置方式，针对不同种类植物的生长特点展开设计，得到具有不同种类及功能的植物景观，从而塑造层次感丰富，配置科学的综合性植物群落。在充分满足现代人民的殡葬需求的前提下，让墓园更好地发挥生态效益。使亡者及生者都能够在良好的绿色环境中生存，让生态美和艺术美共同实现，展现城市生态墓园所具有的生态定位。

（4）休闲功能

自古以来我国人民对死亡非常畏惧，这也导致我国对"死"这个字比较忌讳，只要是与丧葬有关的事物都是非常严肃庄重的，不可能出现休闲游憩的情况。但伴随中西方文化的交融，国外有许多如画一般的墓园，例如为中国人所知晓的维也纳中央公墓及阿里的拉雪兹神父墓园，这也让部分中国人转变了对传统死亡观念的认知，同时也让现代的墓园设计更加重视休闲游憩方面的功能。利用休闲游憩可以转变过去对死亡所存在的恐惧心理。由于城市绿地的面积不断降低，如今的人均绿地占有面积迅速减少，绿地面积比例失调，通过创建城市墓园能够给生者提供一个良好的休息空间。

2. 复合空间

在当前土地资源比较紧缺的状态下，通过将殡葬方式与功能空间有机结合，能为多功能墓园的发展提供更多的可能性。城市功能的加入可能会使殡葬功能的占地面积降低，同时为了使景观活动空间更加丰富，可结合各种种类的殡葬方式，合理地设置一些休憩场地，例如利用道路、景观墙、喷泉等元素，让活动更丰富，使用景观空间和殡葬方式相融合，创造具有生态、教育、缅怀、休憩等多种功能的综合性殡葬空间，不仅能够有效地保护城市的自然生态，让城市的居民拥有更多的游憩活动空间，同时还能让墓园具有更好的景观效果。在使用树葬方式的时候可与树下座椅融合，给人们提供休憩空间，在具有纪念意义的乔木下设置座椅，同时在座椅上刻下葬在此处的逝者基本信息，不仅能够提供一个殡葬场所，同时还能拥有休憩功能。土葬可以将道路和道路旁的树相融合提供游览空间。座凳可以替代传统的墓碑以及雕塑等一些标志物，提供给市民一个游览和休闲的景观空间。草坪可以创建有效的集散空间，例如杭州安贤园就把草坪葬和一些具有特点的墓碑相融合，不仅能够得到非常壮观的草坪风光，同时还提供了具有休闲功能的集散空间。

### （二）合理利用地形，注入多元生态葬形式策略

过去传统的墓园景观不够多样化，所采用的设计样式也基本一致，公园化的墓园不仅需要拥有殡葬的基础性功能，还需要拥有其他综合性的功能，这才能够充分满足现代人对绿地景观的实际需求，即利用现代化的景观去除墓园环境给人们带来的不适感。所以我国有非常多的城市都在展开殡葬改革，提倡文明的现代化殡葬文化，促进花坛葬、草坪葬等现代化的生态葬法。越来越多的新型殡葬形式能够有效的节约土地资源、避免破坏生态环境。此外，这些新型的生态葬式也能够体现出入土为安的传统观念。但是现代化的生态殡葬形式与我国传统的殡葬观依旧存在一定的差异，所以在短时间内完全普及生态葬法是不现实的。这就要求在生态墓园的建设过程中，合理布局多样化葬法。通过多种殡葬形式的设计，结合场地地形展开设计工作，例如场地比较平整的地块，可使用草坪葬及艺术葬等方式设计，而在坡地则可使用树葬或者传统墓穴葬法设计。将殡葬形式以谷物板的方法进行划分，可合理地将多种葬法融合到一起。例如，传统墓穴葬因场地高差会设计一些挡墙，可利用这些挡墙结合壁葬设计。可结合墓园中的园路，在园路附近设计花坛葬等方式，既让殡葬的形式更加多样化，同时有效增强了墓园景观的效果。

将多元生态葬式与景观区结合。选取多种葬式，结合总体景观进行空间布局，兼顾核心景观及边界的渗透，形成相互联系的整体。可采取上海福寿园"园中园"的策略，大园中套小园，鼓励小型化和多样化，分化多主题的小墓区，散落于总体景观中：既可保持公共景观的连续性和开放性，也利于维系各个小墓区的独立性、私密性，以发展各自的特征和主题，并利于分期建设和转化。

### （三）丰富景观要素，提升墓园公园化景观策略

1. 墓碑设计

墓碑是墓园中所特有的，除了满足基本的殡葬需求外，更要满足审美的需要，它影响着墓园的整体风格。墓碑独特的艺术造型不但具有较高的艺术价值，同时还能够改变墓园沉闷的氛围，并且一定程度上还具有教育意义，给民众带来良好的审美体验。墓碑位置设计可结合逝者自身的喜好以及家属的要求合理进行摆放，可结合墓主个人的职业及宗教信仰等方面的情况完成设计和摆放，去展示中国的古诗词文化及西方的雕刻艺术，同时对墓主的人格进行展现，来有效缓解墓园内部的压抑气氛及扫墓人的悲痛心理。墓碑造型可以设计成书、画或古琴来蕴含生命的价值与意义，对于尺寸大小方面尽量设置体量小但精致的墓碑，营造出"立碑却不见碑"的视觉效果（表6-3）。

墓碑作为先人的赞美和记录，记载着逝者的丰功伟绩或者人生态度，使用者需在墓碑的功能上得到事业上的鞭策作用和生活上的指导作用，所以墓碑应该更多地记载逝者的图

文资料。既然墓碑还起着与逝去亲人交流的纽带作用，就需要一个空间来记录使用者想要说的话、想要下的决定、想要努力的方向，以便下次祭拜活动对先人有所交代。这些功能，在信息化发展迅速的现代社会都可以依附于产品实现，而且还能将一些已经废弃的资料重新利用起来，实现资源使用价值最大化。

不同坡度使用的殡葬方式　　　　　　　　　　　　　表 6-3

| 坡度 | 设计策略 | 殡葬方式 | 图示 |
|---|---|---|---|
| 1°～5° | 坡度较缓，适用于所有葬式 | 所有葬式 | |
| 5°～33° | 缓坡地形适用于树葬、草坪葬、花坛葬等对地形要求较低的殡葬方式 | 树葬 | 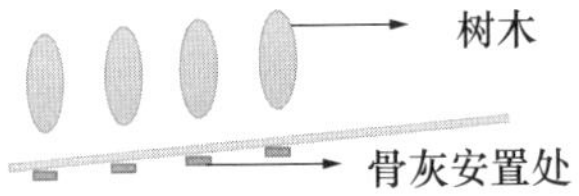 树木／骨灰安置处 |
| | | 草坪葬 | 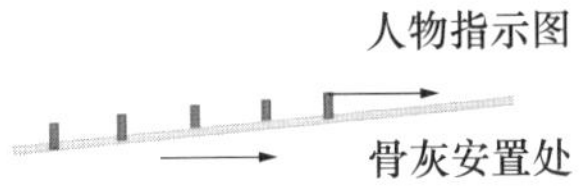 人物指示图／骨灰安置处 |
| | | 花坛葬 | 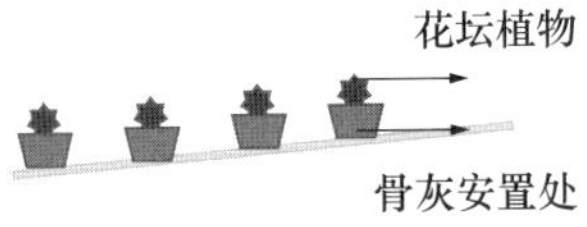 花坛植物／骨灰安置处 |
| 33°～50° | 坡度较陡，设置骨灰墓穴时将地形改造成梯田式、台阶式，便于人们行走停留的同时丰富景观层次 | 骨灰墓穴 | 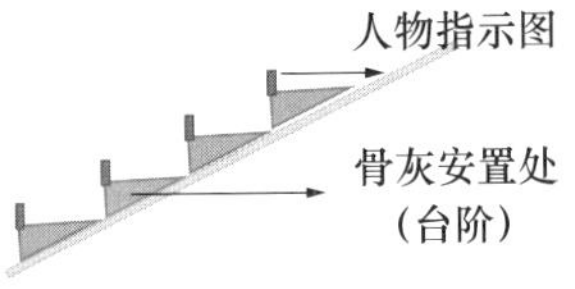 人物指示图／骨灰安置处（台阶） |
| | | 树葬 | 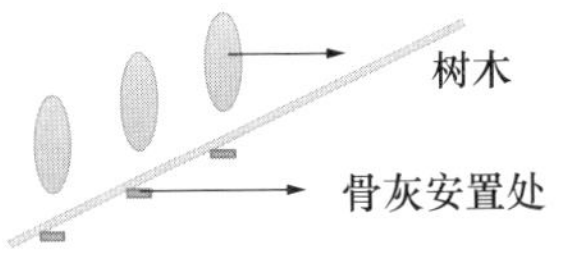 树木／骨灰安置处 |
| 50°～90° | 陡坡，设置壁葬，以解决高差较大地区的景观处理 | 壁葬 | 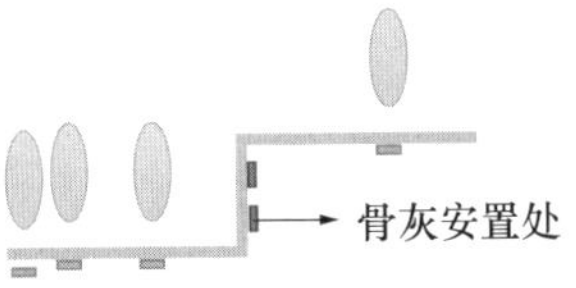 骨灰安置处 |

### 2. 墓园水体设计

应用于墓园设计中的水景拥有"洗礼"的含义，将水和植物与山体合理搭配，可以营造公园化开放空间。墓园水系通常呈环抱势，象征"聚气"。当前我国的许多墓园依旧会适当参考堪舆学理论，在选址方面也尽量在门前设置水系流经的环境，就算不存在自然水体，也尽可能地创建人工水系，植被的茂盛生长同样需要足够多的水资源来灌溉，植被比较旺盛、山清水秀的地方会让人感觉到生机，这也是古代人所说的"风水宝地"。在墓园的设计过程中善于使用水系，可采用雨水收集的方式获得充足的灌溉水源，充分利用蒸腾作用来调节当地的小气候，同时还能够在景致的渲染方面发挥一定的作用。水体属于一种能够影响景观效果的重要元素，景观效果不仅包含视觉方面的形态、例如水的流向以及波纹，同时还包含有听觉方面的声音，例如水从不同高度滴落所产生的声音。因为功能方面的差异，水体的设计不能够呆板，要善于使用水体所具有的灵活多变的特点来创造多样化的观感。静态水的设计如湖面、静水池等可以带给人们宁静、恬适的心情。动态水如喷泉、瀑布、溪流等则可打破墓园单调的空间设计，潺潺的流水声不仅可以营造良好的听觉景观，还寓意着生命的流动。

除了水体的设计，水景相关元素的处理也可以丰富公园化的景观，例如水中的锦鲤，莲花等水生动植物不仅具有祥和意义，还可给人们传达一种美的感受。

3. 景观小品设计

墓园设计需通过多元化的景观小品，有效地美化环境、增强主题，让墓园的视觉效果更加丰富。园林小品是整座墓园设计中最吸引眼球的部分，不仅拥有美观性，还有极强的实用性。园林小品的布置从整体布局到形态设计都应与墓园整体景观相互协调。我国的墓园景观中雕塑的题材绝大多数都是孝道，以及古代神话有关的内容，但是随着墓园景观的持续发展，雕塑从过去的人物以及吉祥物转变成了抽象风格，通过前文的问卷调查，发现民众偏向于传达积极生命态度和展现亲情与关爱有关的墓园小品，因此，将这些景观小品融合到一起，将其放置到节点和人的视线焦点位置，能够和附近的景观形成良好整合，还有部分景观小品可以联合墓葬区所拥有的功能展开设计。

4. 铺装设计

铺装不仅包含交通相关功能，同时还能指引人的行进路线、调动游人的情绪，从而形成个性化设计。

（1）实用功能

交通以及休息功能这是铺装最核心的基本功能，拥有着对空间分配、指引、提供休闲散步空间的功能。如同人的经络一样被整合到墓园绿地所有景点中，使用不同的铺装形式直接影响着景观所具有的文化内涵。例如使用稳定类型的铺装，可令人们驻留在一定的空间场所内；当需要人们重点注意某个景观空间时，可采用聚向景点走向的铺装设计。

（2）景观功能

良好的景观铺装能够对整个空间起到一定的烘托和补充作用，强化主题，让人们快速与环境融为一体，在选用铺装材料时，应注意不同图案、色彩及装饰性的纹理对人心理产生的不同影响，要加强节奏感和韵律。同时可使用具有象征含义的细节设计使铺装场地拥有更强的人情味和感染力。

（3）生态功能

应尽可能地节省铺装材料，避免对原始生态环境造成影响。可使用透水性良好的材料、具有比较大空隙的铺装系统，或者在道路中嵌入绿草等。此外，还需关注伴随气温以及季节的改变，铺装材料可能出现的热胀冷缩等一些因素对行人产生的影响。

5. 植物设计

在设计城市墓园公园化景观时，需要从自然中获取灵感，遵循自然规律设计的植物群落才能够适应自然，充分发挥生态效益。在植物配置时，需要科学布局，灵活设计，如除了设计疏林草坪，还可以设计密林。在具体进行景观布局时，需突出园区主题，达到"以景为用，以景为生"的目的，给人营造公园化氛围，增添墓园亲切感。

（1）植物的选择

城市墓园公园化建设时需重点关注植物选择，植物种类，植物生存习性，植物配置以及植物与周边环境是否和谐，同时还要考虑植物蕴含的宗教信仰，以及相关于植物选择的民族风俗，除此以外，植物文化含义也不容忽视。

（2）植物的配置

植物作为墓园景观中具有生命活力的景观元素，不仅具备改善环境、净化空气、保持水土等生态功能，同时也是造景的核心所在。

① 入口景观区。入口景观区属于园区景观的前奏部分，可以大面积铺植花草，形成视觉冲击。

② 文化教育区。文化教育区的植物配置可以将常绿乔木和观叶乔木两者合理搭配，采用孤植以及丛植混合种植方式，选择生命力顽强、寓意长寿的植物，展现对生命的尊敬，彰显文化教育区的生命力。

③ 公共休闲区。公共休闲区是墓园最为关键的观赏区域，对于植物以及景观的设计应尽量丰富，可以合理利用观花观叶植物创造多样化主题空间，适当添加具备季相变化的色叶树种以及草本花卉，利用地被植物创造开阔大草坪等较为柔和的公共空间，丰富景观层次，营造宜人的景观效果。

④ 森林缓冲区。森林缓冲区是墓园与外界的过渡区，应着重考虑使用遮蔽性较强的高大乔木，以乡土植物为主，起到调节园区小气候以及隔离外部环境、缓冲过渡的效果。

⑤ 墓葬区。墓葬区是全园的主体部分。此处可以参考我国传统园林设计手法之中的"象征"以及"比德"等设计思想，利用植物景观设计来营造深层次的意境。可以在教育者墓旁种植寓意良好师德的桃李等植物；在艺术家碑前可配置竹类、南天竹等凸显文人气质的植物。根据不同墓葬形式，采取不同的植物配置，可以利用鲜花树木来传达生者对逝者的怀念之情；在墓葬区边缘可散植灌木花丛来弱化墓葬区边界，也可搭配少量孤植树进行空间分割。选择墓园植物与其他地方植物最大的不同在于，应根据植物的生长习性和季相变化，配置在清明节、中元节等重要祭祀节日里具备良好景观的植物。

## 第四节　实例验证——临安天竹园景观设计

根据国内外优秀墓园的分析总结以及上述景观设计策略，对临安天竹园的景观从功能设置、墓葬形式、景观要素配置这3方面进行专项提升。

## 一、项目概况

### （一）自然地理

项目地属中亚热带季风气候，多年平均气温 15.3℃～17.2℃，平均无霜期 234 天，土壤以红壤和水稻土为主，植被类型属于中亚热带常绿阔叶林，目前林草覆盖率为 84%。境内为水力侵蚀为主的南方红壤丘陵区，土壤侵蚀强度为微度，属于浙江省水土流失一般防治区。

项目地以低山丘陵为主，四面环山，整体海拔高差约 77.34m，墓区建设需要对场地进行部分改造。抗震设防烈度 6 度区，地震动峰值加速度为 0.05g。根据区域地质资料，项目地未发现有影响场地稳定性断裂构造存在，场地稳定，适宜建设。

项目地属于南茗溪水系，内含 60000m³ 蓄水量裤脚塘水库一座，水域面积 10060m²，水主要来源于上游雨水汇集，用于下游耕地灌溉。在做好水系沟通以及灌溉储备前提下，可作为项目地主要水体景观及消防用水水源。

### （二）地理区位

"天竹园"位于长三角腹地临安区西南侧，距临安区中心约 7km 车程。北接"杭瑞高速"和 S102 省道，坐拥"临安西"——玲珑高速，同时距地铁 16 号线终点站（九州街站）仅 5km，又紧邻临安区殡仪馆，以临安殡仪馆东侧东西向硬化村道为主要对外通道，道路宽 6.5m，自天竹园项目主入口连接至 S102 全长 621m，距离杭瑞高速玲珑互通口 2.5km，可谓交通便捷，深山藏玉。

### （三）场地现状调研

"天竹园"采用先建公园再建墓园的规划设计方式，致力于打造多元化的公园化墓园，园区的墓碑小巧精致，颇具艺术效果。城区规划占地面积约 30hm²，分三期进行建设与开发，目前已完成第 1 期工程建设，即天竹园裤脚塘公园。

### （四）现状问题

1. 当前的植物种类不够多样化，而且植物配置的层次和丰富程度不够。需要在之后的设计中创造更加良好的植物景观，以衬托墓园公园化的氛围及景观效果。

2. 由于缺乏后期有效管理，场地内的小型水景已干涸，大型水景水体的营养物质越来越丰富，水体污染越来越严重。设计时不仅要注重水体的形式美，还应运用水生植物来净化水体。

3. 当前场地之中的基础设施不够完善，并没有提供给使用者可以休息停留的场地和设施。所以在设计时需结合现状近水空间及使用功能加入相应的景观设施。

4. 目前只有墓葬功能，缺乏文化内涵。设计时应拓展墓园其他功能，并融入临安地域文化，如吴越文化，竹文化等。

## 二、设计思想

### （一）设计目标

在充分尊重原场地的基础上，结合一期工程的整体规划，对墓园进行深化设计，除了满足基本的殡葬和纪念功能以外，增加教育科普、休闲游憩等其他社会功能。打造公园化墓园，丰富墓园殡葬形式，增加环保生态葬式，充分发挥公园化墓园的景观功能以及生态效益，推进城市化进程。

（二）设计原则

1. 通过葬式多样化、立体化、景观化提高绿化覆盖率与景观效果。
2. "分批建设、滚动开发"的营建模式，先建景观再建墓葬。
3. 弱化墓石的体量与外形，综合式的布局与环境相协调。
4. 进行个性化、艺术化的墓碑设计，减少批量化与格式化。
5. 以不同的人文主题定位墓区设计，突出主题景观，增加游览性。
6. 结合开放绿地、休憩设施、景观小品等形成休憩空间。
7. 丰富植物种类，合理搭配种植，形成自然式的植物景观效果。

（三）功能定位

秉承墓区园林化、墓体小型化、墓碑艺术化、服务人性化建设的要求，把宗教文化、吴越文化、竹文化融入天竹园之中，建一座"死者安息、生者安慰"的集传统文化、人文景观、追思祭祖、休闲旅游于一体的公园化墓园。

（四）设计理念

项目命名为"YU 花园"，其内涵有三，其一是指功能多样，景观优美的"御花园"，其二是指能够有效舒缓情绪的"愈花园"，其三是指具有对生死观念进行科普教育的"育花园"（图 6-20）。

① 万福广场
② 生态停车场
③ 接待服务中心
④ 生命广场
⑤ 净湖
⑥ 桃花源
⑦ 曲水流觞
⑧ 婆娑竹林
⑨ 静思空间
⑩ 安泰苑
⑪ 安怀苑
⑫ 永安苑
⑬ 落羽静榭
⑭ 海棠苑
⑮ 生态保护林
⑯ 落叶归根
⑰ 吴越文化墙
⑱ 德厚苑
⑲ 临安名人文化墙

图 6-20　临安天竹园平面图（见彩图）

### 三、墓园景观设计

#### （一）功能复合

依据墓园地形现状以及功能需求将墓园划分为 6 个区块，分别为公共休闲区、墓葬区、文化教育区、入口景观区、森林缓冲区以及管理服务区。生态墓葬区可以结合其他分区进行综合设计，从而实现"建墓不见墓，墓融入景"的景观效果（图 6-21）。

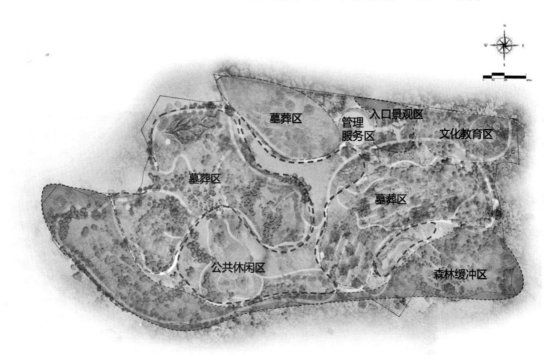

图 6-21 临安天竹园功能分区图（见彩图）

1. 入口景观区

墓园入口景观区位于接待中心和停车场之间，这个空间是生死空间相互渗透的区域，也是人们情感的过渡区，因此广场采用较简洁的风格进行设计，景观运用开阔开敞的通透空间，将人们沉痛、悲伤的情怀逐步引向平静，适量点缀绿植以消除人们的压抑感，在绿化带附近扩展延伸的构筑物和接待中心两者连接起来，进一步扩展延伸到广场地区，让入口广场区域的景观效果更加多样化（图 6-22）。

2. 管理服务区

为方便入园者使用，办公管理区和服务区集为一体。从天竹园大门进入后，水景广场映入眼帘，削弱建筑旁空间的单一呆板感，增加区域的灵动感。另外大面积硬质铺装广场位于主体建筑正前方，能够给游客提供足够多的休息空间，同时也可以当成是接待中心来对游客进行疏散。接待中心按功能分为接待中心、办公、餐厅及配套空间等。形似玉玦，《广韵》指"玦如而有缺"，亦即形状似圆环，但有一缺口，好比人一生，无论怎样"圆满"，亦不免有缺憾。"玦"与"诀"同音，有诀别之意（图 6-23）。

### 3. 公共休闲区

公共休闲区设置在墓园中风景视角最佳区域，利用大面积的开敞空间、色彩鲜艳的草花、生动的景观小品，通过合理运用水景使空间更为活跃，从而营造轻松愉悦的氛围，给人心理上带来开朗的气氛。当然该区域除了开敞的草坪外也要搭配可以遮阴的高大乔木，使得开敞的草坪与高大的树木一起形成疏密有致的休闲空间。该区域还应多设置座椅、亭子等休息设施，其材质可用石材或木材与大自然融合（图6-24）。

图6-22　入口景观（见彩图）　　图6-23　接待中心（见彩图）　　图6-24　公共休闲区（见彩图）

### 4. 文化教育区

文化教育区位于整座园区的南边，此分区设计中注重挖掘了传统文化特色，更有宣讲生命教育的义务和责任。文化教育最主要目的在于对临安当地特色文化、生命文化进行弘扬，转变人们对生活和死亡传统的看法。同时，将逝者以书信文字、图像影片、特殊纪念物等形式放置于生命记忆馆，来对过去这些伟大而平凡的生命进行纪念，展现这些人生平所做的一些优秀的事迹，让这些人有限的生命绽放出永恒的精彩，用来表达对那些平凡而伟大生命的怀念与敬仰之情（图6-25、图6-26）。

图6-25　文化教育区　　　　　　　　　图6-26　生命文化纪念馆

### 5. 墓葬区

墓区是整座墓园设计过程中的核心部分，为了充分满足现代人的实际需要，进一步将墓区分为传统区、艺术区、生态区3个部分。传统墓区主要满足人们传统观念的需求，结合现代人不一样需求的传统墓区主要包含有两种方式，一种为规模比较大的家族墓，另一种为一般墓葬，家族墓葬区使用传统的庭院设计模式，将家族作为基本单位来对墓葬经营设计，同时在庭院附近设置景观。生态墓区主要弘扬生态的发展观，是一种以绿色环保为核心的墓葬区。整个艺术墓区拥有非常浓厚的艺术气息，结合墓主生前的职业及兴趣来对墓碑展开设计，墓碑不仅拥有基础功能，同时还富有个性化（图6-27）。

图 6-27　墓葬区（见彩图）

6. 森林缓冲区

以临安当地优势树种和松柏类植物混合种植，形成视觉上的季节变化，营造围合的空间感；同时可作为野生动植物栖息的地带。墓园与外部环境、墓园内各墓区通常用绿化隔离带划分，用绿化组团或疏林草地的方式来限定区域边界，也与堪舆学中，横向上的挡风林、竖向上的龙座林及下垫林有相通之处。墓园外围也通常设置有绿化带，通过不同树种合理地进行植物搭配，营造良好的林缘线和林冠线，丰富城市界面，改善城市环境。更重要的是形成相对封闭、安静、卫生的墓园环境，营造一种围合的空间，使它与城市其他部分进行自然分隔，相互不干扰（图6-28，表6-4）。

图 6-28　森林缓冲区

**墓园分区功能拓展**　　　　　　　　　　　　　　　　　　表 6-4

| 分区名称 | 基本功能 | 可拓展功能 |
| --- | --- | --- |
| 入口景观区 | 人群集散、人车分流、停车等 | 增加入园口文化展示、信息导视等 |
| 管理服务区 | 接待服务、业务咨询等 | 科普教育、园区介绍、文化展示等 |
| 公共休闲区 | 观赏、休憩、情感缓冲等 | 增加生态葬，如花葬等，承担部分殡葬功能 |

续表

| 分区名称 | 基本功能 | 可拓展功能 |
|---|---|---|
| 文化教育区 | 文化展示 | 科普教育、集会、开展纪念活动等 |
| 墓葬区 | 墓葬 | 可作景观营造 |
| 森林缓冲区 | 墓园与周边环境之间的缓冲隔离 | 增加树葬、壁葬功能、生态修复和景观背景层 |

### （二）多元生态葬式

采用生态葬与传统葬相融合的设计方式，以生态葬为主要墓葬方式。使用生态葬可以弘扬现代殡葬文化，保护墓园环境，尽可能降低人工对环境的污染，减少墓区的占地面积，提高绿化率。并且树葬、花坛葬、草坪葬的设计也在传达传统殡葬文化中蕴含的"入土为安""回归自然""生命长存"等生死观念，让生者在祭奠和怀念故人时体会到天竹园的"温度"。

1. 壁葬

通过地形整理、植物的栽植，将墙壁置身于草坡和梯台上，每方墙壁设置多个墓位，墓位由墙壁上凸起的墓碑组成，墓碑宽 300mm，长 40mm，高 20mm，在墙壁之上凸起。与植物组合搭配，既有墓葬功能，又有观赏功能。

2. 树葬

采用环线景观轴围合来设计树葬区，挑选形状比较优雅的树木或者结合逝者生前所喜好的树种挑选树木，同时将逝者骨灰以能降解的盒子盛放，并放置到树下，可以采用单人葬的方式安葬，也可以多人树葬等。树葬墓的形状为花瓣形或正圆形，人们需要把逝者骨灰放到树葬池之中，同时埋藏到挑选的树木之下，通过家族人的悉心照顾，让树种健康成长。树种可以挑选一些带有人文内涵、能够表现逝者优良品质的树种，让其变成代替逝者生命的一种符号，从而弘扬回归自然的意象（图 6-29）。

图 6-29　树葬（见彩图）

3. 草坪葬

设计中利用原场地的草坪设置草坪葬区域，使用吉祥草等一些比较矮小的花卉灌木来进行设计，同时让墓穴呈现出规则的排列布局。草坪葬中墓碑规格设置为高 5cm，宽

40cm，长50cm，使用一本翻开的书作为造型设计碑体取代过去传统的方正碑体，将逝者过去的生平历史篆刻在书本之上，让逝者的一生化为一本书。同时草坪葬能够让生命重新回归自然，有效改善环境，节约土地资源，这既是对逝者的尊重，也是对生者的尊重（图6-30）。

图6-30　草坪葬（见彩图）

4. 艺术葬

通过逝者的生平喜好与特点量身定制，同时也是文化展示的场所，在占地面积小于1m²的墓地中，所有的墓都成为一件艺术品，在这片大自然化的墓园中绽放出光彩，在墓碑的设计形式方面比较丰富，各种美丽的艺术造型充分展现墓主过去的生平历史，与大自然浑然一体，让墓园具有文化气息，同时也能展现出现代艺术的潮流（图6-31）。

图6-31　艺术葬（见彩图）

5. 花坛葬

每个花坛高40cm，长1m大小，在上方种植一些花卉，同时将骨灰埋藏在花坛之中，姓名被篆刻在花坛周边。每个花坛葬平均仅占地0.04m²，这能大大提升墓园土地的资源利用效率（图6-32）。

图 6-32　花坛葬（见彩图）

### （三）墓碑设计

1. 极速蜗牛

灵感来源：蜗牛的停驻并不仅是为了坐歇，更多的是在思考（图 6-33）。墓碑中部为水晶球照片，意为亡者并未逝去，只是停下脚步在思考。在停留过程中驻足观望，思考过去的曾经，让心灵能够再次起航。在墓园中设计蜗牛状的墓碑可以用来启发后人学习蜗牛踏实的处世精神。

2. 轮回碑

灵感来源：阳光下的黑色，月光下的十字架。（图 6-34）没有死亡，生也就失去了意义，就像没有阴影的光明，就像没有阳光的黑暗。死亡使人超越自身的生命并且赋予人以永恒。设计巧妙地诠释了死亡的意义，死是为了更好的生，它是一天的结束，是肉体生命的休假，是新的转折点，这是死亡的恩赐。以此来告诫活在真实中的生者，珍惜当下。

图 6-33　"极速蜗牛"墓碑　　　　　　　　图 6-34　"轮回碑"墓碑

3. 时空之船

灵感来源：乘时空之船，涉岁月之河。岁月是条奔流不息的河，生命只是存在的某个特殊的港湾，时空之船中储存着某些绚丽多彩的片段（生命），但时空之船最终将带着这些美好时刻前行，驶向远方（死亡）。所以有时候死亡并不是生命的尽头，只是以另一种形式去了远方。设计采用"船"为设计原型，启发后人冥思生命存在的意义（图 6-35）。

4. 莲之姿

灵感来源：真实的轮回只不过是花开花落。莲花来自于佛教文化。花开花落也寓意着人的出生与死亡，从开放完成再回归种子，之后种子生根发芽，代指生命在不断的轮回中循环。将骨灰放置在莲花骨灰盒之中，使用祈福绳子绑好，和莲花种子一起放置在土地中，静待种子生根发芽（图6-36）。

图6-35　"时空之船"墓碑　　　　　　图6-36　"莲之姿"墓碑

**（四）墓园水体设计**

将场地中原有的水体在景观设计过程中结合自然地形，使用当前已有的池洪沟渠，采用雨水收集以及人工蓄水的方式创造水体景观，这也是整个园区中的重要景色。景观湖泊构成的天然湖景是整个园区的关键性景观，同时具有植被维护和取水的功能。

水景形状在过去的外形基础上进行一定的修整，水岸边缘属于自然式以及规整式相融合的模式。水岸由许多碎石以及一些能净化水质的水生植物所构成，在进入集水池之前，碎石可以对大块污染物和沙土进行过滤，水生植物可以对细小污染物进行净化，这些经过净化的水体最终汇集入水流速度较缓的静水池进行自然沉降，在静水池内作为景观水体供造景使用。可以在湖上修建一些桥及亭子，在湖中种植一些荷花，让水景具有更强的趣味性（图6-37）。

图6-37　水景设计

### （五）景观小品设计

景观小品分为观赏型和服务型两种。根据前期的问卷调查分析得出，民众选择最多的是传达积极生命态度和展现亲情与关爱的景观小品，因此在合适的功能分区，应适当增加这两种主题景观小品的数量。

融入临安地域文化：竹文化。人生长的长卷展示着人的一生，人生的画卷丰富多彩，每一个终点都值得纪念。每个竹签上记录着人的生平事迹与名字。背景将白墙错落于护坡之上，立面以锈片勾勒山的造型，线面的错落运用打破了单一排列又不失禅意。立面白墙局部以仿木片有序组合，使其在颜色上有深浅对比，整体上有虚实对比，展现山的韵律。

在设施小品上，使用抽象化树叶造型来设计导视牌，使其与墓园景观环境高度融合。独特的造型设计能够牢牢抓住人们的目光。利用竹叶形状进行设施小品的设计，展现当地竹文化特色，同时竹类还具有象征意义，寓意逝者如同竹子一样正直无私地走完了圆满的人生路。

### （六）铺装设计

墓区的道路设计灵感来源于上海福寿园的道路。园区中用草坪代替原来的大理石铺装，减少了石材的应用，提高了园区绿化覆盖率，使墓葬区拥有自然的绿地景观，有利于推进墓园公园化建设。目前，最常见的嵌草铺装有以下几种（图6-38，表6-5）。

图6-38　服务型小品

不同嵌草铺装特性表　　　　　　　　　　　　　　　　表6-5

| 嵌草铺装类型 | 透水性 | 结构稳定性 | 施工难易度 | 维护 |
| --- | --- | --- | --- | --- |
| 植草格 | 好 | 较好 | 易 | 便利 |
| 块料嵌草铺装 | 好 | 好 | 易 | 便利 |
| 植草砖 | 好 | 一般 | 易 | 成本高 |
| 生态植草地坪 | 好 | 好 | 难 | 便利 |

通过表6-5的特性指标进行对比可以发现，植草格是最佳且经济性最好的材料，这种材料透水性强，维护方便，并且操作便捷。除此以外，这种材料具有较好的耐腐蚀性以及抗老化性，能够让停车场和草坪完美融合，且材料能够回收，生态环保。

墓园除了停车场之外其他地区的铺装，需要采用多变式的设计原则，让铺地更加丰富，具有变化，使平面景观更加丰富。根据不同的园区功能和景观主题进行不同色彩、图案的选择，通过不同的铺装增强意境表达，并通过多种材料的结合使用增强墓区的细节变化，丰富墓区景观环境。

### （七）植物设计

根据临安的气候和土壤要求，结合植物的生存特性进行合理的植物配置。依据生态性原则的相关要求，在对 YU 花园进行植物配置设计时，需保留原有场地的植物，并应结合植物的颜色、形态大小进行合理的空间营造，例如水道附近可以种植垂柳以及耐水湿耐涝的植物，如芦苇草等；木栈道附近树林茂密，可适当增加颜色丰富的树种，如月桂、枫树、银杏等。总体而言，能够根据环境条件选择的植物种类很多，因此 YU 花园的植物配置也比较多样。通过前期的问卷调查得出，在树种的选择上，民众比较偏向选用寿命长的树种，因此园中可以在合适的区域增加此类植物的种植，如四季常青、坚韧挺拔的松树和柏树，具有金色秋叶的古老而威严的银杏，以及树形高大、形态优美的樟树等。植物种植方式尽量以自然式为主，以凸显城市墓园公园化的格调（表6-6）。具体配置如下：

1. 入口景观区主要功能为引导和昭示，这也是园区景观的初始部分，采用规则式的方式种植一些比较高的乔木来对游客进行指引，并搭配大面积的花草铺设，形成较强烈的视觉冲击，同时产生自然舒畅具有仪式感的良好意境。而停车的区域可以选择种植一些树冠比较浓密、季节变化突出的栾树，提供足够强的遮阴功能。

2. 管理服务区的植物设置效果主要以舒适及温暖为核心元素，设计爱心状的花坛能够让到访者感受到墓园的"温度"。采用自然式为主题的植物配置，结合不同花卉所具有的花期、颜色，设计出四季有景的多样化植物景观。在春季主要使用紫玉兰、海棠花、连翘花，以及鸢尾作为主要植物；在夏季主要有槐花、紫薇花以及丁香花为主要的花卉；秋季则主要以紫叶李、银杏树以及栾树为主体；冬季主要以龙柏、油白皮松以及黄刺玫为主体，创造出四季有景的植物景观。

3. 公共休闲区域主要在公墓的各个功能区附近，拥有着对空间进行调节、提供休憩场所的功能，所以在游憩区植物景观设置方面需结合空间，改变创造出更加丰富的景观效果。利用不同植物创造不一样的主题，增强不同季节的观赏和互动性，同时需要善于使用地被植物创造比较柔和的视觉感官，让植物具有更强的层次感。

4. 文化教育区主要给英雄人物以及模范人物提供场地，在这个区域所种植的植物主要为楷树，该植物的叶子比较繁茂，在秋季会变为橙红以及鲜红色。除此以外，还种植如银杏等一些象征着高洁品质的树种，来展现墓主所具有的高尚品格。在此处还种植有圆柏、油松等常绿树木，结合园林美学设计原理，对其他绿植进行设计，营造出严肃但又不呆板的氛围，让人们能够体会到先辈们所拥有的高尚品格。

5. 墓葬区是范围最大的区域，需充分满足墓葬绿化，而且还需要注重使用植物景观缓解墓葬区的消极气氛，提升观赏性。在本文设计中墓葬区植物景观关注整体的静谧感，结合不同地区的墓葬形式特色进行了有针对性的区分，去除传统墓葬绿化形式之中所存在的空间封闭感，尽可能创造比较舒适的空间感。传统墓葬区主要使用常绿乔木及灌木进行视觉遮挡，使用乔灌草的种植方式让植物的层次更加多样化，同时结合观花观叶类植物进行色彩搭配，能够起到舒缓人心的效果。树葬区主要有家族式及单人墓地，在职务的设置方面使用落叶乔木以及常绿乔木搭配，关注颜色以及形态方面的搭配，结合祭祀活动所需要的便捷性，防止整个环境过于封闭。草坪葬区能够和树葬区两者融为一体，中心可以使用一些孤植以及丛植树木来构建视觉焦点。

6. 森林缓冲区。边界过渡区域是墓园和外界景观相关联的关键区域，植物的设置需要重视遮蔽性以及生态性。使用具有地域色彩的植物作为主要的部分，种植更多的乡土植物，构成灌木乔木的复合结构，从而起到生态性功能。

植物选择 表6-6

| 植物类型 | 树种名称 |
|---|---|
| 常绿乔木 | 女贞、枇杷、雪松、黑松、桂花、棕榈、广玉兰 |
| 落叶乔木 | 栾村、无患子、银杏、法桐、合欢、国槐、垂柳、乌桕、黄连木、枫香、榔榆、白玉兰、水杉、榉树、意杨、旱柳、鹅掌楸、池杉、臭椿、朴树、五角枫、墨西哥落羽杉、柿树、重阳木、樱花 |
| 常绿灌木 | 山茶、海桐球、红叶石楠、大叶黄杨、珊瑚、小叶女贞、山茶、海桐球、洒金柏、忍冬、人花六道木、鬼甲冬青、洒金桃叶珊瑚 |
| 落叶灌木 | 紫薇、木槿、石榴、贴梗海棠、西府海棠、垂丝海棠、木瓜海棠、紫荆蜡梅、日本矮紫薇、迎春花、金钟花、紫叶矮樱、结香、木芙蓉、榆叶梅、紫玉兰、山麻杆 |
| 球类 | 红叶石楠球、大叶黄杨球、龙柏球、小叶针女球、桂花球、蜀桧球、瓜子黄杨球 |
| 藤蔓草坪类 | 常春藤、迎春、小叶扶芳藤、爬山虎、葱兰、细叶麦冬、鸢尾、美人蕉、萱草、四叶青 |
| 水生植物 | 香蒲、荷花、睡莲、再力花、水葱、千屈菜、芦苇 |
| 竹类 | 刚竹、紫竹、凤尾竹、雷竹、金镶玉竹 |

### （八）意象景观节点

借鉴上海福寿园的"园中园"模式，设计3个具有象征意义的特色园区，集殡葬、休闲、文化空间于一体。

1. 落叶归根

树象征着生命和希望，落叶归根指无论生前身份地位有何不同，逝者都将在这里得到平等的最终归宿（图6-39）。

图6-39 "落叶归根"

2. 净莲苑

莲花象征高洁，"花死根不死，来年又发生"代表人在死后灵魂不散，处于不断的生死轮回。同时也象征着人在去世后，子孙后代依旧会延续下去，起到一种美好的祝愿作用。莲花状持续的景框引导着人们从道路之中进入园区，而且在进入莲花门之后，整个景观会跃然于眼前，提升景观层次感（图6-40）。

图6-40 "净莲苑"

3. 蝶恋花

简洁而大方的蝴蝶群雕塑形体感明显，将一些逝者名字篆刻在蝴蝶之上，在阳光的照射之下光影效果非常明显，给人们带来一定的视觉冲击，使人们感受到蝴蝶象征着生命的自由之感，以及生命的短暂。蝴蝶相伴，让生命永远是充满活力的春天（图6-41）。

图6-41 "蝶恋花"

# 第七章　公墓植物专项设计

　　尽管城市墓园的发展在近几年得到一定程度的重视，但是墓园景观设计的重点大部分都在改变墓葬形式以及增加绿化面积上，对于民众需求以及墓园植物景观给民众所能带来的感官体验却有所忽略，墓园缺乏人性化设计，导致民众与城市墓园的互动性不强，墓园始终难以融入城市及被大众所接受。

　　本章节以人的五感为切入点，以民众对植物景观的感知需求为依据，基于墓园植物景观设计要素文献研究及五感构建城市墓园植物景观设计因素测度体系，在理论基础上进行研究模型的构建，对浙江省杭州市普通群众、墓园周边居民以及墓区从业人员进行问卷调查收集数据，通过对问卷数据的统计分析以及研究模型的路径分析，确定五感相关的设计因素与城市墓园植物景观效果之间的作用关系，进一步得到这些设计因素对城市墓园植物景观效果的影响程度。期望运用该方法体系设计的城市墓园植物景观能达到最佳的景观观赏性和服务功能性，改变墓园冷清萧条的现状，力图对不同使用人群都产生最大吸引力，从而增加人群与城市墓园的互动，消除民众与墓园之间的距离感，努力营造公园式墓园，促进墓园城市化发展，推动城市生态文明建设。

## 第一节　公墓植物景观概述

### 一、公墓植物景观发展现状

　　墓园植物景观的发展可以追溯到周朝（约公元前 1046—前 256 年），松树在当时被认为是最高等级的墓地树种，因此松树在墓葬区被广泛应用，秦朝时亦然，并且在此基础上还增添了柏树。《周礼·春宫》记载："天子树以松，诸侯树以柏，大夫树以杨，士树以榆，庶人不树"，墓园植物种类在当时便被作为阶级的象征。春秋战国时期《吕氏春秋》记载了王公贵族的陵墓"其树之若林"，表明人们逐渐意识到在墓葬时种植植物的重要性。《孔雀东南飞》中记载："两家求合葬，合葬华山旁，东西植松柏，左右植梧桐，枝枝相覆盖，叶叶相交"，松柏、梧桐等植物在东汉时期被赋予了纪念之情。随着公墓景观和功能的不断演变和发展，植物景观的设计也不断被完善，墓园植物开始被赋予标识与纪念性等功能，并且在一定程度上影响了当代城市墓园植物景观功能的体现。

　　国内对于墓园植物景观的研究较晚，且主要集中在植物视觉效果的营造上，随着城市化进程的不断发展，对墓园植物景观的研究也在不断深入，人们逐渐开始重视植物景观的其他功能以及更深层次的感官表达和文化内涵。2003年丁奇在研究分析纪念性景观的植物景观时，指出了植物在纪念性园林中的重要性，并提出纪念性场所的植物景观会受到植物自身色彩、形态叶片质地以及植物数量的多少、植物种类的丰富程度、植物种植布局方式和场地周边环境等的影响；马纯立在对西安烈士陵园的绿化设计中对墓园植物景观进行了分区规划，并且提出提高墓区的景观功能、改善墓园环境质量以及增加墓园绿地覆盖率应是当代墓园进行规划设计应遵循的基本准则；2007年孟国忠从植物季相变化、空间结构、配置形式对雨花台烈士陵园植物景观进行了分析及美景度评价；2009年邵锋等人对墓园植物配置的相关理论进行了界定阐述，在此基础上对墓区植物的选择特点、墓园植物的配置方式以及植物景观的空间营造进行了分析探讨；2015年张求阳对墓园植物景观意境的构建从植物景观的感官表达、文学表达以及空间表现等方面展开了研究分析。

对于城市墓园景观设计国外的研究相对要早一些，并且国外对于墓园并不排斥，因此对于墓园的景观设计多采用自然式设计，也相对较早地引入了更为环保的生态墓葬，对植物景观方面的设计也较为成熟。早在1711年，英国建筑师克里斯托弗·雷恩爵士（Sir Christopher Wren）便主张应将墓地建设成为英国自然式园林式的场所，并基于此提出了花园墓地（Garden Cemeteries），他认为墓园应像公园一样广泛种植树木、丰富树木种类以及栽植草本花卉，并且对于墓园中的其他景观设施和道路都应该得到精心认真的设计；拉雪兹神父公墓是第一个花园墓地，19世纪初在巴黎成功开放，该墓园受到了英国自然式造园的影响，拥有优美舒适的景观环境，旨在通过雕塑式的独特墓碑以及言简意赅的墓志铭来传达墓园的纪念功能。2002年，谢里尔·菲尔德研究对公墓景观的功能延伸进行了分析探讨；2013年蒂姆·布朗（Tim Brown），提出了将墓园转化为城市中可以利用的户外绿化空间的观点并基于此进行了分析研究；2017年挪威的海伦娜·努德（Helena Nordh）等人也试图对墓园进行多功能设计，力图建造一个具有纪念与沉思功能的城市开放绿地空间；2018年，安迪·克莱登（Andy Clayden）等人研究了可重复利用的自然葬式以及绿色环保葬式在墓园中的应用，他们的研究对墓园生态环境的改善具有重要意义。

梳理国内外对于墓园植物景观的研究动态可以看出，从古至今植物对于墓园景观营造方面都是不可或缺的一部分，但是尽管对于墓园植物方面的研究早已存在，但是我国国内对于植物景观的营造却至今仍被诟病，墓园植物种类单一，大部分还是以松柏类常绿树种为主，墓园氛围冷冷清清、阴森肃穆，人们避之不及。相比之下，国外则更加重视墓园的建设，并且设计手法也日渐成熟，国外的墓园甚至被建设在城市中心，人流往来不息，墓园成为真正意义上的公园。

随着我国的城市化发展，人口老龄化速度逐渐加快，市场对于墓园墓地的需求也在不断增加，并且已经不再仅满足于传统的公墓形式，占用土地资源且没有观赏价值。越来越多的墓园应该被城市、被人们所接受，而单一的植物景观很大程度上导致了传统墓园的阴森感和疏离感，因此，对于墓园现状的改善、对墓园植物配置的研究迫在眉睫。

2013年，沈卓彦分析研究了现代墓园绿化配置，并指出植物色彩搭配、隔离视线、层次结构、季相变化、植物种类等都对现代墓园植物配置具有一定影响；2016年，蒋雨芬等人在探讨广州一些地区的墓园植物特点时指出，植物是否对墓碑进行了遮挡，祭拜期是否有花可赏，是否实行绿色环保葬等都会影响墓园景观；2017年，周巍基于生态恢复的角度对城市生态墓园设计进行了分析探讨，认为植物季相变化、构建人工植物群落、合理利用乡土植被、引入能吸引野生动物的植被种类对营造生态墓园具有一定积极意义；李敏，田晔林等人指出现代城市墓园植物景观除了要具有色彩、形态及种类的对比及变化，还应具备一定象征意义，营造纪念性气氛。

从现有成果来看，有关城市墓园植物景观设计因素的研究主要集中在植物形态、植物色彩、植物种类及季相变化、层次结构等方面，多以视觉景观为主，关于五感其他角度对墓园植物景观影响的研究较少，这也是本研究的出发点。

## 二、公墓植物景观设计必要

城市离不开人群，如今城市建设面临的一个重要问题便是墓园应该如何做到"以人为本"以及"人性化设计"。人们与生俱来便被大自然的空间环境所吸引，并且随着城市的飞速发展，人们的生活水平不断提高，对于更高生活品质的追求也在逐渐深入，人们已经不再仅停留在物质水平提高的追求上，而是越来越关注舒适生活空间尺度的追求，这时植物的作用便愈发凸显出来。作为构建园林景观空间不可或缺的一部分，丰富合理的植物景观配置不仅有利于改善人居生活环境，还能为城市居民提供可以休闲游憩的活动空间（表7-1）。

墓园植物景观设计因素文献研究成果表　　　　　　　　表7-1

| 学者 | 设计因素 |
| --- | --- |
| 沈卓彦（2013年） | 色彩搭配、植物点景、植物隔离视线、常绿落叶相结合、层次结构（乔灌草搭配种植）、植物种类、季相变化、芳香植物（舒缓情绪） |
| 王俊杰（2013年） | 植物组群式种植（道路旁绿化）、背景林遮挡、植物色彩、树形优美、行道树群植（打破常规）、树种选择注意植物环境效益，以色叶树种和香花树种为主，辅以经济林植物，增加经济效益 |
| 阎一博，曹永娥（2019年） | 多采用乡土植物、种植经济作物、植物遮阴、植物减噪 |
| 杨宝祥（2005年） | 乔灌草的层次，比例关系、绿化覆盖率、绿化隔离、软硬结合的植被空间、植物群组配置、垂直绿化、植物种类多样、乡土植物的选择、植物的生态经济效益、植物树形、色彩 |
| 蒋雨芬，胡竞恺（2016年） | 植物对墓碑的遮挡、祭拜期开花植物的种植、乡土树种、绿色安葬（植树葬、花坛葬、草坪葬）、行道树选择、观赏树种的种植 |
| 郭磊，陈旸（2016年） | 植物寓意、植物色彩搭配 |
| 周巍（2017年） | 季相变化、植物群落、植物种类、乡土植被、植物自然美、复层结构植物配置、树种丰富、引入能吸引野生动物的植物种类 |
| 尤婧（2010年） | 立面绿化层次丰富、树冠曲线富有变化、增加观花植物 |
| 邵锋，宁惠娟，苏雪痕（2009年） | 植物体形、色彩、线条及比例要有一定相似性和差异性、季相变化、植物营造空间、植物营造纪念性氛围、植物分隔空间 |
| 张茜，陈凯翔（2015年） | 灌木材料种类、树种结构、植物应用形式、乔灌草组合搭配、季相群落、植物的文化属性、植物栽植方式 |

| 学者 | 设计因素 |
|---|---|
| 张潇涵（2018 年） | 植物种类、植物搭配手法、植物色彩渐变（限定空间和增强纵深感年）、植物形态、分隔空间、引导视线、加入林区、林冠线的设计、种植形式 |
| 李 敏，田晔林（2017 年） | 乡土植物、植物色彩对比和变化、保留原有植物、隔离空间、植物的象征意义、植物营造气氛 |
| 胡阳阳，肖潇（2016 年） | 乡土树种、季相变化、色叶和开花植物、植物布局、植物搭配形式、分区植物配置、立体绿化、林冠线变化、植物景观疏密有致、种植芳香植物、种植多果植物 |

传统公墓的植物通常采用单一松柏类植物，给人带来的总是冷清肃穆的心理感受，让人避而远之，而新建墓园也尚未关注到人群，未能充分考虑人群需求，只是一味地新增非墓葬区的绿化面积，并未从根本上改变传统墓园现状，墓园的景观功能和服务功能较弱，与人群互动性不强，生态效益不佳，并未实现真正意义上的园林化。五感在设计领域的认知主要是指利用人的大脑可以对信息进行综合处理的能力，在人体五官感知的基础上对园林景观进行高层次以及人性化的合理设计。人性化的景观对于景观质量的评价是较为重要的，要想做到人性化便要充分考虑到景观使用者的感受，而人的感受通常是通过五种感官共同作用来产生的，因此五种感官的综合作用对于景观的体验至关重要，若想从根本上提高景观整体舒适度，便必须在景观设计时整体全面地考虑人们的五种感官。

五感作为每个人最基本的感官感受，能够感知外界环境，形成多元立体的审美，将五感应用到城市墓园植物景观设计中，通过丰富环境景观的生命力让人们的感官知觉得到充分满足，形成全方位的感官体验，真正基于以人为本的设计理念对墓园植物景观进行人性化设计，增加民众与墓园之间的互动，一定程度上消除墓园与人们之间的隔离感，促进墓园城市化发展。

尽管公墓的发展很早便可溯源，并且随着公墓建设不断完善，墓区环境有所改善，但是现存的公墓景观仍然差强人意，人们对于公墓的态度始终是避之不及，公墓空间与城市空间之间始终隔着一道隐形的鸿沟。在此背景下，我国政府逐渐开始重视公墓发展，为使墓园能更好地融入城市空间而不断深入进行殡葬改革，公墓因此逐渐开始具备了多样化的功能，尤其是在出台了殡葬新规草案，在国家对生态公墓的积极倡导以及严格限制墓葬墓碑的尺寸之后，越来越多的公墓都开始赋予公墓多样化的功能，完善墓园的服务功能，逐步减少传统墓葬形式，发展新型环保艺术葬式，为建设园林化墓园贡献自己的一份力量，从此公墓的发展开始逐渐向着具备殡葬、休闲、教育、生态的多功能绿地空间演变，不再是只具备殡葬功能的市政公共设施用地。

## 三、公墓植物景观设计相关理论

### （一）五感理论

人的五种感官，即眼、鼻、口、耳、皮肤所感受到并产生的刺激称为五感，表述了五感的色、香、声、味、触这 5 个方面。5 种感官来源于佛教中的"色、香、声、味、触"，与我们现在所说的五感一致，即人的眼、鼻、舌、耳、身产生的认知功能。

五感在设计领域的认知主要是指利用人的大脑可以对信息进行综合处理的能力，在人体五官感知的基础上对园林景观进行高层次以及人性化的合理设计。人性化的景观对于景观质量的评价是较为重要的，要想做到人性化便要充分考虑到景观使用者的感受，而人的感受通常是通过五种感官共同作用产生的，因此五种感官的综合作用对于景观的体验至关重要，若想从根本上提高景观整体舒适度，便必须在景观设计时整体全面地考虑人们的五种感知。

基于五感对墓园内不同分区的景观空间进行合理的植物景观营造时，应该尽量做到让使用者在游园时可以充分地调动五种感官感受，将五感设计结合到不同功能分区的植物景观设计中，对植物的色彩、形状、枝叶质感以及花果气味进行合理设计，营造多种感官的综合体验。

### （二）植物造景

为了更为充分地发挥植物的观赏功能，设计更为自然的园林景观，设计师通过利用植物本身所具有的各方面优势对景观进行二次创作，优化园林景观，这种设计方法被称为植物造景。墓园的植物造景是基于墓园的地理条件以及植物生态学原理，为了满足城市墓园的观赏功能以及生态要求，利用乔灌草以及其他各类植物品种营造丰富多样的植物群落景观，目的是创造能反映当地风格的实用美观的景观环境。植物作为景观造景的关键因素，其质量很大程度上决定了墓园整体景观环境的质量，而在墓园植物景观设计中，植物景观也具备至关重要的作用，在具有观赏效果的同时还能发挥生态效益与生产价值。

### （三）城市墓园

#### 1. 墓园

2002年住房和城乡建设部发行的《园林基本术语标准》CJJ/T 91—2002对墓园作出了说明，即"园林化的墓地"。园林化是指同现代城市公园一样进行了合理的景观规划和设计，植被丰富、绿化覆盖率高，具备生态、休闲、游憩、教育等功能，这在一定程度上能缓和公墓萧条阴森的气氛。标准中明确了墓园除去基本殡葬功能以外，还应具有休闲、教育、生态功能，并且还将墓园用地归入了城市绿地系统。墓园逐渐演变成城市中的开放式绿地空间，逐渐融入城市自然景观，渗透到人们生活当中，不再是被孤立的特殊场所。

#### 2. 城市墓园

对于墓园我国一直没有对其进行明确定义，邵锋将墓园定义为广义和狭义两类：广义的墓园是指生者为逝者建设的供遗体或骨灰存放的场所，包括公墓和陵园；狭义的墓园是指用园林形式设计的殡葬场所，这种设计方式将殡葬文化与园林文化很好地结合起来，是现代墓园发展的主要方向。哈尔滨工业大学黄席婷根据墓园所处区域位置的不同，将其分为城市墓园和乡村墓园两类。坐落在城市外环、近郊区以及城市市区中，用地性质在城市建设用地范畴内，用于居民存放亲友遗体或者骨灰的场所称为城市墓园，是本文的研究对象；用地性质不属于城市建设用地，在村镇建设用地内设立的殡葬场所称为乡村墓园。

3. 范围界定

作为本文的研究对象，城市墓园包括了在城市建设用地范围内的传统墓地和后期新建的园林墓地。传统墓地指公墓，我国现存的墓园大多属于传统墓地，传统墓地功能单一，通常只具备殡葬祭祀功能；园林墓地是公墓未来建设与发展的主要趋势，是以殡葬为主要用途，并同时具备游憩、教育、休闲等功能的特殊公园，更多地考虑了生者对墓区环境的需求，一定程度上促进了墓地园林化的发展。

# 第二节 墓园植物设计因素分析及研究模型提出

## 墓园植物设计因素分析

城市墓园植物景观效果受到很多方面的影响，包括美学方面、生态方面、空间层次方面以及文化内涵方面等多角度，由于墓园公园化的发展趋势，本文将站在传统公园设计的角度，结合中国传统，对城市墓园设计因素进行分析及选取（表7-2）。

（一）视觉设计方面（$\xi_1$）

具体包括植物色彩、种类、形态、配置形式、行道树种植、远景植物以及植物搭配的其他景观要素七个视觉设计指标。

1. 植物色彩

多种色彩搭配的植物群落营造出了丰富优美的景观环境，与此同时也赋予了景观以不同的意境。传统墓园中，植物色彩大多是以绿色为主，同色系绿色组合搭配，而绿色作为冷色系，令本就阴冷的墓园更是平添了冷清肃穆的氛围感，让人们望而却步，不愿停留，因此植物色彩的搭配设计在墓园植物景观中显得尤为重要，季相分明的植物色彩搭配既可以吸引人们前来，同时也可以减轻墓园的压抑气氛。

2. 植物种类

植物种类在植物景观营造中有着不可取代的作用，单一的植物种类不仅给人枯燥乏味的视觉感受，同时也不利于营造自然优美的景观环境空间。传统的墓园中多采用松柏科植物，种类单一，导致景观效果较差，人们不愿多停留，并且由于生长环境有限，生存空间不足，种植在墓区墓穴周边的这类植物根部很容易侵入墓穴，继而损坏周边墓穴墓碑，不利于墓园发展。因此墓园中应合理增加植物种类，尽量充分利用乡土树种，丰富墓园景观效果；并且应尽量栽植株型紧凑，生长缓慢的植物，考虑墓园的长远发展。

3. 植物形态

形态不同的植物会给人带来不一样的心理感受，例如垂柳、龙爪槐等垂枝型的植物，往往给人悲伤、哀思的感受和情绪；松柏类、杉树等垂直生长的植物则会让人产生严肃庄重的心理感受；相比起来其他树形自然的植物则让人们感觉愉悦舒适。通过植物形态搭配可以营造不同的环境氛围，现存墓园中多采用线柏、垂柳等垂枝型以及池杉、落羽杉等垂直向上形态的植物，因此墓园经常是冷清肃穆的氛围，丰富墓园中植物形态，减少垂枝型以及垂直向上形态植物的种植，增加自然形态的植物，可以有效改善传统墓园现状。

4. 植物配置形式

植物的配置形式一般分为规则式、自然式以及两种方式相结合的混合式。规则式配置主要有对植和列植等种植方式，通常给人庄严肃穆的感受，让人心生畏惧；自然式包括孤植、对植、丛植、群植等，自然式配置形式更加注重植物的自然美，所营造出来的是生动有趣的景观氛围，给人的心理感受也比较轻松舒适；两种方式相结合的混合式种植方式多用于景观缓冲区过渡空间以及规则式和自然式相互衔接的交界空间，国内大部分绿地空间较多采用这种配置形式。传统的纪念性陵园通常较多采用规则式的植物配置形式，营造庄严肃穆的纪念性氛围，现存传统墓园中也较多地采用规则式种植，使得墓园整体景观效果较为严峻，与人群的互动性不强。在对墓园进行植物景观设计时，应对墓园不同分区使用不同方式的配置形式，例如在人群活跃的休闲游憩区采用自然式种植方式，在庄重祭祀的墓葬纪念区采用规则式配置方式，在过渡区域采用混合式配植形式，尽量做到同时满足墓园的多种功能，符合人群不同的心理需求，增加与人群的互动，促进城市墓园被人群接受认可。

5. 行道树

城市道路两旁的行道树通常是规则式种植，如列植和对植相结合，且多以姿态优美、适应性强的常绿树种为主。城市墓园中规则式种植的行道树一定程度上加剧了墓园与人群的距离感，为减轻墓园冷峻感，墓园中的行道树可尽量打破常规的种植方式，采用丛植和群植法，以常绿与落叶树种相结合，色叶树点缀为辅的配置方式，同时也可以增加墓区生态效益。

6. 远景植物

远景植物景观作为植物景观不可或缺的一部分，对于植物景观效果的营造是非常重要的，但由于目前人们普遍认为远景植物景观设计是一个较为单调的研究课题，因此对于这方面的植物景观营造没有过多关注，对于墓园中远景植物的营造更是少之又少。在城市墓园中，由于墓碑通常被成行成列地设立在山上，视觉污染较为严重，民众望而生畏，而远景植物可以对远山上的墓碑群进行一定程度的遮挡，因此远景植物的设计在墓园中不可或缺。

7. 搭配其他景观要素

植物景观不仅仅是植物自身的搭配和组合，也包括了景观环境中的其他景观要素，这些景观要素通常被人群所注意和使用，因此在墓园植物配置时，应综合考虑植物组团与墓区中其他景观要素，如周边建筑、标志物、地形、休憩坐凳、墓碑的关系等之间的合理搭配，营造轻松舒适的墓区环境。

（二）听觉设计方面（$\xi_2$）

具体包括植物枝叶声、花鸟鱼虫声、搭配其他景观要素的声音，以及降噪减噪四个听觉设计指标。

1. 植物枝叶声

不同质感的植物枝叶碰撞会发出不同声音，这种来自大自然植物本身的声音无须刻意营造，并且能够对人们的听觉感官产生较强的冲击力，让人们沉浸在大自然的氛围中，拙政园中的"梧竹幽居"便是出自梧桐和竹子等植物自己所发出的声音。在城市墓园中，选择具有不同质感叶片、不同纹理枝干的植物，为大自然的声景创造必然条件，增加人群与墓园的互动，拉近两者之间的距离。

2. 花鸟鱼虫声

同样来自大自然的鸟类鸣叫声也在刺激着我们的听觉感官，不论在哪里，清脆悦耳的鸟鸣声总能给我们带来轻松愉悦的感受。在城市墓园中，通过丰富植物配置，栽植小动物愿意驻足停留的植物，吸引更多鸟类、昆虫等小动物前来，让人们在缅怀先人的同时调节情绪，沉淀心灵。

3. 搭配其他景观要素的声音

南方的私家园林在设计时多在墙角种植体型较大的芭蕉，当雨季来临时，雨水拍打芭蕉的声音可以营造出别致的听觉感受；在景观通风口种植的松柏类植物可以在风的作用下沙沙作响，这些与自然因素、景观要素搭配产生的听觉感受，一定程度上可以缓解人们的精神压力，增加人们与环境的互动，从而增强人们对景观环境的认同感。城市墓园中多种植松柏类植物，因此可以利用植物及构筑物营造通风环境，从而营造声景观；种植多种水生植物，利用流水冲击水生植物产生的声音，营造独特的声景观。

4. 降噪减噪

噪声是现代城市经常面临的一个问题，位于城市中的墓园也要面临着来自城市的各种噪声，汽车鸣笛声、人群喧哗声等，在墓园与城市交界处利用树篱、防护林等对城市噪声进行隔挡，对墓园中的祭拜区与休闲区之间也相应地设置绿篱、植物组团等对墓区中的人群噪声进行减弱，创造幽静舒适的墓区环境。

**（三）嗅觉设计方面（$\xi_3$）**

具体包括芳香植物、芳香植物的季相变化、芳香气味的保留，以及种植减轻异味的植物四个嗅觉设计指标。

1. 芳香植物

研究表明，植物产生的芳香在一定程度上可以降低人体的皮肤温度，减慢血液的流动速度，从而减轻人体心脏的负担，增强人们的思想活动意识，因此具有芳香疗愈功能的植物越来越多地被运用到医院、疗养院等场所。城市墓园作为一个纪念性场所，增加种植芳香植物可以让其更好地融入城市景观，丰富人们的嗅觉感官体验。

2. 季相变化

季相变化不仅仅可以体现在植物色彩上，植物气味同样也具有季相特征，通过种植不同季节开花的植物，达到季节识"香"的效果，丰富嗅觉体验的同时增加趣味性，缓解墓园沉闷的氛围。

3. 保留芳香

植物的芳香气味转瞬即逝，如果不加以保留，甚至将芳香植物种植在通风口的位置，人们的嗅觉体验便会大打折扣。可以利用植物对芳香空间进行保留或利用景观构筑物改变风向等方法对墓园中的芳香气味进行保留。

4．减轻异味

墓园周边不可避免地会有一些类似垃圾处理厂等会产生异味的场所，以及墓园内部人们活动所产生的垃圾异味。对于墓园外部周边场所的异味，可以通过种植林区对外部异味进行隔离和减弱；对于墓园内部的垃圾桶周围、公共厕所等有异味的空间，一方面可以利用空气流动和植物围合减轻异味，另一方面也可以增加种植具有吸收异味作用的植物，一定程度上减轻异味，给人们营造舒适的嗅觉感受。

**（四）触觉设计方面（ $\xi_4$ ）**

具体包括植物叶片及枝干、软质铺装、空间隔离，以及可践踏草坪四个触觉设计指标。

1．植物叶片

人们总会下意识去触摸具有特殊质感的叶片和特殊纹理的树干，因此在城市墓园中，可以通过种植具有特殊质感叶片的小乔木、灌木及地被植物和枝干具有特殊纹理的乔灌木，丰富人们的触觉感官体验，增加人们在墓园中的参与感。

2．软质铺装

相比于传统水泥混凝土路面，在墓园中利用减震效果好的、源于自然的材质，例如树皮、落叶等对墓区中的一些蜿蜒小路进行铺装，可以丰富人们脚部的触觉感受，同时也可以对环境保护起到一定的正向积极作用。

3．空间隔离

带刺的植物一定程度上可以起到隔离空间的作用，墓区的一些祭拜空间一定意义上属于人们的私密空间，在墓区的祭拜场所利用带刺植物进行围合，在为人们创造私密空间的同时也在一定程度上减轻了周边的人群噪声，满足了人们的多重感官体验。

4．可践踏草坪

在墓园的休闲区设置可践踏草坪，在满足人们休闲游憩需求的同时丰富其在墓园中的触觉感官体验，增加人群与墓园的互动。

**（五）味觉设计方面（ $\xi_5$ ）**

具体包括可采摘经济林植物、不可采摘经济林植物、果树葬的观赏型果树三个味觉设计指标。

1．可采摘经济林植物

在城市墓园中的游憩区种植可以采摘的经济林植物，例如柑、橘、石榴、枇杷等，人们可以祭祀使用，也可以采摘品尝，刺激味觉感官感受。

2．不可采摘经济林植物

在墓园的观赏区以及休闲区的植物种植中搭配不可采摘经济林植物，营造虚拟型味觉感受。

3．果树葬的观赏型果树

在墓葬区采用新型环保的果树葬的墓葬方式，即将墓碑设置在两棵果树之间，对于果树葬所采用的果树选用容易控制高度，便于管理的观赏型果树，例如番石榴、红橘等，同不可采摘经济林植物一样，营造虚拟型味觉感官感受。

### （六）墓园植物景观效果评价因素（$\eta$）

主要包括景观功能、生态效益、服务功能以及心理效应四个因素指标。

1. 景观功能

植物景观通常应具备一定的景观功能，例如植物的色彩、形态等观赏特性、植物群落的层次感及多样化，以及与周边环境的协调感等。城市墓园也应尽量做到满足基本的景观功能，让民众有景可赏，并在此基础上对墓园植物景观进行人性化的深化设计。

2. 生态效益

好的植物景观会给环境带来生态效益，对城市发展产生积极影响，位于城市中的墓园设计更应关注城市的发展需求，选择多样性且适应性强的植物品种，营造稳定的植物景观群落，满足人们对良好生态环境的需求，从而促进墓园发展。

3. 服务功能

墓园植物景观所具备的服务功能在很大程度上决定了人们是否愿意在墓园中多停留，设计可停留性的活动场所以及可以到达的植物景观空间对于墓园的人性化设计尤为重要。

4. 心理效应

传统的城市墓园总会给人阴森压抑的心理感受，而这便是人们普遍不愿意从心底接受墓园的一个重要原因。现代城市墓园在植物设计时应尽量避免采用单一植物规则式种植，多选择色彩丰富、具有季相变化的植物品种自然式种植，以减轻墓园冷清萧条的氛围，避免人们产生压抑的心理感受。

**墓园植物景观设计因素概述表** 表7-2

| 变量 | 题项 | 测量题项描述 | 文献来源 |
|---|---|---|---|
| 视觉设计 $\xi_1$ | 植物色彩 $X_1$ | 墓园中植物色彩应尽量做到季相分明，四季有花，四季常绿，避免单一色彩植物重复利用 | 胡阳阳，肖潇（2016年） |
| | 植物种类 $X_2$ | 增加墓园中种植的植物种类，充分利用乡土树种，丰富墓区景观效果 | 张茜，陈凯翔，张希，王雅，郝培尧（2015年） |
| | 植物形态 $X_3$ | 墓园植物选择时尽量减少选择表达悲痛的垂枝型植物，而是选择庄重肃穆的垂直向上的植物以及其他形态优美的植物 | 邵锋，宁惠娟，苏雪痕（2009年） |
| | 配置形式 $X_4$ | 增加墓园植物种植形式，增加植物群落，注意乔灌草的合理搭配，营造层次分明的景观效果 | 王义君，洪焕，刘梅，潘玲，潘娜（2016年） |
| | 行道树 $X_5$ | 打破常规的行道树种植方式，采用常绿树种和落叶树种相结合，色叶树点缀为辅的群植法，减轻墓区冷峻感 | 王俊杰（2013年） |
| | 远景植物 $X_6$ | 墓园中应合理配置错落有致的远景植物，营造自然生动的天际线 | 董瑞云，谭清萍，许家瑞，许先升（2015年） |
| | 与其他景观要素搭配 $X_7$ | 墓园中的植物配置应放眼全局，综合考虑植物组团与周边环境、景观小品、背景和地形的关系 | 张潇涵（2018年） |

续表

| 变量 | 题项 | 测量题项描述 | 文献来源 |
|---|---|---|---|
| 听觉设计 $\xi_2$ | 植物枝叶声 $X_8$ | 利用不同质感植物枝叶在不同季节，不同天气所碰撞发出的声音营造听觉感受 | 原野（2018年） |
| | 花鸟鱼虫声 $X_9$ | 通过丰富植物种类，栽植小动物愿意驻足停留的植物，从而吸引各种鸟类，产生来自自然的花鸟鱼虫声，丰富听觉感受 | 张宁（2019年） |
| | 搭配其他景观要素的声音 $X_{10}$ | 对于城市墓园中原有松柏类植物，可利用植物及构筑物营造通风环境，从而产生沙沙作响的声音；种植多种水生植物，利用流水冲击水生植物产生的声音，营造独特的声景观 | 张宁（2019年） |
| | 降噪减噪 $X_{11}$ | 对于墓园周边噪声，可利用树篱、防护林等作隔挡，将噪声减弱，为人们创造幽静舒适的环境空间 | 肖雯（2020年） |
| 嗅觉设计 $\xi_3$ | 芳香植物 $X_{12}$ | 增加墓园中芳香植物和开花花卉的比例，丰富人们的嗅觉感官体验 | 肖雯（2020年） |
| | 季相变化 $X_{13}$ | 增加种植不同时期开花的植物，做到季节识"香"的效果，丰富嗅觉体验的同时增加趣味性，缓解墓园沉闷的氛围 | 姚苗笛（2019年） |
| | 保留芳香 $X_{14}$ | 通过植物进行空间围合，或利用构筑物改变风的流向，进而一定程度上对芳香气味进行保留 | 张宁（2019年） |
| | 减轻异味 $X_{15}$ | 通过种植可以吸收异味的植物，一级植物围合加之环境气流，减轻墓区垃圾、厕所等异味，营造舒适的嗅觉感受 | 张宁（2019年） |
| 触觉设计 $\xi_4$ | 植物叶片 $X_{16}$ | 在墓园中种植叶片、树干具有特殊质感的植物，丰富触觉体验 | 张宁（2019年） |
| | 软质铺装 $X_{17}$ | 墓区中的一些蜿蜒小路的道路铺装利用减震效果好的源于自然的材质，例如树皮、落叶等，丰富脚部的触觉感受 | 张宁（2019年） |
| | 空间隔离 $X_{18}$ | 利用带刺的植物进行空间隔离，创造私密祭拜空间 | 张宁（2019年） |
| | 可踩踏草坪 $X_{19}$ | 墓园休闲区设计可踩踏草坪，增加触觉体验 | 张宁（2019年） |
| 味觉设计 $\xi_5$ | 可采摘经济林植物 $X_{20}$ | 墓园树种选择上可以搭配种植经济林植物如石榴、枇杷等，增加经济效益的同时改变墓区庄严肃穆的氛围，同时营造味觉感官感受 | 杨宝祥（2005年），王俊杰（2013年） |
| | 不可采摘经济林植物 $X_{21}$ | 在墓园的观赏区以及休闲区的植物种植中搭配不可采摘经济林植物，营造虚拟型味觉感受 | 杨宝祥（2005年） |
| | 果树葬的观赏型果树 $X_{22}$ | 在墓葬区采用新型环保的果树的墓葬方式，对于果树葬所采用的果树选用容易控制高度，便于管理的观赏型果树，营造虚拟型味觉感官感受 | 自拟 |
| 墓园植物景观效果 $\eta$ | 景观功能 $Y_1$ | 包括植物的色彩、形态等观赏特征、景观层次的多样化，以及景观与环境的协调性 | 王磊，陆海燕，李宏道，陈碧珍（2018年） |
| | 生态效益 $Y_2$ | 植物物种的多样性和环境适应性，以及植物群落的稳定性 | 王磊，陆海燕，李宏道，陈碧珍（2018年） |
| | 服务功能 $Y_3$ | 植物景观的可达性及可停留性 | 王磊，陆海燕，李宏道，陈碧珍（2018年） |
| | 心理效应 $Y_4$ | 植物景观的吸引性、舒适度以及景观活力 | 孙利强，冯青梅，刘子茵，王鹏飞（2020年） |

## 第三节　基于结构方程模型墓园植物景观设计因素实证分析

### 一、分析模型选择

墓园植物造景由于受到很多不同的因素影响，因而很难直接对其各设计因素的重要程度进行测量评估，且本章节研究内容多采用较为主观的调查方法，因此研究数据的分析方法采用较为科学的结构方程模型，利用中间变量来对其进行间接测量，将这些变量进行总结归纳，继而利用结构方程模型对墓园植物景观进行理论研究模型的构建，估计和检验各变量之间的因果关系。

**结构方程模型应用**

结构方程模型是多变量统计模型的一种，是通过建立、估计和检验变量的因果关系，并在此基础上构建变量交互关系研究模型的方法。结构方程模型常见于对大样本数据的统计分析，分析过程中容许自变量和因变量同时含有测量误差。模型估计参数一定程度上受到样本量的影响，样本量越多，模型的拟合度参数越好，通过估计整个模型的拟合程度来判断哪一个模型更接近数据所呈现的关系，从而选出最优模型进行数据分析。

路径系数是路径分析模型的回归系数，用以衡量变量之间的影响程度或变量的效应大小，通常分为标准化系数和非标准化系数两种。一般情况下路径系数是模型的标准化系数，即将所有观测变量都标准化后的回归系数，因为在进行标准化处理后就不会受单位不同的影响，即没有测量单位，因此可以在同一模型中进行不同系数的比较。系数为正，表明变量对因变量的影响是正向的；系数为负，表明其对因变量的影响为负向的，系数的绝对值越大，表明其影响作用越大。

1. 建模步骤

（1）模型构建

从理论研究开始，对于所要研究的问题设定一个总框架，明确模型的基本设定，包括外生和内生潜变量、观测变量之间具体的路径关系。本文在五感的基础上，对相关文献进行研究总结，确定了包括潜在因变量（墓园植物景观效果评价因素）在内的 6 个潜变量，基于此构建结构方程模型。

（2）模型拟合

将调查所得并经过检验后的问卷数据导入结构方程理论模型中，利用最大似然法求解，之后对理论模型进行参数估计，得到各个因素之间的作用机制以及路径系数，以此验证假设模型与实际理论模型的相符程度。

（3）模型评价

模型评价是指利用适配度指数来检验所构建的理论模型与导入数据是否匹配的过程。将经过分析获得的变量之间的相关系数矩阵与假设模型推导出的变量之间的相关系数矩阵进行对比，两者之间的差异若是小于模型构建界定标准，则数据与模型适配度较高。评估整体模型适配度指标是否达到适配标准通常从 3 个方面考虑：绝对适配统计量、增值适配度统计量和简约适配统计量。这些指标分别从契合性、优化性和简约性对模型本身的质量作出了考量。不同适配度指数的显著性临界值不同，具体标准如表 7-3。

模型配适度拟合指数标准　　　　　　　　　　　　　表 7-3

| 类别 | 名称 | 适配标准 |
|---|---|---|
| 绝对适配度指数 | NC（CMIN/DF） | NC = 1～3，模型适配良好；NC = 3～5，模型可以接受 |
| | RMSEA | < 0.05 时拟合良好；< 0.08 能够接受 |
| | GFI | > 0.80 |
| | AGFI | > 0.80 |
| 增值适配度指数 | NFI | > 0.80 |
| | RFI | > 0.80 |
| | IFI | > 0.80 |
| | CFI | > 0.80 |
| 简约适配度指标 | PNFI | > 0.50 |
| | PGFI | > 0.50 |

（4）模型修正

在对模型进行评价后，若模型各项适配度指数未能达到临界值或拟合效果不理想时，表明模型存在一定问题，应当修正。对于模型的修正可以参考模型的 $T$ 值以及 $MI$ 值，常用的模型修正方法有两个：一是选取模型估计得到的路径 $MI$ 值较高的路径，根据合理的理论和解释在模型中添加相关，不能随意添加；二是对于不能通过 $T$ 检验的路径进行删除。在对模型修正后使模型进一步符合实际，提高模型拟合度。

2. 表达形式

本研究主要分析视觉设计、听觉设计、嗅觉设计、触觉设计、味觉设计与墓园植物景观效果之间的关系，具体结构方程为：

$$\eta = B_\eta + \Gamma_\xi + \zeta$$

上述公式中，$\eta$ 指潜在因变量，指墓园植物景观效果；$\xi$ 指外生潜在变量，即视觉设计、听觉设计、嗅觉设计、触觉设计、味觉设计；$B$ 是指多个潜在因变量之间的关系，$\Gamma$ 是指外生潜在变量对潜在因变量的影响程度；$\zeta$ 则是指残差项，即潜在因变量所无法解释的部分。

针对观察变量与潜变量之间的关系，将测量模型表示为：

$$X = \beta_x \xi + \delta$$
$$Y = \beta_y \xi + \varepsilon$$

上述公式中，$X$、$Y$ 分别表示潜在自变量和潜在因变量的观测变量，$\beta_x$、$\beta_y$ 分别表示潜在自变量以及潜在因变量与观测变量之间的关系。$\varepsilon$ 与 $\delta$ 为误差项。

3. 多群组结构方程模型

多群组结构方程模型一般以人口统计特征标准来对模型数据进行分组，进而分析验证所得的研究模型是否会受到不同群体的影响。验证模型的方式主要有全部和部分恒等性检验两种方式，部分恒等性检验是将部分参数设置相等，而全部恒等性检验需要设置所有的参数相等，因此相比部分恒等性而言比较严格。当检验结果显示假设模型是合理的，则表明该项的人口统计变量对所得研究模型具有一定程度的调节作用。

## 二、问卷设计及变量测量题项

### （一）问卷设计

本文通过问卷调查来获取上文提出的墓园植物景观设计因素研究模型实证检验的相关研究数据。由于理论模型中的因变量、自变量都是不能被直接测量的变量，需要通过可直接测量的观察变量来达到对这些变量进行间接测量的目的，因此本研究将对墓园植物景观理论模型的潜变量采用李克特五级量表进行数据测量。

调查问卷共包括 3 个部分

第一部分：问卷基本信息。对问卷调查发起者以及问卷主题和内容进行简要介绍。

第二部分：被调研对象的基本情况。主要是被调研对象的年龄、性别、职业、学历以及人群属性。

第三部分：墓园植物景观设计要素测量题项。本次调查问卷共设置了 6 个潜变量，以及相应的 26 个测量变量。采用李克特（Likert）五级量表设计，即非常同意（5 分）、同意（4 分）、不确定（3 分）、不同意（2 分）、非常不同意（1 分）对测量变量题项进行选择并计分，分数的高低表示了被调研者对于题项的认同程度。

问卷设计过程共包括了以下 3 个步骤：

第一部分：问卷设计初稿。基于理论基础进行问卷设计，在导师的指导下对问卷进行修改完善之后形成问卷初稿。

第二部分：征询植物景观及墓园造景领域专家意见。问卷修改稿请墓区相关从业人员试填写，针对他们对问卷内容的疑问和见解对问卷初稿进行进一步修改和完善，形成问卷二稿。

第三部分：小范围测试。为检验问卷是否还存在问题，在正式调查之前，先将问卷二稿进行小样本测试，基于此对问卷结构及存在问题再次进行修改，提高问卷质量，进而形成问卷最终稿。

### （二）变量测量题项设计

1. 因变量设计

本文从五感的角度去探索墓园植物景观效果的评价因素，共采用 4 个题项去测量墓园植物景观效果（表 7-2），分别为：景观功能、生态效益、服务功能、心理效益（表 7-4）。

2. 自变量

合理的测量模型中，潜在变量需要至少两个观测变量对其进行描述，才能得到更为综合全面的结果，因此本文基于五感研究视觉设计（7 个题项）、听觉设计（4 个题项）、嗅觉设计（4 个题项）、触觉设计（4 个题项）、味觉设计（3 个题项）5 个维度对于墓园植物景观造景的重要程度，基于文献基础及研究成果，选取了能够比较全面解释墓园植物景观自变量的测量变量，见表 7-5。

墓园植物景观因变量测量 表7-4

| 维度 | 变量 | 题项 |
|---|---|---|
| 墓园植物景观效果 Landscape | 景观功能 Lan1 | 您所去的城市墓园与公园一样具有观赏性和游憩性 |
| | 生态效益 Lan2 | 您所去的城市墓园的植物景观会给城市带来一定的生态效益 |
| | 服务功能 Lan3 | 您在所去的城市墓园中愿意停留较长时间 |
| | 心理效应 Lan4 | 您所去的城市墓园不会给您带来不适、压抑的心理感受 |

墓园植物景观自变量测量题项表 表7-5

| 维度 | 变量 | 题项 |
|---|---|---|
| 视觉设计 Vision | 植物色彩 Vis1 | 您希望在城市墓园中看到色彩丰富的植物 |
| | 植物种类 Vis2 | 您希望在城市墓园中看到种类丰富的植物 |
| | 植物形态 Vis3 | 形态单一的植物是导致一些城市墓园荒凉悲寂的原因之一 |
| | 配置形式 Vis4 | 城市墓园中的植物应多采用自然式种植方式 |
| | 行道树 Vis5 | 改变行道树列植的常规方式可以减少墓园冷峻感 |
| | 远景植物 Vis6 | 自然优美的林冠线在城市墓园景观中是重要的 |
| | 搭配其他景观要素 Vis7 | 您希望看到城市墓园中的一些景观要素（例如墓碑、座凳、廊架等）与植物合理搭配 |
| 听觉设计 Hearing | 植物枝叶声 Hea1 | 您希望在城市墓园内听到不同植物枝叶碰撞的声音 |
| | 花鸟鱼虫声 Hea2 | 您希望在城市墓园中听到各种鸟类虫鸣的声音 |
| | 搭配其他景观要素的声音 Hea3 | 您希望在城市墓园中听到雨水拍打植物、流水冲击水生植物的声音 |
| | 降噪减噪 Hea4 | 您希望城市墓园利用植物对城市周边噪声进行隔挡 |
| 嗅觉设计 Flair | 芳香植物 Fla1 | 您希望在城市墓园中闻到植物芳香气味 |
| | 季相变化 Fla2 | 您希望在不同季节闻到不同芳香植物的气味 |
| | 保留芳香 Fla3 | 您希望城市墓园中芳香植物的气味可以得到一定程度的保留 |
| | 减轻异味 Fla4 | 您希望城市墓园中种植可以吸收异味的植物 |
| 触觉设计 Tactile | 植物叶片 Tac1 | 您会去触摸墓园中叶片、枝干具有特殊质感的植物 |
| | 软质铺装 Tac2 | 在城市墓园中，相比水泥混凝土路面，您更愿意走在铺满植物树皮、落叶等软质铺装的道路上 |
| | 空间隔离 Tac3 | 种植带刺植物可以营造私密的祭拜空间 |
| | 可践踏草坪 Tac4 | 您会去城市墓园开敞空间设置的可践踏草坪休息娱乐 |
| 味觉设计 Taste | 可采摘经济林植物 Tas1 | 您会去采摘并品尝城市墓园中种植的经济林植物，如柑、橘、石榴、枇杷等 |
| | 不可采摘经济林植物 Tas2 | 城市墓园中搭配种植的经济林作物会让您产生味觉感受 |
| | 果树葬的观赏型果树 Tas3 | 墓葬区的果树葬所种植的观赏型果树会让您产生味觉感受 |

3. 控制变量

本研究设置了3个方面的控制变量，分别为被调查对象的年龄、学历以及人群特性。由于该调查问卷是从个人认知领域对墓园植物景观设计因素进行分析，不同年龄段、不同学历层次以及不同的人群类别都有可能会影响被调研者对于墓园植物设计因素的认同差异，因此本研究将年龄、学历以及人群特性设置为研究的控制变量。

4. 小样本预试

为了验证设计问卷量表的准确性和有效性，在正式调查之前首先对调查问卷进行了小范围测试。测试问卷在2021年5月在问卷星平台制作，并通过线上平台进行小范围发放，最终共回收210份问卷，其中191份是有效问卷，回收率为90.95%，符合要求。

（1）信度检验

对小样本测试所收集到的有效样本的数据通过SPSS26.0进行数据整理以及信度分析。得到6个潜变量的克隆巴赫值（Cronbach $\alpha$），即可靠性系数均在0.7~0.9之间，总量表的信度为0.909，符合标准。以上结果表明小样本测试的数据具有良好的内部一致性，所设计的模型潜变量是合理可靠的（表7-6）。

模型信度分析　　　　　　　　　　　　　　　　　表7-6

| 潜变量 | 观测变量 | Alpha 系数 | 总量表信度 |
|---|---|---|---|
| 墓园植物景观效果 | Lan1~Lan4 | 0.781 | |
| 视觉设计 | Vis1~Vis7 | 0.848 | |
| 听觉设计 | Hea1~Hea4 | 0.763 | |
| 嗅觉设计 | Fla1~Fla4 | 0.838 | 0.909 |
| 触觉设计 | Tac1~Tac1 | 0.724 | |
| 味觉设计 | Tas1~Tas1 | 0.873 | |

（2）效度检验

为验证模型所设测量变量是否能较为准确地反映测量内容，需要对样本数据进行效度检验，效度的高低决定了测量结果的准确与否，主要包括对问卷内容效度的检验以及对结构效度的检验。

内容效度检验主要是对调查问卷的内容进行检验，检验其是否贴合本文的研究内容。本研究在充足的文献调研基础上进行问卷初稿设计，之后根据导师以及相关专家的意见进行修改，在此基础上最后通过采访和询问被调查对象的意见和建议对问卷进行了进一步优化，然后得到问卷的最终稿，因此笔者认为问卷可以通过内容效度的检验。

结构效度检验则是对测量结果的真实可靠性进行检验，通常利用 $KMO$ 值以及巴特利特球形度检验共同检验问卷的结构效度，若 $KMO$ 值大于0.7，巴特利特球形度检验的显著值，即 $p$ 小于0.001时，则表示该问卷可以进行下一步探索性因子分析，由于本文的量表是基于成熟的五感理论进行设计的，因此本研究不再进行探索性因子分析，而是在结果可接受的情况下进行验证性因子分析。问卷数据的结构效度检验结果见表7-7。

**KMO 和巴特利特球形度检验** 表 7-7

| KMO 取样适切性量数 | — | 0.878 |
|---|---|---|
| 巴特利特球形度检验 | 近似卡方 | 2378.679 |
| | 自由度 DF | 325 |
| | 显著性 Sig | 0.000 |

由上表可知，KMO 值为 0.878，大于 0.8，巴特利特球形检验近似卡方值为 2378.679，自由度为 325，p 值小于 0.001，结果通过了显著性水平为 0.001 的效度检验，因此认为量表通过了效度检验，可以进行下一步的验证性因子分析，量表的设计合理。

## 三、数据分析过程及结果

### （一）数据收集

调研选取杭州市为调研区，杭州市位于中国东南沿海，浙江省北部，钱塘江下游，京杭大运河南端，地处长江三角洲南沿和钱塘江流域，地形复杂多样，全市森林面积 1635.27 万亩，森林覆盖率达 64.77%。杭州市位于亚热带季风区，四季分明，雨量充沛，农业生产条件得天独厚，农作物、树木、畜禽种类繁多，矿产资源丰富。

通过发放调查问卷来搜集研究数据，调研场地主要集中在杭州市邻避效应较为明显且发展建设趋势为园林化的几个城市墓园，包括安贤陵园、钱江陵园等多个墓园，调研对象为杭州市普通民众、杭州市墓区周边居民以及墓区内部从业人员，调查方式为电子问卷和纸质问卷两种形式线上和线下随机发放，电子问卷通过问卷设计平台进行制作，依托线上社交平台进行发放；纸质问卷则通过线下实地走访收集，发放过程保证全程跟踪，从而确保了问卷的有效性。最终回收了 497 份问卷，其中有效问卷共 481 份，有效率为 96.8%，符合问卷要求。

在 481 份有效问卷之中，性别中男生占比 50.5%，女生占比 49.5%；年龄中青年人占比 43.0%，中年人占比 32.8%，老年人占比 24.1%；学历中中低学历人群占比 31.8%，高学历人群占比 68.2%；职业中学生占比 20.2%，在职人群占比 59.3%，退休人群占比 15.0%，待业及其他人群占比 5.6%；人群类别中，普通民众占比 55.9%，墓园周边居民占比 26.6%，墓区从业人员占比 17.5%。

为了进一步分析墓园植物景观设计因素作用机理，对墓园植物景观的各设计要素进行了统计分析，见表 7-8。由表 7-8 可以看出，各题项均值均在 2.50～4.20 之间波动，最小值产生于味觉设计的可采摘经济林植物，可见由于受到传统观念影响，民众大部分不能接受墓园中种植可采摘经济林植物，对于味觉设计应更多地从其他角度进行探索设计；最大值产生于嗅觉设计的减轻异味，可见民众对于嗅觉方面的感受较为重视，认为干净清新的嗅觉环境对于墓园植物景观的营造是较为重要的。从设计要素的标准偏差来看，大多数设计要素的标准差值均在 1 以下，这表明各设计要素的离散程度较为稳定，但因为传统殡葬理念带给人们心理上的固有观念，导致民众对触觉和味觉设计的接受程度产生了一定差异，一部分中老年人持摒弃态度，而另一部分接受过高等教育的年轻人则表示可以接受，因此导致触觉和味觉方面的设计要素离散程度较大。

设计要素统计分析表　　　　　　　表 7-8

| 题项 | 最小值 | 最大值 | 均值 | 标准偏差 |
|---|---|---|---|---|
| 景观功能 Lan1 | 1 | 5 | 3.18 | 0.939 |
| 生态效益 Lan2 | 1 | 5 | 3.62 | 0.896 |
| 服务功能 Lan3 | 1 | 5 | 2.65 | 0.996 |
| 心理效益 Lan4 | 1 | 5 | 3.33 | 0.943 |
| 植物色彩 Vis1 | 1 | 5 | 3.66 | 0.917 |
| 植物种类 Vis2 | 1 | 5 | 3.95 | 0.783 |
| 植物形态 Vis3 | 1 | 5 | 3.55 | 0.910 |
| 配置形式 Vis4 | 2 | 5 | 3.84 | 0.877 |
| 行道树 Vis5 | 1 | 5 | 3.62 | 0.922 |
| 远景植物 Vis6 | 2 | 5 | 3.56 | 0.951 |
| 搭配其他景观要素 Vis7 | 2 | 5 | 3.80 | 0.847 |
| 植物枝叶声 Hea1 | 1 | 5 | 3.13 | 0.977 |
| 花鸟鱼虫声 Hea2 | 1 | 5 | 4.09 | 0.799 |
| 搭配其他景观要素的声音 Hea3 | 1 | 5 | 3.37 | 0.966 |
| 降噪减噪 Hea4 | 1 | 5 | 4.05 | 0.833 |
| 芳香植物 Fla1 | 1 | 5 | 4.12 | 0.703 |
| 季相变化 Fla2 | 1 | 5 | 4.00 | 0.672 |
| 保留芳香 Fla3 | 1 | 5 | 3.90 | 0.645 |
| 减轻异味 Fla4 | 1 | 5 | 4.19 | 0.681 |
| 植物叶片 Tac1 | 1 | 5 | 3.18 | 0.968 |
| 软质铺装 Tac2 | 1 | 5 | 3.25 | 1.136 |
| 空间隔离 Tac3 | 1 | 5 | 3.06 | 1.040 |
| 可践踏草坪 Tac4 | 1 | 5 | 2.78 | 1.136 |
| 可采摘经济林植物 Tas1 | 1 | 5 | 2.57 | 1.149 |
| 不可采摘经济林植物 Tas2 | 1 | 5 | 2.83 | 1.012 |
| 果树葬的观赏型果树 Tas3 | 1 | 5 | 2.94 | 1.021 |

## （二）数据处理

1. 信度分析

能否进行实证研究的首要条件是测量量表是否具备符合标准的良好合理的信效度。为了检验所收集到的调查问卷的研究数据是否真实可靠以及数据能否反映与研究目的相符合的信息，利用 SPSS26.0 对 481 份有效问卷进行了信度分析，分析结果得到墓园植物景观设计要素各个维度的克隆巴赫系数 $\alpha$ 数值均大于 0.7，结果符合标准，样本数据具有较高的信度，通过了信度的可靠性检验，检验结果见表 7-9。

信度分析　　　　　　　　　　　　　　　表 7-9

| 维度 | 观测变量个数 | $\alpha$ |
|---|---|---|
| 全部因素 | 26 | 0.896 |
| 视觉设计因素 | 7 | 0.819 |
| 听觉设计因素 | 4 | 0717 |
| 嗅觉设计因素 | 4 | 0.736 |
| 触觉设计因素 | 4 | 0.728 |
| 味觉设计因素 | 3 | 0.856 |
| 墓园植物景观效果 | 4 | 0.789 |

### 2. 相关性分析

相关性分析是用来研究变量之间的相关关系的研究方法，只有变量之间具有较高的相关关系才能进行下一步的验证性因子分析。本文采用 SPSS26.0 中的皮尔逊相关性检验方法检验问卷样本数据中的墓园植物景观各设计要素与墓园植物景观效果之间的相关性。

根据前文提出的研究假设，本文将对视觉设计、听觉设计、嗅觉设计、触觉设计、味觉设计及控制变量与墓园植物景观效果之间存在的相关性关系进行研究，检验结果如表 7-10 所示。结果显示：视觉设计、听觉设计、嗅觉设计、触觉设计、味觉设计及控制变量与墓园植物景观效果之间均存在着显著相关性，在设计要素中，除了味觉设计、触觉设计与嗅觉设计之间，嗅觉设计与墓园植物景观效果之间存在较低程度的相关之外（$r < 0.3$，$p < 0.01$），其他设计要素之间都存在着中高程度的相关（$r = 0.3 \sim 0.6$，$p < 0.01$）；在控制变量中，年龄、学历与墓园植物景观效果之间相关性较弱，人群类型与视觉、听觉及味觉设计之间的相关性较弱，除此之外，三者与剩余其他设计要素之间都存在着显著相关关系。

相关性检验表（$N = 481$）　　　　　　　　表 7-10

| | 均值 | 标准差 | 1 | 2 | 3 | 4 | 5 | 6 | 7 | 8 | 9 |
|---|---|---|---|---|---|---|---|---|---|---|---|
| 1 景观效果 | 3.195 | 0.759 | 1 | — | — | — | — | — | — | — | — |
| 2 视觉设计 | 3.711 | 0.637 | 0.364** | 1 | — | — | — | — | — | — | — |
| 3 听觉设计 | 3.661 | 0.702 | 0.303** | 0.502** | 1 | — | — | — | — | — | — |
| 4 嗅觉设计 | 4.054 | 0.505 | 0.199** | 0.388** | 0.389** | 1 | — | — | — | — | — |
| 5 触觉设计 | 3.067 | 0.796 | 0.331** | 0.501** | 0.398** | 0.181** | 1 | — | — | — | — |
| 6 味觉设计 | 2.777 | 0.936 | 0.402** | 0.409** | 0.357** | 0.090* | 0.718** | 1 | — | — | — |
| 7 年龄 | 1.810 | 0.798 | 0.034 | −0.269** | −0.135** | 0.114* | −0.429** | −0.306** | 1 | — | — |
| 8 学历 | 2.680 | 0.927 | 0.026 | 0.299** | 0.195** | −0.065 | 0.488** | 0.382** | −0.732** | 1 | — |
| 9 人群类型 | 1.620 | 0.766 | 0.349** | −0.028 | 0.013 | 0.123** | −0.225** | −0.062 | 0.453** | −0.372** | 1 |

注：* 表示 $p$ 小于 0.05，** 表示 $p$ 小于 0.01，*** 表示 $p$ 小于 0.001。

3. 共同方法偏差

共同方法偏差是为了检验研究中同样的数据来源或调研者、同样的测量环境及项目自身特征能否造成自变量与因变量之间出现人为的共变。本研究以视觉设计、听觉设计、嗅觉设计、触觉设计、味觉设计以及墓园植物景观效果及其对应的所有测量变量作为单因子模型的新指标来进行 Amos 验证性因子分析，见图 7-1。

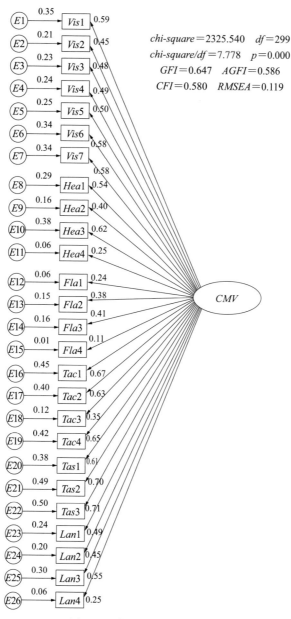

图 7-1　共同方法偏差拟合图

表 7-11 结果可见 CMV 模型拟合结果较差，各项拟合度指标都未达到参考范围，所以模型不存在严重的共同方法偏差问题，可以进行验证性因子分析。

**CMV 模型拟合度指标**　　　表 7-11

| 指标名称 | 卡方 / 自由度 | 拟合优度指数 GFI | 调整的拟合优度指数 AGFI | 比较拟合指数 CFI | 近似误差的均方根 RMSEA |
|---|---|---|---|---|---|
| 参考范围 | $\leqslant 3.00$ | $\geqslant 0.90$ | $\geqslant 0.90$ | $\geqslant 0.90$ | $\leqslant 0.05$（$\leqslant 0.08$） |
| 模型拟合度指标 | 7.778 | 0.647 | 0.586 | 0.580 | 0.119 |

## 四、实证分析

### （一）验证性因子分析

在进行结构方程模型分析前，应该首先对测量模型中的各变量是否能准确反映对应潜变量进行评估，如果测量变量不能准确反映对应的潜变量，那便没必要再针对该测量变量进行结构方程模型的构造，因此在结构方程模型实证分析以及模型拟合之前应先对测量模型进行验证性因子分析。本研究首先建立了墓园植物景观测量模型，对墓园植物景观测量模型的各组潜变量进行验证性因子分析，以确保所得数据与结构方程模型具备较优的拟合度。

1. "视觉设计"测量模型

潜变量"视觉设计"共包括了 7 个观测变量 $Vis1 \sim Vis7$，"视觉设计"测量模型如图 7-2。

初步拟合检验结果显示"视觉设计"测量模型需要修正。根据分析模型及数据可知，$Vis3$ 植物形态的 $SMC$ 较小，分析原因，认为人们对于墓园中植物的形态不太重视，导致其对题项的解释能力较弱，因此对该项进行删除修正；$Vis7$ 搭配其他景观要素与其他因素的残差相关较高，考虑到其与其他因素的相关性，且 $SMC$ 相较其他指标也较小，故对该项同样进行删除修正；$Vis1$ 植物色彩与 $Vis2$ 植物种类之间残差相关较高，分析原因，认为不同植物种类往往具备不同的植物色彩，两者在进行植物设计时通常会同时被考虑，因此这两者的残差存在相关性。经过修正，得到"视觉设计"测量模型及拟合度指标如图 7-3 所示。

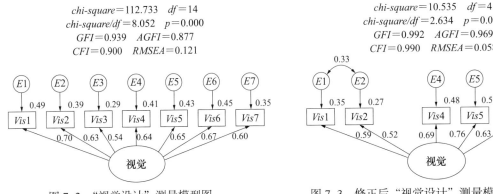

chi-square＝112.733　df＝14
chi-square/df＝8.052　p＝0.000
GFI＝0.939　AGFI＝0.877
CFI＝0.900　RMSEA＝0.121

图 7-2　"视觉设计"测量模型图

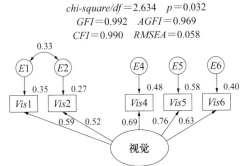

chi-square＝10.535　df＝4
chi-square/df＝2.634　p＝0.032
GFI＝0.992　AGFI＝0.969
CFI＝0.990　RMSEA＝0.058

图 7-3　修正后"视觉设计"测量模型图

经修正后得到"视觉设计"测量模型的拟合度指标如表 7-12 所示。

**"视觉设计"测量模型拟合度指标**　　　　表 7-12

| 指标名称 | 卡方 / 自由度 | 拟合优度指数 *GFI* | 调整的拟合优度指数 *AGFI* | 比较拟合指数 *CFI* | 近似误差的均方根 *RMSEA* |
|---|---|---|---|---|---|
| 参考范围 | ≤ 3.00 | ≥ 0.90 | ≥ 0.90 | ≥ 0.90 | ≤ 0.05（≤ 0.08） |
| 模型拟合度指标 | 2.634 | 0.992 | 0.969 | 0.990 | 0.058 |

表 7-12 的拟合结果显示，"视觉设计"模型的各项拟合度指标都达到了参考指标范围。"视觉设计"模型中各个测量变量的标准化回归系数都达到了显著水平（$p < 0.001$），以上研究结果表明"视觉设计"这个测量模型得到了数据支持，假设模型与数据吻合良好，测量模型与 5 个题项呼应较好，结果可以接受，见表 7-13。

**"视觉设计"显著性检验表**　　　　表 7-13

| 测量变量 | 观测变量解释关系 | 潜变量 | 路径系数 | $p$ |
|---|---|---|---|---|
| 植物色彩 *Vis*1 | ← | 视觉设计 | 0.593 | — |
| 植物种类 *Vis*2 | ← | 视觉设计 | 0.524 | *** |
| 配置形式 *Vis*4 | ← | 视觉设计 | 0.694 | *** |
| 行道树 *Vis*5 | ← | 视觉设计 | 0.763 | *** |
| 远景植物 *Vis*6 | ← | 视觉设计 | 0.632 | *** |

注：* 表示 $p < 0.05$，** 表示 $p < 0.01$，*** 表示 $p < 0.001$，"←"表示观测变量解释关系。

2. "听力设计"测量模型

4 个观察变量 *Hea*1～*Hea*4 构成了潜变量"听觉设计"概念，其测量模型如图 7-4。

通过初步拟合检验发现，虽然"听觉设计"模型适配度良好，但 *Hea*4 降噪减噪的 *SMC* 较低，综合人群分析，认为降噪减噪对于墓园植物景观效果作用较小，该题项对题目的解释能力较弱，因此对此项进行删除修正，修正后的"听觉设计"测量模型标准化系数如图 7-5 所示。

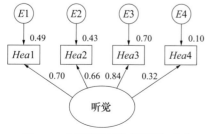

图 7-4　"听觉设计"测量模型图

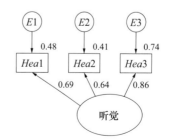

图 7-5　修正后"听觉设计"测量模型图

经修正后的"听觉设计"测量模型如上图所示，上图显示拟合度指标 *GFI* 值已经达到上限值，"听觉设计"测量模型的卡方值与自由度均为 0，无法再计算 *p* 值、*CFI* 值、*AGFI* 值以及 *RMSEA* 值，此时该测量模型的拟合度达到饱和，成为饱和模型，与数据之间的拟合度达到最佳，没有必要再进行拟合检验。

"听觉设计"测量模型中各个测量变量的标准化回归系数都达到了显著水平（$p > 0.001$），以上研究结果表明"听觉设计"这个测量模型得到了数据支持，假设模型与数据吻合良好，测量模型与 3 个题项呼应较好，结构可以接受（表 7-14）。

"听觉设计"显著性检验表　　　　　　　　　表 7-14

| 测量变量 | 观测变量解释关系 | 潜变量 | 路径系数 | $p$ |
|---|---|---|---|---|
| 植物枝叶声 *Hea*1 | ← | 听觉设计 | 0.692 | — |
| 花鸟鱼虫声 *Hea*2 | ← | 听觉设计 | 0.641 | \*\*\* |
| 搭配其他要素声音 *Hea*3 | ← | 听觉设计 | 0.861 | \*\*\* |

注：\* 表示 $p < 0.05$，\*\* 表示 $p < 0.01$，\*\*\* 表示 $p < 0.001$，"←"表示观测变量解释关系。

3. "嗅觉设计"测量模型

四个观测变量 *Fla*1～*Fla*4 构成了潜变量"嗅觉设计"概念，"嗅觉设计"测量模型如图 7-6。

经初步拟合检验可以发现，模型适配度均在适配范围之内，但是 *Fla*4 减轻异味的 *SMC* 低于可接受值，分析原因，认为对于墓园植物嗅觉景观的营造，人们关注更多的是芳香植物的种植，对于异味的存在就目前的情况来看并没有对墓园植物景观效果的在意程度大，因此认为该项对题目的解释能力较弱，对此项进行删除修正，修正后的"嗅觉设计"测量模型标准化系数如图 7-7 所示。

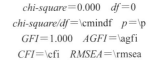

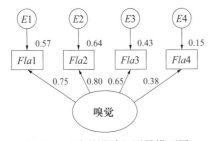
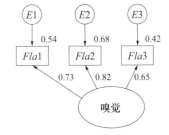

图 7-6　"嗅觉设计"测量模型图　　　图 7-7　修正后"嗅觉设计"测量模型图

经修正后的"嗅觉设计"测量模型如图 7-7 所示，上图显示拟合度指标 *GFI* 值已经达到上限值，"嗅觉设计"测量模型的卡方值与自由度均为 0，无法再计算 *p* 值、*CFI* 值、

*AGFI* 值以及 *RMSEA* 值，此时该测量模型的拟合度达到饱和，成为饱和模型，与数据之间的拟合度达到最佳，没有必要再进行拟合检验。

"嗅觉设计"测量模型中各个测量变量的标准化回归系数都达到了显著水平（$p > 0.001$），以上研究结果表明"嗅觉设计"这个测量模型得到了数据支持，假设模型与数据吻合良好，测量模型与 3 个题项呼应较好，结构可以接受（表 7-15）。

"嗅觉设计"显著性检验表

表 7-15

| 测量变量 | 观测变量解释关系 | 潜变量 | 路径系数 | $p$ |
|---|---|---|---|---|
| 芳香植物 *Fla*1 | ← | 嗅觉设计 | 0.735 | — |
| 季相变化 *Fla*2 | ← | 嗅觉设计 | 0.823 | *** |
| 保留芳香 *Fla*3 | ← | 嗅觉设计 | 0.648 | *** |

注：* 表示 $p < 0.05$，** 表示 $p < 0.01$，*** 表示 $p < 0.001$，"←"表示观测变量解释关系。

4. "触觉设计"测量模型

4 个观测变量 *Tac*1～*Tac*4 构成了潜变量"触觉设计"概念，"触觉设计"测量模型如图 7-8。

经初步拟合检验可以看出，模型配适度均在可接受范围内，但是 *Tac*3 空间隔离的 *SMC* 低于可接受值，结合调查数据分析原因，认为大部分人们并不赞同植物可以隔离空间，而是更多地认为植物可以拉近人与大自然的距离，同时也不愿意在墓园中栽植带刺植物来起到空间隔离的作用，因此并不认同此项，造成该项对题目的解释能力较弱，故对此项进行删除修正，修正后的"触觉设计"测量模型标准化系数如图 7-9 所示。

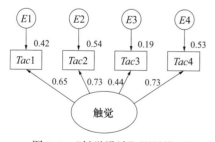

图 7-8 "触觉设计"测量模型图

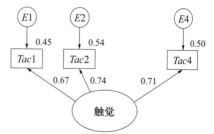

图 7-9 修正后"触觉设计"测量模型图

经修正后的"触觉设计"测量模型如图 7-9 所示，显示拟合度指标 *GFI* 值已经达到上限值，"触觉设计"测量模型的卡方值与自由度均为 0，无法再计算 $p$ 值、*CFI* 值、*AGFI* 值以及 *RMSEA* 值，此时该测量模型的拟合度达到饱和，成为饱和模型，与数据之间的拟合度达到最佳，没有必要再进行拟合检验。

"触觉设计"测量模型中各个观察变量的标准化回归系数都达到了显著水平（$p > 0.001$），以上研究结果表明"触觉设计"这个测量模型得到了数据支持，假设模型与数据吻合良好，测量模型与3个题项呼应较好，结构可以接受（表7-16）。

**"触觉设计"显著性检验表** 表7-16

| 测量变量 | 观测变量解释关系 | 潜变量 | 路径系数 | $p$ |
|---|---|---|---|---|
| 植物叶片 $Tac1$ | ← | 触觉设计 | 0.668 | — |
| 软质铺装 $Tac2$ | ← | 触觉设计 | 0.738 | *** |
| 可践踏草坪 $Tac4$ | ← | 触觉设计 | 0.708 | *** |

注：* 表示 $p < 0.05$，** 表示 $p < 0.01$，*** 表示 $p < 0.001$，"←"表示观测变量解释关系。

5. "味觉设计"测量模型

3个观测变量 $Tas1 \sim Tas3$ 构成了潜变量"味觉设计"概念，"味觉设计"测量模型如图7-10。

初步拟合检验的"味觉设计"测量模型如图7-10所示，显示拟合度指标 $GFI$ 值已经达到上限值，"味觉设计"测量模型的卡方值与自由度均为0，无法再计算 $p$ 值、$CFI$ 值、$AGFI$ 值以及 $RMSEA$ 值，此时该测量模型的拟合度达到饱和，成为饱和模型，与数据之间的拟合度达到最佳，没有必要再进行拟合检验。

"味觉设计"测量模型中各个观察变量的标准化回归系数都达到了显著水平（$p > 0.001$），以上研究结果表明"味觉设计"这个测量模型得到了数据支持，假设模型与数据吻合良好，测量模型与3个题项呼应较好，结构可以接受（表7-17）。

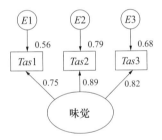

chi-square＝0.000  df＝0
chi-square/df＝\cmindf  p＝\p
GFI＝1.000  AGFI＝\agfi
CFI＝\cfi  RMSEA＝\rmsea

图7-10 "味觉设计"测量模型图

**"味觉设计"显著性检验表** 表7-17

| 测量变量 | 观测变量解释关系 | 潜变量 | 路径系数 | $p$ |
|---|---|---|---|---|
| 可采摘经济林植物 $Tas1$ | ← | 味觉设计 | 0.748 | — |
| 不可采摘经济林植物 $Tas2$ | ← | 味觉设计 | 0.888 | *** |
| 果树葬观赏型果树 $Tas3$ | ← | 味觉设计 | 0.824 | *** |

注：* 表示 $p < 0.05$，** 表示 $p < 0.01$，*** 表示 $p < 0.001$，"←"表示观测变量解释关系。

6. "墓园植物景观效果"测量模型

4个观测变量 $Lan1 \sim Lan4$ 构成了潜变量"墓园植物景观效果"概念，"墓园植物景观效果"测量模型如图7-11。

经初步拟合检验可以看出，模型配适度均在可接受范围内，但是 $Lan4$ 心理效应的 $SMC$ 低于可接受值，结合调查数据分析原因，认为墓园固有的传统观念导致面对墓园时人们总会产生一定的心理压力，且不会因墓园景观质量的好坏而有较大程度的改变，因此造成该项对题目的解释能力较弱，故对此项进行删除修正，修正后的"墓园植物景观效果"测量模型标准化系数如图 7-12 所示。

$chi\text{-}square = 12.951 \quad df = 2$
$chi\text{-}square/df = 6.476 \quad p = 0.002$
$GFI = 0.987 \quad AGFI = 0.935$
$CFI = 0.981 \quad RMSEA = 0.107$

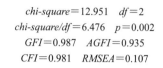

$chi\text{-}square = 0.000 \quad df = 0$
$chi\text{-}square/df = \backslash cmindf \quad p = \backslash p$
$GFI = 1.000 \quad AGFI = \backslash agfi$
$CFI = \backslash cfi \quad RMSEA = \backslash rmsea$

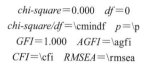

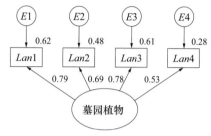
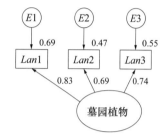

图 7-11 "墓园植物景观效果"测量模型图　图 7-12 修正后"墓园植物景观效果"测量模型图

经修正后的"墓园植物景观效果"测量模型如图 7-12 所示，上图显示拟合度指标 $GFI$ 值已经达到上限值，"墓园植物景观效果"测量模型的卡方值与自由度均为 0，无法再计算 $p$ 值、$CFI$ 值、$AGFI$ 值以及 $RMSEA$ 值，此时该测量模型的拟合度达到饱和，成为饱和模型，与数据之间的拟合度达到最佳，没有必要再进行拟合检验。

"墓园植物景观效果"测量模型中各个观察变量的标准化回归系数都达到了显著水平（$p > 0.001$），以上研究结果表明"墓园植物景观效果"这个测量模型得到了数据支持，假设模型与数据吻合良好，测量模型与 3 个题项呼应较好，结果可以接受（表 7-18）。

"墓园植物景观效果"显著性检验表　　表 7-18

| 测量变量 | 观测变量解释关系 | 潜变量 | 路径系数 | $p$ |
|---|---|---|---|---|
| 景观功能 Lan1 | ← | 墓园植物景观效果 | 0.831 | — |
| 生态效益 Lan2 | ← | 墓园植物景观效果 | 0.688 | *** |
| 服务功能 Lan3 | ← | 墓园植物景观效果 | 0.744 | *** |

注：* 表示 $p < 0.05$，** 表示 $p < 0.01$，*** 表示 $p < 0.001$，"←"表示观测变量解释关系。

### （二）修正后总测量模型验证性因子分析（CFA）

1. 收敛效度

本研究中 20 个观测变量，6 个潜变量构成了"墓园植物景观效果"测量模型，如图 7-13 所示。

经修正后的"墓园植物景观效果"测量模型的各项模型拟合度指标如表 7-19 所示。

表 7-19 的检验结果可知，"墓园植物景观效果"测量模型拟合度指标均达到了参考指标范围，模型拟合度良好。

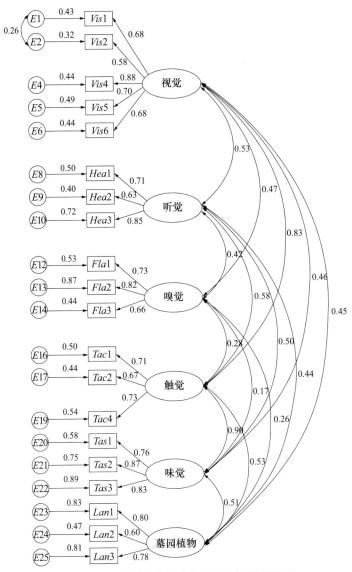

图 7-13　"墓园植物景观效果"总测量模型图

"墓园植物景观效果"总测量模型拟合度指标　　　　　　　　　　表 7-19

| 指标名称 | 卡方/自由度 | 拟合优度指数<br>GFI | 调整的拟合优度指数<br>AGFI | 比较拟合指数<br>CFI | 近似误差的均方根<br>RMSEA |
|---|---|---|---|---|---|
| 参考范围 | ≤ 3.00 | ≥ 0.90 | ≥ 0.90 | ≥ 0.90 | ≤ 0.05（≤ 0.08） |
| 模型拟合度指标 | 2.652 | 0.919 | 0.890 | 0.936 | 0.059 |

注：模型拟合度指标接近 0.9 也可接受。

　　"墓园植物景观效果"测量模型中各个观察变量的标准化回归系数均达到显著水平（$p < 0.001$），组成信度（$CR$）大于 0.7，表明模型的内部一致性达到规定标准，平均方差萃取量（$AVE$）除了视觉设计和触觉设计以外其余指标均大于 0.5，视觉设计的平均方差

萃取量为 0.438，触觉设计的平均方差萃取量为 0.497，均接近 0.5，在可以接受的范围内，因此可以认为模型的收敛效度达到标准。以上研究结果表明"墓园植物景观效果"这个由 6 个潜变量构成的一阶测量模型得到数据支持，理论模型与数据吻合良好，测量模型与 20 个观测变量呼应较好，结构可以接受（表 7-20）。

效度检验表　　　　　　　　　　表 7-20

| 构面 | 题目 | 参数显著性估计 | | | | 因素负荷量 | 题目信度 | 标准化残差 | 组成信度 | 收敛效度 |
|---|---|---|---|---|---|---|---|---|---|---|
| 墓园植物景观效果 | Lan1 | 1 | — | — | — | 0.831 | 0.691 | 0.309 | 0.8 | 0.573 |
| | Lan2 | 0.714 | 0.055 | 13.056 | *** | 0.688 | 0.473 | 0.527 | — | |
| | Lan3 | 0.858 | 0.064 | 13.468 | *** | 0.744 | 0.554 | 0.446 | | |
| 视觉设计 | Vis1 | 1 | — | — | — | 0.593 | 0.352 | 0.648 | 0.779 | 0.438 |
| | Vis2 | 0.755 | 0.07 | 10.857 | *** | 0.524 | 0.275 | 0.725 | — | |
| | Vis4 | 1.119 | 0.106 | 10.595 | *** | 0.694 | 0.482 | 0.518 | | |
| | Vis5 | 1.294 | 0.118 | 10.952 | *** | 0.763 | 0.582 | 0.418 | | |
| | Vis6 | 1.107 | 0.11 | 10.054 | *** | 0.632 | 0.399 | 0.601 | | |
| 听觉设计 | Hea1 | 1 | — | — | — | 0.692 | 0.479 | 0.521 | 0.779 | 0.544 |
| | Hea2 | 0.629 | 0.053 | 11.864 | *** | 0.641 | 0.411 | 0.589 | — | |
| | Hea3 | 1.022 | 0.087 | 11.696 | *** | 0.861 | 0.741 | 0.259 | | |
| 嗅觉设计 | Fla1 | 1 | — | — | — | 0.735 | 0.54 | 0.46 | 0.781 | 0.546 |
| | Fla2 | 1.071 | 0.087 | 12.311 | *** | 0.823 | 0.677 | 0.323 | — | |
| | Fla3 | 0.809 | 0.067 | 12.057 | *** | 0.648 | 0.42 | 0.58 | | |
| 触觉设计 | Tac1 | 1 | — | — | — | 0.668 | 0.446 | 0.554 | 0.748 | 0.497 |
| | Tac2 | 1.296 | 0.12 | 10.759 | *** | 0.738 | 0.545 | 0.455 | — | |
| | Tac4 | 1.243 | 0.115 | 10.809 | *** | 0.708 | 0.501 | 0.499 | | |
| 味觉设计 | Tas1 | 1 | — | — | — | 0.748 | 0.56 | 0.44 | 0.862 | 0.676 |
| | Tas2 | 1.045 | 0.06 | 17.568 | *** | 0.888 | 0.789 | 0.211 | — | |
| | Tas3 | 0.979 | 0.056 | 17.328 | *** | 0.824 | 0.679 | 0.321 | | |

## 2. 区别效度

墓园植物景观效果模型中各个测量构面之间应该具备区别效度，从下表数值中可以看到本研究中所涉及的潜变量 AVE 的平方根，基本大于各个潜变量之间相关系数的绝对值，这表明本研究各个因子之间具备良好的区别效度（表 7-21）。

区别效度检验表　　　　　　　　　　表 7-21

| | AVE | 景观效果 | 味觉设计 | 触觉设计 | 嗅觉设计 | 听觉设计 | 视觉设计 |
|---|---|---|---|---|---|---|---|
| 景观效果 | 0.573 | **0.757** | — | — | — | — | — |
| 味觉设计 | 0.676 | 0.511 | **0.822** | — | — | — | — |

续表

| | AVE | 景观效果 | 味觉设计 | 触觉设计 | 嗅觉设计 | 听觉设计 | 视觉设计 |
|---|---|---|---|---|---|---|---|
| 触觉设计 | 0.497 | 0.535 | 0.903 | **0.705** | — | — | — |
| 嗅觉设计 | 0.546 | 0.259 | 0.172 | 0.279 | **0.739** | — | — |
| 听觉设计 | 0.544 | 0.437 | 0.503 | 0.585 | 0.411 | **0.738** | — |
| 视觉设计 | 0.418 | 0.493 | 0.481 | 0.644 | 0.513 | 0.604 | **0.647** |

### （三）结构方程拟合

本研究首先建立了墓园植物景观测量模型，对墓园植物景观测量模型的各组潜变量进行验证性因子分析，以确保所得数据与结构方程模型具备较优的拟合度。在进行验证性因子分析及修正后，将收集到的问卷数据导入到 AMOS24.0 软件中，对"墓园植物景观效果"研究模型进行模型验证，得到模型输出结果图（图 7-14）以及各项模型拟合度适配指标（表 7-22）。

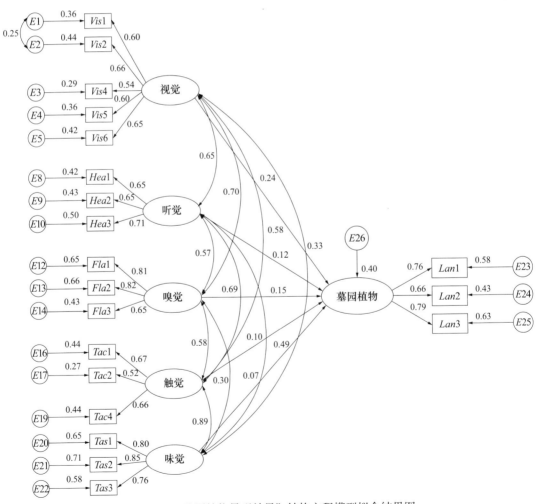

图 7-14 "墓园植物景观效果"结构方程模型拟合结果图

"墓园植物景观效果"结构模型模型拟合度指标 表 7-22

| 指标名称 | 卡方/自由度 | 拟合优度指数 GFI | 调整的拟合优度指数 AGFI | 比较拟合指数 CFI | 近似误差的均方根 RMSEA |
|---|---|---|---|---|---|
| 参考范围 | ≤ 3.00 | ≥ 0.90 | ≥ 0.90 | ≥ 0.90 | ≤ 0.05（≤ 0.08） |
| 模型拟合度指标 | 1.792 | 0.915 | 0.894 | 0.944 | 0.052 |

从表 7-22 的拟合度指标可以看出，"墓园植物景观效果"模型各拟合度指标均达到了参考范围，模型拟合良好不需要再进行进一步的修正。"墓园植物景观效果"模型中各个观测变量的标准化回归系数均达到了显著水平（$p < 0.05$），表明"墓园植物景观效果"这个理论模型得到了数据支撑，理论模型与数据吻合良好，见表 7-23。

"墓园植物景观效果"模型拟合度指标 表 7-23

| 假设 | | | 标准化路径系数 Std | 标准误差 SE | 组成信度 CR | p | 标签 Label |
|---|---|---|---|---|---|---|---|
| 植物色彩 Vis1 | ← | 视觉设计 | 0.655 | — | — | — | — |
| 植物种类 Vis2 | ← | 视觉设计 | 0.660 | 0.100 | 7.134 | *** | — |
| 配置形式 Vis4 | ← | 视觉设计 | 0.564 | 0.097 | 7.687 | *** | — |
| 行道树 Vis5 | ← | 视觉设计 | 0.703 | 0.104 | 9.741 | *** | — |
| 远景植物 Vis6 | ← | 视觉设计 | 0.665 | 0.101 | 8.090 | *** | — |
| 植物枝叶声 Hea1 | ← | 听觉设计 | 0.650 | — | — | — | — |
| 花鸟鱼虫声 Hea2 | ← | 听觉设计 | 0.654 | 0.103 | 8.579 | *** | — |
| 搭配其他要素的声音 Hea3 | ← | 听觉设计 | 0.708 | 0.105 | 8.976 | *** | — |
| 芳香植物 Fla1 | ← | 嗅觉设计 | 0.730 | — | — | — | — |
| 季相变化 Fla2 | ← | 嗅觉设计 | 0.816 | 0.082 | 13.198 | *** | — |
| 保留芳香 Fla3 | ← | 嗅觉设计 | 0.662 | 0.074 | 10.864 | *** | — |
| 植物叶片 Tac1 | ← | 触觉设计 | 0.706 | — | — | — | — |
| 软质铺装 Tac2 | ← | 触觉设计 | 0.667 | 0.088 | 8.093 | *** | — |
| 可践踏草坪 Tac4 | ← | 触觉设计 | 0.734 | 0.107 | 9.979 | *** | — |
| 可采摘经济林植物 Tas1 | ← | 味觉设计 | 0.764 | — | — | — | — |
| 不可采摘经济林植物 Tas2 | ← | 味觉设计 | 0.867 | 0.062 | 15.178 | *** | — |
| 果树葬观赏型果树 Tas3 | ← | 味觉设计 | 0.834 | 0.059 | 13.656 | *** | — |
| 景观功能 Lan1 | ← | 景观效果 | 0.760 | — | — | — | — |
| 生态效益 Lan2 | ← | 景观效果 | 0.658 | 0.082 | 10.079 | *** | — |
| 服务功能 Lan3 | ← | 景观效果 | 0.794 | 0.094 | 11.287 | *** | — |
| 景观效果 | ← | 视觉设计 | 0.236 | 0.109 | 2.291 | 0.021（成立） | 假设 H1 |
| 景观效果 | ← | 听觉设计 | 0.118 | 0.062 | 2.201 | 0.033（成立） | 假设 H2 |

| 假设 | | | 标准化路径系数 Std | 标准误差 SE | 组成信度 CR | p | 标签 Label |
|---|---|---|---|---|---|---|---|
| 景观效果 | ← | 嗅觉设计 | 0.153 | 0.071 | 2.386 | 0.013（成立） | 假设 H3 |
| 景观效果 | ← | 触觉设计 | 0.097 | 0.057 | 2.016 | 0.040（成立） | 假设 H4 |
| 景观效果 | ← | 味觉设计 | 0.068 | 0.034 | 2.212 | 0.026（成立） | 假设 H5 |

注：* 表示 $p < 0.05$，** 表示 $p < 0.01$，*** 表示 $p < 0.001$，"←"表示观测变量解释关系。

### （四）拟合结果分析

本研究从五感出发，从视觉设计、听觉设计、嗅觉设计、触觉设计、味觉设计 5 个方面来对墓园植物景观效果展开研究探讨，并在理论基础上建立了相应的结构方程模型，模型拟合结果显示：视觉设计、听觉设计、嗅觉设计、触觉设计、味觉设计对墓园植物景观效果均具有显著正向影响，表示假设 H1、H2、H3、H4、H5 成立。其中视觉设计最为重要，路径系数为 0.236；其次为嗅觉设计、听觉设计、触觉设计、味觉设计，其路径系数分别为 0.153、0.118、0.097、0.068。对最终得到的城市墓园植物景观研究模型进行进一步分析，得到以下结论。

视觉设计对墓园植物景观效果的影响程度最大，在进行墓园植物景观造景的过程中要着重考虑视觉景观设计。视觉设计主要包括植物色彩、植物种类、配置形式、行道树以及远景植物，在这 5 个外生测量变量中，行道树的设计最为重要，路径系数为 0.703，其他指标路径系数分别为 0.655、0.660、0.564、0.665。分析原因，认为传统墓园的设计一般为规则式，墓碑层层林立，植物也采取规则式种植，往往给人阴森肃穆的氛围感受，以至于人们从心底里不愿意接受墓园公园化发展；墓园不同于烈士陵园，规则式种植的行道树会增加烈士陵园的庄严肃穆，但也会加大墓园与城市、与民众的距离，延缓墓园公园化进程，因此对于城市墓园，应尽量改变传统列植、对植的行道树种植方式，采取群植、孤植等自然式种植，丰富墓园景观。除此之外，植物色彩、植物种类以及植物配置形式等在墓园植物景观设计过程中也应受到一定重视，丰富植物色彩，增加植物种类，乔灌木合理搭配，丰富墓园垂直景观。

嗅觉设计主要包括芳香植物的种植、植物气味的季相变化以及植物芳香的保留，在这 3 个外生测量变量中，植物气味的季相变化最为重要，其路径系数为 0.816，其他指标路径系数分别为 0.730、0.662。分析原因认为，传统墓园中所种植的植物多为松柏类常绿植物，芳香植物少之又少，而舒适的嗅觉环境可以在优美视觉环境的基础上进一步拉近人与墓园的距离，因此芳香植物的种植也显得尤为重要。通常情况下人们在植物景观设计的过程中较多关注的主要为植物色彩的季相变化，因而忽视了植物芳香的季相变化，通过调查发现，人们甚至对于芳香气味的季相变化更加重视，可见其对于营造优美的植物景观的重要性。对于芳香植物季相变化的营造，可以在满足当地的种植条件下，合理种植在不同季节开花的芳香植物，搭配其他景观要素，丰富墓园嗅觉景观。

听觉设计主要包括植物枝叶声、花鸟鱼虫声以及搭配其他景观要素的声音，其路径系数分别为 0.650、0.654、0.708，植物枝叶声与花鸟鱼虫声均属于来自大自然的声音，这些声音不仅可以丰富墓园景观环境，减轻墓区阴森肃穆的氛围，同时也可以丰富人们的听觉感官感受，增强体验感，缩小人与墓园之间的距离感。除此之外，将植物与其他景观要素合理搭配，创造独特的声景观，例如南方私家园林中，将芭蕉种植在墙角，在雨季来临时营造雨打芭蕉的听觉感受。这样的听景设计，在景观上会给人们带来舒适感，减轻人们对于墓园的疏离感，从而对墓园设计产生正向积极的作用。

触觉设计主要包括有植物叶片、软质铺装以及可践踏草坪，其路径系数分别为 0.706、0.667、0.734。触觉相对于前三者来说人们的体验感稍弱，主要原因在于人们并未在景观观赏过程中注意到触觉方面的景观感受，通过调研发现，除了一些文化程度较高或对于植物较为感兴趣的人以外，大多数人并未关注到植物叶片的不同质地；而对于道路铺装，相比于年轻人来说，中老年人较不能接受软质铺装，认为软质铺装不利于行走，而年轻人则更愿意接受，尤其是可践踏草坪景观在年轻人群体中较为受欢迎，中老年人也可以接受在空旷场地设置可践踏草坪，在提供休憩娱乐场所的同时增加了人们的触觉感受。

味觉设计主要包括可采摘经济林植物、不可采摘经济林植物以及果树葬的观赏型果树，其路径系数分别为 0.764、0.867、0.834，植物景观的味觉感受主要通过植物的果实来营造，通过调研结果可以发现，大多数人不能接受在墓园中种植可采摘经济林植物，但可以接受种植不可采摘经济林植物，且认为即使不可采摘也能产生虚拟型味觉感受；除此之外，利用新型殡葬方式——观赏型果树葬，也能丰富人们的虚拟型味觉感受，从而营造墓园味觉景观。

城市墓园景观效果主要包括景观功能、生态效益和服务功能，其中最为重要的是园区的服务功能，路径系数为 0.794，其次为景观功能和生态效益，路径系数分别为 0.760、0.658。研究数据表明服务功能是人们较为关注和重视的一方面，包括可达性和可停留性等，在墓园植物景观设计时应着重考虑植物景观的服务功能，分析不同人群需求，根据人群需求进行人性化的植物景观设计。

## 第四节 控制变量多群组模型分析

### 一、不同年龄多群组模型分析

为了研究不同年龄段是否存在墓园植物景观设计因素的差异性，本文基于研究所得结果通过多群组分析来检验不同年龄阶段的人们对墓园植物景观模型的稳定性是否存在显著影响以及影响程度。将青年（$N = 207$）划为一组，将中年（$N = 158$）及老年（$N = 116$）划为一组，通过 AMOS24.0 分析不同年龄段调节变量对墓园植物景观设计因素是否存在显著影响，检验结果见表 7-24，不同年龄多群组模型的 *RMSEA* 值为 0.042，*IFI*、*CFI*、*TLI* 值均大于 0.9，说明模型适配度良好，拟合结果可以被接受。

不同年龄模型拟合度指标　　　　　　　表 7-24

| 指标名称 | 卡方/自由度 CMIN/DF | 增值适配指数 IFI | 非规准适配指数 TLI | 比较拟合指数 CFI | 拟合优度指数 GFI | 渐进残差均方和平方根 RMSEA |
|---|---|---|---|---|---|---|
| 参考范围 | ≤ 3 | ≥ 0.9 | ≥ 0.9 | ≥ 0.9 | ≥ 0.9 | ≤ 0.08 |
| 模型拟合度指标 | 1.865 | 0.937 | 0.921 | 0.936 | 0.893 | 0.042 |

从模型的适配指标（表 7-25）来看，简约适配度指标 AIC 及 ECVI 的值最小的是基准模型，所以最简约模型以基准模型为最佳。

不同年龄多群组分析适配表　　　　　　　表 7-25

| 模型 | 卡方 CMIN | 自由度 DF | p | 卡方/自由度 CMIN/DF | 增值适配指数 IFI | 非规准适配指数 TLI | 比较拟合指数 CFI | 简约适配度指标 AIC | 简约适配度指标 ECVI |
|---|---|---|---|---|---|---|---|---|---|
| 基准模型 | 574.349 | 308 | 0.000 | 1.865 | 0.937 | 0.921 | 0.936 | 798.349 | 1.667 |
| 测量加权模型 | 626.032 | 322 | 0.000 | 1.944 | 0.928 | 0.914 | 0.927 | 822.032 | 1.716 |
| 结构加权模型 | 635.361 | 327 | 0.000 | 1.943 | 0.927 | 0.914 | 0.926 | 821.361 | 1.715 |
| 结构协方差模型 | 737.635 | 342 | 0.000 | 2.157 | 0.906 | 0.895 | 0.905 | 893.635 | 1.866 |
| 结构残差模型 | 742.727 | 343 | 0.000 | 2.165 | 0.905 | 0.894 | 0.904 | 896.727 | 1.872 |
| 测量残差模型 | 844.476 | 364 | 0.000 | 2.320 | 0.885 | 0.880 | 0.885 | 956.476 | 1.997 |

表 7-26 显示 $\Delta p$ 值小于 0.001，表明年龄因素对于墓园植物景观结构方程模型具有显著影响，但是由于上表进行的是整体无差异检定，若要分析出青年群体与中老年群体对于墓园植物景观设计因素认知差异的具体路径系数，则需要利用不同人群"参数配对"来考察个别变量（表 7-27）。当临界比值率大于 1.96，则表示青年群体与中老年群体对该路径的认知在 0.05 显著性水平下具显著差异。

A 代表青年群体，B 代表中老年群体。由表 7-27 中可以看出，味觉→植物景观统计量的值大于 1.96，说明青年群体在与中老年群体在"味觉设计"这条路径上具有显著性差异，表 7-28 为年龄群组路径系数差异表。

不同年龄模型差异性检验表　　　　　　　表 7-26

| 模型 | Δ卡方 CMIN | Δ自由度 DF | Δp | Δ卡方/自由度 CMIN/DF | Δ渐进残差均方和平方根 RMSEA | Δ增值适配指数 IFI | Δ非规准适配指数 TLI | Δ比较拟合指数 CFI | Δ简约适配度指标 AIC |
|---|---|---|---|---|---|---|---|---|---|
| 测量加权模型 | 51.683 | 14 | 0.000 | 0.079 | 0.002 | −0.009 | −0.007 | −0.009 | 23.683 |
| 结构加权模型 | 61.012 | 19 | 0.000 | 0.078 | 0.002 | −0.010 | −0.007 | −0.010 | 23.012 |
| 结构加权模型 | 163.286 | 34 | 0.000 | 0.292 | 0.007 | −0.031 | −0.026 | −0.031 | 95.286 |
| 结构残差模型 | 168.378 | 35 | 0.000 | 0.300 | 0.007 | −0.032 | −0.027 | −0.032 | 98.378 |
| 测量残差模型 | 270.127 | 56 | 0.000 | 0.455 | 0.010 | −0.052 | −0.041 | −0.051 | 158.127 |

注：p 值均小于 0.001，说明具有差异，改变显著。

同年龄参数配对表 表7-27

|  | A视觉→植物景观 | A听觉→植物景观 | A嗅觉→植物景观 | A触觉→植物景观 | A味觉→植物景观 |
|---|---|---|---|---|---|
| B视觉→植物景观 | −0.832 | −0.846 | −0.591 | 0.426 | −1.131 |
| B听觉→植物景观 | −0.759 | −0.82 | −0.433 | 0.605 | −1.069 |
| B嗅觉→植物景观 | 0.644 | 0.756 | 0.7 | 1.174 | −0.008 |
| B触觉→植物景观 | 1.407 | 1.463 | 1.432 | 1.213 | 0.984 |
| B味觉→植物景观 | −1.217 | −1.24 | −0.993 | 0.087 | −1.983 |

注：正态分布表，$p$ 值 0.05 和 0.01 对应的 $|Z|$ 值是 1.96 和 2.58。

不同年龄路径系数差异表 表7-28

| 路径 | | | A青年 | | | | B中老年 | | | |
|---|---|---|---|---|---|---|---|---|---|---|
| | | | 标准化路径系数 Std | 标准误差 SE | 组成信度 CR | $p$ | 标准化路径系数 Std | 标准误差 SE | 组成信度 CR | $p$ |
| 植物景观 | ← | 视觉 | 0.356 | 0.172 | 2.249 | 0.018 | 0.325 | 0.152 | 2.194 | 0.031 |
| 植物景观 | ← | 听觉 | 0.194 | 0.106 | 1.971 | 0.039 | 0.036 | 0.159 | 0.234 | 0.815 |
| 植物景观 | ← | 嗅觉 | 0.126 | 0.248 | 0.664 | 0.507 | 0.239 | 0.217 | 2.212 | 0.024 |
| 植物景观 | ← | 触觉 | 0.274 | 0.574 | 0.563 | 0.574 | 0.182 | 0.121 | 1.764 | 0.078 |
| 植物景观 | ← | 味觉 | 0.217 | 0.152 | 2.078 | 0.021 | −0.296 | 0.354 | −0.747 | 0.455 |

表7-28是基于不同人群的多群组结构方程模型拟合路径系数结果。结果显示，假设H1、H2、H5即视觉→植物景观、听觉→植物景观、味觉→植物景观对青年影响显著；H1、H3即视觉→植物景观、嗅觉→植物景观，对中老年人影响显著。其中A青年与B中老年比较，在墓园植物景观设计的味觉设计这条路径上的重要性存在极显著差异，其中A青年的路径系数为0.217，B中老年的路径系数为−0.296。这是因为我国关于墓葬的传统观念深入人心，中老年人不愿接受墓园中种植果树、实行果树葬的墓葬方式，味觉感受薄弱。相比较中老年人，青年更容易接受新型墓葬方式，体验沉浸式景观，充分发挥五官感受。因此，在墓园植物造景时，应在保留乡土树种的基础上，适当加入经济林植物，逐步改变人们的传统观念，不能急于求成，也不能安于现状。

## 二、不同学历多群组模型分析

为了研究不同学历是否存在墓园植物景观设计因素的差异性，本文基于研究所得结果通过多群组分析来检验不同学历的人对墓园植物景观模型的稳定性是否存在显著影响以及影响程度。将初中及高中学历（$N = 153$）划为一组，即中低学历人群；将大学及硕士以上（$N = 328$）划为一组，即高学历人群，通过AMOS24.0分析不同学历分类调节变量对墓园植物景观设计因素的影响是否具有显著差异，模型检验结果见表7-29，拟合良好。

不同学历模型拟合度指标　　　　　表 7-29

| 指标名称 | 卡方/自由度 CMIN/DF | 增值适配指数 IFI | 非规准适配指数 TLI | 比较拟合指数 CFI | 拟合优度指数 GFI | 渐进残差均方和平方根 RMSEA |
|---|---|---|---|---|---|---|
| 参考范围 | ≤ 3 | ≥ 0.9 | ≥ 0.9 | ≥ 0.9 | ≥ 0.9 | ≤ 0.08 |
| 模型拟合度指标 | 1.730 | 0.941 | 0.925 | 0.940 | 0.900 | 0.039 |

从模型的适配指标（表 7-30）来看，简约适配度指标 $AIC$ 及 $ECVI$ 的值最小的是基准模型，所以最简约模型以基准模型为最佳。

不同学历多群组分析适配表　　　　　表 7-30

| 模型 | 卡方 CMIN | 自由度 DF | p | 卡方/自由度 CMIN/DF | 增值适配指数 IFI | 非规准适配指数 TLI | 比较拟合指数 CFI | 简约适配度指标 AIC | 简约适配度指标 ECVI |
|---|---|---|---|---|---|---|---|---|---|
| 基准模型 | 532.829 | 308 | 0.000 | 1.730 | 0.941 | 0.925 | 0.94 | 756.829 | 1.58 |
| 测量加权模型 | 632.763 | 322 | 0.000 | 1.965 | 0.918 | 0.901 | 0.916 | 828.763 | 1.73 |
| 结构加权模型 | 638.280 | 327 | 0.000 | 1.952 | 0.918 | 0.903 | 0.916 | 824.28 | 1.721 |
| 结构协方差模型 | 712.025 | 342 | 0.000 | 2.082 | 0.902 | 0.89 | 0.901 | 868.025 | 1.812 |
| 结构残差模型 | 722.452 | 343 | 0.000 | 2.106 | 0.899 | 0.887 | 0.898 | 876.452 | 1.83 |
| 测量残差模型 | 939.117 | 364 | 0.000 | 2.580 | 0.846 | 0.839 | 0.845 | 1051.117 | 2.194 |

表 7-31 显示 $\Delta p$ 值小于 0.001，表明学历会对墓园植物景观结构方程模型产生显著影响，若要分析出中低学历人群以及高学历人群对墓园植物景观设计因素认知差异的具体路径系数，需要利用不同学历"参数配对"来考察个别变量（表 7-32）。当临界比值率大于 1.96 时，则表示中低学历人群及高学历人群对该路径的认知在 0.05 的显著性水平下具有显著差异。

不同学历模型差异性检验表　　　　　表 7-31

| 模型 | Δ卡方 CMIN | Δ自由度 DF | Δp | Δ卡方/自由度 CMIN/DF | Δ渐进残差均方和平方根 RMSEA | Δ增值适配指数 IFI | Δ非规准适配指数 TLI | Δ比较拟合指数 CFI | Δ简约适配度指标 AIC |
|---|---|---|---|---|---|---|---|---|---|
| 测量加权模型 | 99.934 | 14 | 0.000 | 0.235 | 0.006 | −0.023 | −0.024 | −0.024 | 71.934 |
| 结构加权模型 | 105.451 | 19 | 0.000 | 0.222 | 0.006 | −0.023 | −0.022 | −0.024 | 67.451 |
| 结构加权模型 | 179.196 | 34 | 0.000 | 0.352 | 0.009 | −0.039 | −0.035 | −0.039 | 111.196 |
| 结构残差模型 | 189.623 | 35 | 0.000 | 0.376 | 0.009 | −0.042 | −0.038 | −0.042 | 119.623 |
| 测量残差模型 | 406.288 | 56 | 0.000 | 0.850 | 0.018 | −0.095 | −0.086 | −0.095 | 294.288 |

注：$p$ 值均小于 0.001，说明具有差异，改变显著。

**不同学历参数配对表** 表 7-32

| | A 视觉→植物景观 | A 听觉→植物景观 | A 嗅觉→植物景观 | A 触觉→植物景观 | A 味觉→植物景观 |
|---|---|---|---|---|---|
| B 视觉→植物景观 | 1.141 | 0.47 | −0.481 | −1.456 | 1.483 |
| B 听觉→植物景观 | 0.434 | −0.624 | −1.057 | −1.785 | 1.21 |
| B 嗅觉→植物景观 | −0.148 | −1.113 | −1.338 | −1.95 | 0.98 |
| B 触觉→植物景观 | 0.256 | −0.19 | −0.676 | **1.971** | 1.06 |
| B 味觉→植物景观 | 0.695 | 0.069 | −0.624 | −1.523 | **2.085** |

上表中，A 代表中低学历人群，B 代表高学历人群。从上表中可以看出触觉→植物景观、味觉→植物景观统计量的值大于 1.96，表明中低学历人群及高学历人群在这两条路径上具有显著差异，表 7-33 为中低学历人群与高学历人群具体路径系数差异及显著性指标。

**不同学历路径系数差异表** 表 7-33

| 路径 | | | A 中低学历 | | | | B 高学历 | | | |
|---|---|---|---|---|---|---|---|---|---|---|
| | | | 标准化路径系数 Std | 标准误差 SE | 组成信度 CR | p | 标准化路径系数 Std | 标准误差 SE | 组成信度 CR | p |
| 植物景观 | ← | 视觉 | 0.362 | 0.197 | 1.958 | 0.039 | 0.346 | 0.167 | 2.177 | 0.039 |
| 植物景观 | ← | 听觉 | 0.286 | 0.154 | 1.974 | 0.046 | 0.328 | 0.178 | 1.976 | 0.045 |
| 植物景观 | ← | 嗅觉 | 0.533 | 0.388 | 1.374 | 0.169 | 0.317 | 0.156 | 2.211 | 0.031 |
| 植物景观 | ← | 触觉 | 0.116 | 0.105 | 1.236 | 0.096 | 0.264 | 0.445 | 0.601 | 0.563 |
| 植物景观 | ← | 味觉 | −0.253 | 0.314 | −1.061 | 0.289 | 0.259 | 0.253 | 0.961 | 0.336 |

表 7-33 的结果显示，假设 H1、H2 即视觉→植物景观、听觉→植物景观对中低学历人群影响显著；H1、H2、H3 即视觉→植物景观、听觉→植物景观、嗅觉→植物景观对高学历人群影响显著。其中 A 中低学历与 B 高学历比较，墓园植物景观设计的味觉设计的重要性存在极显著差异，其中 A 中低学历人群的路径系数为 −0.253，B 高学历人群的路径系数为 0.259。思考原因，中低学历人群普遍受传统观念影响，没有接受过良好的高等教育，对墓园的植物设计保留有传统观念，较难接受墓区中种植果树的新型观念，因此对味觉设计普遍秉持反对态度，而受过高等学历的人群则更容易接受。除此之外，A 中低学历与 B 高学历比较墓园植物触觉设计的重要性存在极显著差异，其中 A 中低学历人群的路径系数为 0.116，B 高学历人群的路径系数为 0.264。分析原因为受过高等教育的人对具有特殊质感的植物比中低学历人群更加感兴趣，且更容易接受墓园开敞空间设置可践踏草坪，在墓区中的触觉感知区域相较于中低学历人群更为丰富。

## 三、不同人群多群组模型分析

为研究不同人群类别对墓园植物景观设计因素是否具有显著差异性，本文基于研究所得结果通过多群组分析来检验不同类别的人群对墓园植物景观模型的稳定性是否存在显著影响以及影响程度。将墓园周边居民与墓园从业人员（$N = 212$）划为一组，即墓园相关人群，将普通民众（$N = 269$）划为一组，通过 AMOS24.0 分析不同人群类别调节变量对墓园植物景观的影响是否具有显著差异，模型检验结果见表 7-34，模型配适度良好可以接受。

不同人群模型拟合度指标　　　　　　　　表 7-34

| 指标名称 | 卡方/自由度 CMIN/DF | 增值适配指数 IFI | 非规准适配指数 TLI | 比较拟合指数 CFI | 拟合优度指数 GFI | 渐进残差均方和平方根 RMSEA |
|---|---|---|---|---|---|---|
| 参考范围 | ≤ 3 | ≥ 0.9 | ≥ 0.9 | ≥ 0.9 | ≥ 0.9 | ≤ 0.08 |
| 模型拟合度指标 | 1.832 | 0.939 | 0.923 | 0.937 | 0.894 | 0.042 |

从模型的适配指标（表 7-35）来看，简约适配度指标 AIC 及 ECVI 的值最小的是基准模型，所以最简约模型以基准模型为最佳。

不同人群多群组分析适配表　　　　　　　　表 7-35

| 模型 | 卡方 CMIN | 自由度 DF | p | 卡方/自由度 CMIN/DF | 增值适配指数 IFI | 非规准适配指数 TLI | 比较拟合指数 CFI | 简约适配度指标 AIC | 简约适配度指标 ECVI |
|---|---|---|---|---|---|---|---|---|---|
| 基准模型 | 564.129 | 308 | 0.000 | 1.832 | 0.939 | 0.923 | 0.937 | 788.129 | 1.645 |
| 测量加权模型 | 649.320 | 322 | 0.000 | 2.017 | 0.921 | 0.906 | 0.920 | 845.32 | 1.765 |
| 结构加权模型 | 650.858 | 327 | 0.000 | 1.990 | 0.922 | 0.908 | 0.921 | 836.858 | 1.747 |
| 结构协方差模型 | 786.543 | 342 | 0.000 | 2.300 | 0.892 | 0.879 | 0.891 | 942.543 | 1.968 |
| 结构残差模型 | 795.686 | 343 | 0.000 | 2.320 | 0.890 | 0.878 | 0.889 | 949.686 | 1.983 |
| 测量残差模型 | 984.719 | 364 | 0.000 | 2.705 | 0.849 | 0.842 | 0.848 | 1096.719 | 2.290 |

表 7-36 显示 $\Delta p$ 值小于 0.001，表示不同人群对墓园植物景观结构方程模型具有显著影响，但上表进行的是整体的无差异检定，若要分析出普通民众与墓园相关人群对墓园植物景观设计因素认知差异的具体路径系数，则需要利用"参数配对"来考察个别变量（表 7-37）。当临界比值率大于 1.96，则表示普通民众与墓园相关人群对该路径的认知在 0.05 显著性水平下具有显著差异。

不同人群模型差异性检验表　　　　　　　　表 7-36

| 模型 | Δ卡方 CMIN | Δ自由度 DF | Δp | Δ卡方/自由度 CMIN/DF | Δ渐进残差均方和平方根 RMSEA | Δ增值适配指数 IFI | Δ非规准适配指数 TLI | Δ比较拟合指数 CFI | Δ简约适配度指标 AIC |
|---|---|---|---|---|---|---|---|---|---|
| 测量加权模型 | 85.191 | 14 | 0.000 | 0.185 | 0.004 | −0.018 | −0.017 | −0.017 | 57.191 |
| 结构加权模型 | 86.729 | 19 | 0.000 | 0.158 | 0.003 | −0.017 | −0.015 | −0.016 | 48.729 |
| 结构加权模型 | 222.414 | 34 | 0.000 | 0.468 | 0.01 | −0.047 | −0.044 | −0.046 | 154.414 |

续表

| 模型 | Δ卡方 CMIN | Δ自由度 DF | Δp | Δ卡方/自由度 CMIN/DF | Δ渐进残差均方和平方根 RMSEA | Δ增值适配指数 IFI | Δ非规准适配指数 TLI | Δ比较拟合指数 CFI | Δ简约适配度指标 AIC |
|---|---|---|---|---|---|---|---|---|---|
| 结构残差模型 | 231.557 | 35 | 0.000 | 0.488 | 0.01 | −0.049 | −0.045 | −0.048 | 161.557 |
| 测量残差模型 | 420.59 | 56 | 0.000 | 0.873 | 0.018 | −0.09 | −0.081 | −0.089 | 308.59 |

注：p值均小于0.001，说明具有差异，改变显著。

**不同人群参数配对表**　　表7-37

| | A视觉→植物景观 | A听觉→植物景观 | A嗅觉→植物景观 | A触觉→植物景观 | A味觉→植物景观 |
|---|---|---|---|---|---|
| B视觉→植物景观 | −0.666 | −0.174 | 0.914 | −0.516 | −0.073 |
| B听觉→植物景观 | −0.492 | 0.164 | 1.334 | −0.418 | 0.122 |
| B嗅觉→植物景观 | −1.044 | −0.697 | 0.243 | −0.76 | −0.481 |
| B触觉→植物景观 | 1.529 | 1.791 | 2.217 | 1.988 | 1.617 |
| B味觉→植物景观 | −1.06 | −0.796 | −0.08 | −0.866 | −0.636 |

　　上表中，A代表普通民众，B代表墓园相关人群。从表中可以看出触觉→植物景观统计量的值大于1.96，说明普通民众与墓园相关人群在这条路径上存在显著性差异，表7-38为普通民众与墓园相关人群的具体路径系数差异及显著性指标。

**不同人群路径系数差异表**　　表7-38

| 路径 | | | A普通民众 | | | | B墓园相关人群 | | | |
|---|---|---|---|---|---|---|---|---|---|---|
| | | | 标准化路径系数 Std | 标准误差 SE | 组成信度 CR | p | 标准化路径系数 Std | 标准误差 SE | 组成信度 CR | p |
| 植物景观 | ← | 视觉 | 0.326 | 0.129 | 2.644 | 0.015 | 0.397 | 0.18 | 2.295 | 0.021 |
| 植物景观 | ← | 听觉 | 0.217 | 0.103 | 2.213 | 0.026 | 0.308 | 0.109 | 2.974 | 0.003 |
| 植物景观 | ← | 嗅觉 | 0.188 | 0.096 | 1.992 | 0.043 | 0.273 | 0.236 | 1.276 | 0.532 |
| 植物景观 | ← | 触觉 | 0.162 | 0.234 | 0.711 | 0.477 | 0.413 | 0.21 | 2.073 | 0.038 |
| 植物景观 | ← | 味觉 | 0.114 | 0.284 | 0.401 | 0.689 | 0.078 | 0.18 | 0.495 | 0.621 |

注：* 表示 $p < 0.05$，** 表示 $p < 0.01$，*** 表示 $p < 0.001$。

　　表7-38的结果显示，假设H1、H2、H3即视觉→植物景观、听觉→植物景观、嗅觉→植物景观对普通民众影响显著；H1、H2、H4即视觉→植物景观、听觉→植物景观、触觉→植物景观对墓园相关人群影响显著。其中A普通民众与B墓园相关人群比较墓园植物景观设计的触觉设计存在极显著差异，其中A普通民众的路径系数为0.162，B墓园相关人群的路径系数为0.413。思考原因，墓园相关人群与墓园关系密切，更容易考虑到墓园的游憩和服务功能，触觉感知更为明显，因此对触觉植物景观更为重视。

## 四、研究结论

对墓园植物景观模型进行多群组模型分析的结果显示，不同年龄、不同学历及不同人群类别对墓园植物景观模型都具有调节作用，即对模型的稳定性具有一定的影响。

从"视觉设计→墓园植物景观效果"的路径分析可知，在墓园植物景观视觉设计上，不同群组之间不存在显著差异。

从"嗅觉设计→墓园植物景观效果"的路径分析可知，在墓园植物景观嗅觉设计的感知上，高学历人群比中低学历人群更显著。

从"听觉设计→墓园植物景观效果"的路径分析可知，在墓园植物景观听觉设计的感知上，青少年比中老年更显著。

从"触觉设计→墓园植物景观效果"的路径分析可知，在墓园植物景观触觉设计上，墓园相关人群更容易考虑到墓区本身的服务和功能，对于触觉感知相比普通民众来说更加明显。

从"味觉设计→墓园植物景观效果"的路径分析可知，在墓园植物景观味觉设计上，青少年更容易接受墓区中栽植经济林植物以及新型观赏型果树葬，而中老年人由于根深蒂固的传统观念，较难接受这种改变。

# 第五节　基于五感的城市墓园植物景观设计策略分析

## 一、杭州城市墓园植物景观设计现状

在对城市墓园案例的选取上，本文从使用者需求的角度出发，选取了杭州市建设情况较好的两座园林墓园为案例，分别为钱江陵园和安贤陵园。钱江陵园主打个性产品订制，在针对用户使用需求和产品个性方面具有较强的代表性，且园区大力推行生态葬式，致力于打造多功能园林式生态墓园；安贤陵园是浙江省唯一的人文纪念景观园地和园林文化示范陵园，是一个集纪念、休闲、安葬、教育于一体的人文纪念园，在生态环境建设和人文环境纪念上均具有一定的代表性。因此选择这两座墓园进行基于五感的植物配置分析具有一定的参考价值。

根据上文的研究结果可知，人们对于城市墓园中的视觉设计最为关注，路径系数最高，为0.236；其次为嗅觉设计、听觉设计、触觉设计、味觉设计，路径系数分别为0.153、0.118、0.097、0.068；而人们对于城市墓园植物景观效果的评价主要是基于墓园植物的服务功能（0.794）、景观功能（0.760）以及生态效益（0.658）。下文将依次对钱江陵园和安贤陵园植物景观的视觉设计、嗅觉设计、听觉设计、触觉设计、味觉设计进行分析，并据此对其服务功能、景观功能以及生态效益进行评价。

### （一）钱江陵园

钱江陵园位于杭州市西湖区，园区占地面积450余亩，面向钱塘、富春两江，背靠群山余脉，坐北朝南，青山绿水，环境优美，交通便利。近年来，陵园引尖端技术在园内设立户外山体自动扶梯，扫除祭祀障碍，与此同时大力推行生态葬式，倡导绿色祭祀，依托园区不同功能空间，赋予陵园以人文纪念、生命教育以及文化传承等多重功能，旨在建设弘扬忠孝文明，沉淀传统文化、开展生命教育为一体的现代化园林式生态墓园，打造绿色生态的墓园景观环境（图 7-15、图 7-16）。

图 7-15　钱江陵园入口　　　　　　图 7-16　山体自动扶梯

1. 视觉设计方面

结果显示，视觉设计方面，行道树的路径系数为 0.703，是人们最为重视的视觉设计因素，其次是远景植物，路径系数为 0.665，其余依次为植物种类形式（0.660）、植物色彩（0.655），以及配置形式（0.564）。因此笔者将按各因素重要程度对两座墓园进行植物景观视觉设计分析。

钱江陵园整体绿化视觉效果较好，但景观性稍弱。行道树大多采用列植的方式种植在道路两侧，仅有几处采用与小乔木和灌木搭配的栽植方式，景观效果不佳，与人群互动性不强，景观功能和服务功能较弱。

远景植物的设计不够重视，墓葬区青山白化现象较为严重，入口区等其他功能分区远景植物效果较好，整体景观功能良好。

植物种类上，园区植物种类较为丰富，包括香樟、日本晚樱等落叶乔木，松柏类常绿乔木，女贞、桂花等常绿小乔木和灌木，紫玉兰、蜡梅等落叶灌木，叉子圆柏、八角金盘等常绿灌木，以及玉簪、麦冬等草本植物，园区生态效益较好。

植物色彩上仍以常绿植物为主，如侧柏、雪松、女贞等，色叶树种较少，多为草本植物，如孔雀草、玉簪、四季秋海棠等，也有开花乔灌木作点缀，如樱花、迎春等，园区整体视觉效果较好。

配置形式上，尽管园区内植物种类丰富，但乔灌木的空间搭配性较弱，空间层次不够丰富，乔木多栽植在道路两侧以及重要节点，灌木则多被种植在墓碑行列之间，空间层次性有待提高（图 7-17）。

图 7-17　园区植物景观

2. 嗅觉设计方面

结果显示，嗅觉设计方面，植物气味的季相变化最受人们关注，其路径系数为 0.816，其次是芳香植物的种植，路径系数为 0.730，以及植物芳香的保留设计，路径系数为 0.662。

经调研发现，钱江陵园园区内种植了很多芳香植物，多利用芳香草本植物设计小型花境，园区具有良好的嗅觉景观，主要有香樟、紫玉兰、桂花等落叶乔木和灌木，月季、蜡梅、玫瑰等香花植物。但园区对于植物芳香的季相变化没有过多关注，短时间的花期过后芳香气味便也不再存在，芳香环境存在时间较短，园区整体嗅觉景观设计方面与人群互动性不强，服务功能不强，景观功能良好（图 7-18）。

图 7-18　花境景观

3. 听觉设计方面

数据显示，听觉设计方面，与其他景观要素搭配产生的声景观最受人们关注，路径系数为 0.708，其次是植物枝叶声（0.650）和花鸟鱼虫声（0.654），后两者路径系数差异不大，可综合分析。

园区没有刻意种植植物枝叶可发声的植物，但由于植物种类比较丰富，园内鸟类多样。园内设有一处喷泉水池，日常工作状态良好，形态优美，一定程度上丰富了园区的听觉景观，但是由于与周边环境不够协调，融入性不足导致景观性较弱，与人群互动性也较弱，整体景观效果不佳。

4. 触觉设计方面

据数据结果可知，触觉设计方面，民众最为关注的是可践踏草坪的设计，路径系数为0.734，其次是种植叶片、枝干具有特殊质感的植物，路径系数为0.706，以及软质铺装的设置，路径系数为0.667。

尽管园区内设置了多处开阔草坪绿地，但这些绿地空间的可进入性较差，通常被作为景观绿化以及空间分隔功能而设计，景观效果良好但服务功能性较差；园区内并未设计种植人们愿意触摸的叶片和具有特殊质感的植物，道路铺装也基本都采用青灰色条石或青砖等硬质铺装，色彩单调，整体景观空间与人们的互动性不强，园区整体服务功能较弱（图7-19）。

图7-19　园区绿地空间及道路铺装

5. 味觉设计方面

研究数据显示，味觉设计方面人们最为认可的是不可采摘经济林植物的栽植，路径系数最高，为0.867，其次为观赏型果树的新型果树葬，路径系数为0.834，可采摘经济林植物的路径系数最低，为0.764，民众认可度最低。

钱江陵园与安贤陵园内均未种植与味觉有关的植物，也没有与味觉相关的景观设计，民众在此对味觉方面的感知较弱，互动性不强。

**（二）安贤陵园**

安贤陵园地处杭州北郊良渚文化发祥地之黄鹤山麓，紧邻320国道，占地1000亩，园区三面青山环抱，京杭大运河从前方蜿蜒流过，背靠东南，紫气恒升，依承江南之灵气，俯视杭嘉，祥云聚起，尽揽运河之厚德，是浙江省唯一的园林文化示范陵园和人文纪念景观园地。园区通过园林化设计、艺术化造型、人性化服务以及现代化管理，以民族文化为底蕴，人文艺术为主题，将墓园营造成为集安葬、纪念、教育、休闲为一体的人文纪念园，致力于打造现代创新的经营理念，传承民族永恒的人文精神，构筑生命关怀的教育基地，释放人性至善的文化品牌，是杭州文化历史名城独特的人文景观之一（图7-20）。

图 7-20　园区风光

1. 视觉设计方面

园区的绿化整体较好，空间层次丰富，观赏性强。主干道两边的行道树种植仍以常绿乔木列植为主，起路线引导作用，园区其他二级、三级道路两边的行道树则多以灌木草本植物搭配种植，种植形式多样，景观效果较好，生态效益突出。

园区采用高大美观的常绿树种作为远景植物，一定程度上遮挡了墓碑群，有效地改善了墓碑青山白化现象，景观效果良好。

植物种类上，园区植物种类较为多样，主要包括广玉兰、侧柏、日本五针松等常绿乔木、香樟、垂丝海棠、朴树等落叶乔木，桂花、瓜子黄杨等常绿小乔木或灌木，紫玉兰、羽毛枫等落叶灌木，南天竹、栀子等常绿灌木，以及紫竹梅、麦冬等草本植物，整体来看园区内树种搭配均衡，常绿树种居多，但也符合我国墓葬传统理念，景观效果良好，生态效益突出。

植物色彩上，园区仍以绿色树种为主，寓意常青长寿，主要有侧柏、雪松等松柏类常绿乔灌木以及香樟、朴树等落叶乔木。除此之外，园区内还搭配种植了色叶树种，如红叶石楠、羽毛枫等，以及鸡冠花、百日草等草本植物，色彩搭配均衡，景观效果较好。但园区内色叶树种偏少，绿色树种占大多数，植物季相变化较不明显。

植物配置上，园区内植物大多采用自然式种植，主景树种孤植，墓碑行列之间栽植冠幅较小的常绿乔灌木以及绿篱花丛；园内的乔灌木配置以及与草本植物的搭配较为得当，整体层次性较好，色彩搭配合理美观，但季相变化不太明显；园区整体植物配置较为丰富，景观效果和生态效益较好，民众认可度较高（图 7-21）。

2. 嗅觉设计方面

园区内人们对嗅觉方面的感知较弱，园区未过多关注芳香植物的种植及搭配，只在花坛花境中搭配栽植了少量香花植物，如鸡冠花、百日草、郁金香等，芳香植物较少，也并未关注到芳香的季相变化与芳香气味保留的相关设计，与人群互动性较弱，服务功能性较差，景观效果一般（图 7-22）。

图 7-21 园区植物景观

图 7-22 花境景观

3. 听觉设计方面

园区通过丰富植物种类营造了适合各种动物生存的自然环境,同时引入了很多小动物,给园区增加了不少生趣,同时丰富了园区的听觉设计。园区内设置了多处水景景观,包括入口喷泉景观,园内设置的一处喷泉景观,上山台阶处设置的跌水水景以及园内其他多处水景观,增加了与人群的互动空间,具有良好的景观功能和生态效益(图 7-23)。

图 7-23 园区水景观

4. 触觉设计方面

园区内设置了几处可进入绿地空间，如入口处的绿地空间、亲水的绿地景观，以及孤植的祈福树所在的草坪绿地，其他绿地空间多用于空间分隔以及景观美化，不具备进入条件，整体来讲与民众的互动性较强；园区的地面铺装大多采用硬质铺装，值得一提的是在一些小型活动场所，园区在硬质铺装的基础上增加了条状草坪铺装，丰富了园区的趣味性，增加了民众与园区的互动空间，景观效果与园区的服务功能性较好（图7-24、图7-25）。

图7-24 园区绿地空间          图7-25 地面铺装

### （三）杭州墓园植物景观总体现状

杭州市大部分墓园对绿化景观都比较重视，大部分墓园都具备了基础的绿化率，视觉上不再像传统墓园那样阴森萧瑟，但除去少部分特意打造的生态墓园绿化较为系统全面以外，其他很多墓园的绿化体系都不太完善，并且整体的设计不够人性化，与人们的互动性不强，园林化、城市化进程缓慢。

在视觉设计方面，墓园中的行道树种植大多数仍以常绿树种列植为主，种植方式单一，景观效果一般；大多数墓园对远景植物的设计及种植关注度不高，墓葬区青山白化现象没有得到有效改善；植物种类上，墓园仍较多采用较为传统的墓园常见植物，以松柏类常绿树种为主，其他种类的植物数量不多，植物种类不够丰富，也缺乏体现杭州特色的植物种类，整体景观功能和服务功能较弱，生态效益尚可；植物色彩上大部分墓园还是以常绿树种为主，色叶树种较少，色彩较为单调，季相变化不明显；植物配置及层次感上，大部分墓园的植物层次都不够丰富，植物配置比较单调，仅有少部分墓园在特定区域的植物配置比较丰富，一方面使得墓园中的绿化空间不能对周边环境起到美化作用，另一方面也难以被人们认可和接受，不利于墓园融入城市空间。视觉设计作为人们最为关注的设计因素，在未来墓园的建设过程中应着重关注到这些方面的设计，营造良好的墓园视觉景观，促进墓园园林化发展。

在嗅觉设计方面，杭州市大部分墓园并未过多关注到芳香植物的种植和搭配，有的只是在园区花坛花境中少量栽植香花草本植物，人们在园区内整体的嗅觉感知较弱，景观功能性和服务功能性不高。后期可加大对芳香植物的关注，增加在清明等祭祀节日开花的芳香植物，以及栽植不同开花期的芳香植物，为前来祭祀的人们营造芳香环境，为民众打造具有季相变化的芳香景观，增加园区与民众的互动，同时提高生态效益。

在听觉设计方面，大部分墓园都是利用水景观营造听觉景观，通过丰富植物种类或引入鸟类来丰富听觉景观，这些听觉景观大多数均被民众所认可，景观效果较好。后期可增加种植枝叶在自然环境的作用下可发声的植物，丰富墓园听觉景观环境。

在触觉设计方面，杭州市大部分墓园均设置了开阔草坪空间，但只有少部分绿地空间具备可进入的条件，大部分都只作为观赏用途以及不同园区分隔，服务功能不强，民众认可度不高；大多数墓园的地面铺装均为硬质铺装，规整没有新意，民众在此的触觉感知较弱。后期建设中可增加开放绿地空间，设置类似于安贤陵园在草坪绿地上的祈福树的设计，增加民众与墓园之间的互动；在墓园适当的活动空间改变单一的硬质铺装，设计具有趣味性的软质铺装，丰富民众在此的触觉感知。

在味觉设计方面，民众对墓园中的味觉感知不太关注，杭州市大部分墓园也并未设计与味觉有关的植物景观和其他景观空间。后期建设过程中可适当种植一些观果类树种，营造虚拟性味觉景观。

在城市墓园植物景观效果方面，大多数墓园整体的服务功能薄弱，与人群互动性不强，导致民众对墓园植物景观的认可度不高，除祭祀节日以外来往人群不多，并且大都不愿意多停留；然而，杭州市大部分墓园的植物种类都比较丰富，尽管配置形式略有不足，但整体的景观功能和所带来的生态效益仍值得被认可。后期应将注意力多放在增加与民众的互动上，增强园区的服务功能，促进民众逐渐接受城市墓园，从而促进墓园城市化发展。

## 二、基于五感的墓园植物景观设计策略

### （一）视觉设计方面

在城市墓园中，研究结果显示民众认为视觉设计对墓园植物景观效果的影响程度最高，其路径系数为 0.236，因此对城市墓园植物的视觉设计应重点关注，视觉设计的设计因素按民众认为的重要程度依次为行道树种植方式、远景植物设计、植物配置形式、植物色彩以及植物种类，下文将依次分别提出相关的设计策略。

1. 改变行道树的常规种植形式（路径系数为 0.703）

行道树作为人们最为重视的视觉设计要素，在当前城市墓园中并未得到太多关注，杭州大多数城市墓园的行道树仍主要采取常绿树种列植、对植的种植方式，对墓园整体环境氛围的改善未起到太大的作用，而民众面对列植的行道树，往往会产生庄重严肃的心理感受，加大了民众与墓园之间的距离，不利于城市墓园被民众所接受。因此城市墓园中应尽量改变行道树规则式成排成列的种植方式，尝试使用乔灌草搭配的自然式栽植方式，丰富植物群落的层次感，在原有基础上增加灌木和草本植物比例，在满足道路指引功能的基础

上，改变传统列植带来的肃穆感受，增加人群与墓园的互动机会，减少距离感，从而提高城市墓园的民众认可度，促进城市墓园的长远发展。

2. 合理设计远景植物（路径系数为 0.665）

远景植物在设计过程中往往不被设计师所重视，但民众却格外重视墓园中远景植物的设计，以杭州为例，杭州较多的墓园墓碑大多数都成排成列地布置在山上，从远处望去，往往第一眼便能看到清冷的墓碑群，造成杭州城区较为严重的视觉污染现象，景观效果较差，且给人们造成压抑的心理感受，因此，对城市墓园中的远景植物的合理设计应该被重视。

城市墓园中远景植物应尽量选择高大且树形优美的常绿乔木对远处山上的墓碑群进行遮挡，如木兰科的香樟、法国冬青等，同时也要注意植物景观的层次感，可以在其周围搭配种植常绿及落叶灌木，中下层种植灌木以及草本花卉，在保证可以对墓碑群进行一定程度的遮挡并营造优美林冠线的同时，注意植物种植的疏密有致和主次分明。丰富远景植物不仅可以改善墓园视觉效果，同时也可以形成防护林，创造良好的墓区环境质量，产生一定的生态效益，从而促进墓园园林化、城市化发展。

3. 增加墓园植物种类（路径系数为 0.660）

目前杭州市城市墓园中植物的种类相比之前都有所丰富，且不再限制于传统墓园中较常种植的松柏类树种，景观效果较好，民众认可度也较高，后续可在原有树种的基础上再适当增加一些具有杭州特色的乡土树种和市花市树。

在设计过程中要注意合理搭配不同的植物种类，在尽量不改变原有植物的基础上进行设计改造。除此之外还要注意不同种类的植物具有不同的植物形态，并且随着植物不停生长以及四季更替植物的形态也会不断发生适应生长环境及季节气候的变化，因此还应从长远发展的角度对墓园植物种类进行选择和搭配。

4. 丰富墓园植物色彩（路径系数为 0.655）

传统墓园通常都采用常绿松柏类植物作为墓园的主要树种，杭州市目前大部分城市墓园中植物的主要色调也为绿色，而绿色作为冷色调，往往是造成墓园环境清冷的主要原因之一，因此，城市墓园应在原有基调树种的基础上，增加种植色叶树种，丰富墓园植物色彩，改变墓园惯有的凄凉氛围，营造良好的景观效果，从而提高民众对城市墓园的认可度。

植物的很多部分都具有与植物自身色彩不同的色彩，例如植物的枝条、叶片、花、果实甚至树皮等，除此之外，随着季节的更替，植物的色彩也会随之发生变化，即植物的季相变化，植物的季相变化也会影响所处环境的气氛与人的情感，通常认为，鲜艳明朗的色彩给人以轻松、愉悦的感受，而深色系的色彩则容易给人造成压抑的感受。

在城市墓园植物景观设计时，植物的选择要尽量避免只选择绿色同色系的松柏类常绿乔木，可以混合栽植深绿色叶片（如圆柏、罗汉松等松科松属类树种）以及浅绿色叶片（如黄杨、香樟、绿萝等乔灌木）的树种，深浅变化的绿色树种混合搭配种植，可以在丰富景观空间的层次感的同时改变单调的景观氛围，在此基础上适当增加种植色叶树种，并利用色叶树种营造季相景观，例如增加栽植具有红色叶片的红叶石楠、山麻秆和具有紫色叶片的黄连木、紫叶李等"春色叶植物"；具有黄色叶片的梧桐、银杏，具有红色叶片的鸡爪槭、元宝枫等"秋色叶树种"。通过色叶树种较为明显的季相特征及色彩变化产生较强的季节韵律，改变墓园阴森沉重的氛围，在路边或休憩场地种植一些不同花色的草本花卉，渲染环境气氛，增强墓园的景观效果。

5. 丰富植物配置形式（路径系数为0.564）

植物配置形式影响着墓园植物景观的整体景观效果以及生态效益，杭州市大多数城市墓园尽管植物种类丰富多样，但植物的配置形式却略显不足，单调的植物配置形式导致墓园植物整体的景观效果不佳，民众认可度不高。

人们对于植物景观的要求是多方面的，在进行植物配置时，为了能使植物表现出形、色、味、声等方面的综合效果，应该在了解植物的生长习性及观赏特性的基础上对其进行合理配植。采用观叶与观花植物搭配种植、不同开花期或物候期植物搭配种植、不同叶色与花色的植物搭配种植、乔灌木与草本植物搭配种植的配置方法，营造景观丰富的季相构图，尽量避免单一景观重复出现，重点地区做到四时有景，其他地区重点突出某一季节的植物景观。

植物景观的层次是否丰富、色彩是否多样、季相变化是否明显、植物空间是否合理以及植物群落是否稳定一定程度上都会受到植物种植比例的影响，所以在对墓园植物进行配置时，应注意以合理的比例搭配种植乔灌木与草本植物、观花与观叶树种以及慢生树种与速生树种，在对墓园的不同分区植物配置时根据不同的使用目的以及种植环境，确定树木花草之间的合适比例。配置时要先从整体入手，首先考虑平面植物轮廓、立面高低错落、景观层次、种植疏密等，然后再根据具体位置具体情形，决定植物高低、大小以及色彩的要求，确定具体种植的乔灌木种类，并考虑近观时单株植物的树形、花色、叶片质地等观赏要求。

**（二）嗅觉设计方面**

研究结果显示，嗅觉设计的路径系数为0.153，对城市墓园植物景观效果的影响程度排第二，嗅觉设计的设计因素按民众认为的重要程度依次为植物芳香的季相变化、增加芳香植物种类以及植物芳香的保留，下文将依次分别提出相关的设计策略。

1. 种植不同花期的芳香植物（路径系数为0.816）

杭州大部分城市墓园中并未重视植物芳香的季相变化，甚至并未对芳香植物的种植进行相应设计，有的只是在园区花坛和花境中少量栽植芳香植物，人群在墓园中的嗅觉感知较弱，而研究结果表明嗅觉设计是除视觉设计之外人们最为关注的设计点，因此，芳香植物的设计在城市墓园中不可忽视。

除了植物色彩具备季相变化以外，植物的芳香也具备季相变化，城市墓园可以通过在不同季节种植不同花期的芳香植物，从而丰富人们在墓园中的嗅觉感知，增加墓园与人群的互动。例如春天开花的芳香植物有水仙、迎春、丁香等；夏天开花的芳香植物有栀子花、合欢、扶桑花、木槿等；秋天开花的芳香植物有桂花、美人蕉、蜀葵、大丽花等；冬天开花的芳香植物有四季海棠、蜡梅等。除此之外，还应尽量避免将芳香植物种植在通风口处，并且可以利用植物围合以及构筑物围合来对植物芳香进行一定程度的保留（芳香的保留设计，路径系数为 0.662）。

2. 丰富芳香植物种类（路径系数为 0.730）

同上文所述，杭州市城市墓园对芳香植物的种植不够重视，园区内芳香植物种类和数量都较少，而植物所具有的芳香气息能产生较为独特的审美效应，会让人们有心旷神怡、轻松愉悦的感受，拉近人群与墓园之间的距离，促进墓园融入城市。在对城市墓园植物景观进行设计之前应首先熟悉不同植物的芳香种类，包括叶片、花朵、果实的芳香，按照芳香植物开花物候期进行合理搭配种植，充分发挥植物的芳香功能。除此之外，芳香植物的香味具备一定的理疗功能，例如暴马丁香的香味可以缓解疲劳，四季玫瑰的香味可以让人身心放松。可以利用不同种类芳香植物所具有的而不同功能效益，对墓园的不同分区进行合理搭配设计。例如，在园区入口种植白玉兰、紫丁香、暴马丁香等芳香植物，保证不同时期具有不同特色植物的芳香，道路两旁也设计种植由不同芳香植物组合形成的花境，刺激人们的嗅觉感受，增加人群与墓园的互动机会，促进城市墓园被人们所接受。

（三）听觉设计方面

研究结果显示，听觉设计的路径系数为 0.118，对城市墓园植物景观效果的影响程度次于嗅觉设计，听觉设计的设计因素按民众认为的重要程度依次为与其他景观要素搭配产生声景观、花鸟鱼虫声以及植物枝叶声，下文将依次分别提出相关的设计策略。

1. 植物与其他景观要素搭配产生声景观（路径系数为 0.708）

杭州市城市墓园多通过水景与植物搭配营造声景观，且景观效果良好，民众认可度高。其他城市墓园植物景观的听觉设计可借鉴此方法，在墓园的活动区引入河流或设置水景观，水中栽植荷叶、睡莲等水生植物，河岸边栽植芭蕉、柳树、桃树等植物，借助自然环境来营造独特的声景观，同时增加墓园整体的趣味性和与人群的互动机会。

2. 种植可以吸引鸟类的植物（路径系数为 0.654）

杭州城市墓园中的植物种类都较为丰富，因此也吸引了不少鸟类及其他动物，不同鸟类产生的清脆悦耳的鸟鸣声，一定程度上丰富了墓园中的听觉景观，拉近了人群与墓园之间的距离，从而促进墓园融入城市空间。一些研究结果显示，鸟类物种的复杂程度会随着人们活动场所的绿地面积的增大而变化，同时其生物群落的多样性也会随之变得更加丰富，因此在城市墓园中可以尽量增加绿化面积，减少硬质铺装，大面积栽植可以吸引鸟类的乔灌木以及草本植物，形成层次丰富、性能合理的生态群落结构，以此来满足各种鸟类的栖息要求。常见的可以吸引鸟类的植物有香樟、马尾松、垂柳、山茶、桂花等。

3. 种植枝叶在自然环境的作用下可发声的植物（路径系数为 0.650）

植物能产生的自身的声景观便是植物枝叶声，在各种不同的景观环境中，营造符合环境的声景观对景观效果有一定的积极作用，植物枝叶的声景观在古典园林中的实例颇多，如拙政园中"梧竹幽居"便是利用梧桐和竹子等植物自身的枝叶碰撞声来营造幽静的环境；"不爱松色奇，只听松声好"，明代李东阳借用诗句指出种植大片松林、竹林来营造势如海涛、声似弦鸣的强烈感受，如"万壑松风"等声景观。

在墓园中，可以在活动休憩区适当种植一些梧桐、竹子等可以营造听觉景观的植物，尽量避免在墓葬区种植松林，避免加重墓区本身带给人们的恐惧感。单从植物自身来营造听觉景观比较单调且效果难以实现，现在更多的是利用植物搭配自然因素以及其他景观要素来营造适宜环境的声景观，尤其是在南方多雨天气的条件下，利用雨水拍打植物叶片的声音来营造声景观更为造园者所擅长，例如拙政园"芭蕉为雨移，故向窗前种"的听雨轩。应用到墓园中，则与听觉设计的第一条相近，通过设计水景观，与植物结合，丰富墓园的听觉景观环境，增加人群与城市墓园的互动。

### （四）触觉设计方面

研究结果显示，触觉设计的路径系数为 0.097，触觉设计的设计因素按民众认为的重要程度依次为可践踏草坪设计、种植叶片枝干具有特殊质感的植物以及软质铺装，下文将依次分别提出相关的设计策略。

#### 1. 可践踏草坪空间的设计（路径系数为 0.734）

调研结果显示，杭州市大部分墓园都设计了开阔草坪空间，但只有少数草坪空间是可进入的，大多数墓园所设计的草坪空间都仅是作为空间隔离和景观，服务功能性不高，与人群的互动性不强，且人们较为关注和重视草坪空间的设计，因此在后期改造设计中应完善草坪空间的可进入性功能，如安贤陵园中在草坪绿地上孤植祈福树，不仅丰富了景观效果，同时也增加了人群与墓园的互动，有利于城市墓园被民众所接受，提升民众认同感，从而促进墓园城市化发展。

#### 2. 搭配种植叶片、枝干具有特殊质感的植物（路径系数为 0.706）

杭州大部分城市墓园中未种植叶片、枝干具有特殊质感的植物，在调研中发现，尽管观赏者一般很少直接去触碰植物，但这并不代表植物质感在墓园植物景观设计中可以忽视不计，笔者在问卷调查中发现，不论哪种人群，对于新奇质感的植物都会有想要靠近观察和触碰的想法，因此在墓园植物景观设计时，可以在墓园活动区及休憩区种植叶片、枝干具有特殊质感的低矮乔灌木，在墓园中一些道路两侧种植一些具有特殊质感、分叉点较低的乔灌木，如五角枫、丁香、金叶女贞等，激发人们的触觉感知，丰富墓园触觉设计，增加民众与墓园之间的互动。

#### 3. 增加采用软质铺装的路面（路径系数为 0.667）

调研发现杭州市大部分城市墓园的道路铺装均为条石或青砖等硬质铺装，只有少数墓园在硬质铺装的基础上点缀了条状草坪铺装，如安贤陵园。问卷调研发现民众对道路铺装的关注度不高，大多数人认为地面铺装对触觉感知影响不大，且中老年人认为利用树皮、枯枝等环保自然材料铺装的路面不利于行走。因此城市墓园中在对地面铺装设计时，可以在原有基础上适当增加嵌草砖或设置塑胶步行道，在一些林荫小道可采用自然材料进行软质铺装，主干道则仍使用混凝土硬质铺装，在方便人群行走的同时，通过增加软质铺装来丰富园区景观效果，增加人群与墓园的互动，同时自然材料的软质铺装也有利于墓园发挥其生态效益，促进墓园园林化、城市化发展。

### （五）味觉设计方面

研究结果显示，味觉设计的路径系数为0.068，对城市墓园植物景观效果的影响程度最低，味觉设计的设计因素按民众认可程度依次为种植不可采摘经济林植物、引入观赏型果树的新型果树葬以及种植可采摘经济林植物，下文将依次分别提出相关的设计策略。

经调研，杭州城市墓园中均未种植经济林植物，一方面是因为我国传统理念的根深蒂固，人们普遍认为墓园中不应该种植果树；另一方面则是由于经济林植物需要定时栽培管理，否则反而会影响园区的景观效果，研究结果也显示人们对于味觉设计的关注度最低，味觉设计对墓园整体景观效果的影响程度不大，因此对园区的味觉设计可以忽视，但本文基于研究结果仍提出一些相关对策，希望对未来城市墓园的建设可以提供一些味觉设计相关建议。

1. 适当种植不可采摘经济林植物

经济林植物包括不可采摘经济林植物（路径系数为0.867）以及可采摘经济林植物（路径系数为0.764），可采摘经济林植物不限制人们采摘和品尝，如苹果、枇杷、石榴等；不可采摘经济林植物则不被允许采摘，可以营造虚拟型味觉感受。不可采摘经济林植物可以搭配种植在墓园不同分区中，丰富人们的味觉感知，增加互动，而民众对种植可采摘经济林植物的认可度不高，在此不再作具体种植设计。

2. 引入新型果树葬（路径系数为0.834）

新型果树葬是一种新型环保葬式，指在两棵观赏型果树之间设立墓穴，对于所采用的观赏型果树通常选取高度容易控制，且便于管理的植物，例如番石榴、红橘等。这种新型果树葬一方面可以通过观赏型果树营造虚拟型味觉感受，另一方面通过观赏型果树对墓碑的遮挡，也可以减轻墓碑成排林立带来的视觉污染现象，有利于营造良好的景观效果和发挥园区的生态效益。

## 三、城市墓园分区植物景观设计策略

基于我国的基本国情，综合分析墓园的内部功能及景观效益，认为在国内当下土地资源紧缺的现状下，城市墓园中的殡葬空间应做到与其他功能空间有机融合，在增加墓园整体景观效果和观赏功能的同时，为城市市民增添休憩活动空间，提升服务功能和生态效益，为城市生态墓园的发展提供更多可能性。基于此将城市墓园划分为5个功能区域，分别为入口景观区、管理工作区、游览活动区、墓葬祭祀区以及苗木繁育区。下面以杭州市为例，根据第四章多群组分析研究结果，提出城市墓园分区植物景观设计策略。

### （一）入口景观区

作为墓园景观区，入口处的植物配置应该尽量丰富，应具备较好的景观视觉效果，这样才有利于墓园被民众所接受，第四章的研究结果表明在城市墓园的视觉设计上不同群组之间不存在显著差异，因此可以综合考虑入口景观区的视觉设计。

在即将通往墓园的道路上，道路两旁的行道树可以改变传统列植和对植的方式，采用乔灌草丛植、片植的种植方式，丰富景观效果。植物种类上，合理配置植物种类的数量，植物种类过多容易导致找不到重点，造成较差的景观效果，植物种类过少则植物景观较为单调，一般乔木和灌木最少各选择 2 种，最多不宜超过 5 种，搭配种植一些草本、藤本以及地被植物，丰富景观层次即可；植物色彩上，景观主景树应尽量选择具备季相变化的色叶树种，以营造良好的季相景观，也可以选择乡土树种或具有特殊意义的色叶树种，如杭州市的市花——桂花，或选择较为突出的高大乔木作为景观主景树；植物配置上，主景树应尽量采用孤植的方式，突出主景树的景观效果，乔灌木则避免列植、对植的规则式种植方式，多采用丛植、群植的自然式种植方式，避免在入口处便产生较为阴森肃穆的氛围感，草本植物可以设计成花坛、花境的形式，与主景树搭配设计，作为入口景观区的亮点，营造良好的视觉景观效果。

### （二）管理工作区

该功能区主要服务对象是墓园从业人员，因此应尽量考虑墓园从业人员的需求，根据第 4 章数据分析结果可知，在墓园植物景观触觉设计上，墓园相关人群更容易考虑到墓区本身的服务和功能，对于触觉感知相比普通民众来说更加明显，因此在管理工作区的植物景观时，应综合考虑视觉、嗅觉、听觉、触觉与味觉设计。

在视觉设计方面，可以通过增加色叶树种的种类和数量，丰富该区域的季相景观，乔灌木尽量减少叶色较深的树种数量，多种植叶色明亮的树种，植物种类不宜过多，且注意慢生树种和速生树种的合理配植，同时注意竖向植物景观的设计，乔灌木高度应适宜，以便于营造舒适的林下空间，林下空间可以搭配座椅、景墙等景观要素，种植耐阴性低矮灌木及草本植物，丰富生态群落结构。植物的配置形式还是主要采用丛植、群植等自然式种植。

在嗅觉设计方面，主要利用芳香植物来增加人们的嗅觉感知，在现有树种中加入具有芳香气味的乔木、灌木以及草本花卉，要注意的是，加入的芳香植物种类避免过多，香味不能过于浓郁，尽量选取不同时期开花或散发芳香的芳香植物搭配种植，同一时期各种芳香混合在一起可能会事与愿违，影响景观效果。

在听觉设计方面，在管理建筑的外墙边可以种植芭蕉、梧桐、竹子等在风、雨的作用下自身叶片可以产生声音的植物，有条件的话可以在该区域引入水流，设置水景，并种植适量水生植物；除此之外，在植物的种类上可以选择一些可以吸引鸟类的植物，鸟类悦耳的鸣叫声也可以丰富该区域的听觉景观效果。

在触觉设计方面，选择叶片、枝干等具有特殊质感的小乔木或灌木种植在工作人员可以触碰到的活动区域；活动区域的路面铺装可以改变传统硬质铺装，设置软质铺装以及可进入的草坪空间，在丰富触觉感知的基础上满足工作人员的休憩需求，提升园区服务功能，增加民众与园区的互动。

在味觉设计方面，可以适当种植 1 种或 2 种可采摘经济林植物，例如石榴、柚子等，种植在该区域也便于工作人员进行管理。

### （三）游览活动区

该区域主要是为墓园周边居民提供一个游憩活动的区域，因此应首要考虑墓园周边居民的需求，根据第四章研究结果可知，墓园周边居民对触觉设计的关注比普通民众更显著。同时根据调研得知，墓园周边居民中老年人较多，但也有少部分年轻人愿意在节假日以外去墓园游览活动，因此在该区域设计植物景观时，不仅要着重考虑中老年人的需求，同时也要考虑适当满足年轻人的需求，在吸引年轻人的同时改变中老年人的传统思想，促进墓园的园林化发展，根据第四章研究结果可知，青少年对听觉设计和味觉设计的关注都比中老年人显著，因此游览活动区应针对不同人群进行不同设计方面的深化设计。

在视觉设计方面，活动区域的行道树种植应避免列植和对植，尽量采用自然式群植的种植方式，改变墓园严肃庄重的氛围；选择树形优美的乔木作为远景植物，在营造优美林冠线的同时对墓碑群进行一定程度的遮挡；植物种类的选择上，应尽量丰富，减少单一树种重复使用的次数；在植物色彩上应注意尽量选择色彩明亮的绿色叶树种，可以适当搭配一些具有季相变化的深色系色叶树种，丰富视觉景观效果；植物配置形式应注意乔灌草的合理搭配以及植物竖向景观的设计。

在听觉设计方面，通过丰富植物种类以及种植可以吸引鸟类的树种来吸引不同的鸟类及其他小动物，营造听觉景观的同时构造稳定的生态群落空间，有利于墓园的长久发展；也可以在活动区设置水景，利用水景与植物搭配营造听觉景观，增加民众与园区的互动。

在嗅觉设计方面，增加园区内芳香植物的种类和数量，通过种植不同时期开花的芳香植物刺激游人的嗅觉感知，同时利用景观构筑物对芳香进行一定程度的保留。

在触觉设计方面，可通过设置开阔大草坪作为人们的主要活动场所的方式来丰富人们的触觉感知，同时该区域的道路铺装也可以增加嵌草砖等软质铺装，增加园区趣味性和景观效果。

在味觉设计方面，由于中老年人的传统观念较为强烈，大多数不能接受在墓园中种植果树，相比之下青少年则更能接受这种味觉设计，因此在活动区域可以搭配种植一些观赏型果树，营造虚拟型味觉体验。

**（四）墓葬祭祀区**

该功能分区是墓园的核心功能空间，包括墓葬空间以及祭祀空间，主要服务对象是墓区使用者家属，该区域包含了不同的墓葬方式，相应的植物配置也有所不同，主要是植物景观视觉方面的设计，其他感官在此的感知较弱。

在视觉设计方面，传统葬式区，墓碑之间应种植树形优美的常绿小乔木或灌木，尽量做到遮挡墓碑，避免出现墓碑层层林立的现象，引起人们不适的心理感受，也可以改变传统设计方式，将墓碑设置在由乔灌草搭配种植的植物群落之中，此方法可以避免出现墓碑林立的现象，但弊端在于会造成单个墓碑空间占地面积较大，在现今墓地紧缺的现状下较不容易实现；生态墓葬区中植物占较大比例和面积，树葬、花葬、草坪葬、果树葬等新型环保葬式都会营造良好的视觉效果，在植物选择时注意树葬所用植物的长寿性以及树种的搭配种植，注意花葬所用草本植物的栽培管理，以及果树葬观赏型果树的选取和后期维护。

在嗅觉设计方面，仍然通过芳香植物来营造，传统葬式区可搭配种植具备不同花期的小乔木和灌木，也可在墓碑前设置小花池，种植芳香草本植物；生态墓葬区可选择具备季相变化的芳香植物，包括乔灌木、草本植物进行不同方式的生态葬。

在听觉设计方面，主要通过丰富植物种类以及种植可以吸引鸟类的植物来营造听觉效果。

在触觉设计和味觉设计方面，由于民众在该区域对这两方面的感知较弱，因此不作赘述。

### （五）苗木繁育区

该区域一方面是为生态葬的逝者家属提供苗木选择，另一方面也可以提供一个苗木科普的场所，增加城市墓园的多功能性以及生态效益，这一区域主要服务对象为逝者家属、市民以及从业人员。该区域自身性质决定了其植物景观的丰富程度，可以满足视觉和嗅觉方面的要求，其他方面在该区域的感知程度也较弱，不再具体设计，可在实地植物景观设计过程中，根据场地及功能所需种植具有不同感知效果的植物。

# 附　录

# 附录1

## 德尔菲法专家名单

| 编号 | 专家单位 | 专家姓名 | 专业领域 |
|---|---|---|---|
| 1 | 重庆大学 | 专家 A | 城乡规划 |
| 2 | 重庆大学 | 专家 B | 城乡规划技术与方法 |
| 3 | 浙江农林大学 | 专家 C | 城市规划与设计 |
| 4 | 浙江农林大学 | 专家 D | 旅游规划 |
| 5 | 浙江农林大学 | 专家 E | 城乡规划与生态环境演变 |
| 6 | 浙江农林大学 | 专家 F | 城乡规划与设计 |
| 7 | 浙江农林大学 | 专家 G | 土地利用与生态环境规划 |
| 8 | 拱墅区民政局 | 专家 H | 社会事务 |
| 9 | 拱墅区民政局 | 专家 I | 社会事务 |
| 10 | 拱墅区民政局 | 专家 J | 殡葬管理 |
| 11 | 拱墅区民政局 | 专家 K | 民政 |
| 12 | 拱墅区民政局 | 专家 L | 社会服务活动 |
| 13 | 拱墅区民政局 | 专家 M | 民政 |
| 14 | 建德市殡葬管理所 | 专家 N | 殡葬管理 |
| 15 | 余杭殡葬管理所 | 专家 O | 殡葬管理 |
| 16 | 江干区民政局社会事务科 | 专家 P | 社会事务 |
| 17 | 长兴县殡葬服务所 | 专家 Q | 殡葬管理 |
| 18 | 杭州余杭城镇规划院 | 专家 I | 城乡规划 |
| 19 | 杭州余杭城镇规划院 | 专家 S | 城乡规划 |
| 20 | 杭州钱江陵园有限公司 | 专家 T | 殡葬管理 |
| 21 | 杭州钱江陵园有限公司 | 专家 U | 殡葬管理 |
| 22 | 杭州钱江陵园有限公司 | 专家 V | 殡葬管理 |

注：出于对各位专家隐私的保护，对专家名字采取匿名的方式。

# 附录2

## 基于邻避情结的公墓选址影响因素调查问卷

尊敬的朋友：

您好！非常感谢您参与本次问卷调查。为了研究的有效性，请根据您的真实感受作答，您的想法、意见和建议对我的调查很重要。本次调查以不记名方式进行，希望能够得到您的支持，谢谢！

### 一、个人特征信息

1. 您的性别： ［单选题］*
   ○男 ○女

2. 您的年龄段： ［单选题］*
   ○ 18 岁以下 ○ 18～25 岁 ○ 26～35 岁
   ○ 36～45 岁 ○ 46～55 岁 ○ 56 岁以上

3. 您的婚姻状况： ［单选题］*
   ○未婚 ○已婚 ○离异
   ○丧偶 ○其他

4. 您家里是否有 12 岁及以下小孩共同居住 ［单选题］*
   ○有 ○没有

5. 您的学历： ［单选题］*
   ○初中及以下 ○高中 ○大专
   ○本科 ○研究生及以上

6. 您目前从事的职业： ［单选题］*
   ○学生 ○企业人员 ○公务员或事业单位职员
   ○农民 ○自由职业 ○离退休人员
   ○其他

7. 您的收入： ［单选题］*
   ○ 2000 元以下 ○ 2000～4000 元 ○ 4001～6000 元
   ○ 6001～8000 元 ○ 8000 元以上

8. 现有的公墓离您家的距离大约是： ［单选题］*

○ 500m（含）以内　　　○ 501m～1000m　　　○ 1001m～2000m

○ 2001m～3000m　　　○ 3001m（含）以上

9. 您的户口状况　　［单选题］*

○本市非农户口　　　　○本市农业户口

○外地非农户口　　　　○外地农业户口

## 二、变量测量

请根据您的实际情况，选择最符合您感受的答案：（其中选项的含义是：1 为"非常不同意"，2 为"不同意"，3 为"不确定"，4 为"基本同意"，5 为"非常同意"）

10. 第一部分　风险感知 A　［矩阵单选题］*

在自家社区附近建设公墓对生活环境或身体健康可能产生影响 A1　　1　2　3　4　5

在自家社区附近建设公墓会使本地区形象受损 A2　　1　2　3　4　5

在自家社区附近建设公墓会使房价下跌从而影响个人资产 A3　　1　2　3　4　5

公墓与您家的距离越近，越容易产生影响 A4　　1　2　3　4　5

11. 第二部分　认知观念 B　［矩阵单选题］*

您同意城市兴建公墓吗 B1　　1　2　3　4　5

如果在您的社区附近建设公墓，您同意吗 B2　　1　2　3　4　5

公墓产生的公益性由广大市民所享有，而产生的风险却只由附近的社区来承担，有人说这是不公平的，对此您的看法是 B3　　1　2　3　4　5

公墓选址建设时，朝向是重要因素 B4　　1　2　3　4　5

公墓选址建设时，山水格局是需要考虑的因素 B5　　1　2　3　4　5

公墓选址建设时，景观是重要因素 B6　　1　2　3　4　5

12. 第三部分　公众信任 C　［矩阵单选题］*

政府关于公墓建设的各项决策是可以信任的 C1　　1　2　3　4　5

媒体对公墓的新闻报道是可以信任的 C2　　1　2　3　4　5

关于公墓的风险评估和环境评估是可以信任的 C3　　1　2　3　4　5

对政府处理公墓相关问题的态度是满意的 C4　　1　2　3　4　5

13. 第四部分　民众参与 D　［矩阵单选题］*

政府在公墓建设之前会征集周围民众意见 D1　　1　2　3　4　5

政府会根据民众的意见修改公墓的选址信息 D2　　1　2　3　4　5

公墓选址时，程序是公开透明的 D3　　1　2　3　4　5

# 附录 3

## 公墓选址影响因素调查问卷

尊敬的朋友：

您好！衷心的感谢您参与本次问卷调查。本次调查旨在研究公墓选址影响因素作用路径，为了研究的有效性，希望您能按照您真实的想法和感受作答。本次调查采取不记名方式，希望能够得到您的支持，再次衷心地表示感谢！

1. 您的性别： ［单选题］
   ○女　　　　　　　　　　○男

2. 您的年龄： ［单选题］
   ○ 30 岁以下（青年）　　○ 30～50 岁（中年）　　○ 50 岁以上（老年）

3. 您的学历： ［单选题］
   ○初中及以下　　　　　　○高中 / 中专 / 校　　　○大专
   ○本科　　　　　　　　　○硕士研究生及以上

4. 您目前从事的职业： ［单选题］
   ○学生　　　　　　　　　○企业人员　　　　　　○公务员或事业单位人员
   ○农民　　　　　　　　　○自由职业　　　　　　○退休人员
   ○教师　　　　　　　　　○其他 _____

5. 您的月收入： ［单选题］
   ○ 2000 元以下　　　　　○ 2000～4000 元　　　○ 4000～6000 元
   ○ 6000～8000 元　　　　○ 8000 元以上

6. 您的户口状况： ［单选题］
   ○农业户口　　　　　　　○非农业户口

7. 您属于下列哪一类人群？ ［单选题］
   ○普通民众　　　　　　　○殡葬用地周边居民　　○政府公务员及事业单位人员
   ○其他 _____

8. 您所居住的地区周边有公墓吗？［单选题］
   ○有　　　　　　　　　　○没有

9. 自然因素和公墓选址（矩阵量表单选题）

| | 非常不同意 | 不同意 | 不确定 | 基本同意 | 非常同意 |
|---|---|---|---|---|---|
| 坡度宜适中，节省体力，方便祭祀 | | | | | |
| 墓址选择在植物生存环境条件差的地方，防止对现有林地破坏 | | | | | |
| 选址应该考虑土壤条件有利于公墓建设与植树绿化 | | | | | |
| 选址应该考虑新墓的挖掘不应导致旧坟墓的滑动或下落 | | | | | |
| 公墓选址建设时，朝向是重要因素 | | | | | |
| 应避免选择地质灾害风险高的地方，以防发生地面坍塌等地质灾害 | | | | | |
| 选址应该考虑对水源的影响，避免对水源造成污染 | | | | | |

10. 社会经济因素和公墓选址（矩阵量表单选题）

| | 非常不同意 | 不同意 | 不确定 | 基本同意 | 非常同意 |
|---|---|---|---|---|---|
| 选址在满足近期的需求外还应为将来扩建留余地 | | | | | |
| 由于服务范围不全面，易导致位于服务范围外的民众乱葬，这将会影响公墓选址 | | | | | |
| 选址应该考虑因城市发展，需对公墓进行搬迁可能性较小的地点 | | | | | |
| 管理滞后导致公墓环境恶劣，当地居民不愿意将骨灰安放进公墓 | | | | | |
| 墓地市场价格高低会影响公墓选址 | | | | | |
| 在自家社区附近建设公墓会使房价下跌从而影响个人资产 | | | | | |

11. 心理因素和公墓选址（矩阵量表单选题）

| | 非常不同意 | 不同意 | 不确定 | 基本同意 | 非常同意 |
|---|---|---|---|---|---|
| 公墓选址建设时，山水格局是需要考虑的因素 | | | | | |
| 自家社区附近建设公墓，可能会对生活环境产生影响 | | | | | |
| 在水源、村庄、道路、景区等地视觉中心处看到公墓，会让您心里感到不适 | | | | | |
| 园林生态公墓作为一道景观，应避开相对醒目的核心地段 | | | | | |
| 公墓选址建设时，应该考虑隐蔽性因素 | | | | | |

12. 交通区位因素和公墓选址（矩阵量表单选题）

| | 非常不同意 | 不同意 | 不确定 | 基本同意 | 非常同意 |
|---|---|---|---|---|---|
| 选址应该避开人口聚集的城区，与城区保持一定的距离 | | | | | |
| 选址既要避免经过核心生活区及城市道路出入口节点，又要能让人们方便地使用公墓 | | | | | |
| 应避免选择避免水源保护区，风景名胜区，水资源等与人们的常生活息息相关地方建设公墓 | | | | | |
| 公墓要避免建设在城市主干道两侧 | | | | | |
| 选址以未利用地、林地为优，降低对人类活动的影响 | | | | | |

13. 政策法规和公墓选址（矩阵量表单选题）

| | 非常不同意 | 不同意 | 不确定 | 基本同意 | 非常同意 |
|---|---|---|---|---|---|
| 公墓选址建设应当遵循所在地区相关法规的规定 | | | | | |
| 应该严格按照禁止建设区＞限制建设区＞可建设区＞适宜建设区进行公墓选址 | | | | | |

续表

|  | 非常<br>不同意 | 不同意 | 不确定 | 基本<br>同意 | 非常<br>同意 |
|---|---|---|---|---|---|
| 公墓、乡村公益性墓地应当建立在荒山、荒坡、非耕地或者不宜耕种的瘠地上 |  |  |  |  |  |
| 选址应该在保护生态环境安全的前提下充分利用自然资源 |  |  |  |  |  |
| 基本农田受法律保护，不得用于建设公墓 |  |  |  |  |  |

14. 公墓选址（矩阵量表单选题）

|  | 非常<br>不同意 | 不同意 | 不确定 | 基本<br>同意 | 非常<br>同意 |
|---|---|---|---|---|---|
| 您所在地区进行公墓选址建设时，征集了民众意见 |  |  |  |  |  |
| 您所在地区公墓建设能够对环境产生积极影响 |  |  |  |  |  |
| 您所在地区政府关于公墓建设各项决策及处理公墓相关问题的态度是可以信任的 |  |  |  |  |  |
| 公墓选址建设时，最好能够吸引投资者进行投资 |  |  |  |  |  |
| 您所在地区公墓选址是合理的 |  |  |  |  |  |

# 附录 4

## 临安区公墓分布及规模现状汇总表

| 所在地 | 公墓数量（处） | 公墓规划土地面积（亩） | 已使用面积（亩） | 规划墓穴数（穴） | 已安葬墓穴数（穴） | 剩余墓穴数（穴） |
|---|---|---|---|---|---|---|
| 板桥镇 | 33 | 105.5 | 54 | 10500 | 5700 | 4800 |
| 昌化镇 | 33 | 110.9 | 63.03 | 7386 | 4158 | 1558 |
| 岛石镇 | 16 | 20 | 8.5 | 2795 | 443 | — |
| 高虹镇 | 23 | 41.3 | 30.5 | 2911 | 1270 | 1641 |
| 河桥镇 | 30 | 108.7 | 42.4 | 4960 | 1247 | 304 |
| 锦北街道 | 23 | 201 | 146.5 | 14754 | 9034 | 5720 |
| 锦城街道 | 11 | 52 | 35.5 | 3600 | 2530 | — |
| 锦南街道 | 9 | 72.33 | 8.31 | 19302 | 1657 | 590 |
| 玲珑街道 | 27 | 99.55 | 61.67 | 7884 | 4050 | 2373 |
| 龙岗镇 | 28 | 68.45 | 34.05 | 2330 | 723 | 344 |
| 潜川镇 | 37 | 81 | 46.8 | 4300 | 2485 | 1815 |
| 青山湖街道 | 27 | 278 | 202 | 19700 | 11652 | 2098 |
| 清凉峰镇 | 39 | 53 | 30 | 2642 | 782 | 1860 |
| 太湖源镇 | 57 | 247.5 | 54 | 14754 | 3278 | 11446 |
| 太阳镇 | 51 | 184 | 122 | 3943 | 2284 | 1659 |
| 天目山镇 | 64 | 198.7 | 44.5 | 15181 | 3067 | 679 |
| 湍口镇 | 40 | 299 | 146 | 1990 | 786 | 1204 |
| 於潜镇 | 64 | 230 | 190 | 18300 | 14300 | 4000 |
| 合计 | 612 | 2450.93 | 1319.76 | 157232 | 69446 | 42091 |

| 类别<br>规模 | 辖区公墓<br>（含骨灰存放室） | 其中： | | |
|---|---|---|---|---|
| | | 公益性公墓 | 生态墓地 | 骨灰室（堂） |
| 数量 | 616 | 504 | 108 | 4 |
| 规划土地面积（亩） | 2489.88 | 1841.05 | 611.78 | 1.95 |
| 已使用面积（亩） | 1319.72 | 893.69 | 424.48 | 1.55 |
| 规划墓穴数（穴） | 157232 | 96984 | 43788 | 1160 |
| 已安葬墓穴数（穴） | 69446 | 51790 | 17324 | 332 |
| 剩余墓穴数（穴） | 42859 | 34354 | 7737 | 768 |

# 附录 5

## 使用者满意度访谈提纲

访谈时首先向被访谈者解释了公墓环境,以供被访谈者全面地了解公墓应有的功能并展示国内外优秀公墓的相关图片。特别强调,访谈中对方所谈公墓相关感受不局限于该次公墓之行,只要符合公墓的使用情况均可。为了使访谈有效进行,作者在访谈前围绕调研内容拟定了一份开放式的访谈提纲,除了个人相关信息外,访谈内容主要涉及以下 4 个问题:

(1)您认为哪些环境因素对公墓使用者的满意程度起着重要影响?其中,哪些因素是主要的,哪些因素是次要的呢?

(2)您认为目前该公墓环境哪些方面表现较为令人满意,哪些方面还不令人满意?

(3)您认为主要有哪些不同类型的公墓使用者,他们对公墓环境的满意的侧重点会有不同吗?

(4)您认为杭州公墓该从哪些方面着手,提高使用者的环境满意程度?

对工作人员的访谈除以上 4 个问题,另增加 1 个问题:使用者最主要的求助和问题反映在哪些方面?

# 附录6

## 使用者访谈基本情况

| 访谈对象 | 访谈对象基本情况 | 环境满意度影响因素 | 公墓环境不足之处 |
|---|---|---|---|
| 访谈对象 1 | 女，36 岁 | 环境氛围、墓区距离 | 音乐太吵 |
| 访谈对象 2 | 女，44 岁 | 景色、标识清晰、引导牌 | 看不清墓区指示 |
| 访谈对象 3 | 男，45 岁 | 距离远近、配套用品 | 墓区距离太远、山太高 |
| 访谈对象 4 | 男，18 岁 | 休息座椅、风景 | 没地方坐 |
| 访谈对象 5 | 男，25 岁 | 卫生间、公共坐凳 | 山上垃圾桶没有 |
| 访谈对象 6 | 男，35 岁 | 服务商店、景色、卫生 | 休息的地方太少 |
| 访谈对象 7 | 女，28 岁 | 绿地景观、有特色 | 道路指示不清晰 |
| 访谈对象 8 | 女，31 岁 | 干净整洁、休息处、饮水、商店 | 没有卖水的 |
| 访谈对象 9 | 女，44 岁 | 环境氛围、绿地 | — |
| 访谈对象 10 | 男，43 岁 | 景观特色、道路方便 | 树木太多，线路不明晰 |
| 访谈对象 11 | 男，38 岁 | 人文特点、地域文化、绿地、休憩点 | — |
| 访谈对象 12 | 女，46 岁 | 停车场、休息坐凳、垃圾桶 | 休息地方不足 |
| 访谈对象 13 | 男，39 岁 | 整体氛围、音乐、墓区距离、生态环境好 | — |
| 访谈对象 14 | 女，26 岁 | 休息的地方、卫生间、垃圾桶 | — |
| 访谈对象 15 | 女，34 岁 | 内部车的时间、生态环境、距离 | — |
| 访谈对象 16 | 女，40 岁 | 指示标记、休息区 | — |
| 访谈对象 17 | 男，41 岁 | 殡葬用品店、休息坐凳、雕塑 | — |
| 访谈对象 18 | 男，32 岁 | 喷泉、墓区距离 | 路有点远，上山累 |
| 访谈对象 19 | 女，48 岁 | 名人文化、自然风景 | — |
| 访谈对象 20 | 男，59 岁 | 饮水设施、休息座椅、遮阳亭 | — |
| 访谈对象 21 | 女，33 岁 | 自然环境、道路质量、墓区距离、墓区指示、雕塑特色 | — |
| 访谈对象 22 | 女，58 岁 | 墓区卫生、自然环境 | — |
| 访谈对象 23 | 女，44 岁 | 休息座椅、花束购买 | 增加商店 |
| 访谈对象 24 | 男，55 岁 | 墓区距离、饮水提供、卫生间干净 | — |
| 访谈对象 25 | 男，46 岁 | 内部交通车方便、距离 | 场地没有特色 |
| 访谈对象 26 | 女，61 岁 | 特色墓葬、卫生设施、墓区环境 | 设施不完善 |
| 访谈对象 27 | 男，55 岁 | 自然风景、休息座椅、墓园特色 | 无特色 |

# 附录 7

## 杭州公墓环境满意度调查问卷

您好，我是浙江农林大学的研究生，正在进行关于本市墓园环境设计的相关研究，这是一份无记名调查问卷，本次调查所得数据仅用于本论文统计分析，承诺对您所提供的信息绝对保密。您的想法、意见和建议对我的调查很重要，问卷调查会耽误您约 5 分钟的时间，希望能够得到您的支持，谢谢！

问卷编号——

### 第一部分　基础信息

1. 您的性别　[单选题]
   A. 男　　　　　　　　　B. 女
2. 您的年龄　[单选题]
   A. 18 岁以下　　　　　　B. 18～24 岁　　　　　　C. 25～34 岁
   D. 35～44 岁　　　　　　E. 45～54 岁　　　　　　F. 55～64 岁
   G. 65 岁及以上
3. 您的文化程度（包括在读的情形）　[单选题]
   A. 小学及以下　　　　　B. 初中　　　　　　　　C. 高中
   D. 大学　　　　　　　　E. 研究生
4. 您的宗教信仰是　[单选题]
   A. 佛教　　　　　　　　B. 基督教　　　　　　　C. 伊斯兰教
   D. 其他　　　　　　　　E. 无
5. 您的平均年收入水平（包括所有可计算收入）　[单选题]
   A. 3 万元及以下　　　　B. 3 万～7 万元　　　　　C. 7 万～11 万元
   D. 11 万～15 万元　　　E. 15 万元以上

## 第二部分　行为与观念调查

1. 您跟谁一起来　［可多选］

　　A. 独自　　　　　　　　B. 伴侣　　　　　　　　C. 长辈

　　D. 子女　　　　　　　　E. 朋友　　　　　　　　F. 单位组织

　　G. 其他

2. 您在这的停留时间　［单选题］

　　A. 0.5 小时内　　　　　B. 0.5～1 小时　　　　　C. 1～2 小时

　　D. 2 小时以上

3. 您一年来的次数　［单选题］

　　A. 1 次　　　　　　　　B. 2 次　　　　　　　　C. 3 次

　　D. 4 次及以上

4. 您来安贤园的原因　［多选题］

　　A. 扫墓祭拜　　　　　　B. 感受文化气氛　　　　C. 休闲放松

　　D. 学习研究　　　　　　E. 绘画摄影　　　　　　F. 其他

5. 有人说墓园环境设计非常重要，对此您的看法是

　　A. 非常同意　　　　　　B. 同意　　　　　　　　C. 不确定

　　D. 不同意　　　　　　　E. 非常不同意

6. 在欧美发达国家，许多墓园建在城市中心，甚至被当作休闲墓园，有人说部分原因是他们的墓园环境优美。对这种说法，您的态度是

　　A. 非常同意　　　　　　B. 同意　　　　　　　　C. 不确定

　　D. 不同意　　　　　　　E. 非常不同意

7. 对墓园进行环境设计可以增加您来公墓的频率，对此看法您的态度是

　　A. 非常同意　　　　　　B. 同意　　　　　　　　C. 不确定

　　D. 不同意　　　　　　　E. 非常不同意

8. 对墓园进行环境设计可以改善公墓在您心中的形象，对此看法您的态度是

　　A. 非常同意　　　　　　B. 同意　　　　　　　　C. 不确定

　　D. 不同意　　　　　　　E. 非常不同意

## 第三部分　重要性排序与满意度评分

1. 请您对以下墓园要素的重要程度进行排序（左侧直接标序号，1 表示最重要）

　　道路　场地　绿地　水面　围合面（墙面、自然隔断等）　信息设施　卫生设施

　　照明　安全设施　休憩服务设施　艺术景观设施　无障碍设施　整体氛围

　　社会文化　个体文化

2. 在公墓环境内，除了用于行走聚集的必要硬质路面外，您希望绿地、水面等自然材料基面的比例为

A. 20% 及以下　　　　　B. 20%～40%　　　　　C. 40%～60%

D. 60%～80%　　　　　E. 80% 以上

3. 您认为公墓环境内有设置夜间景观设施的必要性吗?　　［单选题］

A. 非常有　　　　　　　B. 可适当设置　　　　　C. 完全没有

4. 您认为在公墓环境内设置提供背景音乐的扩音器是否必要　［单选题］

A. 有必要　　　　　　　B. 可有可无　　　　　　C. 没有必要

5. 您对安贤园的整体评价满意吗?　　［单选题］

A. 很不满意　　　　　　B. 不满意　　　　　　　C. 一般

D. 比较满意　　　　　　E. 非常满意

6. 请您对安贤园以下内容进行打分（1 分表示很不满意，5 分表示非常满意）

绿地　　　　　　　1　2　3　4　5

场地　　　　　　　1　2　3　4　5

道路　　　　　　　1　2　3　4　5

水面　　　　　　　1　2　3　4　5

围合面　　　　　　1　2　3　4　5

信息设施　　　　　1　2　3　4　5

卫生设施　　　　　1　2　3　4　5

照明安全设施　　　1　2　3　4　5

休憩服务设施　　　1　2　3　4　5

艺术景观设施　　　1　2　3　4　5

无障碍设施　　　　1　2　3　4　5

整体氛围　　　　　1　2　3　4　5

社会文化　　　　　1　2　3　4　5

个体文化　　　　　1　2　3　4　5

7. 您对墓园有什么改善建议

# 附录 8

## 城市墓园植物景观设计因素调查问卷

尊敬的先生 / 女士：

您好，首先非常感谢您参与本次问卷调查。本调查的目的是了解您对城市墓园植物景观的看法和需求，本次调查我们采用匿名的方式收集资料，答案没有对错之分，资料仅供科学研究使用。为了研究的有效性，希望您能按照您的真实想法作答，您的想法和意见对该调查很重要，问卷调查会耽误您约 5～8 分钟的时间，希望能得到您的支持，再次衷心的感谢您的配合！

1. 您的性别　［单选题］*
　　○男　　　　　　　　　○女

2. 您的年龄　［单选题］*
　　○ 30 岁以下　　　　　○ 30～50 岁　　　　　○ 50 岁以上

3. 您的学历　［单选题］*
　　○初中及以下　　　　　○高中或中专　　　　　○大学或大专
　　○硕士及以上

4. 您的职业　［单选题］*
　　○学生　　　　　　　　○在职　　　　　　　　○待业
　　○退休　　　　　　　　○其他

5. 您属于下列哪一类人群　［单选题］*
　　○墓区周边居民　　　　○墓园从业人员　　　　○普通民众

6. 您所在城市中的城市墓园是什么类型的　［单选题］*

城市墓园，指位于城市建设区范围内，满足市民安葬骨灰的场所，其中包括了传统墓地和新建的园林墓地。

传统墓地指公共墓地，简称公墓，是在我国"义地"（俗称乱葬岗）的基础上受西方文化影响而形成的人民群众办理丧事的活动场所，属于殡葬园区的范畴；

园林墓地是以殡葬为主要用途，并具有游憩、教育、休闲等功能的特殊公园。

　　○ 传统墓地　　　　　　○ 园林墓地　　　　　　○ 两者都有

7. 墓园植物景观效果 [矩阵量表题]*

| | 非常不同意 | 不同意 | 不确定 | 同意 | 非常同意 |
|---|---|---|---|---|---|
| 您所在城市的城市墓园与公园一样具有观赏性和游憩性 | ○ | ○ | ○ | ○ | ○ |
| 您所在城市的城市墓园的植物景观会给城市带来一定的生态效益 | ○ | ○ | ○ | ○ | ○ |
| 您在所在城市的城市墓园中愿意停留较长时间 | ○ | ○ | ○ | ○ | ○ |
| 您所在城市的城市墓园不会给您带来不适、压抑的心理感受 | ○ | ○ | ○ | ○ | ○ |

8. 视觉设计 [矩阵量表题]*

| | 非常不同意 | 不同意 | 不确定 | 同意 | 非常同意 |
|---|---|---|---|---|---|
| 您希望城市墓园中增加种植色彩丰富的植物 | ○ | ○ | ○ | ○ | ○ |
| 您希望在城市墓园中看到种类丰富的植物 | ○ | ○ | ○ | ○ | ○ |
| 形态单一的植物是导致一些城市墓园荒凉悲寂的原因之一 | ○ | ○ | ○ | ○ | ○ |
| 城市墓园中的植物应多采用自然式种植 | ○ | ○ | ○ | ○ | ○ |
| 改变行道树列植的常规方式可以减少墓园冷峻感 | ○ | ○ | ○ | ○ | ○ |
| 自然优美的林冠线在城市墓园景观中是重要的（水平望去，树冠与天空的交际线叫作林冠线） | ○ | ○ | ○ | ○ | ○ |
| 您希望看到城市墓园中的一些景观要素与植物合理搭配 | ○ | ○ | ○ | ○ | ○ |

9. 听觉设计 [矩阵量表题]*

| | 非常不同意 | 不同意 | 不确定 | 同意 | 非常同意 |
|---|---|---|---|---|---|
| 您希望在城市墓园内听到不同植物枝叶碰撞的声音 | ○ | ○ | ○ | ○ | ○ |
| 您希望在城市墓园中听到各种鸟类虫鸣的声音 | ○ | ○ | ○ | ○ | ○ |

续表

| | 非常不同意 | 不同意 | 不确定 | 同意 | 非常同意 |
|---|---|---|---|---|---|
| 您希望在城市墓园中听到雨水拍打植物、流水冲击水生植物的声音 | ○ | ○ | ○ | ○ | ○ |
| 您希望城市墓园边界利用植物对城市中的声音进行隔挡 | ○ | ○ | ○ | ○ | ○ |

10. 嗅觉设计［矩阵量表题］*

| | 非常不同意 | 不同意 | 不确定 | 同意 | 非常同意 |
|---|---|---|---|---|---|
| 您希望在城市墓园中闻到植物芳香气味 | ○ | ○ | ○ | ○ | ○ |
| 您希望在不同季节闻到不同芳香植物的气味 | ○ | ○ | ○ | ○ | ○ |
| 您希望城市墓园中芳香植物的气味可以得到一定程度地保留 | ○ | ○ | ○ | ○ | ○ |
| 您希望城市墓园中种植可以吸收异味的植物 | ○ | ○ | ○ | ○ | ○ |

11. 触觉设计［矩阵量表题］*

| | 非常不同意 | 不同意 | 不确定 | 同意 | 非常同意 |
|---|---|---|---|---|---|
| 您会去触摸墓园中叶片、枝干具有特殊质感的植物 | ○ | ○ | ○ | ○ | ○ |
| 在城市墓园中，相比水泥混凝土路面，您更愿意走在铺满植物树皮、落叶等软质铺装的道路上 | ○ | ○ | ○ | ○ | ○ |
| 种植带刺植物可以营造私密的祭拜空间 | ○ | ○ | ○ | ○ | ○ |
| 您会去城市墓园开敞空间设置的可践踏草坪休息娱乐 | ○ | ○ | ○ | ○ | ○ |

12. 味觉设计［矩阵量表题］*

| | 非常不同意 | 不同意 | 不确定 | 同意 | 非常同意 |
|---|---|---|---|---|---|
| 您会去采摘并品尝城市墓园中种植的经济林植物，如柑、橘、石榴、枇杷等 | ○ | ○ | ○ | ○ | ○ |

续表

| | 非常不同意 | 不同意 | 不确定 | 同意 | 非常同意 |
|---|---|---|---|---|---|
| 城市墓园中搭配种植的经济林作物会让您产生味觉感受 | ○ | ○ | ○ | ○ | ○ |
| 墓葬区的果树葬所种植的观赏型果树会让您产生味觉感受 | ○ | ○ | ○ | ○ | ○ |

# 参 考 文 献

［1］时浩楠，杨雪云．国家级特色小镇空间分布特征［J］．干旱区资源与环境，2019，33（03）：39-44.

［2］陈楚琳，黄文明，石磊，等．海口市羊山地区乡村聚落林地 - 湿地景观格局演变分析［J］．中南林业科技大学学报，2020，40（02）：131-141.

［3］黄波，李蓉蓉．泰森多边形及其在等深面生物量计算中的应用［J］．遥感技术与应用，1996（03）：36-40.

［4］谢绍锋，肖化顺，储蓉，等．基于泰森多边形的广州市林火空间分布规律研究［J］．西北林学院学报，2018，33（03）：178-185.

［5］周少钦，李婷婷，罗舒仁，等．基于地理信息系统的广西医疗服务空间可达性研究［J］．中国卫生统计，2019，36（03）：384-387＋391.

［6］刘静，朱青．城市公共服务设施布局的均衡性探究——以北京市城六区医疗设施为例［J］．城市发展研究，2016，23（05）：6-11.

［7］吴弘璐，何伟，郑惠元．基于景观生态学的农村聚落分布特征及影响因素分析——以成都市金堂县为例［J］．江苏农业科学，2017，45（18）：326-331.

［8］叶育成，徐建刚，于兰军．镇村布局规划中的空间分析方法［J］．安徽农业科学，2007（05）：1284-1287.

［9］Borruso G. Network Density Estimation: A GIS Approach for Analysing Point Patterns in a Network Space [J]. Transactions in GIS, 2008, 12 (3): 377-402.

［10］禹文豪，艾廷华，杨敏，等．利用核密度与空间自相关进行城市设施兴趣点分布热点探测［J］．武汉大学学报（信息科学版），2016，41（02）：221-227.

［11］李德仁，余涵若，李熙．基于夜光遥感影像的"一带一路"沿线国家城市发展时空格局分析［J］．武汉大学学报（信息科学版），2017，42（06）：711-720.

［12］周婷，马姣娇，徐颂军．2003～2013 年中国湿地变化的空间格局与关联性［J］．环境科学，2020，41（05）：2496-2504.

［13］胡庆武，王明，李清泉．利用位置签到数据探索城市热点与商圈［J］．测绘学报，2014，43（03）：314-321.

［14］吕佳，张聪达，林静．关于殡葬设施规划与建设的几点思考［J］．城市规划，2014，05：90-96.

［15］张媛明，罗海明．公墓体系规划编制内容和技术标准探讨——以南京市为例［J］．规划师，2009，03：39-44.

［16］闫萍，戴慎志．集约用地背景下的市政基础设施整合规划研究［J］．城市规划学刊，2010，01：109-115.

［17］屈万泰，王力国，舒沐晖. 城乡规划编制中的"三生空间"划定思考［J］. 城市规划，2016，05：21-26＋53.

［18］乔路，李京生. 论乡村规划中的村民意愿［J］. 城市规划学刊，2015，02：72-76.

［19］杨宝祥，章林编著. 殡葬学概论［M］. 北京：中国社会出版社，2011.

［20］何睿. 加强公益性骨灰安置设施建设［J］. 社会福利，2008，（02）：19-20.

［21］刘悦. 中国当代陵园设计文化研究［D］. 武汉理工大学，2009.

［22］杨宝祥编. 殡葬设施规划设计［M］. 北京：中国社会出版社，2011.

［23］吴松弟. 南宋移民与临安文化［J］. 历史研究，2006（05）：35-50＋190.

［24］杨宁. 基于 GIS 的临安市低丘缓坡资源调查与评价研究［D］. 浙江大学，2014.

［25］张星星，刘勇，岳文泽. ABM 模型支持下的城市增长边界划定研究——以重庆为例［J］. 现代城市研究，2018（03）：129-137.

［26］张鸿辉. 多智能体城市规划空间决策模型及其应用研究［D］. 长沙：中南大学，2011.

［27］张金牡，吴波，沈体雁. 基于 Agent 模型的北京市土地利用变化动态模拟研究［J］. 东华理工学院学报，2004（01）：81-84.

［28］刘小军. 上海殡葬设施选址中公众邻避情绪影响因素及化解策略探析［D］. 上海：华东师范大学，2017.

［29］Grabalov P, Nordh H. "Philosophical Park": Cemeteries in the Scandinavian Urban Context [J]. Socialni Studia, 2020, 17 (01): 33-54.

［30］Coruhlu Y E. Cemeteries and cemetery types in land management issues, EJONS6 [J]. International

［31］congress on mathematics, engineering, natural and medical sciences, 2019, 1: 159-168.

［32］Riccardo S, Ottorino-Luca P. Connecting Existing Cemeteries Saving Good Soils (for Livings) [J]. Sustainability, 2019, 12 (01): 93.

［33］Davies P J, Bennett G. Planning, provision and perpetuity of deathscapes——Past and future trends and the impact for city planners [J]. Land Use Policy, 2016, 55: 98-107.

［34］Nordh H, Swensen G. Introduction to the special feature "The role of cemeteries as green urban spaces" [J]. Urban Forestry & Urban Greening, 2018, 33: 56-57.

［35］Nordh H, Evensen K H. Qualities and functions ascribed to urban cemeteries across the capital cities of Scandinavia [J]. Urban Forestry & Urban Greening. 2018, 33: 80-91.

［36］Evensen K H, Nordh H, Skaar M. Everyday use of urban cemeteries: A Norwegian case study [J]. Landscape & Urban Planning, 2017, 159: 76-84.

［37］Cloke P, Jones O. Turning in the graveyard: trees and the hybrid geographies of dwelling, monitoring and resistance in a Bristol cemetery [J]. Cultural Geographies, 2004, 11 (03): 313-341.

［38］戴慧芬. 城市公墓设计中的土地利用模式优化策略［D］. 北京：北京交通大学，2016.

［39］覃荣亮. 生态园林公墓的发展之策［J］. 社会福利，2007（03）：34-35.

［40］刘泽阳. 开放式的城市墓园景观设计研究［D］. 西安：西安建筑科技大学，2016.

［41］李冰、李桂文. 在生态自然观视野中探求现代墓园的设计［J］. 华中建筑，2009（06）：201-205.

［42］Boender C G E, Graan J, Lootsma F A. Multi-criteria decision analysis with fuzzy pairwise comparisons [J]. Fuzzy Sets and Systems, 1989, 29 (02): 133-143.

［43］王丝丝. 墓园主题公园化的研究［D］. 西南交通大学，2014.

［44］马金生，刘杨，郭林. "逝有所安"的路径优化——我国公益性公墓建设模式研究［J］. 湖南社会科学，2017，（01）：96-102.

［45］O'Hare M. Not on My Block You Don't: Facility Siting and the Strategic Importance of Compensation [J]. Public Policy, 1977, 24 (04): 407-458.

［46］Emilie Travel Livezey. Hazardous waste [N/OL]. The Christian Science Monitor. 1980, 11 (06).

［47］Popper, F. JSiting LULUs [J]. Planning, 1981, (47).

［48］杨秋波. 邻避设施决策中公众参与的作用机理与行为分析研究［D］. 天津：天津大学博士论文，2012.

［49］埃比尼泽·霍华德. 明日的田园城市［M］. 金经元译. 北京：商务印书馆，2000.

［50］刘海龙. 邻避冲突的生成与化解：环境正义的视角［J］. 吉首大学学报（社会科学版），2018，（02）：57-63.

［51］OHARE M. Not on my block you dont-facility siting and strategic importance of compensation [J]. Public policy, 1977, 25 (04): 407-458.

［52］WALKER R A. A theory of suburbanization: capitalism and the construction of urban space in the United States [J]. 1981.

［53］曾明逊. 不动产设施对住宅价格影响之研究：以垃圾处理厂为个案［D］. 1992.

［54］LAKE R W. Rethinking NIMBY [J]. Journal of the American Planning Association, 1993, 87-93.

［55］翁久惠. 嫌恶性设施对生活环境质量影响之研究——以台北市内湖，木栅，士林三个垃圾焚化厂为例［D］. 台北：政治大学，1993.

［56］候锦熊. 由居民环境态度观点探讨不动产公共设施的环境冲突——以台中市垃圾焚化厂设置过程为例［J］. 中國園藝，1997，43（03）：208-24.

［57］顾雯. 邻避冲突及其治理［D］. 南京大学，2011.

［58］丁秋霞. 邻避设施外部性回馈原则之探讨——以台北市之垃圾处理设施为例［D］. 私立淡江大学建筑学习研究所，1999.

［59］何艳玲. "邻避冲突"及其解决：基于一次城市集体抗争的分析［J］. 公共管理研究，2006，（00）：93-103.

［60］王佃利，徐晴晴. 邻避冲突的属性分析与治理之道——基于邻避研究综述的分析［J］. 中国行政管理，2012（12）：85-90.

［61］吴云清，翟国方，李莎莎. 邻避设施国内外研究进展［J］. 人文地理，2012，（06）：7-12＋42.

［62］陈宝胜. 邻比冲突治理若干基本问题：多维视阈的解读［J］. 学海，2015，（02）：169-177.

［63］李永展. 邻避设施冲突管理之研究［J］. 台湾大学建筑与城乡研究学报，1998.

［64］邱昌泰. 从邻避情结到迎臂效应：台湾省环保抗争的问题与出路［J］. 政治科学论丛，2002.

［65］蔡宗秀. 邻避情结之冲突协商［J］. Asia-Economic and Management Review，2004.

［66］陶鹏，童星. 邻避型群体性事件及其治理［J］. 南京社会科学，2010.

［67］陈宝胜. 公共政策过程中的邻避冲突及其治理［J］. 学海，2012.

［68］莫瑞・斯坦因. 荣格心灵地图［J］. 立绪文化事业有限公司，1989.

［69］Slovic P. Perception of Risk [J]. Science, 1987, 236 (4799): 280-285.

［70］Slovic P, Fischhoff B, Liclhtenstein S. Rating the risks [J]. Environment, 1979, 21 (03): 4-20.

［71］Douglas M, Wildavsky A. Risk and culture: an essay on the selection of technological and environmental dangers [M]. Berkeley. U niversity of California Press. 1983.

［72］Beck U, Giddens A, Lash S. Reflexive modernization: politics, tradition and aesthetics in the modern social order. Canadian Journal of sociology, 1994, 75 (03): 215-236.

［73］Loewenstein GF, Weber EU, Hsee CK. Risk as feelings [J]. Psychological Bulletin, 2001, 127 (02): 267-286.

［74］Kaspersan RE, Renn O, Slovic P, Brown HS, Emel J. The Social Amplification of Risk: A Conceptual Framework. Risk Analysis, 1988, 8 (02): 177-187.

［75］程惠霞，丁刘泽隆. 公民参与中的风险沟通研究：一个失败案例的教训［J］. 中国行政管理，2015（02）：109-113.

［76］马奔，王昕程，卢慧梅. 当代中国邻避冲突治理的策略选择——基于对几起典型邻避冲突案例的分析［J］. 山东大学学报（哲学社会科学版），2014（03）：60-67.

［77］马奔，李继朋. 我国邻避效应的解读：基于定性比较分析法的研究［J］. 上海行政学院学报，2015，16（05）：41-51.

［78］马奔，李珍珍. 邻避设施选址中的公民参与——基于J市的案例研究［J］. 华南师范大学学报（社会科学版），2016（02）：22-29.

［79］肖庆超，易海涛，康征. 移动通信基站电磁辐射环境影响研究——以北京市为例［J］. 环境影响评价，2014（05）：51-54.

［80］Christian Hunold, Iris Marion Young. Justice, Democracy, and Hazardous Sitting. Political Studies. 1998, 82-95.

［81］Carissa Schively. Understanding the NIMBY and LULU Phenomena: Reassessing Our Knowledge Base and Informing Future Research. Journal of Planning Literature, 007, 21: 255266.

［82］EricR. A. N. Smith. Explaining NIMBY Opposition to Wind Power. the annual meeting of the American Political Science Association, Boston Massachusets, 2007.

［83］胡睿. 城乡规划中邻避性公共设施建设困境与对策研究［D］. 长安大学，2015.

［84］刘海龙. 邻避冲突的生成与化解：环境正义的视角［J］. 吉首大学学报（社会科学版），2018（02）：57-63.

［85］王佃利，邢玉立. 空间正义与邻避冲突的化解——基于空间生产理论的视角［J］. 理论探讨，2016，05：138-143.

［86］骆丽，吴云清. 邻避空间与城市空间互动中的公共风险认知——以南京石子岗殡仪馆为例［J］. 江苏城市规划，2017，10：17-22.

［87］郑卫，石坚，欧阳丽. 并非"自私"的邻避设施规划冲突——基于上海虹杨变电站事件的个案分析［J］. 城市规划，2015，39（06）：73-78.

［88］张乐，童星. "邻避"冲突管理中的决策困境及其解决思路［J］. 中国行政管理，2014（04）：109-113.

［89］陈澄. 邻避现象与解决方法探析［J］. 淮海工学院学报（社会科学版），2009，7（S1）：96-98.

［90］黄岩，文锦. 邻避设施与邻避运动［J］. 城市问题，2010（12）：96-101.

［91］管在高. 邻避型群体性事件产生的原因及预防对策［J］. 管理学刊，2010，23（06）：58-62.

［92］KmfL Michael E, and Bruce b. Clary. "Citizen Participation and the Nimby Syndrome: Public Response to Radioactive Waste Disposal." The Western Political Quarterly44: 299- 328, 1991.

［93］Morell D. Sitting and the politics of Equity［J］. Hazardous Waste, 1984, 1 (04): 55S571.

［94］Lake R. W. Rethinking NMBY［D］. American Planning Association Journal, 1993, 59 (01): 87-93.

［95］Alexander Perez Carmona. Why Not in Your Backyard Landfill Facility Siting in Col-ombia. The 1lth Biennial Conference of the International Society for Ecological Eco-nomics: Advancing Sustainability in a Time of Crisis. 2010: 1. 20.

［96］Kunreuther, Howard And Douglas Easteding. The Role of Compensation in Siting Hazardous Facilities. Journal of Policy Analysis and Management, 1996, 15 (04): 601-622.

［97］汤京平. 公民参与和资源分配正义：两岸原住民发展政策的制度创意［A］. 云南财经大学、台湾政治大学. 中国水治理与可持续发展研究［C］. 云南财经大学、台湾政治大学：中国自然资源学会土地资源研究专业委员会，2012：11.

［98］熊炎. 邻避型群体性事件的实例分析与对策研究——以北京市为例［J］. 北京行政学院学报，2011（03）：41-43.

［99］管在高. 邻避型群体性事件产生的原因及预防对策［J］. 管理学刊，2010，23（06）：58-62.

［100］陶鹏，童星. 邻避型群体性事件及其治理［J］. 南京社会科学，2010（08）：63-68.

［101］熊孟清. 用利益补偿化解垃圾处理邻避效应［N］. 中国环境报，2016-07-01（003）.

［102］杭正芳. 邻避设施的区位选择与社会影响研究——以西安市垃圾填埋场为例［D］. 西北大学，2013.

［103］吴云清，翟国方，李莎莎. 邻避设施国内外研究进展［J］. 人文地理，2012，06：7-12＋42.

［104］吴云清，翟国方，詹亮亮. 城市邻避空间及其演变轨迹——以南京市殡葬邻避空间为例［J］. 人文地理，2017（01）：68-72.

［105］张颖. 邻避型设施区位分析系统的建立与应用［D］. 华东师范大学，2007.

［106］赵阳阳. 邻避设施选址中公众态度影响因素及形成机理研究［D］. 哈尔滨工业大学，2017.

［107］Frey, B. S. and F. OberholzerGee, Te Cost of Price Incentives: An Emprical Analysis of Motivation Crowding-Out［J］. American Economic Review. 1997, 87 (04): 746-755.

［108］Kasperson, R. Siting Hazardous Facilities: Searching for Effective Institutions and Processes, in Hayden. Lesbirel and Daigee Shaw (eds. ), Mannging Conflict in Facility Siting, Cheltenham, UK: Edward Glgar, 2005.

［109］王丽娟. 居民环境风险接受度影响因素研究——基于武汉市盘龙城垃圾焚烧发电厂周边居民的调查［D］. 武汉：华中农业大学硕士学位论文，2013.

［110］汤京平. 邻避性环境冲突管理的制度与策略：以理性选择与交易成本理论分析六轻建厂及拜耳投资案［J］. 政治科学论丛，1999，10：355-382.

［111］冯仕政. 沉默的大多数：差序格局与环境抗争［J］. 中国人民大学学报，2007，（01）：

122-132.

［112］王新晴，茅承钧. 提高土方机械对土壤作业能力的探讨［J］. 筑路机械与施工机械化，1996，（05）：9-11＋44.

［113］李晓晖. 城市邻避性公共设施建设的困境与对策探讨［J］. 规划师，2009，（12）：80-83.

［114］胡石清，乌家培. 外部性的本质与分类［J］. 当代财经，2011，（10）：5-14.

［115］李雪. 基于传统殡葬观的墓园景观环境规划设计研究［D］. 东北林业大学，2013.

［116］Kline RB. Principles and practice of structural equation modeling [J]. Journal of the American Statistical Association, 2011, 101 (12).

［117］杜强. SPSS 统计分析从入口到精通［M］. 北京：人民邮电出版社，2011：331.

［118］吴明隆. 结构方程模型——AMOS 的操作与应用［M］. 重庆：重庆大学出版社，2009：7.

［119］汪俊英. 我国现行殡葬立法之反思［J］. 学习论坛，2018，（10）：86-90.

［120］陈海瑾，郑必荣. 剑指公墓乱象［J］. 浙江人大，2012，000（012）：52-54.

［121］张震. 国外殡葬文化：传承与创新并重［N］. 中国社会报，2013-09-24（004）.

［122］戴志中，袁红，董莉莉，等. 现代殡葬建筑创新设计初探［J］. 青岛理工大学学报，2011，032（002）：60-65，100.

［123］张凤荣，朱凤凯. 基于功能分析的农村墓地集约利用与建设模式探析［J］. 地域研究与开发，2012（03）：153-156＋178.

［124］陈镇，万昆. 城镇公墓规划编制体系初探——温州公墓建设规划析要［J］. 小城镇建设，2006，000（009）：96-99.

［125］刘永德. 建筑外环境设计［M］. 北京：中国建筑工业出版社，1996.

［126］朱小雷. 建成环境主观评价方法研究［M］. 南京：东南大学出版社，2005.

［127］ChungPoFang. Readapt RoseHill Cemetery and Cemetery Park [D]. State University' of New York. 2005.

［128］GeoffreyAlan 3ellicoe, Susan Jellicoe. The Landscape of Man: Shaping the Environment from Prehistory to the Present Day. London: Thames and Hudson LTD. 1995.

［129］Michael Satisbur. A Feasibility Study of the Woodland Cemetery in Canada [D]. The University of Guelph. 2002.

［130］Paul Laycock, Wang Ming. New Cemeteries in Malaysia. Landscape Australia, 2002, 24 (1): 24-26.

［131］Thompson, Williams. A Natural Death. Landscape Architecture [J]. 2002 (10): 73-7.

［132］Jacinta M. McCann. Cemetery Landping [D]. The University of New South Wales. 1980.

［133］Jody Esther Scanlan. Cemetery Plarming and Design [J]. The University ofNewSouth Wales. 1995, 85 (12): 46-51.

［134］JoBeardsley. Garden of Sorrows. Landscape Architecture, 1996, 86 (09): 139-140.

［135］Brett J. Gawronski. Time Design for a Mausoleumas Timeless Architecture [D]. The State University of New York. 2004.

［136］Tanja Lena Schade, The Green Cemetery Practices in Amereca: Plant a tree on me [D]. The Evergreen State College.

［137］Jacinta M. McCann. Cemetery Landping [D]. The University of New South Wales. 1980.

［138］Ron Fuchs. Sites of memory in the Holy Land: the design of the British war cemeteriesin Mandate Palestine [J]. Journal of Historical Geography. 2004, (04): 643-664.

［139］Cheryl Fields. Cemetery Design: Transcending the Traditional [D]. The University of Guelph. 2002.

［140］Michael Satisbur. A Feasibility Study ofthe Woodland Cemetery in Canada [D]. The University of Guelph. 2002.

［141］Elizabeth KenworthlyTeather. Themes from Complex Landscapes: Chinese Cemeteries and Columbariain Urban Hong Kong [J]. Australian Geographical Studies, 1998, 1 (36): 21-36.

［142］Takashi Sakaguchi. Mortuary Variability and Status Differentiation in the Late Jomon of Hokkaido Based On the Analysis of Shuteibo [J]. World Prehist. 2011 (24): 275-308.

［143］葛立三，郑均均. 名山胜境安息地——黄山龙裔公墓规划设计［J］. 华中建筑，1992，10（03）：46-47，42.

［144］杨宝祥. 双凤山城市墓园规划设计［J］. 中国园林，1993，09（04）：49-52.

［145］周洪涛. 吉河乡殡改十年节约耕地近百亩［J］. 中国土地，1995，21（11）：35.

［146］周传航，刘艳红，熊文涓. 我国公墓发展现状的地区性差异研究［J］. 生态科学，2012，31（04）：462-466.

［147］周鸿，赵丽昆. 论殡葬与城市园林公墓的生态建设［J］. 思想战线，1998，（05）：62-67.

［148］张树卿. 略论儒、释、道的生死观［J］. 东北师大学报，1998，（03）：74-78.

［149］郭鲁兵. 儒家的生死观论析［J］. 湖南师范大学社会科学学报，2008，37（06）：54-57.

［150］文传浩，周鸿. 论风水文化对中国传统丧葬文化的影响——兼论其在当代殡葬改革中的政策导向［J］. 思想战线，1999，25（02）：58-64.

［151］徐斌，董海燕，金敏丽. "源"园设计理念在现代墓园中的应用探讨［J］. 浙江林学院学报，2008，25（06）：777-780.

［152］薛桢，樊一阳，张宁. 上海公墓土地需求的系统动力学研究［J］. 上海理工大学学报，2006，28（05）：469-472.

［153］马金生，肖成龙，李伯森，等. 我国墓葬用地的扩张态势及调控策略［J］. 广西社会科学，2012，（06）：119-123.

［154］文传浩，常学秀，周鸿. 论我国城市生态园林公墓建设及其发展［J］. 城市环境与城市生态，1998，11（03）：38-41.

［155］周鸿，杨一光. 论我国城市园林公墓的生态建设［J］. 生态学杂志，1998，17（03）：73-76.

［156］周跃，周鸿. 城市园林公墓中林木的水土保持效益［J］. 城市环境与城市生态，1999，12（05）：20-22.

［157］周鸿. 生态文化建设的理论思考［J］. 思想战线，2005，31（05）：78-82.

［158］邓海骏，郭林. 跨越厚葬与薄葬：绿色殡葬的形式社会学研究［J］. 中州学刊，2013，（12）：78-83.

［159］柳艳超，吴立周. 殡葬方式的生态建设评价研究［J］. 中国人口·资源与环境，2016，26（05）：266-269.

［160］翟俊. 美国墓园概述［J］. 中国园林，2009，000（003）：19-22.

［161］叶莺，高翅. 墓园发展概述［J］. 广东园林，2008，030（003）：18-21.

［162］张媛明，罗海明. 公墓体系规划编制内容和技术标准探讨——以南京市为例［J］. 规划师，2009（03）：40-45.

［163］洪艳铌. 论现代墓园的生态化设计［J］. 美术教育研究，2013，000（019）：95-96.

［164］赵海翔. 纪念性景观表现［D］. 中央美术学院，2005.

［165］张伟. 小型现代墓园空间环境设计研究［D］. 西安建筑科技大学，2011.

［166］王亚新. 哈尔滨市公墓环境设计研究［D］. 东北林业大学，2014.

［167］柴芬友. 苍南县玉龙生态陵园规划设计［J］. 技术与市场，2007，000（005）：15-17.

［168］顾菡. 陵园景观设计的环境选址及空间布局——以明孝陵、中山陵、雨花台烈士陵园为例［J］. 湖州师范学院学报，2015（1）：103-108.

［169］张敏. 陵园设计中景观元素的发掘与释放——以厦门文圃陵园为例［J］. 中国园林，2009（08）：77-81.

［170］Spenc, Aaron. Portland-based Walker Macy designs Los Angeles National Cemeteryexpansion. Daily Journal of Commerce. 2012.

［171］Drysdale, A. C. Cemetery design - a space for recreation. Reports: British Association. 1975, (02): 13-15.

［172］Paul Laycock, Wang Ming. New Cemeteries in Malaysia. Landscape Australia, 2002, 24 (01): 24-26.

［173］董观志，杨凤影旅游景区游客满意度测评体系研究旅游学刊［J］. 2005，20（01）：27.

［174］Thompson, Williams. A Natural Death. Landscape Architecture [J]. 2002 (10): 73-7.

［175］卞显红旅游目的地形象、质量、满意度及其购后行为相互关系研究华东经济管理，2005，19（01）：84-89.

［176］Reynoso J. Satisfaction: A Behavioral Perspective on the Consumer [J]. Journal of Service Management, 2010, 21 (04): 549-551.

［177］Javier, Reynoso. Satisfaction: A Behavioral Perspective on the Consumer [J]. Journal of Service Management, 2009.

［178］Andrej, Šali, and, et al. Comparative Protein Modelling by Satisfaction of Spatial Restraints [J]. Journal of Molecular Biology, 1993.

［179］Oliver R L. A Cognitive Model of the Antecedents and Consequences of Satisfaction Decisions [J]. Journal of Marketing Research, 1980, 17 (04): 460-469.

［180］Cronin J J, Brady M K, Hult G T M. Assessing the Effects of Quality, Value, and Customer Satisfaction on Consumer Behavioral Intentions in Service Environments [J]. Journal of Retailing, 2000, 76 (02): 193-218.

［181］Szymanski, David M, Hise, Richard T. e-Satisfaction: An Initial Examination [J]. Journal of Retailing, 2000, 76 (03): 309-322.

［182］（日）芦原义信. 外部空间设计［M］. 尹培同译. 北京：中国建筑工业出版社，1985.

［183］杨公侠. 视觉与视觉环境［M］. 2版. 上海：同济大学出版社，2002.

［184］徐磊青，杨公侠. 环境心理学环境知觉和行为［M］. 上海：同济大学出版社，2002.

［185］徐磊青，杨公侠. 上海居住环境评价研究［J］. 同济大学学报：自然科学版（5期）：546-551.

［186］李宁宁. 社会满意度及其结构要素［C］// 中国社会学会学术年会. 2001.

［187］段雯祎. 北京市居民自然环境满意度对主观幸福感的影响［D］. 2016.

［188］郝武波. 河北省新农村建设中人居环境满意度统计评估［D］. 河北经贸大学.

［189］陈志霞. 城市老年人的生活满意度及其影响因素研究——对武汉市 568 位老年人的调查分析
［J］. 华中科技大学学报（社会科学版），2001，015（004）：63-66.

［190］张智. 居住区环境质量评价方法及管理系统研究［D］. 重庆大学，2003.

［191］王伟武. 杭州城市生活质量的定量评价［J］. 地理学报，2005，060（001）：151-157.

［192］吴硕贤，李劲鹏，霍云，等. 居住区生活环境质量影响因素的多元统计分析与评价［J］. 环
境科学学报，1995，15（03）：354-362.

［193］李红光. 基于使用表现和使用者评价调查的郑州城市开放空间研究［D］. 西安建筑科技大
学，2012.

［194］黎贝. 基于使用者满意度的成都市三环路外绿道规划建设研究［D］. 西南交通大学，2013.

［195］范柏乃. 政府绩效评估理论与实务［M］. 北京：人民出版社，2005.

［196］郭恩章，田原，高国安. 城市居住小区环境质量等级模糊综合评价技术研究［J］. 哈尔滨建
筑大学学报，1999（03）：83-88.

［197］单菁菁. 社区归属感与社区满意度［J］. 城市问题，2008，000（003）：58-64.

［198］黄颖. 古镇游客间互动、体验价值及满意度的关系研究［D］.

［199］方静. 新型铁路客站站房空间使用后评价（POE）研究——以北京铁路南站为例［D］. 西
南交通大学，2010.

［200］缪立新，李强，张占武，等. 基于可靠性的城市公交乘客满意度评价模型［J］. 中国市场，
2009，000（036）：8-11.

［201］朱庆芳，吴寒光. 社会指标体系［M］. 北京：中国社会科学出版社，2001.

［202］马文军，潘波. 问卷的信度和效度以及如何用 SAS 软件分析［J］. 中国卫生统计，2000，
17（006）：364-365.

［203］刘泽阳. 开放式的城市墓园景观设计研究［D］. 西安建筑科技大学，2016.

［204］郑阿敏. 基于结构方程模型的公墓选址影响因素分析［D］. 浙江农林大学，2021.

［205］杨赉丽. 城市园林绿地规划［M］. 北京：中国林业出版社，1995.

［206］吉斌. 基于节地化、风景式理念的上海福寿园规划设计研究［D］. 上海交通大学，2015.

［207］水源. 当代城市墓园规划设计的研究［D］. 安徽农业大学，2007.

［208］邵锋. 论墓园［D］. 北京林业大学，2006.

［209］黄席婷. 城市墓园规划策略研究［D］. 哈尔滨工业大学，2012.

［210］石莹. 基于五感理论的田园康养植物研究与造景设计［D］. 宁夏大学，2019.

［211］谭焱文，禹雄峰，贾嘉，等. 植物景观空间情感化设计［J］. 北方园艺，2015（23）：93-96.

［212］苏雪痕. 植物造景［M］. 北京：中国林业出版社，1994.

［213］徐爱霞. 浅议植物造景艺术在园林绿化中的应用［J］. 农业科技与信息，2020（17）：61-62.

［214］周景斌，吕宁. 浅谈现代园林中的植物造景方法［J］. 陕西林业科技，2004. 04，pp.
75-77.

［215］刘滨谊，等. 纪念性景观与旅游规划设计［M］. 南京：东南大学出版社，2005.

［216］叶莺. 现代墓园的情感设计研究［D］. 华中农业大学，2006.

［217］丁超. 陕西关中地区陵寝遗址绿化研究［D］. 西安：西北农林科技大学，2008.

［218］曾晓丽. 关中皇家陵寝园林研究［D］. 西北农林科技大学，2005.

［219］谢宛彤. 基于殡葬文化理念的墓园设计研究［D］. 沈阳建筑大学，2016.

［220］丁奇. 纪念性景观研究［D］. 南京林业大学，2003.

［221］马纯立. 西安烈士陵园总体规划与纪念性建筑设计研究［D］. 西安建筑科技大学，2003.

［222］孟国忠. 雨花台烈士陵园植物景观空间结构及美景度评价研究［D］. 南京林业大学，2007.

［223］邵锋，宁惠娟，苏雪痕. 墓园植物造景初探［J］. 安徽农业科学，2009，37（11）：523.

［224］张求阳. 墓园植物景观构建研究［D］. 中南林业科技大学，2015.

［225］Bagozzi R P. *Evaluating Structural Equation Models with Unobservable Variables and Measurement Error: A Comment* [J]. Journal of Marketing Research, 1981, 18 (03): 375-381.

［226］Wu C H, Yao G. *Analysis of factorial invariance across gender in the Taiwan province version of the* Satisfaction with Life Scale [J]. Personality & Individual Differences, 2006, 40 (06): 1259-1268.

［227］Sivo S A, Fan X, Witta E L, et al. *The Search for \"Optimal\" Cutoff Properties: Fit Index Criteria in Structural Equation Modeling* [J]. The Journal of Experimental Education, 2006, 74 (03): 267-288.

［228］Chen A, Karahanna E. *Life Interrupted: The Effects of Technology-Mediated Work Interruptions on Work and Nonwork Outcomes* [J]. MIS quarterly, 2018, 42 (04): 1023-1042.

［229］Cheryl Fields. Cemetery Design: Transcending the Tranditional [D]. The Univeersity of Guelph. 2002. Cheryl Fields.

［230］Tim Brown. The making of urban "healtheries": the transformation of cemeteries an burial grounds in late-Victorian East London [J]. Journal of Historica Geography, 2013-12.

［231］Helen North, Katin ka H. Evensen, Margrete Skar, A peaceful place in the city—A qualitative study of restorative components of the cemetery [J]. Landscape and Urban Planning, 2017-11.

［232］Clayden A, Green T, Hockey J, Powell M, Cutting the lawn-Natural burial and its contribution to the delivery of ecosystem services in urban cemeteries [J]. Urban Forestry&Urban Greening, 2018-06.

［233］沈卓彦. 别样的风景——现代墓园绿化［J］. 园林，2013（01）：80-84.

［234］蒋雨芬，胡竟恺. 广州地区墓园植物应用特点探讨［J］. 现代园艺，2016（04）：151-152＋154.

［235］周巍. 基于生态恢复的城市生态墓园设计探讨［J］. 现代园艺，2017（17）：153-155.

［236］李敏，田晔林，安永刚，等. 现代城市墓园植物造景研究——以北京天寿园和八宝山人民公墓为例［J］. 中国城市林业，2017，15（04）：30-34.

［237］余声. 基于设计心理学角度的景观营造设计探讨［J］. 现代农业科技，2010（23）：218-219.

［238］刘乐. 基于环境心理学原理的住宅小区环境景观设计研究［D］. 福建农林大学，2009.

［239］卢鑫. 环境心理学在公园设计中的应用［D］. 江西农业大学，2011.

［240］严丽娜. 人性化景观设计在城市主题公园中的应用——以柳州城市湿地公园为例［J］. 现代园艺，2018（10）：79-80.

［241］石莹. 基于五感理论的田园康养植物研究与造景设计［D］. 宁夏大学，2019.

[242] Shurlock J, Marino K, Ahmed O. *What do Sport and Exercise Medicine (SEM) doctors look like online? A cross-sectional exploration of the social media presence of SEM doctors in the UK* [J]. BMJ Open Sport & Exercise Medicine, 2018, 4 (01): bmjsem-2018-000456.

[243] Lidiane, Pinto, Correia, et al. *Sideroxylonobtusifolium herbal medicine characterization using pyrolysis GC/MS, SEM and different thermoanalytical techniques* [J]. Journal of Thermal Analysis & Calorimetry, 2016.

[244] Heron, Neil. *Musculoskeletal (MSK) and Sport and Exercise Medicine (SEM) in General Practice (GP): A Novel GP-based MSK and SEM Clinic for Managing Musculoskeletal symptoms in a GP* [J]. BMJ Quality Improvement Reports, 2015, 4 (01).

[245] 李明洋. 五感体验式景观设计 [J]. 科技信息, 2011（05）: 348.

[246] 张煜子. 多感官体验式互动景观的研究 [D]. 南京工业大学, 2012.

[247] 吴冬婷, 刘兴诏. 国内五感式景观设计研究进程与趋势分析 [J]. 福建建筑, 2017（09）: 21-25.

[248] 金炜. 声景学在园林景观设计中的应用及探讨 [J]. 现代园艺, 2019（04）: 121-122.

[249] 约翰·O. 西蒙兹. 景观设计学: 场地规划与设计手册 [M]. 北京: 中国建筑工业出版社, 2000.

[250] Rezapour M, Ksaibati K. *Application of multi-group structural equation modelling for investigation of traffic barrier crash severity* [J]. International Journal of Injury Control and Safety Promotion, 2020: 1-11.

[251] Lange Eckart, Hehl-Lange Sigrid, Brewer Mark J. Scenario-visualization for the assessment of perceived green space qualities at the urban-rural fringe. [J]. Journal of environmental management, 2008, 89 (03): 245-256.

[252] Calvo-Porral C, Levy-Mangin J P. *Situational factors in alcoholic beverage consumption: Examining the influence of the place of consumption* [J]. British Food Journal, 2019, 121 (09): 2086-2101.

[253] Deng X, Doll W J, Al-Gahtani S S, et al. *A cross-cultural analysis of the end-user computing satisfaction instrument: A multi-group invariance analysis* [J]. Information & Management, 2008, 45 (04): 211-220.

[254] 张省, 周燕, 杨倩. 城市综合公园居民游憩满意度影响因素分析: 以深圳市综合公园为例 [J]. 风景园林, 2021, 28（03）: 82-87.

[255] 张鹏, 詹钰鑫, 彭培. 基于 SEM 的装配式住房住户满意度研究 [J/OL]. 科技促进发展: 1-13 [2021-06-10]. http://kns.cnki.net/kcms/detail/11.5286.G3.20210428.0854.009.html.

[256] 邹欣怡. 沈阳城市公园游憩者满意度及其影响因素研究 [D]. 沈阳农业大学, 2020.

[257] 孙文书, 于冰沁. 社区公园环境对漂族老人健康行为活动的影响研究 [J]. 风景园林, 2021, 28（5）: 86-91.

[258] 杨文静, 赵建世, 赵勇, 等. 基于结构方程模型的蒸散发归因分析 [J/OL]. 清华大学学报（自然科学版）: 1-8 [2021-06-10]. https://doi.org/10.16511/j.cnki.qhdxxb.2021.22.031.

[259] 胡梦雅, 孙彦, 曹天庆, 等. 耕地面源污染治理农户参与意愿研究 [J]. 水土保持研究,

2021, 28（04）：397-403.

［260］尹洁林，杨帆，王楠. 感知社区价值对消费者知识共享行为影响机制研究：互惠规范的中介作用［J］. 商业经济研究，2021（11）：36-40.

［261］赵润泽. 小学生认知角度下的师生关系对学业自我效能感的影响：课堂态度的中介效应［J］. 教育测量与评价，2021（06）：32-37＋49.

［262］丁佳敏，陈军飞. 网络直播对餐饮 O2O 外卖顾客信任的影响研究［J］. 运筹与管理，2021，30（05）：221-226.

［263］胡阳阳，肖潇. 现代陵园植物配置初探［J］. 现代园艺，2016（14）：74-75.

［264］邵锋，宁惠娟，苏雪痕. 墓园中植物种类选择特点［J］. 农业科技与信息（现代园林），2008（06）：16-19.

［265］王义君，洪焕，刘梅，等. 洛阳市墓园植物种类及应用调查研究［J］. 中国园艺文摘，2016，32（01）：91-92＋116.

［266］王俊杰. 城市墓园的景观设计——以丹徒公墓设计为例［J］. 园林，2013（08）：76-79.

［267］董瑞云，谭清萍，许家瑞，等. 纪念性景观中的植物景观营造探析——以海口市为例［J］. 海南大学学报（自然科学版），2015，33（02）：175-180.

［268］张潇涵. 西方墓园植物配置方法启示——以斯德哥尔摩森林墓地为例［J］. 建筑与文化，2018（08）：115-116.

［269］张宁. 基于五感体验的济阳黄河郊野公园植物景观设计［D］. 山东建筑大学，2019.

［270］肖雯. 基于五感体验的井陉县鹿岭康养休闲小镇植物景观规划设计［D］. 内蒙古农业大学，2020.

［271］贾梅. 康复景观中几种芳香植物挥发物及其对人体健康影响的研究［D］. 浙江农林大学，2017.

［272］张宁. 基于五感体验的济阳黄河郊野公园植物景观设计［D］. 山东建筑大学，2019.

［273］吴明隆. 结构方程模型——AMOS 的操作与应用［M］. 重庆：重庆大学出版社，2010.

［274］邹欣怡. 沈阳城市公园游憩者满意度及其影响因素研究［D］. 沈阳农业大学，2020.

［275］张颖，李晓格. 甘肃省迭部县居民森林生态环境支付意愿影响因素分析［J/OL］. 环境科学研究：2020：1-18. https://doi.org/10.13198/j.issn.

［276］蔡键，左两军. 组织特性与市场份额对零售商农药安全认知的影响——基于广东省 7 市农药零售店的实证分析［J］. 中国农业大学学报，2018，23（03）：196-204.

［277］鲍晓宇. 基于多群组分析的网约车乘客满意度与生活满意度研究［D］. 大连交通大学，2020.

［278］李煜华，高杨，胡瑶瑛. 基于结构方程模型的复杂产品系统技术扩散影响因素分析［J］. 科研管理，2012，33（05）：146-152.

［279］吕楠楠，张敏. 新冠病情下大学生心理状态的结构及其测量［J］. 杭州师范大学学报（自然科学版），2020，19（04）：354-361.

［280］Malhotra N K, Patil K A. Common Method Variance in IS Research: A Comparison of Alternative Approaches and a Reanalysis of Past Research [J]. Management Science, 2006, 52 (12): 1865-1883.

［281］Srinivasan R, Swink M. An Investigation of Visibility and Flexibility as Complements to Supply

Chain Analytics: An Organizational Information Processing Theory Perspective [J]. Production and Operations Management, 2018, 27 (10): 1849-1867.

［282］ Jackson D L, Gillaspy J A, Purc-Stephenson R. Reporting practices in confirmatory factor analysis: an overview and some recommendations [J]. Psychological Methods, 2009, 14 (01): 6-23.

［283］ Thatcher J B, Wright R T, Sun H. Mindfulness in information technology us: Definitions, distinctions, and a new measure (2018) MIS Quarterly: Management Information Systems [J]. 2018, 42 (03): 831-847.

［284］ Segars A H. Assessing the unidimensionality of measurement: a paradigm and illustration within the context of information systems research [J]. Omega, 1997, 25 (01): 107-121.

［285］ Bagozzi R P. Evaluating Structural Equation Models with Unobservable Variables and Measurement Error: A Comment [J]. Journal of Marketing Research, 1981, 18 (03): 375-381.

［286］ Wu C H, Yao G. Analysis of factorial invariance across gender in the Taiwan Province version of the Satisfaction with Life Scale [J]. Personality & Individual Differences, 2006, 40 (06): 1259-1268.

［287］ Cheung D, Hattie J, Ng D. Reexamining the Stages of Concern Questionnaire: A Test of Alternative Models [J]. The Journal of Educational Research, 2001, 94 (04): 226-236.

［288］ Sivo S A, Fan X, Witta E L, et al. The Search for \"Optimal\" Cutoff Properties: Fit Index Criteria in Structural Equation Modeling [J]. The Journal of Experimental Education, 2006, 74 (03): 267-288.

［289］ 王荐. 基于五感的儿童公园植物景观设计探讨［D］. 西南大学，2017.

［290］ 程艳红，苏同向. 城市生态墓园景观设计研究［J］. 园林，2021.

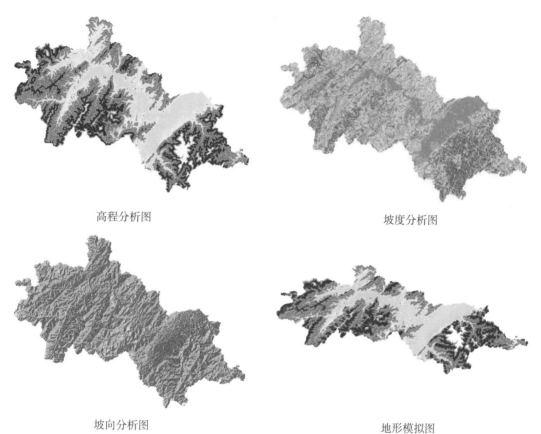

高程分析图

坡度分析图

坡向分析图

地形模拟图

图 2-1　桐庐县高程、坡度、坡向分析图

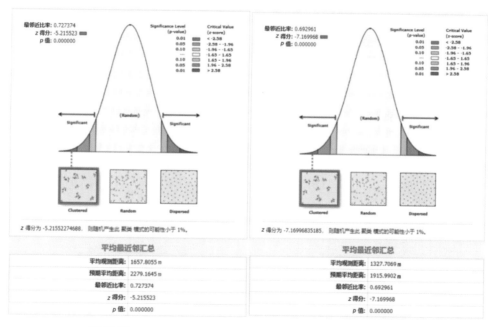

2004 年

2009 年

图 2-6　各时期桐庐县公墓最近邻指数（一）

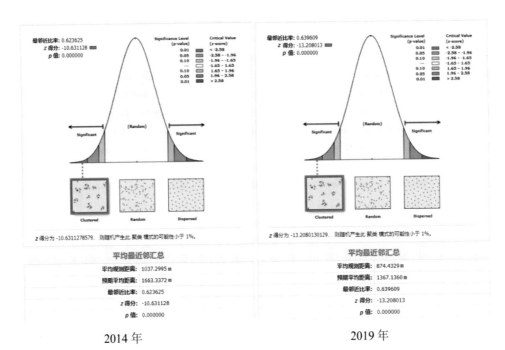

2014 年　　　　　　　　　　　　　　　　　　　2019 年

图 2-6　各时期桐庐县公墓最近邻指数（二）

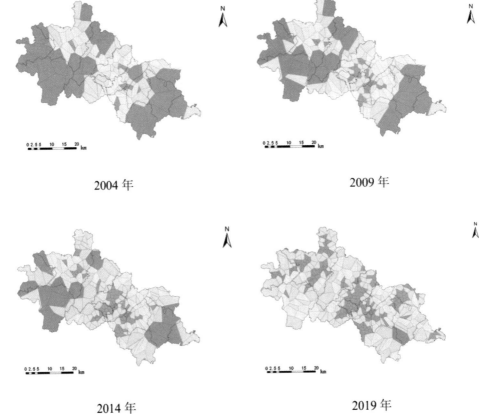

2004 年　　　　　　　　　　　　　　　　　　　2009 年

2014 年　　　　　　　　　　　　　　　　　　　2019 年

图 2-7　各时期桐庐县公墓冯洛诺伊图

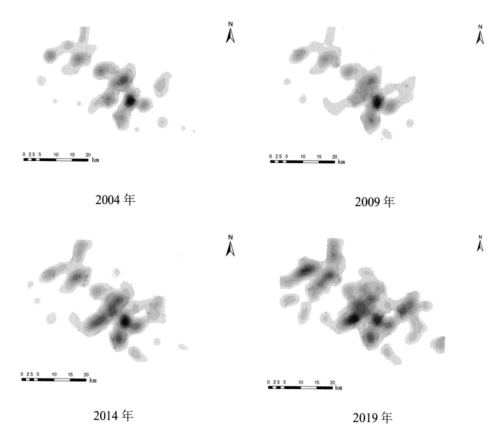

2004 年 2009 年

2014 年 2019 年

图 2-8　各时期桐庐县公墓用地分布密度图

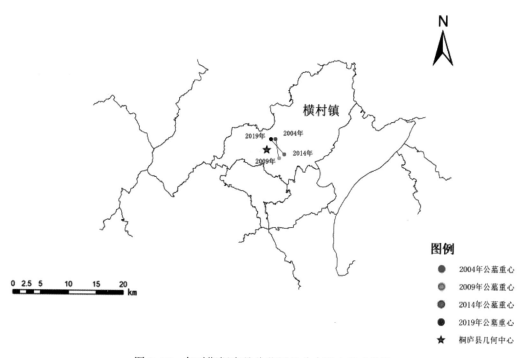

图 2-10　各时期桐庐县公墓用地分布重心移动轨迹

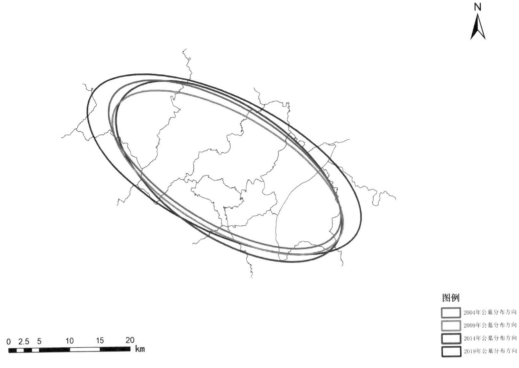

图 2-11　各时期桐庐县公墓用地标准差椭圆

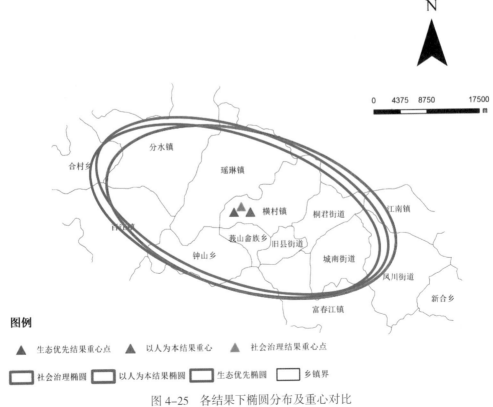

图 4-25　各结果下椭圆分布及重心对比

图例
入口引导区　　景观休闲区
服务区　　　　墓葬区
纪念区　　　　边界水景缓冲区

0　　100m

图 6-1　功能分区图

① 万福广场
② 生态停车场
③ 接待服务中心
④ 生命广场
⑤ 净湖
⑥ 桃花源
⑦ 曲水流觞
⑧ 婆娑竹林
⑨ 静思空间
⑩ 安泰苑
⑪ 安怀苑
⑫ 永安苑
⑬ 落羽静榭
⑭ 海棠苑
⑮ 生态保护林
⑯ 落叶归根
⑰ 吴越文化墙
⑱ 德厚苑
⑲ 临安名人文化墙

图 6-20　临安天竹园平面图

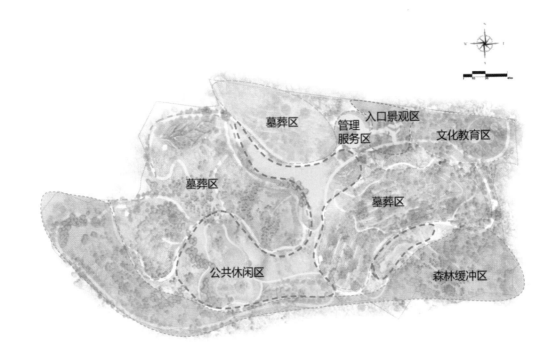

图 6-21　临安天竹园功能分区图

图 6-22　入口景观

图 6-23　接待中心

图 6-24　公共休闲区

图 6-27　墓葬区

图 6-29　树葬

图 6-30　草坪葬

图 6-31　艺术葬

图 6-32 花坛葬